LE GRAND ALMANACH MATHÉMATIQUE

ROGER MANSUY

LE GRAND ALMANACH MATHÉMATIQUE

ALBIN MICHEL

Édition : Guillaume Rabineau.

Infographies : Laurent Blondel © Albin Michel.

Illustrations : Judith Lorne © Albin Michel.

Conception graphique : Judith Lorne.

INTRODUCTION

Les mathématiques sont partout ! Lorsque cette phrase surgit dans les grands médias, on explique en général qu'elles sous-tendent toutes les nouvelles technologies, sont indispensables au bon fonctionnement de nos smartphones ou que, sans leur truchement, notre monde serait bien différent. De la sécurité bancaire aux intelligences artificielles en passant par le traitement des images ou l'envoi de satellites, rien ne serait possible sans des mathématiques élaborées, fruit de percées récentes.

Loin de contredire ces affirmations, je suggère une forme de surenchère : les mathématiques sont partout et pas seulement dans l'innovation, car elles font partie intégrante de notre culture et qu'elles interagissent avec tous les domaines des activités humaines. Non contentes d'irriguer la recherche, l'enseignement et l'ingénierie, elles apparaissent explicitement tant dans nos musées, notre histoire, nos médias que dans notre quotidien. C'est ce constat que j'ai voulu éprouver avec le *Grand Almanach mathématique* : je vous propose chaque jour une balade pour revisiter un sujet autour des mathématiques au contact d'autres thèmes moins attendus.

Ainsi, nous parlerons tour à tour de peinture et de cinéma, de sport et de jeu, de géographie et de politique, etc. Et vous verrez surgir tantôt un samouraï, tantôt une chanteuse lyrique, tantôt un révolutionnaire, tantôt des ministres, tantôt une championne olympique, tantôt des zombies, tantôt de la poésie, tantôt des textes de loi... Ni cours ni essai, ce pêle-mêle contingent de brefs récits raconte les mathématiques avec celles et ceux qui les pratiquent, professionnellement ou non.

Cette foisonnante accumulation permet, je l'espère, de dresser un portrait pointilliste de cette activité à travers les âges et les continents, de présenter ses acteurs et la communauté qu'ils forment, au-delà de quelques célèbres figures de proue ou d'anecdotes usées. Mon rêve est simple : qu'après la lecture de ce livre, plus personne ne puisse se vanter de ne rien comprendre aux mathématiques et que chacun se soit forgé une image moins caricaturale de ce champ du savoir, des femmes et des hommes qui y consacrent leur vie, de l'histoire de la discipline et des enjeux de la recherche à travers le temps.

En pratique, les pages de cet almanach sont indépendantes, et vous pouvez les lire dans l'ordre qui vous plaît : linéairement du 1er janvier au 31 décembre, en commençant par votre date anniversaire ou bien en vous en remettant au hasard... Les sujets abordés ne sont ordonnés que par la date référence dans le calendrier : un événement, une fête, une naissance ou une publication. Par exemple, pour la Saint-Valentin (14 février), j'ai choisi de parler d'une histoire d'amour autour d'un théorème et, pour l'anniversaire du premier alunissage par *Apollo 11* (20 juillet), des noms des mathématiciens honorés à travers les cratères lunaires.

Le bagage mathématique requis pour lire ces textes n'excède que rarement celui de l'enseignement secondaire ; toutefois, pour aborder précisément certains résultats récents sans verser dans le cours magistral, j'ai été contraint de donner les noms de divers concepts sans les expliquer. Cela ne doit pas vous effrayer : je vous prie d'accepter ces objets comme ils viennent et de vous attacher au récit qu'ils distillent, dont ils ne sont finalement que des personnages comme les autres.

Parmi les premiers lecteurs, amis et collègues qui m'ont aidé à améliorer le texte, beaucoup m'ont dit avoir trouvé des richesses dont ils ne soupçonnaient pas l'existence. Je vous souhaite, vous qui tenez ce livre entre vos mains, pareilles révélations ; ensuite, je vous invite à raconter, autour d'un dîner ou sur les réseaux sociaux, l'histoire que vous avez préférée dans cet *Almanach*, afin que tous ensemble nous fassions rayonner de tous ses feux la culture mathématique.

Roger Mansuy
Octobre 2025

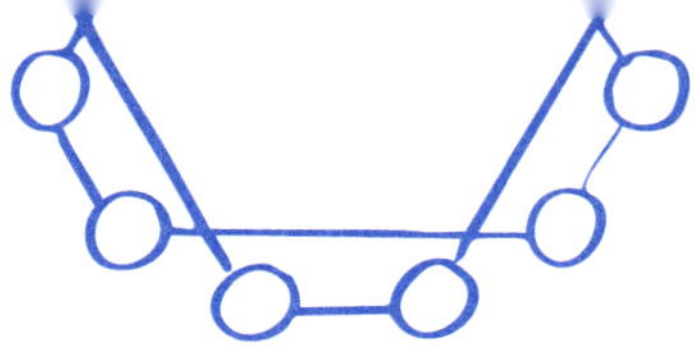

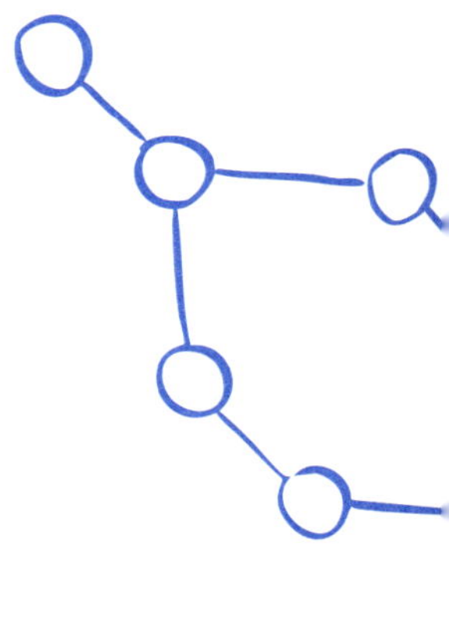

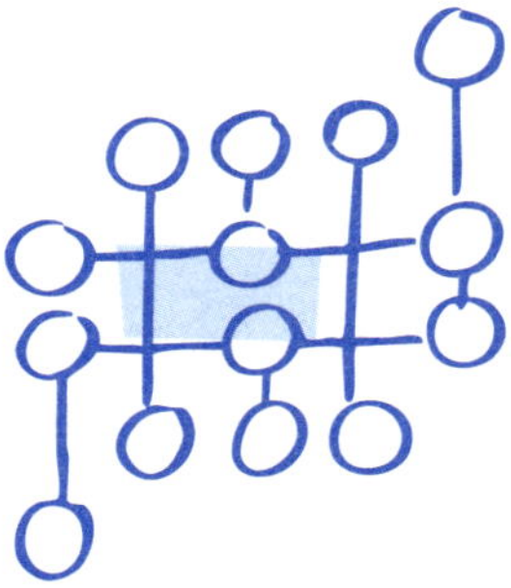
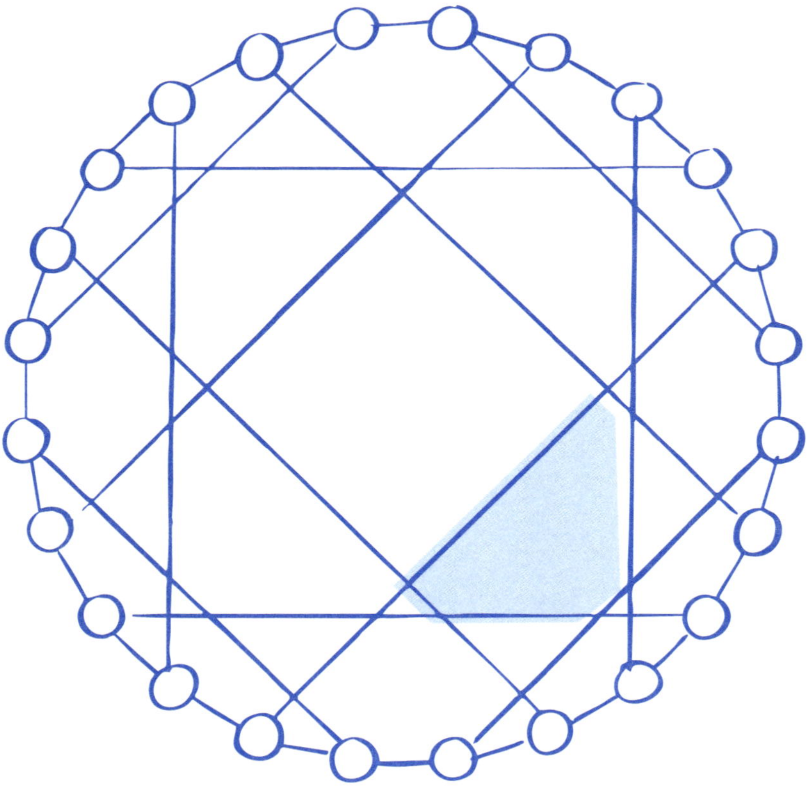
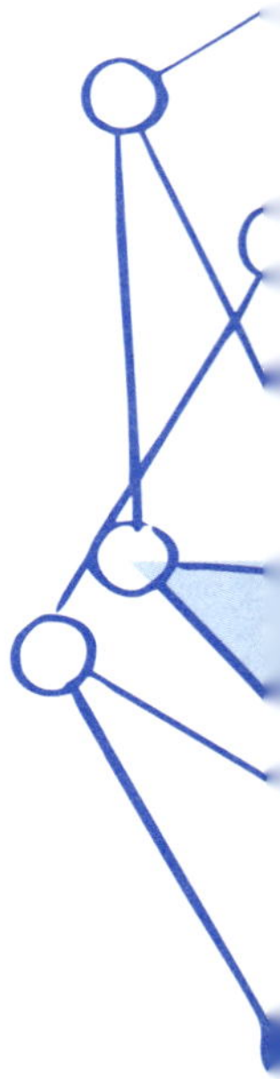
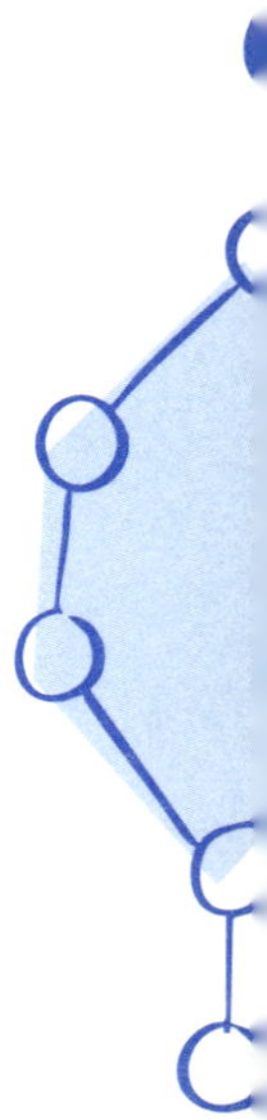

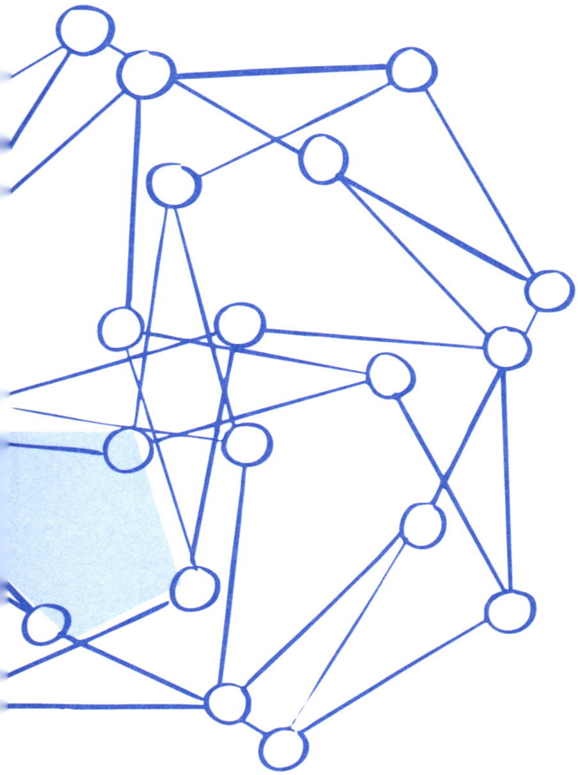

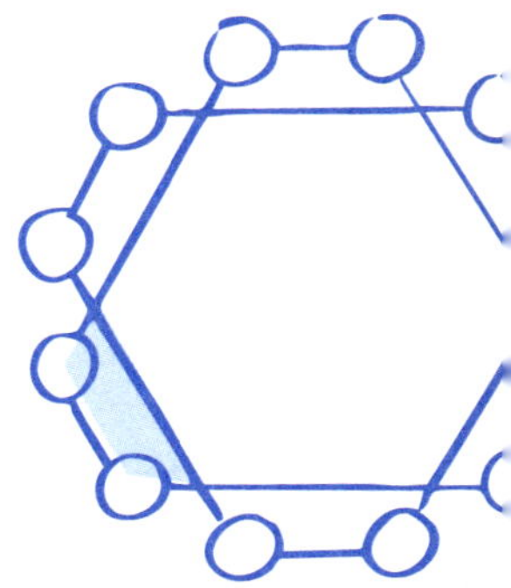

JANVIER

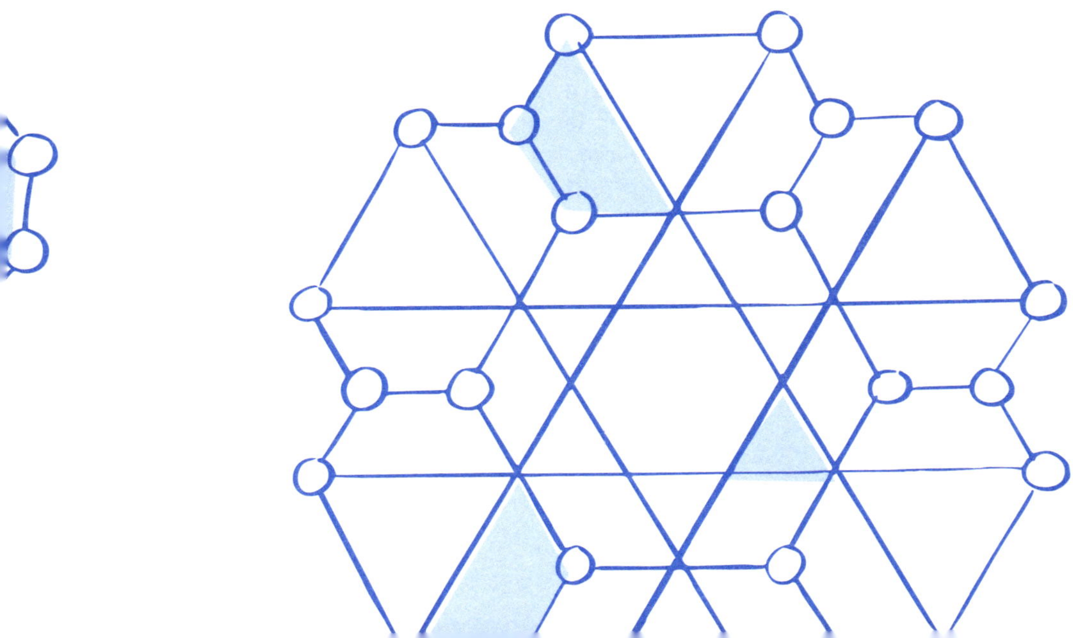

1ER JANVIER

SAUVER LA PLANÈTE

L'année 1801 commence bien pour l'astronome Giuseppe Piazzi : alors qu'en ce premier jour, il cherche à retrouver une certaine étoile depuis son observatoire de Palerme, il tombe par hasard sur un autre objet céleste ; il pense d'abord avoir découvert une comète, mais, comme il le confie à un ami, « il pourrait s'agir de quelque chose de mieux qu'une comète ». On se hasarde alors à croire à la découverte d'une nouvelle planète, et un nom lui est donné : *Cerere Ferdinandea* (en italien), rapidement abrégé en Cérès avec l'abandon de l'hommage au roi de Sicile.

Quoi qu'il en soit, Piazzi poursuit les observations nuit après nuit jusqu'au 11 février, où la position de l'objet ne le rend observable que de jour ; malheureusement, la lumière du Soleil est alors telle que l'astre n'est plus visible, et, pendant de longs mois, sa lente course la laissera inobservable. C'est un drame pour l'astronome, car, s'il a bien fait une découverte et qu'il dispose de ses relevés d'observation, personne ne peut le vérifier et confirmer ses dires. Il faudrait pouvoir retrouver la planète plusieurs mois plus tard, quand elle serait passée de l'autre côté du Soleil et de nouveau visible de nuit ; sachant qu'elle a été découverte par hasard, les chances semblent assez minces.

Les observations de Piazzi sont publiées par un journal astronomique dès juin, et le mathématicien Carl Friedrich Gauss en prend connaissance. L'enjeu est de trouver la trajectoire à partir de ces données imprécises, car soumises aux erreurs d'observation. En faisant une hypothèse élémentaire sur la trajectoire de Cérès, cela revient à chercher l'ellipse qui passe au plus près des points repérés par Piazzi.

Quelques années auparavant, alors qu'il n'avait que dix-huit ans, Gauss avait justement développé une technique mathématique pour résoudre au mieux ces problèmes d'approximation : la méthode des moindres carrés, qui permet de construire une trajectoire minimisant l'erreur d'approximation, mesurée avec les écarts entre la solution théorique proposée et les données. Faire les calculs à partir de la vingtaine d'observations de Piazzi lui prend une centaine d'heures, mais il peut fournir dès septembre des zones du ciel où, à certaines dates prévues, on devrait pouvoir localiser Cérès. En décembre, les astronomes la retrouvent là où elle devait être d'après Gauss : les mathématiques ont sauvé la planète ! Planète, elle le resta un certain temps, avant d'être dégradée au rang de planète naine…

2 JANVIER

DANS L'OMBRE DES FIGURES DE L'OMBRE

Le film *Hidden Figures* (*Figures de l'ombre*) sort officiellement sur les écrans le 25 décembre 2016, mais cette première sortie confidentielle a pour unique but de rendre le film éligible pour les Oscars 2017. Ce n'est qu'en janvier suivant que le public américain découvre Katherine Johnson, Dorothy Vaughan et Mary Jackson, trois mathématiciennes noires travaillant à la NASA.

Leurs aventures, tirées de faits réels, sont celles de trois femmes en butte à la discrimination raciale de la société américaine des années 1960 et au sexisme du monde scientifique et technologique (alors très masculin). Si le combat quotidien de ces héroïnes est le point essentiel de l'intrigue, je suis convaincu que les spectateurs ont découvert à cette occasion la contribution cruciale de ces « calculatrices humaines » qui, bien avant l'arrivée de l'ordinateur, ont rendu possibles les missions spatiales, en calculant les trajectoires avec précision et en menant divers travaux d'analyse numérique. Loin de se limiter à une tâche technique, ces femmes ont effectivement fait des mathématiques, et le titre anglais en joue : on pourrait aussi le traduire par « chiffres cachés »...

À la suite du film, et du livre de Margot Lee Shetterly dont il est tiré, le Congrès américain a accordé sa médaille d'or, la plus haute distinction civile aux États-Unis, aux trois scientifiques dépeintes dans le film, ainsi qu'à Christine Darden (présente dans le livre mais absente du film). Loin de se limiter à ces « stars », le texte officiel attribue aussi :

> *« Une médaille d'or du Congrès en reconnaissance de toutes les femmes qui ont travaillé comme informaticiennes, mathématiciennes et ingénieures au National Advisory Committee for Aeronautics et à la National Aeronautics and Space Administration (NASA). »*

L'initiative du Congrès permet ainsi de corriger l'un des biais du film : en redonnant la parole à trois personnes, celui-ci omet de nous dire que d'autres furent également invisibilisées. Bien des femmes ont en effet participé au programme Apollo, et parmi ces anonymes collectivement récompensées et trop souvent oubliées, on peut citer par exemple Annie Easley, Leslie Hunter, Kathaleen Land, Melba Roy Mouton... Leur métier, celui de « calculatrices », ne se rencontre pas qu'à la NASA : depuis le XVIIIe siècle, les laboratoires et observatoires astronomiques du monde entier ont eu recours à des calculateurs humains (la plupart du temps des calculatrices) dont le travail, pourtant essentiel, n'a toujours pas obtenu une juste reconnaissance.

3 JANVIER

YOURI APRÈS JULIA, YOURI AVEC JULIA

Dans la nuit du 3 au 4 janvier 1970, Youri Matiiassevitch, un mathématicien soviétique de vingt-deux ans, est pris de frénésie : il tient enfin le contre-exemple qu'il cherchait depuis plusieurs années… et qui répond négativement à l'une des questions posées lors du Congrès international des mathématiciens de 1900, dite « dixième problème de Hilbert » : est-il possible de concevoir un algorithme qui donne les solutions entières d'une équation à coefficients entiers ?

Youri devient pour la postérité le tombeur de ce problème très difficile. Il n'est toutefois pas le premier à se pencher sur cette question, et sa démarche s'appuie sur les travaux de ses prédécesseurs, notamment sur deux articles de l'Américaine Julia Robinson. Celle-ci était parvenue en 1961 à isoler une condition, désormais appelée hypothèse de Robinson, qui permet d'identifier des équations intéressantes pour y répondre ; en 1969, elle a ensuite poussé plus loin les techniques adaptées pour construire un contre-exemple. Matiiassevitch lit ses travaux, les présente même en séminaire, puis, quelques semaines plus tard, comprend comment aboutir en adaptant toutes ces idées et en déplaçant le cadre de travail envisagé par Robinson.

L'Américaine apprend aussitôt cet exploit et se dit ravie de voir un si jeune chercheur conclure la quête qu'elle menait depuis près de vingt ans ; elle comprend aussi que les arguments qui lui manquaient sont plutôt élémentaires. Ainsi, dans son autobiographie (en fait écrite par sa sœur, l'historienne des mathématiques Constance Reid), elle dit ne pas éprouver d'amertume à l'idée qu'un autre ait résolu le problème, mais que quelques collègues lui ont reproché d'avoir été « aveugle ». De son côté, Matiiassevitch explique assez modestement les raisons de son avantage ; dans son raisonnement, il a pu exploiter une propriété de la suite de Fibonacci (précisément, en notant F_n le n-ième terme de cette suite, si F_n^2 divise F_m alors F_n divise m) qui découle directement d'un lemme trouvé dans la troisième édition d'un livre russe publiée en 1969… et qui n'était pas encore traduit en anglais, donc pas disponible pour Robinson. Il indique aussi que, si le lemme avait été présent dès la première édition, le problème de Hilbert aurait vraisemblablement été résolu dix ans plus tôt (et pas par lui).

Robinson et Matiiassevitch sont rapprochés par ce résultat frappant et entament une correspondance intense, avec quelques rencontres occasionnelles… Bien qu'étant de deux blocs politiques qui s'opposent, ils ont pu mener de front une collaboration de haut niveau.

4 JANVIER

FAIRE DES MATHÉMATIQUES SANS VOIR

En ce 4 janvier, journée mondiale du braille organisée par l'Union nationale des aveugles et déficients visuels, on célèbre la naissance de Louis Braille. Si l'alphabet qui porte son nom ouvre à de nombreux aveugles l'accès aux textes écrits, on peut légitimement se demander s'il suffit pour lire ceux de mathématiques, où les formules et les figures géométriques ne semblent pouvoir se réduire facilement à du texte. Plus généralement, peut-on étudier ou même enseigner les mathématiques lorsque l'on est aveugle ? L'exemple du géomètre Louis Antoine permet de répondre affirmativement à ces deux questions.

Lorsque la Première Guerre mondiale éclate, Louis Antoine a vingt-cinq ans, il vient de terminer ses études à l'École normale supérieure de Paris et occupe un poste d'enseignant de mathématiques en classes préparatoires à Dijon. La mobilisation et le conflit mondial vont changer sa vie ; lors de la tristement célèbre offensive Nivelle au Chemin des Dames, une balle lui fait perdre l'usage de ses deux yeux. Il ne voit plus et, à l'époque, cette infirmité condamne sa carrière naissante d'enseignant. Antoine reprend alors des études en topologie, une branche de la géométrie, et prépare une thèse brillante. En 1921, son directeur de thèse, Henri Lebesgue, écrit dans son rapport :

> *« Malgré ses brillantes qualités, sans la guerre, M. Antoine n'aurait peut-être jamais fait de travail personnel. »*

Cet argument d'un « mal pour un bien » semble cynique, mais Lebesgue pousse à ce moment pour que davantage d'étudiants brillants envisagent une thèse et se destinent aux carrières universitaires.

Le jeune homme est effectivement contraint par la guerre d'abandonner l'enseignement ; certes, il échappe à la litanie des copies et des interrogations orales, mais il produit surtout de belles mathématiques et introduit notamment un objet topologique qui porte désormais son nom. Pour le visualiser, le plus simple est d'imaginer un procédé itératif : partez d'une chaîne formée d'anneaux entrelacés et remplacez chaque anneau par une chaîne ; recommencez indéfiniment cette opération : le « collier d'Antoine » est l'objet-limite (c'est, en termes topologiques, un compact totalement discontinu, parfait, dont le complémentaire n'est pas simplement connexe).

Les succès jalonnent la carrière mathématique d'Antoine, mais sa plus grande preuve n'est pas en science : il adapte le braille pour les mathématiques, montrant ainsi par l'exemple que, même privé du sens de la vue, on peut étudier et transmettre la discipline. Il se bat pour que l'on n'exclue plus les aveugles de l'Éducation nationale : aujourd'hui, où le handicap bénéficie d'une plus grande attention, il apparaît comme un précurseur.

5 JANVIER

PROFESSEUR DE PHYSIQUE SUBLIME

Le 5 janvier 1832, le roi Charles-Albert de Sardaigne, prince du Piémont, crée une chaire de « physique sublime » pour l'université de Turin et y nomme le mathématicien français Augustin-Louis Cauchy. On peut facilement comprendre que le jeune monarque veuille doter son université d'un professeur célèbre pour reprendre le poste retiré dix ans plus tôt au chimiste Amedeo Avogadro. En revanche, les motivations de Cauchy sont plus troublantes : pourquoi un membre de l'Académie des sciences de Paris abandonnerait-il ses prestigieuses chaires au Collège de France, à la Sorbonne et à l'École polytechnique pour rejoindre une université du Piémont ?

La réponse est politique : jusqu'en 1830, Cauchy a fait toute sa carrière pendant la Restauration ; fervent catholique et monarchiste légitimiste, il a prêté serment aux rois Louis XVIII et Charles X ; or les journées révolutionnaires de juillet 1830 poussent Charles X à l'exil et amènent Louis-Philippe sur le trône. Très conservateur, voire réactionnaire, Cauchy refuse de se dédire pour prêter serment au nouveau roi des Français ; il préfère donc abandonner tous ses postes académiques. Plus intransigeant encore, il choisit de s'exiler volontairement, alors que rien ne l'y contraint : il va d'abord en Suisse, où il reprend ses recherches, puis accepte la proposition turinoise.

Durant cette période, Cauchy travaille à la « physique sublime », c'est-à-dire la physique mathématique qu'il avait déjà enseignée à Paris ; il publie ses leçons et développe de nouveaux résultats sur les coefficients des fonctions analytiques, aujourd'hui connus comme formule et inégalités de Cauchy.

Le mathématicien ne reste toutefois que deux ans dans le Piémont, avant de repartir pour Prague : Charles X, le roi en exil, l'y convoque pour s'occuper de l'éducation d'Henri d'Artois, duc de Bordeaux – son petit-fils et prétendant légitime au trône pour la maison de Bourbon. Cauchy va s'occuper quasi exclusivement de cette mission pendant cinq ans, délaissant en grande partie ses recherches pour l'enseignement élémentaire... d'un prince qui ne goûtait pas forcément les sciences.

Cauchy a préféré son attachement légitimiste, son conservatisme religieux et un statut de « courtisan de l'exil » à ses travaux originaux : la science y a sûrement beaucoup perdu, lui y a gagné le titre de baron.

6 JANVIER

ABEL ET LE MÉMOIRE MAUDIT

Le salon de la propriété de la famille Smith à Frolands verk (Norvège) est appelé *Bukkerrommet*, car ses murs sont tapissés de motifs de boucs (*geitebukk* en norvégien) et de bouquets de trèfles d'eau (*bukkeblad*). Cependant, si l'on devait organiser une visite guidée de cette pièce, on insisterait plus volontiers sur le passage de Niels Henrik Abel, lors de l'hiver 1829, que sur les motifs du décor.

Le jeune mathématicien, alors âgé de vingt-six ans, avait rejoint sa fiancée, employée comme gouvernante dans cette maison ; le 6 janvier 1829, il profite du confort du *Bukkerrommet* pour écrire les deux pages de l'article « *Démonstration d'une propriété générale d'une certaine classe de fonctions transcendantes* » et reprendre les principales idées de son « mémoire de Paris ». À posteriori, cette journée de travail solitaire apparaît tout aussi historique qu'émouvante.

Le « mémoire de Paris » était un travail important qu'Abel avait déposé à l'Académie des sciences de Paris en 1826. Alors en voyage d'étude, il avait placé beaucoup d'espoirs dans les théorèmes établis dans ce texte, qui devait lui permettre d'obtenir une reconnaissance officielle et, par conséquent, de décrocher un poste universitaire et une situation financière lui permettant d'épouser sa fiancée. Malheureusement, le rapporteur français égara le mémoire, et Abel dut rentrer au pays, amer. En ce mardi 6 janvier, il tente de recomposer l'essentiel de son travail pour ne pas perdre tout le bénéfice de ses découvertes.

Les deux autres pages écrites ce jour constituent par ailleurs le dernier article publié d'Abel, qui est emporté quelques mois plus tard par la tuberculose. Ce destin tragique se double d'une ironie cruelle : deux jours après son décès, des courriers arrivent à Frolands verk pour indiquer, d'une part, que son « mémoire de Paris » a été retrouvé et, d'autre part, qu'on lui propose un poste de professeur d'université en Allemagne.

Abel connaîtra le succès, mais à titre posthume : son mémoire de Paris est couronné du grand prix de l'Académie des sciences en 1830, mais le manuscrit est perdu à nouveau, retrouvé en 1841, enfin imprimé, perdu pour n'être retrouvé à Florence qu'en 1952, privé de quelques pages… qui, elles, sont localisées seulement en 2000, à temps pour le bicentenaire de la naissance d'Abel.

7 JANVIER

DIVISIBILITÉ PAR 7

À l'école primaire ou au collège, on apprend quelques règles de divisibilité sur les entiers : par exemple, un nombre est divisible par 2 si son dernier chiffre est 0, 2, 4, 6 ou 8, divisible par 5 si son dernier chiffre est 0 ou 5. Un peu plus élaboré, on trouve le critère de divisibilité par 4 en considérant le nombre formé des deux derniers chiffres : ainsi, 2 357 639 132 est divisible par 4, car 32 l'est.

La règle pour la division par 9 est bien plus utile et sert de base à la méthode de vérification partielle appelée preuve par 9 : un nombre est divisible par 9 si la somme de ses chiffres est divisible par 9. Pourquoi est-ce que cela marche ? Voyons avec le nombre 1 789.

Dans un premier temps écrivons

$$1\,789 = 1 \times 1\,000 + 7 \times 100 + 8 \times 10 + 9$$

puis,

$$10 = 9 \times 1 + 1,\ 100 = 9 \times 11 + 1,\ 1\,000 = 9 \times 111 + 1$$

pour obtenir

$$1\,789 = 1 \times (9 \times 111 + 1) + 7 \times (9 \times 11 + 1) + 8 \times (9 \times 1 + 1) +$$
$$9 \times 9 \times (1 \times 111 + 7 \times 11 + 8 \times 11) + 1 + 7 + 8 + 9$$

Ainsi, on obtient que 1789 s'écrit comme un multiple de 9 plus $1 + 7 + 8 + 9$, donc est divisible par 9 si, et seulement si, $1 + 7 + 8 + 9$ l'est aussi.

Un calcul analogue en partant des égalités $10 = 1 \times 11 - 1$, $100 = 9 \times 11 + 1$, $1\ 000 = 91 \times 11 - 1$… permet d'obtenir un critère de divisibilité par 11 : un nombre est divisible par 11 si la somme alternée des chiffres, c'est-à-dire en changeant le signe à chaque étape, est divisible par 11.

Tester la divisibilité par 7 est autrement compliqué : il n'y a pas de règle très simple, et celle qui est le plus couramment enseignée consiste à calculer le nombre des dizaines et à ajouter cinq fois le chiffre des unités ; le nombre de départ est divisible par 7 si, et seulement si, le nouveau nombre l'est. Par exemple, pour 1 789, on calcule $178 + 5 \times 9 = 223$, puis $22 + 5 \times 3 = 37$, et on remarque que 37 ne figure pas dans la table de 7 ; en remontant le raisonnement, on obtient que 1 789 n'est pas divisible par 7.

Ce critère est plutôt élémentaire, et il ne fait aucun doute qu'il est connu depuis des années même s'il demeure assez peu enseigné. En 2019, Chika Ofili, un Nigérian alors âgé de douze ans, a fait sensation en le retrouvant tout seul. Interviewé pour ce petit exploit, il aurait déclaré avoir cherché un moyen de vérifier qu'un nombre était divisible par 7, car c'était le seul critère qui manquait dans son manuel !

PASCAL, GALILÉE, NEWTON EN CORRESPONDANCE

Au département des manuscrits de la Bibliothèque nationale de France sous la cote NAF 709, un modeste volume rassemble quelques centaines de lettres anciennes. Parmi elles, un courrier (le 133e du recueil) adressé le 8 janvier 1633 par lequel Blaise Pascal remercie Galilée de lui avoir fait parvenir son *Dialogue sur les deux grands systèmes du monde* paru en 1632 (livre qui causa à ce dernier quelques soucis avec l'Église catholique).

Retrouver un tel document est rarissime, et tracer l'histoire de ses propriétaires successifs s'avère particulièrement intéressant : les lettres de ce volume proviennent de la collection du mathématicien Michel Chasles, qui les a acquises entre 1861 et 1869 par l'intermédiaire d'un certain Denis Vrain-Lucas. Lui-même les tenait du comte de Bois Jourdain, un érudit qui les avait obtenues du roi Louis XVI en personne : une belle traçabilité.

Michel Chasles est fier lorsqu'il présente à ses confrères de l'Académie des sciences quelques autres pièces de sa collection, attestant d'échanges entre Pascal et Newton sur la théorie de la gravitation et montrant que cette théorie trouvait en fait ses origines du « bon » côté de la Manche. Malheureusement pour lui, ces lettres soulèvent quelques interrogations : pourquoi Pascal écrirait à un Newton adolescent pour lui confier de telles avancées scientifiques ? Pourquoi n'en parle-t-il pas ailleurs dans ses écrits ? Pourquoi les spécialistes de l'œuvre de Pascal n'ont-ils jamais entendu parler de ces lettres ? Et surtout, comment Pascal pourrait-il avoir fait ces découvertes sans avoir développé le calcul différentiel (ce que Newton fait effectivement avec ses notions de fluentes et fluxions, primitives et dérivées) ? Beaucoup de questions d'ordre historique et mathématique qui entachent la belle histoire des manuscrits.

Cent cinquante ans et un procès plus tard, on sait que Vrain-Lucas était un faussaire habile (le volume de la BNF conservé « avec la permission de l'autorité judiciaire » en témoigne), et que Chasles a pour le moins fait preuve de naïveté en achetant petit à petit vingt-sept mille manuscrits contrefaits. Il est facile aujourd'hui de se moquer de Chasles, en trouvant parmi ses documents la lettre de menace adressée par Caïn à Abel, le sauf-conduit signé par Vercingétorix ou la missive de Pythagore (le tout en français contemporain ou dans un mauvais vieux français)… N'oublions pas que la pire erreur du géomètre est de s'être laissé aveugler par le nationalisme de son époque et d'avoir voulu, au-delà des faits attestés, attribuer la science et les mathématiques au seul génie français !

9 JANVIER

THÉORÈME DE NARCISSE

Le dimanche 9 janvier 2022, le Petit Palais à Paris ferme ses portes sur une riche rétrospective du travail du sculpteur français Jean-Michel Othoniel. Intitulée *Le Théorème de Narcisse*, cette exposition attire tout de suite l'attention des amateurs de mathématiques : l'allusion à Narcisse, chasseur mythologique qui se perd dans la quête de son propre reflet, se comprend facilement lorsque l'on sait que l'artiste travaille avec des perles ou des briques, de verre ou d'inox poli, dont la surface permet de nombreux... reflets. Le mot « théorème » est quant à lui plus énigmatique, voire incongru ; il n'appartient pas au champ lexical ordinaire des artistes.

Ces mots mathématiques apparaissent dans l'œuvre d'Othoniel après la rencontre inattendue avec le mathématicien mexicain Aubin Arroyo ; ce dernier a découvert sur Internet des images des œuvres d'Othoniel exposées au Centre Pompidou en 2011 lors de la précédente rétrospective, y a perçu une illustration de ses propres travaux et a aussitôt écrit à l'artiste cette merveilleuse phrase : « Vous faites exactement ce que je fais. » Si l'on peut discuter légitimement des différences entre leurs approches, les similarités sont manifestes : Arroyo travaille sur une théorie mathématique des reflets basés sur la topologie des nœuds, sur le calcul de ces réflexions infinies (reflets, reflets de reflets, reflets de reflets de reflets...) et sur leurs simulations informatiques. Il a baptisé ces objets *nudos salvajes* (nœuds sauvages) bien avant de rencontrer les réalisations d'Othoniel.

Loin de s'arrêter à ce rapprochement inattendu, la collaboration entre le mathématicien et l'artiste a permis au public d'assister à un échange fécond entre les deux hommes, avec un livre et des expositions communes à Mexico, Montréal ou Buenos Aires. Remarquons toutefois que, dans ce binôme, il y a certes des bénéfices réciproques, mais chaque acteur a conservé sa place. Conscient de l'appréciation esthétique de son travail, Arroyo a largement diffusé ses simulations informatiques, mais sans prétendre être un artiste ; de même, si Othoniel a pris conscience du travail sur l'infini qu'il menait sans le savoir, il n'en est pas pour autant devenu mathématicien : seule l'utilisation d'un mot comme « théorème » permet au néophyte de comprendre que, désormais, son regard créateur embrasse davantage d'espace.

10 JANVIER

L'ART DE LA TYPOGRAPHIE MATHÉMATIQUE

Donald E. Knuth, né le 10 janvier 1938 dans le Wisconsin, mène depuis soixante-dix ans une brillante carrière à l'interface de l'informatique théorique et des mathématiques ; il a notamment reçu le prix *Turing* en 1974, sorte de prix Nobel pour la discipline informatique. L'annonce du jury précise le motif de la récompense :

> *« Pour ses contributions majeures à l'analyse des algorithmes et à la conception des langages de programmation, et en particulier pour ses contributions à "l'art de la programmation informatique" par le biais de ses livres bien connus dans une série continue portant ce titre. »*

L'Art de la programmation informatique (*The Art of Computer Programming* en langue originale, voire *TAOCP* pour les aficionados) est effectivement une monumentale série de livres dont la conception remonte à 1962. La première édition du premier volume date de 1968, et, au moment où j'écris ces lignes, une partie du quatrième volume est publiée sous forme de fascicules ; on attend encore des nouvelles des volumes V à VII, pour lesquels on ne dispose que des plans détaillés.

L'ouvrage est une référence indiscutable, mais il est également célèbre pour une péripétie éditoriale. Lors d'une réédition du deuxième volume dans les années 1970, le livre doit être entièrement recomposé, et le résultat est décevant. Knuth décide alors de mettre au point son propre système de typographie-composition. Pendant dix ans, il va travailler de façon à obtenir un logiciel gratuit autorisant une composition professionnelle respectant les règles typographiques en usage, les spécificités des différentes langues et, surtout, l'incorporation de formules scientifiques. Sous le nom de TeX, ce logiciel s'est imposé, et, avec son évolution LaTeX, il est désormais utilisé pour écrire la majorité des mathématiques, des textes de physique ou d'informatique (mais pas seulement).

Pour vous donner une idée de la complexité d'un tel logiciel, prenez un problème simple : vous écrivez un texte « justifié », c'est-à-dire aligné sur les marges gauche et droite ; comment régler les espaces entre les mots et décider du passage à la ligne suivante, afin que la disposition du texte reste élégante ? Pour nous qui sommes habitués aux logiciels de traitement de texte, tout cela semble vraiment facile ; c'est aussi que d'autres l'ont résolu à notre place. Pour Knuth, cette simple considération graphique demande de grandes ressources théoriques, tant pour formaliser le problème que pour écrire un algorithme le résolvant !

11 JANVIER

MARX, MATHÉMATICIEN

Le 11 janvier 1858, Karl Marx écrit une lettre au philosophe socialiste Friedrich Engels et, entre une discussion sur la situation en Inde et des interrogations sur la santé de son interlocuteur, il avoue :

> *« En élaborant les principes de l'économie, j'ai été tellement bloqué par des erreurs de calcul qu'en désespoir de cause je me suis appliqué à une révision rapide de l'algèbre, je ne me suis jamais senti à l'aise avec l'arithmétique. Mais en faisant un détour par l'algèbre, je me remettrai rapidement dans le bain. »*

Le philosophe, historien et théoricien de la révolution s'intéresse aux mathématiques ! Quand on parcourt sa correspondance, on trouve de nombreuses mentions :

> *« 6 mai 1859 : Je fais de l'algèbre pour calmer mon impatience.*
>
> *23 novembre 1860 : La seule activité grâce à laquelle je peux conserver la tranquillité d'esprit indispensable, ce sont les mathématiques.*
>
> *6 juillet 1863 : Pendant mes loisirs, je fais du calcul différentiel et intégral. »*

Ces quelques allusions indiquent un point important de la démarche de Marx : il ne s'agit pas de chercher à appliquer les mathématiques à l'économie politique ou aux sciences sociales, mais simplement de prendre du plaisir et de se détendre en étudiant ou en calculant.

Dans les années 1880, Marx passe à la vitesse supérieure et écrit d'authentiques mémoires d'analyse (qui ne seront pas publiés avant 1968 – et encore, seulement en Union soviétique) sur les fondements du calcul différentiel, ou plutôt sur ses tentatives pour comprendre les fondements du calcul différentiel. La lecture de ces textes n'est pas forcément très simple : Marx semble ne pas connaître les travaux de son siècle, dont les définitions proposées par Cauchy vers 1820 ; aussi, il manipule des éléments infinitésimaux comme au XVIIIe. De quoi surprendre quand on lit l'avis d'Engels :

> *« Hier, j'ai enfin trouvé le courage d'étudier vos manuscrits mathématiques, même sans livres de référence, et j'ai été heureux de constater que je n'en avais pas besoin. Je vous félicite pour votre travail. La chose est aussi claire que la lumière du jour. »*

12 JANVIER

TROIS MATHÉMATICIENS, UNE COUPOLE

La basilique Saint-Pierre est indéniablement le symbole de l'architecture vaticane, et sa construction a requis l'expertise de nombreux architectes ; par exemple, son dôme, longtemps le plus haut du monde, est initié par Bramante au tout début du XVIe siècle, mais terminé par Giacomo della Porta (avec l'intervention déterminante de Michel-Ange) en 1590 ! Et son aventure ne s'arrête pas là : en 1741, on constate qu'apparaissent des fissures à l'intérieur de cette coupole, qui nécessitent donc des travaux de consolidation.

Le pape Benoît XIV s'inquiète de ces lézardes ; il redoute un éventuel effondrement et les interprétations qui pourraient en être faites quant à son pontificat ; il décide alors de requérir l'expertise de trois mathématiciens (et religieux) : les minimes français Thomas Le Seur et François Jacquier, et le jésuite dalmate Ruđer Josip Bošković (qui deviendra français par la suite avec le ravissant prénom Roger). Les trois experts mandatés par le pape visitent la coupole, constatent les dégâts, considèrent aussi bien les aspects esthétiques que les questions mécaniques (l'étude de la stabilité des structures, dite « statique », fait alors partie intégrante des cours de mathématiques). Ils remettent un rapport et déclenchent de vifs débats dans toute la communauté intellectuelle : à l'époque, en effet, la physique est mal dégagée de spéculations sur les fondements de la science, et les ingénieurs soucieux de questions mécaniques doivent ainsi justifier leurs idées devant des philosophes ; le dialogue est loin d'être facile…

Pour avoir une contre-expertise, le pape se tourne le 12 janvier 1743 vers Giovanni Poleni, auteur d'un ouvrage vantant les mérites des mathématiques dans les applications pratiques en physique (*De mathesis in rebus physicis utilitate praelectio*). Constatant à son tour que la coupole ne correspond pas à la forme mathématique initialement envisagée, ce dernier préconise l'ajout des différents anneaux métalliques pour le renforcement de la structure ; la mise en place de ces éléments assure aujourd'hui encore sa stabilité.

Si la solution adoptée est essentiellement celle de Poleni, l'histoire a aussi retenu la contribution essentielle de Bošković : lorsque la Croatie a émis en 2011 une pièce de 20 Kuna pour célébrer ses trois cents ans, on a choisi de faire figurer son portrait sur l'avers… et un plan de la coupole de Saint-Pierre au revers !

13 JANVIER

UN SAVANT OU UN FOU ?

Les 12 et 13 janvier 2007 se tient à l'Académie polonaise des sciences un colloque intitulé « *En l'honneur de Józef Hoene-Wroński* ». On y a rappelé la vie bien documentée de l'homme : naissance en Pologne en 1776, différents engagements militaires pour ce pays, puis la Russie et la France (les fameuses Légions polonaises de Dombrowski), des années de recherche à Paris et à Londres, jusqu'à son décès en 1853.

Il est plus délicat de se faire une opinion sur son œuvre. En 1897, le mathématicien Joseph Bertrand indique dans un article de *La Revue des Deux Mondes* :

> *« Le caractère commun des écrits de Wronski est une obscurité qui, volontaire, ressemblerait au charlatanisme, involontaire, peut faire soupçonner la folie [...] Les plus heureux, après avoir traduit en langage ordinaire, ce qui n'est pas toujours facile, l'énoncé du problème cherché par Wronski, l'ont résolu par les méthodes connues, et constaté la ressemblance, rarement l'identité des résultats. Aucun n'a dissipé les ténèbres. »*

Sur un plan mathématique, Wronski a communiqué des mémoires diversement appréciés à l'époque comme aujourd'hui : on y lit aussi bien quelques résultats rigoureux qu'une aberrante « résolution générale des équations de tous les degrés » qui contredit ouvertement un théorème d'impossibilité démontré quelques années plus tôt par Paolo Ruffini. Si l'on a préféré oublier cette prétendue résolution, le nom du mathématicien demeure au travers des « déterminants wronskiens », des outils permettant d'étudier les fonctions solutions d'équations différentielles, quand on ne sait pas les déterminer exactement.

Je peux ainsi affirmer que Wronski a bien pratiqué les mathématiques sans être tout à fait un charlatan ou un fou, mais je dois concéder, comme Joseph Bertrand, que sa vie mouvementée, son style farfelu et ses ambitions mystico-politiques brouillent son apport à la science. À la suite d'une « révélation de l'Absolu », l'homme a en effet produit une œuvre ésotérique assez dense ; on trouve ainsi dans sa bibliographie de nombreux textes aux titres abscons comme *Prodrome* du *Messianisme*, *Révélation des destinées de l'humanité* ou *Réforme absolue du savoir humain*. Pour avoir aussi écrit un *Traité du savoir suprême*, l'homme ne manquait pas de confiance en lui !

14 JANVIER

LE GÉANT SYMPATHIQUE

Assez étonnamment, le travail de recherche mathématique s'apparente parfois à celui des naturalistes ; pour mieux comprendre une notion, il arrive que l'on soit amené à réfléchir à une classification des objets qui jouissent d'une propriété et à une nomenclature adaptée pour passer sans peine d'un article à un autre dans la littérature existant sur le sujet.

L'exemple le plus iconique vient des groupes finis simples ; la définition précise de ces objets dépasse l'ambition de ce texte, mais il suffit de savoir qu'ils sont des objets fondamentaux et structurants de l'algèbre du XXe siècle pour comprendre la suite. Dans les années 1950, des mathématiciens comprennent que leur étude est un peu trop embrouillée et qu'il faudrait y mettre de l'ordre pour poursuivre la recherche ; alors, ils commencent par identifier les exemples les plus courants et à les regrouper en « familles ».

On établit ainsi, petit à petit, une liste de dix-sept familles, chacune contenant une infinité de membres, définies par des propriétés communes et des caractéristiques que l'on peut calculer. À ce stade, l'équivalent biologique serait d'avoir séparé les champignons des algues, les oiseaux des reptiles et des poissons ; mais si ce travail de classification semble suivre alors la démarche naturaliste, il y a une différence fondamentale avec l'épopée des sciences de la nature du XVIIIe siècle : ici, pas de Carl von Linné génial et solitaire dans son effort, mais des centaines de mathématiciens collaborant à travers les continents et les décennies.

On finit toutefois par exhiber un groupe exceptionnel qui n'appartient à aucune de ces familles ; j'imagine la stupéfaction semblable à celle du premier naturaliste qui rencontre un ornithorynque. Et puis, les exceptions se multiplient : vingt-six nouveaux groupes ne correspondent pas aux critères des familles déjà considérées et restent singuliers au regard de leurs propriétés. On décide alors de les baptiser « groupes sporadiques » et de les laisser à part dans la classification. Le dernier est annoncé le 14 janvier 1982 et baptisé le « Monstre », car il s'agit d'un ensemble comportant le nombre effrayant de

808 017 424 794 512 875 886 459 904 961 710 757 005 754 368 000 000 000

éléments ! Avec ce dernier spécimen, la classification des groupes finis est alors achevée…

L'un des découvreurs du « Monstre » avait publié son analyse sous le titre plus rassurant « *The Friendly Giant* » (« Le Géant sympathique »). Malheureusement, son appellation n'a pas été retenue !

15 JANVIER

LES SUITES DE THORALF SKOLEM

Observez bien la suite de nombres suivante : 1, 1, 3, 4, 5, 3, 2, 4, 2, 5. Que remarquez-vous ? Tout d'abord, chaque entier entre 1 et 5 apparaît deux fois ; ensuite, leurs positions ne sont pas quelconques : on vérifie que les deux 1 se trouvent aux positions 1 et 2 donc séparées de 1, que les 2 sont aux positions 7 et 9 donc séparées de 2… et ainsi de suite jusqu'aux 5, qui se trouvent en deux positions (5 et 10) séparées de 5.

Il est possible de trouver d'autres séquences avec deux occurrences de 1 à « distance » 1, deux occurrences de 2 à « distance » 2… jusqu'à deux occurrences de 5 à « distance » 5, par exemple :

1, 1, 3, 4, 5, 3, 2, 4, 2, 5
1, 1, 5, 2, 4, 2, 3, 5, 4, 3
2, 3, 2, 5, 3, 4, 1, 1, 5, 4
2, 4, 2, 3, 5, 4, 3, 1, 1, 5
3, 5, 2, 3, 2, 4, 5, 1, 1, 4

De telles suites, dites de Skolem, ont été introduites et étudiées dans un article publié le 15 janvier 1957 par le Norvégien Thoralf Skolem, alors âgé de soixante-dix ans. Plus précisément, ce mathématicien spécialiste de logique montre qu'il est possible de construire une telle suite avec deux occurrences de chaque entier entre 1 et n si, et seulement si, n est un multiple de 4 ou $n-1$ est un multiple de 4. Ainsi, ne cherchez pas une suite de Skolem avec tous les entiers entre 1 et 6, il n'en existe tout simplement pas ! En effet, ni 6 ni 6 – 1 n'est un multiple de 4.

En revanche, vous pouvez tout à fait chercher une suite de Skolem avec tous les entiers entre 1 et 9, et découvrir que la recherche de ces suites est un passionnant casse-tête : sachez qu'il existe 1 328 possibilités (voire 2 656 si vous comptez comme distinctes deux suites s'obtenant l'une à partir de l'autre en lisant les chiffres de droite à gauche). Dans l'article de 1957, Skolem pousse plus loin sa quête et trouve une suite infinie, où se trouvent deux fois chaque entier naturel, les deux occurrences étant séparées de l'entier en question.

Le problème peut sembler anecdotique, mais on le trouve, lui ou ses variantes, sous différents noms comme « suite de Nickerson » ou « suite de Langford », signe que des personnes différentes ont trouvé le problème digne d'intérêt. Vous, lecteur, sauriez-vous trouver toutes les suites possibles avec les entiers de 1 à 4 ?

16 JANVIER

LA PREMIÈRE LETTRE DE RAMANUJAN

Ayant été rédacteur en chef d'une revue de mathématiques, j'ai reçu des dizaines de courriers d'amateurs prétendant avoir démontré un résultat célèbre ou étant convaincus d'avoir « inventé » une toute nouvelle branche des mathématiques, bien entendu révolutionnaire. Si je ne doute pas qu'il puisse exister des génies incompris, j'ai souvent dû répondre poliment à des considérations qui n'avaient aucun sens sur le plan mathématique.

J'imagine donc assez bien le caractère déconcertant du courrier en date du 16 janvier 1913 reçu par Godfrey Harold Hardy, professeur à l'université de Cambridge :

> *« Je me présente à vous en tant que commis au département des comptes du bureau du Port Trust à Madras pour un salaire de seulement 20 livres sterling par an. Je suis âgé d'environ 23 ans. Je n'ai pas fait d'études universitaires, mais j'ai suivi le cursus scolaire ordinaire. Après avoir quitté l'école, j'ai utilisé le temps libre dont je disposais pour travailler les mathématiques. Je n'ai pas suivi le cursus conventionnel d'une université, mais je me suis frayé un nouveau chemin. »*

L'auteur de cette lettre qui se présente si sincèrement, Srinivasa Ramanujan, fournit ensuite une dizaine de pages des formules rédigées d'une manière bien lâche par rapport aux exigences de rigueur imposées aux étudiants anglais. Ramanujan poursuit :

> *« Je vous prie de bien vouloir lire les documents ci-joints. Comme je suis pauvre, si vous êtes convaincu qu'il y a quelque chose de valable, j'aimerais que mes théorèmes soient publiés. »*

Hardy ne jette pourtant pas ce courrier atypique, car il y décèle des résultats originaux et révolutionnaires, et d'autres connus mais trop récents pour avoir simplement été recopiés par son correspondant. Il invite alors Ramanujan à Cambridge.

C'est le début d'une collaboration unique entre deux hommes que tout oppose, l'Anglais bien éduqué dans les universités victoriennes et le brahmane s'étant forgé un chemin à partir des rares livres de mathématiques auxquels il avait accès. L'histoire est belle, mais dramatique : Ramanujan a toujours été de santé fragile, et celle-ci se dégrade lors de son séjour en Angleterre ; il meurt ainsi moins de dix ans plus tard, alors que son immense talent commençait à être pleinement reconnu…

17 JANVIER

COUP DUR POUR GALOIS

En juin 1830, l'Académie des sciences remet son Grand prix de mathématiques conjointement au mathématicien norvégien Niels Abel, à titre posthume, et au mathématicien prussien Carl Jacobi. Évariste Galois, étudiant de dix-neuf ans, a également présenté un mémoire, « Sur les conditions de résolubilité des équations par radicaux », pour concourir à ce prix. Le problème taraude en effet les mathématiciens depuis longtemps. On dispose bien depuis l'Antiquité de méthodes pour résoudre les équations de degré 1 ou 2 (du type $ax + b = c$ ou $ax^2 + bx + c = d$, où x est l'inconnue) ; d'autres ont été découvertes au XVIe siècle pour celles de degré 3 ou 4 ; depuis ce temps, impossible pourtant d'en trouver pour les degrés supérieurs !

Galois n'est pas surpris que ces deux mathématiciens qu'il admire soient récompensés, mais il s'étonne que son propre travail ne soit même pas cité. Renseignements pris, son mémoire a été égaré, et la mort du rapporteur désigné, Joseph Fourier, ne permet même pas de retrouver le document soumis.

Le jeune homme a de quoi être aigri : depuis quelque temps, la vie s'acharne sur lui, entre le suicide de son père (à la suite d'une odieuse campagne de diffamation), ses échecs répétés au concours de l'École polytechnique et maintenant son mémoire perdu. Sur ce dernier point, on semble s'acheminer vers une solution : deux académiciens lui demandent une nouvelle version et la lisent... mais finissent par rendre un avis critique et ne lui attribuent pas l'approbation pour publication de l'Académie, ce qui est officiellement fait le 17 janvier 1831. En découvrant ce rapport, Galois peine à y déceler les points positifs et les encouragements qui l'incitent à gagner en clarté et en généralité ; de toute façon, il s'est déjà engagé dans d'autres recherches mathématiques, et sa colère se manifeste au travers de ses engagements politiques.

Le décès de Galois au cours d'un duel en 1832 l'empêche définitivement de revenir sur ce mémoire qui reste non publié, voire confidentiel, jusqu'en 1846, où il apparaît dans le *Journal de mathématiques pures et appliquées* dirigé par Joseph Liouville. Il est aujourd'hui unanimement célébré pour ses idées originales, qui marquent la naissance d'un domaine de recherche mathématique nommé en son honneur la « théorie de Galois ». Il peut être tentant de critiquer à posteriori l'attitude des académiciens face à ce jeune et génial étudiant mais il faut se garder d'être trop sévère : même après publication, il a fallu près de trente ans et les efforts substantiels d'autres mathématiciens pour que la communauté saisisse la pertinence et la profondeur de ce travail.

18 JANVIER

ET *FPU* DEVINT *FPUT*

En physique, l'abréviation *FPU* désigne un paradoxe conçu par Enrico Fermi, John Pasta et Stanisław Ulam touchant au comportement d'atomes placés dans un état spécial, dit quantique ; il figure dans un rapport classifié de mai 1955, issu du laboratoire national de Los Alamos (celui qui a notamment hébergé le projet *Manhattan* de recherches sur la bombe atomique). Finalement publié en 1965, ce travail ouvre la voie à un tout nouveau champ disciplinaire de physique dite non linéaire ; mais ce que l'on sait moins, c'est que cette avancée théorique repose initialement sur l'une des premières simulations numériques sur ordinateur.

En 1972, l'article de recherche « *The Superperiod of the Nonlinear Weighted String (FPU) Problem* » propose dans son introduction de retracer la genèse de ce problème :

> *« L'ordinateur Maniac I [...] a commencé à fonctionner à Los Alamos au début de 1952. E. Fermi, qui était en visite au laboratoire, J.R. Pasta et S.M. Ulam se sont amusés à examiner les nouveaux problèmes qu'il permettait d'étudier [...] Les résultats des premiers calculs, qui ont été codés par l'un d'entre nous (M.T.M.), ont été si surprenants que les chercheurs ont été incités à étudier les systèmes non linéaires en général. »*

Clairement, ce « M.T.M. » a contribué au projet initial, mais les initiales ne correspondent à aucun des trois hommes ayant laissé leurs noms au problème. Il s'agit en fait de Mary Tsingou, épouse Menzel. Cette scientifique est bien mentionnée dans le rapport confidentiel de 1955, mais pas comme autrice : « *Rapport écrit par Fermi, Pasta et Ulam. Travail effectué par Fermi, Pasta, Ulam et Tsingou.* » Ainsi, elle n'est pas passée à la postérité bien que son apport soit essentiel à l'avènement du problème et que la haute technicité de la programmation sur les premiers ordinateurs amenât alors systématiquement à ajouter les codeurs à la liste des auteurs.

Le physicien Thierry Dauxois, qui a dénoncé cette injustice en janvier 2008 dans *Physics Today*, relève par ailleurs l'asymétrie de la politique d'attribution : Fermi figure dans les auteurs du rapport alors qu'il est mort avant sa publication. Corrigeant cette longue invisibilisation, on parle désormais de l'expérience de Fermi-Pasta-Ulam-Tsingou (*FPUT*).

19 JANVIER

LE MÉCANISME DE WATT

Né le 19 janvier 1736, l'ingénieur écossais James Watt a laissé son nom à différents objets : il y a bien sûr l'unité de la puissance dans le système international, mais aussi la machine à vapeur qu'il contribue à améliorer (et dont on dit parfois, à tort, qu'il est l'inventeur) avec un condenseur (pour transformer la vapeur en eau liquide) et un vilebrequin. Si ce dernier outil, qui existait avant Watt, permet ainsi de convertir un mouvement rectiligne en mouvement circulaire, je retiens plutôt de ce savant la conception d'un mécanisme… pour la conversion inverse !

Décrivons ce dernier mécanisme : il est composé de trois tiges rigides, deux étant de même longueur avec une extrémité fixée ; la troisième tige, en général plus courte, est attachée aux deux extrémités mobiles des premières tiges. En apparence, rien de très compliqué, mais Watt observe un point intéressant pour la cinématique : lorsque les extrémités mobiles bougent, la trajectoire du milieu de la courte tige se déplace sur une droite donnée : il a créé un mouvement rectiligne !

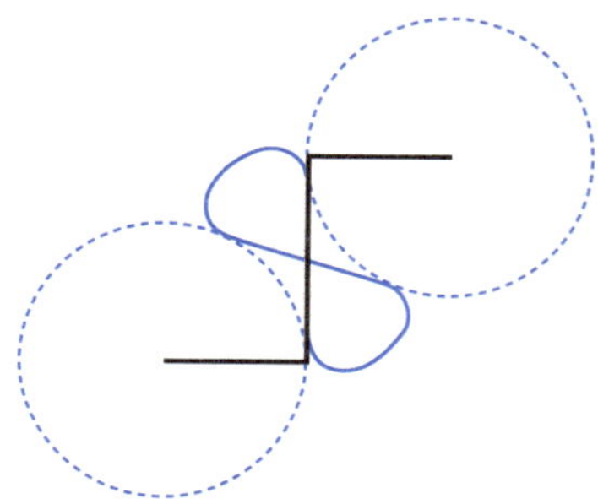

Si on analyse mathématiquement ce dispositif, on remarque que le milieu se déplace sur une courbe définie comme le lieu du milieu d'un segment de longueur constante joignant deux points sur des cercles de même rayon… On trouve que ce n'est pas du tout une droite, mais une lemniscate, une courbe qui a la forme d'un huit. On est bien loin du caractère rectiligne recherché.

Cela peut sembler problématique, mais Watt a compris qu'avec des contraintes mécaniques raisonnables, on n'utilisait pas toute la courbe, seulement une portion de celle-ci qui ressemble à un segment de droite : le point considéré ne suit pas un mouvement rectiligne, mais approximativement rectiligne, et, en concevant judicieusement le mécanisme, on atteint une précision suffisante en pratique.

Après Watt, d'autres scientifiques – certains fameux, comme le mathématicien Pafnouti Tchebychev – vont chercher à convertir un mouvement circulaire en un mouvement rectiligne. Des solutions exactes existent, mais elles requièrent davantage de tiges : il en faut cinq pour le mécanisme du Britannique Henry Hart, sept pour celui du Français Charles Peaucellier et du Lituanien Lipman Lipkin. Ces trois savants, pour trouver la ligne idéale pour notre machine, s'appuient sur des propriétés astucieuses… de géométrie dans le plan !

20 JANVIER

AU MODE

Imaginons une situation fictive : vous enseignez les mathématiques et vous vous apprêtez à rendre à vos élèves un devoir dont voici la liste (ordonnée) des notes :

11, 11, 11, 11, 11, 11, 11, 11, 12, 13, 15, 15, 15, 15, 16, 17, 19, 19, 20, 20, 20, 20.

Vous souhaitez donner quelques repères statistiques pour que chacun puisse interpréter sa note (même si, au fond de vous, vous savez bien que celle-ci est accessoire et que les commentaires de votre correction sont plus importants). Vous pouvez donner la moyenne, ici arrondie à 14,7, mais vous savez qu'il s'agit d'un indicateur discutable : quelques valeurs extrêmes peuvent facilement la perturber. Une seconde idée consiste à donner une médiane, un indicateur tel que la moitié des élèves ont une note en dessous de cette valeur (ici 15). Toutefois, si vous regardez les données ci-dessus, vous comprenez que ni la moyenne ni la médiane ne donnent une information pourtant capitale pour les élèves : 11, la note la plus basse, est la plus fréquente !

Cet indicateur statistique de la valeur la plus fréquente est appelé « mode » à la suite du statisticien britannique Karl Pearson. Dans un article publié en janvier 1895 par la *Royal Society*, ce mathématicien indique en note de bas de page :

> *« J'ai trouvé pratique d'utiliser le terme mode pour l'abscisse correspondant à l'ordonnée de la fréquence maximale. La "moyenne", le "mode" et la "médiane" présentent tous trois des caractéristiques distinctes importantes pour le statisticien. »*

L'article enchaîne sur plusieurs jeux de données, comme les taux de divorce en fonction de la durée du mariage ou l'apparition de maladies en fonction de l'âge, pour quantifier l'asymétrie de celles-ci, c'est-à-dire l'inégale répartition des valeurs qui les constituent. Les définitions de valeurs « médianes » de référence sont donc cruciales pour son propos et ses calculs.

En ce qui concerne le mode, il ne fait aucun doute que la notion était manipulée depuis longtemps avant d'être baptisée ainsi par Pearson. En revanche, les raisons du choix de ce mot restent confuses : est-ce une référence à l'expression française « à la mode » pour décrire la valeur la plus fréquente ? Est-ce une dérivation du *modus* latin qui signifie « mesure » ou « étendue » ? On jongle encore entre ces différentes hypothèses...

21 JANVIER

QUI A PROUVÉ QR ?

En janvier 2000, les éditeurs du journal *Computing in Science & Engineering* décident de dresser une liste des dix algorithmes les plus influents du XXe siècle finissant. Après de longs débats, ils sont arrivés à la liste suivante (dans l'ordre chronologique) :

1946 : L'algorithme de Metropolis
1947 : La méthode du simplexe
1950 : La méthode du sous-espace de Krylov
1951 : Les décompositions matricielles en analyse numérique
1957 : Le compilateur optimisant Fortran
1959 : L'algorithme QR
1962 : Le tri rapide
1965 : La transformée de Fourier rapide
1977 : L'algorithme de détection des relations entre entiers
1987 : La méthode multipolaire rapide

On considère généralement qu'un algorithme est une séquence finie d'étapes de calcul qui transforme une entrée en une sortie ; toutefois, les travaux ici mentionnés sont en fait des théorèmes, c'est-à-dire des résultats mathématiquement établis qui permettent de justifier qu'un algorithme donné termine et renvoie bien le résultat qui est attendu ; on attribue alors la paternité d'un algorithme aux gens qui ont su prouver sa validité et sa pertinence.

Qu'ont de révolutionnaire ceux qui ont été retenus dans cette liste ? Pour l'essentiel, il s'agit de méthodes permettant d'effectuer, de façon fiable et rapide, des calculs difficiles. Le premier item de la liste est un résultat de John von Neumann, Stanislas Ulam et Nick Metropolis, alors chercheurs à Los Alamos ; l'algorithme de calcul de la transformée de Fourier rapide est attribué à James W. Cooley et John W. Tukey ; celui pour l'obtention de la décomposition QR est quant à lui associé à John G.F. Francis, un informaticien britannique qui a fait une brève incursion dans l'analyse numérique au début des années 1960.

Cette dernière attribution est toutefois discutée : au même moment, voire un peu avant si l'on consulte les archives, en Union soviétique, la mathématicienne Vera Nikolaevna Kublanovskaïa avait aussi établi la validité de cet algorithme (et avec des hypothèses plus générales que celles de Francis). Nul doute que les deux scientifiques ont travaillé indépendamment, et que l'omission de Kublanovskaïa est due à des raisons géopolitiques ; ainsi, conscient de ces éléments, le numéro spécial de janvier 2000 du journal *Computing in Science & Engineering* peut sans peine rajouter le nom de la Soviétique dans la liste des plus grands prouveurs d'algorithmes du XXe siècle !

22 JANVIER

VIN SUR VIN

Dans le calendrier de l'Église catholique, le 22 janvier est le jour de saint Vincent, patron des vignerons. Cette date est donc chaque année l'occasion de diverses festivités dans les régions viticoles. Aux mathématiciens, l'Église attribue la protection de saint Hubert et de sainte Barbe, et, à première vue, aucune festivité associée aux deux patrons ne présente de réelle pertinence mathématique ; aussi, rejoignons (avec la modération d'usage) les amateurs de vins pour chercher avec eux des sujets d'intérêt.

Cette quête en apparence incongrue se trouve livrer une récolte surabondante : rien qu'en se limitant aux références à la constante π, on trouve de nombreux vins intéressants. À tout seigneur tout honneur, le plus reconnu des breuvages mathématiques nous vient du Beaujolais : Jean Foillard y produit, seulement les bonnes années, une cuvée 3.14, avec une étiquette ornée d'un grand π stylisé rouge. Le nom provient d'un simple jeu de mots, puisque ce vin exceptionnel répond à l'appellation d'origine contrôlée Côte de Py (qui géographiquement se réduit à une parcelle mythique à la sortie du village de Morgon).

D'après mes recherches, deux autres vins répondent au nom de 3.14 : l'un produit par la famille Paterianakis au centre de la Crète et l'autre par le domaine du Causse noir sous l'appellation Faugères dans l'Hérault ; le record de décimales sur une étiquette, lui, est détenu par les deux vins 3.1415 réalisés en Espagne par la famille Langa (le rouge dans l'appellation Aragón et le blanc en Calatayud). Ces producteurs espagnols ont d'ailleurs eu l'excellente idée d'illustrer les étiquettes avec de très nombreuses décimales de π, en distinguant par une couleur différente les premières qui constituent le nom du vin.

Je regrette que l'on n'ait pas mis en évidence d'autres décimales plus lointaines pour marquer le millésime, puisque l'on peut vérifier que tous les nombres à quatre chiffres, en particulier les années récentes, figurent dans l'écriture des décimales de π. On conjecture aussi que toute succession de chiffres (donc tout nombre à cinq, six, sept chiffres...) se trouve dans cette suite de décimales, mais ce n'est pas encore montré (ni infirmé) ; du reste, cela ne serait pas nécessaire pour le producteur avant quelque temps !

23 JANVIER

LES LETTRES DANS EUGÈNE ONÉGUINE

Eugène Onéguine est le personnage principal du roman éponyme en vers d'Alexandre Pouchkine ; ce dandy pétersbourgeois, qui évolue dans un monde essentiellement futile, s'en trouve vite blasé. Par exemple, la strophe XXXVIII commence, dans la traduction d'André Markowicz, par :

> *« La maladie dont les mystères*
> *Laissent pantois les gens de l'art,*
> *Nommée le spleen en Angleterre,*
> *Et chez nous autres, le cafard,*
> *Le prit dans l'ombre de son aile.*
> *Se brûler, certes, la cervelle,*
> *Il n'en éprouva point l'envie,*
> *Mais fut plus froid devant la vie. »*

Dans ce bref extrait, on peut apprécier la sombre poésie russe… mais on peut aussi étudier statistiquement la répartition des lettres. Par exemple, la lettre l est suivie onze fois par un e, six fois par un a et une fois par les lettres l, n, o et u : cela indique a priori que, lorsqu'on lit un l, il y a une forte probabilité de lire une voyelle ensuite.

Cette idée, plutôt naturelle aujourd'hui comme principe de certaines « intelligences artificielles » et autres modèles de langages, était complètement originale lorsque le mathématicien russe Andreï Andreïevitch Markov la publie en 1913 dans un article. Il s'agit alors de comprendre ce texte de 20 000 caractères comme un processus aléatoire d'affichage de lettres (en fait, de caractères cyrilliques) tel que la probabilité d'apparition d'une lettre ne dépende que des lettres la précédant immédiatement ; et, notamment, d'analyser les transitions entre consonnes et voyelles.

Les motivations de Markov ne sont pas claires : il est peu vraisemblable qu'il ait développé cet attirail statistique pour de l'analyse littéraire, et son ambition est sûrement davantage d'illustrer les « chaînes » qu'il a développées et qui sont désormais appelées « chaînes de Markov ». En 1906, il avait introduit ce concept pour montrer que de célèbres résultats de probabilités restaient vrais, même en supprimant des hypothèses ; sa recherche linguistique sur le roman de Pouchkine est ainsi une première popularisation de ce travail théorique antérieur. Aujourd'hui, on trouve de très nombreuses autres applications aux chaînes de Markov dans des domaines très loin de la littérature – des mathématiques pour la finance à l'analyse bio-informatique de l'ADN.

24 JANVIER

LA MAISON DE BOB L'ÉPONGE

Bob l'éponge est un personnage de la série animée éponyme ; vaguement de la forme d'une éponge domestique, il vit avec ses amis au fond de l'océan Pacifique, dans un village appelé Bikini Bottom. Ses aventures font le régal des petits spectateurs de la chaîne Nickelodeon, aux États-Unis, et d'une centaine de chaînes à travers le monde.

Vi Hart, une spécialiste de diffusion mathématique sur Internet, a bousculé ses habitudes pour parler de cette série. Le 24 janvier 2012, sa vidéo s'avère être une lettre de protestation destinée aux créateurs de la série animée :

> *« Vous prétendez que Bob l'éponge vit dans un ananas sous la mer, mais le fait-il vraiment ? Un vrai ananas aurait des spirales de Fibonacci [...] Il n'aura jamais le même nombre de spirales dans les deux sens. Les ananas, contrairement aux personnes, n'ont pas de symétrie bilatérale. [...] Pourtant, lorsque l'on regarde l'ananas supposé de Bob l'éponge sous la mer, il présente clairement une symétrie bilatérale. Il est évident que ce n'est pas du tout un ananas, car aucun ananas ne pourrait pousser de cette façon. »*

Effectivement, des modèles mathématiques avec des hypothèses raisonnables ont permis d'expliquer le fait qu'indique Vi Hart : sur un ananas, une pomme de pin ou une fleur de tournesol, les contours des écailles ou des graines tracent des lignes ; pour l'ananas, elles s'enroulent autour du fruit d'une façon ascendante, en adoptant la forme d'une hélice. Lorsque l'on compte alors les spirales qui s'enroulent vers la gauche et celles qui s'enroulent vers la droite, on trouve (majoritairement) deux nombres consécutifs de la suite de Fibonacci : 1, 2, 3, 5, 8, 13, 21, 34. Or l'ananas du dessin animé ne vérifie pas cette propriété !

Le dessinateur de Bob l'éponge lui a répondu avec un message plein d'humour :

> *« Pour être honnête avec vous, j'en ai assez de vivre dans le mensonge. Il est temps de dire la vérité et de changer les choses pour le mieux. Ainsi, dans l'intérêt de la vérité et de la justice, j'ai apporté quelques légères modifications au dessin. »*

S'ensuit un ananas plus réaliste... les spectateurs de la série peuvent se réjouir de ce plus grand souci du détail !

25 JANVIER

LE CERCLE DANS LE CERCLE

Avez-vous déjà dessiné une hypotrochoïde ? Difficile de répondre à cette question sans savoir ce que c'est ; étymologiquement, cela provient des racines grecques *hupo* (au-dessous) et *trokhos* (roue) : il s'agit de la famille des courbes obtenues en suivant un point attaché à un cercle qui roule sans glisser à l'intérieur d'un cercle plus grand.

Ce genre de courbe peut s'obtenir avec le jeu Spirographe, commercialisé par la société Hasbro, où des disques dentelés permettent de créer le mouvement recherché et, en positionnant la pointe d'un stylo, d'obtenir le tracé d'une hypotrochoïde.

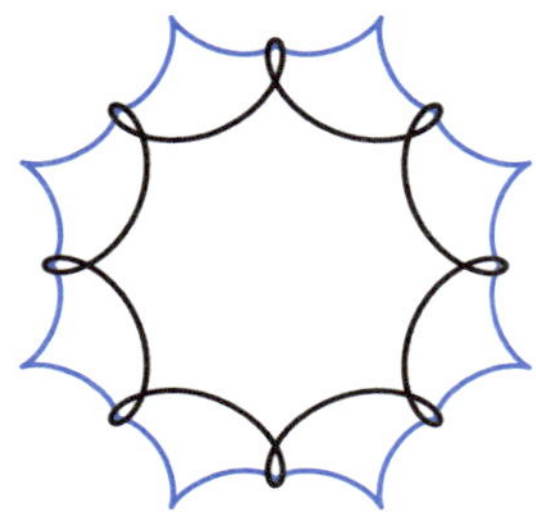

Le Spirographe tel que nous pouvons le connaître aujourd'hui est issu d'un brevet accordé à Denys Fisher le 25 janvier 1965... mais aussi d'une longue tradition mathématique. Parmi les précurseurs de Fisher, on peut notamment citer le mathématicien et philosophe alsacien Ernst Barthel, qui dans les années trente étudie le *Transformationszirkel*, ou compas de transformation ; le Polonais Bruno Abdank-Abakanowicz, qui a inventé des *intégraphes* (dispositifs mécaniques pour calculer des intégrales) ; ou, plus ancien encore, l'architecte britannique Peter Hubert Desvignes, qui a inventé vers 1848 une machine pour dessiner des guillochis, motifs composés de multiples courbes en spirales, afin de protéger billets de banque et diplômes de la contrefaçon.

Toutefois, dans ces travaux, ces courbes étaient déjà considérées indépendamment d'éventuels mécanismes pour les tracer. Pour ce qui a trait à leur construction, le plus bel exemple se trouve selon moi dans le manuel de géométrie d'Albrecht Dürer intitulé *Underweysung der Messung, mit dem Zirckel und Richtscheyt* (« Instructions pour la mesure, à la règle et au compas »), en 1525. Dans ce fantastique traité, très utile aux dessinateurs, auxquels il fournit les moyens de tracer de nombreuses figures, on trouve en particulier une épitrochoïde particulière correspondant au cas d'un petit cercle extérieur de rayon la moitié du rayon du grand cercle, courbe qui s'appelle depuis le « folium de Dürer ». Je vous laisse deviner sa forme d'après le processus de construction, ou ressortir un spirographe pour le tracer.

26 JANVIER

LES INVENTIONS MIRACULEUSES DU LOGARITHME

John Neper, baron de Merchiston, est un érudit écossais ayant vécu à la fin du XVIe siècle ; il était extrêmement fier de ses travaux, et notamment de son analyse de l'Apocalypse *selon saint Jean* (*A plaine Discovery of the whole Revelation of Saint John*, 1593), mais la postérité a davantage retenu son invention des logarithmes désormais appelés népériens. Le savant s'explique dans un ouvrage de 1614 détaillant sa trouvaille :

> *« Rien n'est aussi désagréable à la pratique des mathématiques [...] que les multiplications, les divisions et les extractions des racines carrées ou cubiques de grands nombres qui, en plus de l'ennui dû à leur longueur, induisent nombre d'erreurs dangereuses ; en conséquence, j'ai entrepris de rechercher par quels moyens sûrs et commodes je pourrais me débarrasser de ces difficultés. »*

Grosso modo, Neper a trouvé un moyen de transformer les produits difficiles en additions plus faciles, à l'aide d'un outil qu'il a baptisé « logarithme ». Avec celui-ci, un astronome de l'époque qui veut effectuer un produit de deux nombres a et b commence par obtenir les logarithmes de a et de b dans une table comme celle de Neper, puis effectue l'addition de ces deux nombres, et cherche enfin le nombre dont le logarithme correspond à cette somme (en utilisant la table dans l'autre sens) : d'après la propriété fondamentale des logarithmes, à savoir $\log(a) + \log(b) = \log(a \times b)$, le nombre qu'il a obtenu est bien le produit de a et de b.

Il y a toutefois une difficulté dans l'écriture ci-dessus : le logarithme imaginé par Neper n'est pas tout à fait celui que l'on note désormais log. L'Anglais Henry Briggs, mort le 26 janvier 1630, comprend que la géniale invention de l'Écossais peut être perfectionnée et, après avoir rencontré Neper, l'adapte pour obtenir notre logarithme décimal, que l'on devrait légitimement appeler briggsien.

Dans la recherche de la paternité des logarithmes, il y a certes Neper et Briggs, mais il y a aussi un acteur oublié, le Suisse Jost Bürgi, horloger de l'empereur du Saint-Empire Rodolphe II. Ce dernier pratiquait le calcul logarithmique bien avant Neper (même s'il n'a publié ses tables qu'après lui) et avait expliqué leur usage au célèbre Johannes Kepler, qui a témoigné de son habileté au calcul. Et si on parlait de logarithme bürgien ?

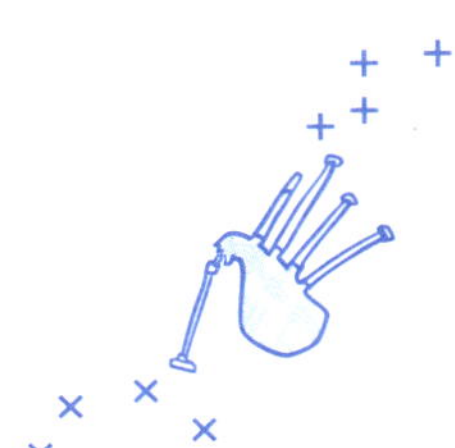

27 JANVIER

LETTRE À e

Commençons par un poème, certes un peu simplet, dont le véritable auteur demeure inconnu :
« Que j'aime à faire apprendre un nombre utile aux sages !
Glorieux Archimède, artiste ingénieux,
Toi de qui Syracuse aime encore la gloire,
Soit ton nom conservé par de savants grimoires ! »

Le texte se poursuit avec seize autres vers tout aussi énigmatiques pour le non-initié. L'utilité en apparaît plus clairement lorsque l'on écrit sous chaque mot le nombre des lettres qui le composent : pour l'extrait ci-dessus, on obtient ainsi 3141592653589793238462643383279, soit les trente et un premiers chiffres de l'écriture décimale de la constante π (il ne manque que la virgule). Ces quelques lignes sont donc un moyen mnémotechnique simple pour qui chercherait à se souvenir d'une approximation de π.

Le mathématicien Jacques Hadamard se souvint de ce poème lorsque les bombardements de la Première Guerre mondiale le cantonnèrent de longues heures durant dans les abris de fortune que sont les caves parisiennes. Pour tromper l'ennui, il eut l'idée de composer un texte analogue pour les décimales de la constante e, dite constante d'Euler et base de l'exponentielle, et obtint un premier poème composé d'une dizaine de mots.

Au sortir de la Seconde Guerre mondiale, âgé de quatre-vingts ans, il reçoit un fascicule en provenance du Danemark contenant les huit cent huit premières décimales de $e = 2{,}71\ldots$ et reprend le travail où il l'avait laissé. Voici le début du texte qu'il obtient et transmet à ses camarades, où les mots de dix lettres sont utilisés pour le chiffre 0 :

« Je souffre à chercher ce problème,
À chercher ce problème ardu,
Utile cependant, inévitable même,
Utile et non perdu.
Car, œuvre magnifique !
Un principe logique
Peut abréger à son homme un labeur
Ingrat et long, véritable malheur. »

Si vous souhaitez suivre son exemple, deux difficultés se présentent : la première, fort délicate pour Hadamard, mais facile si l'on dispose d'un ordinateur, consiste à trouver ces décimales ou, plutôt, à parvenir à les calculer ; la seconde en appelle à votre talent littéraire pour produire un texte esthétiquement intéressant – et c'est un autre problème !

28 JANVIER

UN TABLEAU POUR DEUX THÉORÈMES ?

La galerie Kootz est, au travers de ses différentes adresses, un pôle de l'art à New York depuis le début des années 1940. C'est là que s'est tenue par exemple la première rétrospective Picasso d'après-guerre ; c'est là aussi que le public américain a pu découvrir les œuvres de Pierre Soulages.

Le 28 janvier 1956, on y expose pour la première fois un tableau intitulé *Le Théorème d'Alexandroff*, de l'artiste français Georges Mathieu. Avec un tel nom, cette œuvre, désormais accrochée au MoMA (Museum of Modern Art), suscite instantanément ma curiosité de mathématicien. À titre personnel, je connais deux théorèmes portant ce nom : l'un concerne la dérivabilité des fonctions convexes et est attribué à Alexandre Danilovitch Alexandrov (1912-1999) ; l'autre se rapporte à la topologie abstraite et à des parties dites compactes, et est attribué à Pavel Sergeïevich Alexandrov (1896-1982).

Pour déterminer lequel de ces résultats est présenté sur les murs la galerie Kootz, le premier réflexe consiste à examiner attentivement la peinture. Le fond est noir, et on y distingue essentiellement trois signes aux allures de « calligraphies », deux plus grandes en blanc et en noir, l'autre plus discrète dans un rouge très vif, chacune semblant nerveusement tracée à même le tube de peinture. Autant dire que rien dans le tracé ni dans les couleurs ne permet de trancher entre les deux résultats homonymes.

Pour en savoir davantage, il faut donc consulter des interviews bien postérieures à l'exposition, lorsque Georges Mathieu explique la démarche de sa période « épistémologique » et son intention d'utiliser les révolutions en cours dans le monde scientifique pour son propre travail. Pour les mathématiques, il annonce :

> *« C'est avec Hausdorff que commence la topologie générale telle qu'on l'entend aujourd'hui, et au sein de laquelle Alexandroff et Urysohn définissent les espaces compacts. Arrivé à ce point culminant, toute la mathématique occidentale se trouve brusquement sclérosée dans un formalisme de la plus pure tradition logique. »*

On peut légitimement discuter la compréhension de l'artiste des mathématiques contemporaines et la prétendue « sclérose » où elles seraient acculées… mais, au moins sait-on désormais que la peinture exposée évoque les travaux sur la compacité de Pavel Sergeïevich Alexandrov.

29 JANVIER

LES MATHÉMATIQUES AU « TROU »

Le 29 janvier 2020 paraît dans la revue *Research in Number Theory* un article de recherche sur les fractions continues, une façon de représenter les nombres par des suites d'entiers, différente de notre développement en décimales ; le texte est signé par les mathématiciens Christopher Havens, Stefano Barbero, Umberto Cerruti et Nadir Murru. L'ordre non alphabétique des auteurs indique le rôle prépondérant de Havens dans ce travail de recherche, mais aussi son statut particulier ; en effet, il n'était pas dans les meilleures dispositions pour devenir chercheur en mathématiques.

Toxicomane ayant quitté tôt l'école, Havens est condamné en 2011 à vingt-cinq ans de prison pour son implication dans une fusillade mortelle liée au trafic de drogue. Dans une prison de l'État de Washington où il purge sa peine, sa mauvaise conduite en cellule amène les autorités à le placer à l'isolement. Il raconte :

> *« Moins d'un an après mon arrivée en prison, mon comportement m'a conduit au "trou" (isolement cellulaire). C'est au trou que ma vie a changé, car c'est là que j'ai découvert que j'aimais les mathématiques. Je passais environ dix heures par jour à étudier. [...] J'ai décidé d'entrer dans le Programme intensif de transition. Il s'agit d'un programme d'un an qui aide les gens à se remettre les idées en place. »*

Havens lit et étudie les mathématiques en autonomie, puis écrit à différents chercheurs. Un couple de mathématiciens turinois, Luisella Caire et Umberto Cerruti, lui répond avec des problèmes pour éveiller sa curiosité ou tester sa sagacité, auxquels ils joignent des livres de leur propre bibliothèque. Sous l'influence des mathématiques, le comportement du détenu se transforme, il devient un prisonnier modèle, et ses conditions de détention s'assouplissent.

Malheureusement, certains ouvrages, annotés de signes mathématiques très suspects aux yeux des autorités pénitentiaires, sont bloqués au titre de la sécurité de l'établissement, et Havens doit se débrouiller sans eux. S'il finit par trouver des solutions qui lui permettent de travailler sur les fractions continues et d'obtenir ses premiers résultats (il a signé deux autres articles de recherche depuis), il conserve de cette expérience un souvenir douloureux ; il en a néanmoins tiré de quoi porter un projet pour d'autres détenus et créer en 2016 le *Prison Mathematics Project*, une structure pour leur permettre de trouver une voie de réinsertion par les mathématiques.

30 JANVIER

LES FORMES D'ANTOINE PEVSNER

Dans le *Manifeste du réalisme* de 1920, le sculpteur Antoine Pevsner, né le 30 janvier 1886 en Russie sous le nom Natan Abramovitch Pevzner, rejette la couleur comme élément pictural, la ligne comme contour, le volume comme forme représentative de l'espace. Si vous n'avez jamais contemplé les sculptures de Pevsner, vous pouvez vous demander ce qu'il reste après toutes ces exclusions... Eh bien, une réponse possible est : les mathématiques. Dans une interview de 1956, Pevsner précise d'ailleurs :

> *« Le principe à partir duquel toute ma sculpture est construite maintenant, c'est l'emploi de la ligne droite. Vous verrez que des œuvres telles que ma Surface développable de 1938 présentent des surfaces courbes [...] mais ces surfaces courbes, souvent des surfaces gauches, sont composées uniquement à partir de segments de droites juxtaposées. »*

Ainsi, il cherche à obtenir des surfaces à partir de lignes droites : il ne peut certes pas générer toutes les surfaces avec un tel procédé (difficile d'avoir une sphère, par exemple), mais il existe déjà une grande variété de formes possibles qui ont été longuement étudiées d'un point de vue mathématique. Si l'on exclut les plans, cylindres et cônes, la plus célèbre de ces surfaces dites réglées est l'hyperboloïde à une nappe : cette surface quadrique est largement utilisée dans la construction en raison de ses propriétés géométriques, et on la retrouve notamment dans les cheminées des centrales nucléaires. Dans l'œuvre de Pevsner, on peut aussi deviner à plusieurs reprises des portions de celle-ci, par exemple dans *Construction spatiale aux troisième et quatrième dimensions* (1961), un assemblage assez aérien de surfaces opposant joliment des lignes dures à des courbes.

Il faut toutefois se garder de croire que Pevsner adopte une démarche scientifique. Dans une interview de 1959 brutalement intitulée « *La science tue la poésie* », il tranche assez clairement : « *Il n'y a pas de formule dans mes constructions spatiales [...] ces surfaces sont utilisées comme moyen plastique et non pas comme représentation d'une formule.* »

31 JANVIER

LE MAGICIEN DES MATHÉMATIQUES

Persi Diaconis, professeur à l'université Stanford né le 31 janvier 1945, est un spécialiste américain des probabilités qui a écrit de nombreux textes sur le mélange de cartes à jouer… Si les énoncés et démonstrations ont la forme et le sérieux de recherches mathématiques, on peut toutefois en extraire des questions pour le grand public, comme « Comment mesurer si un jeu de cartes est suffisamment mélangé ? » ou « Étant donné une technique de battage, combien de fois doit-on battre les cartes pour obtenir une répartition proche du hasard ? ».

On peut se demander ce qui amène un professeur d'une prestigieuse université américaine à s'intéresser à des problèmes aussi badins… Alors que c'est la question inverse qui devrait se poser : comment quelqu'un qui s'intéresse à de tels sujets parvient à devenir professeur à Stanford ? La biographie de Diaconis nous permet ainsi de déjouer nos idées reçues sur les carrières de chercheurs.

Enfant, le petit Persi est fasciné par la magie ; toutefois, il ne se contente pas de quelques tours pour amuser ses camarades ou sa famille, et son obsession l'amène à quitter le domicile familial dès quatorze ans et à partir sur les routes avec le célèbre magicien canadien Dai Vernon. Avec ce spécialiste de prestidigitation, notamment des tours de cartes, Diaconis apprend les ficelles du métier et devient à son tour magicien ; il cherche toutefois à comprendre les ressorts des tours plus en profondeur, et se penche pour cela sur la théorie des probabilités. Ce travail le conduit à reprendre à vingt-quatre ans des études universitaires, et sa vie s'affiche sous un nouveau jour : premiers diplômes, une thèse soutenue en 1974 (à un âge presque ordinaire qui ne trahit pas son parcours atypique), puis divers postes de professeur et plus de cinquante thèses encadrées.

La singularité de ce parcours se retrouve dans la façon d'aborder les recherches, mais aussi dans quelques travaux de conseil auprès de casinos qui souhaitent contrôler le « hasard » fourni par leurs dispositifs automatisés. Toutefois, si l'on fait appel à Diaconis aujourd'hui, c'est pour ses qualités de mathématicien et non plus pour son talent d'illusionniste… On a même tiré de ses savants calculs une maxime simplifiée : pour bien mélanger un jeu de cinquante-deux cartes avec le mélange à la queue-d'aronde (celui où l'on coupe le paquet en deux tas de taille comparable et on entremêle les deux tas), il convient de battre les cartes au moins sept fois.

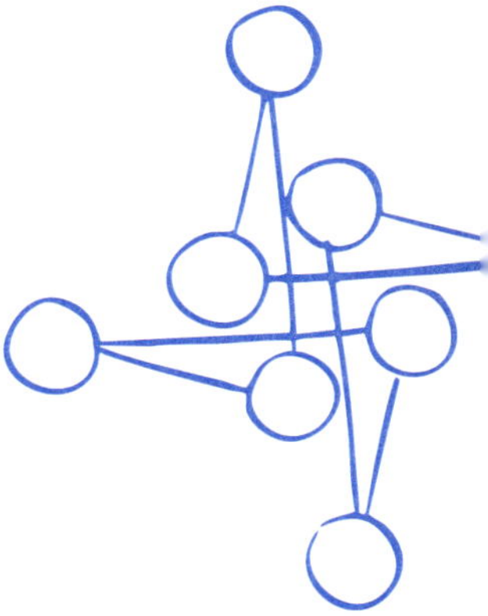

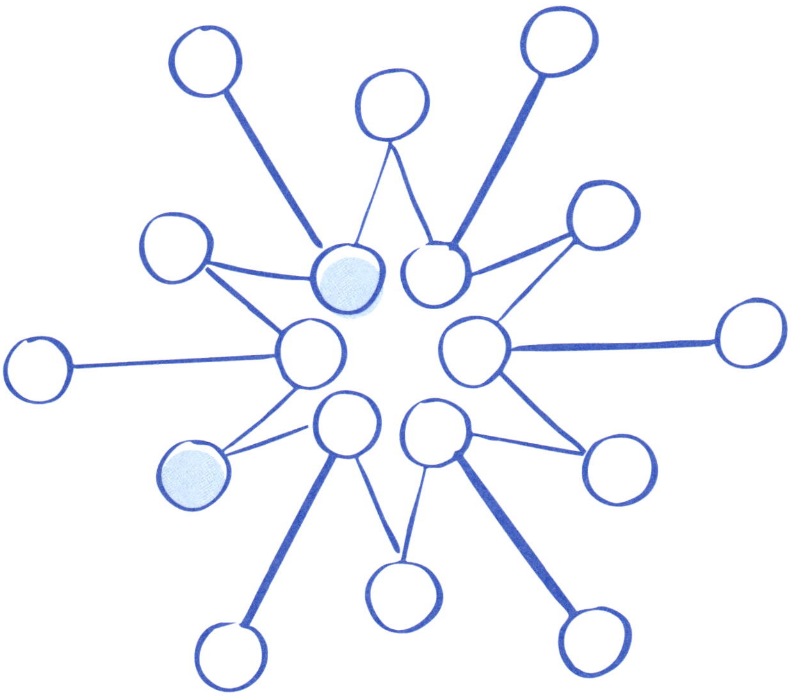

FÉVRIER

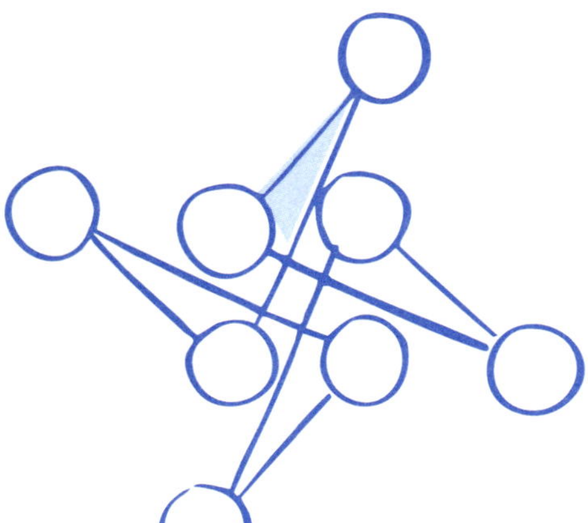

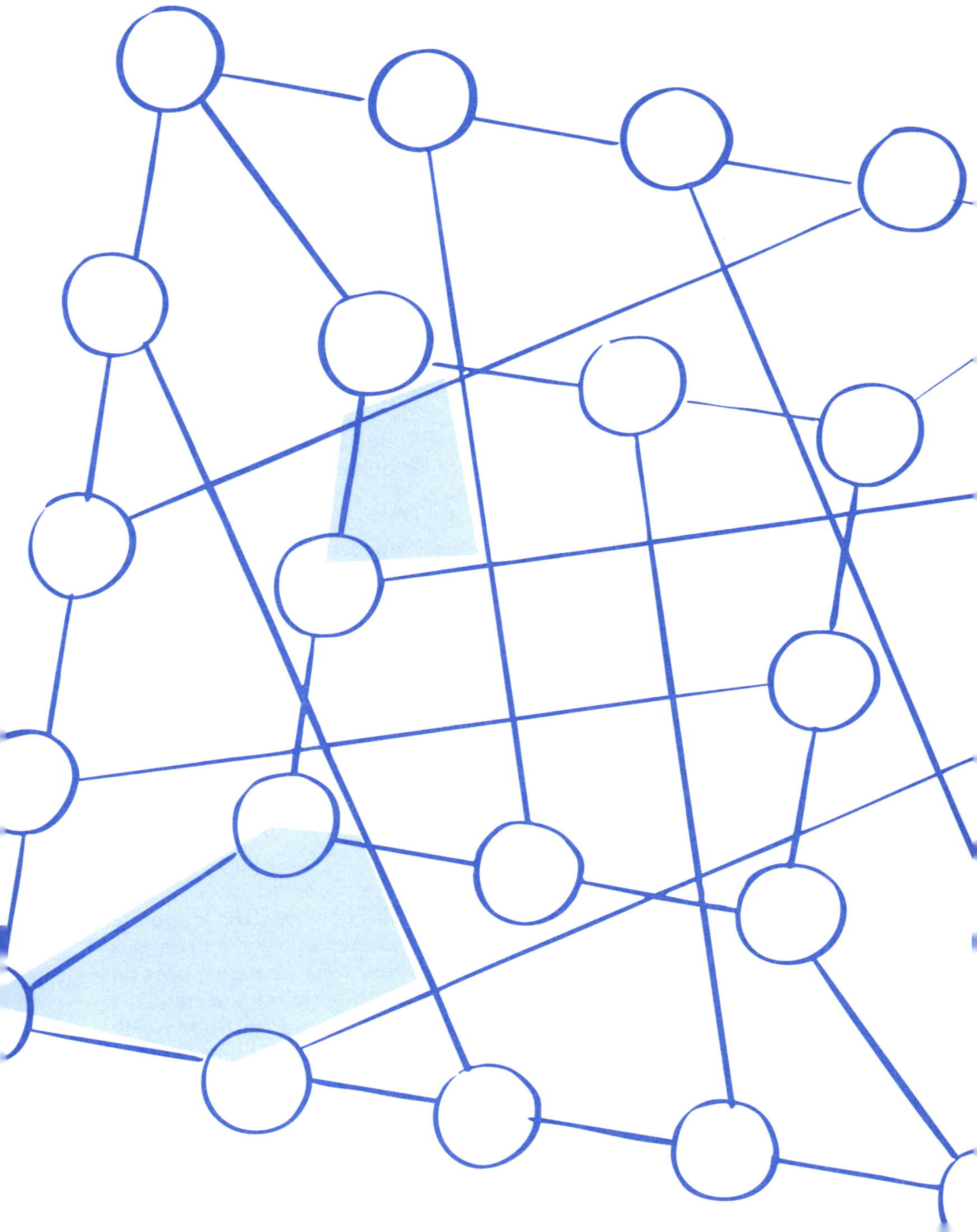

LES CHIFFRES INUPIAQ

Après quelques années d'interruption dues à la pandémie de Covid, le festival *Kivgiq*, ou *Fête du messager*, a pu reprendre le 1er février 2023 dans le nord de l'Alaska. Cette célébration de la culture et de l'identité du peuple inupiaq a une longue histoire : elle s'est tenue pendant des siècles avant d'être abandonnée vers 1920 suite à diverses pressions, pour renaître ensuite en 1988. Avec ses chants, ses danses et ses jeux, le *Kivgiq* peut sembler folklorique, mais il s'agit aussi, et surtout, de la manifestation d'un peuple qui se réapproprie son histoire, sa culture et ses valeurs pour exister sur un plan socio-économique.

Dans les années 1990, William Clark Bartley, un enseignant de mathématiques dans la petite ville de Kaktovik, a, sans vraiment l'anticiper, développé une initiative culturelle similaire. Alors qu'il travaillait avec ses élèves sur la façon de dire les nombres dans la langue inupiak, il a été confronté au contraste entre les mots inupiaq, qui s'appuient sur un système vigésimal (c'est-à-dire en base 20), et le système habituel de chiffres indo-arabes d'écriture en base 10. Une activité en classe a ainsi consisté à imaginer des chiffres adaptés au vocabulaire et à la pratique calculatoire ancestrale ; c'est ainsi que sont nés les chiffres de Kaktovik, qui désignent respectivement les quantités de 0 à 19 :

𝋀 𝋁 𝋂 𝋃 𝋄 𝋅 𝋆 𝋇 𝋈 𝋉 𝋊 𝋋 𝋌 𝋍 𝋎 𝋏 𝋐 𝋑 𝋒 𝋓

En respectant l'usage de l'écriture de position (dans notre système à dix chiffres, le plus à droite est pour les unités, son voisin de gauche pour les dizaines...), on peut ainsi écrire tous les nombres : 𝋂𝋃𝋂 indique le nombre 862 avec le premier symbole à droite qui code pour 2 unités, celui du centre pour 3 vingtaines et celui à gauche pour 2 vingtaines de vingtaines, soit $2 \times 20^2 + 3 \times 30 + 2 = 862$.

Les élèves de Kaktovik ont beaucoup réfléchi à la concordance des signes et du vocabulaire : par exemple, comme le mot utilisé pour signifier la quantité 12 (*qulit malġuk*) est composé du mot pour dire 2 (*malġuk*) et du mot pour dire 10 (*qulit*), le symbole choisi pour 12, 𝋌, apparaît comme la réunion du symbole pour 2, 𝋂, et du symbole pour 10, 𝋊.

Ce qui apparaissait comme une activité d'enrichissement du cours de mathématiques a été apprécié dans les médias comme dans le monde culturel de ce peuple aléoute, et des démarches ont été entreprises pour permettre l'accès au travail de ces élèves ; c'est ainsi que, près de trente ans plus tard, ces nouveaux chiffres ont pu rejoindre le standard informatique *Unicode* en 2021 et être utilisés sur tous les traitements de texte. Saurez-vous deviner mon année de naissance, dont l'écriture avec les chiffres de Kaktovik est 𝋄𝋒𝋌 ?

2 FÉVRIER

L'ART SUBTIL D'ÉCRIRE UN TITRE

Le 2 février 2010, Peter Tingley dépose un projet d'article mathématique sur le site arXiv, qui recense les prépublications et permet aux autres chercheurs de les consulter avant la fin du processus d'acceptation dans un journal – lequel peut durer des mois, voire des années. Le texte de Tingley accroche l'attention par son titre atypique : « Un signe moins qui avait l'habitude de m'agacer, mais je sais maintenant *pourquoi il est là* », titre très sincère et assez drôle (le reste de l'article, sur les polynômes de Jones, est tout à fait sérieux).

Pour se démarquer dans le flot de milliers d'articles de recherche qui sortent chaque année, certains auteurs choisissent des titres plus singuliers encore. Je vous propose une sélection personnelle des plus divertissants (traduits en français par mes soins).

Commençons par quelques titres explicites mais à effet humoristique plus ou moins volontaire :

> *La conjecture générale de Hodge est trivialement fausse,* A. Grothendieck, 1969
> *Comment ne pas démontrer la conjecture de Poincaré,* J. Stallings, 1965
> *Tout le monde sait ce qu'est une algèbre de Hopf,* G. Bergman, 1985
> *L'axiome manquant à la théorie des matroïdes est définitivement perdu,* P. Vámos, 1978
> *L'endoscopie tordue n'est pas si tordue,* J.-L. Waldspurger, 2008
> *La K-théorie n'existe pas,* E. Akin, 1978

Quelques titres à ne pas interpréter trop littéralement :

> *Admissions à l'université et stabilité des mariages,* D. Gale et L.S. Shapley, 1962
> *La chirurgie pour les amateurs,* A. Ranicki et J. Roe, 2004
> *Une théorie mathématique de la guillotine,* P. Villaggio, 1990
> *Avec quelle fréquence devez-vous battre vos enfants ?,* D. Zagier, 1990

Trois titres qui pourraient laisser croire que les mathématiciens savent compter :

> *Division par trois,* P.G. Doyle et J.H. Conway, 1994
> *Comptage approximatif jusqu'à quatre,* M. Luby et E. Vigoda, 1997
> *Il n'y a pas exactement cinq objets,* A. Blass, 1984

3 FÉVRIER

SCOTT OF GIRTON

Dans la presse britannique du 3 février 1880, on peut découvrir le classement du Cambridge Mathematical Tripos, un concours qui permet de classer les étudiants terminant leur premier cycle à l'université de Cambridge. Comme les épreuves sont très exigeantes, les performances réalisées à ce concours sont valorisées par la société britannique et on les retrouve fréquemment dans les nécrologies, au même titre qu'une élection à la Royal Society ou un anoblissement.

La session 1880 voit le triomphe de Joseph Larmor (premier et donc pourvu du titre honorifique de *senior wrangler*) devant Joseph John Thomson (futur prix Nobel). Toutefois, le récit de la soirée d'annonce des résultats s'attache davantage à la huitième place. Sur la liste officielle, on trouve à ce rang un certain Johnson, étudiant du Trinity College, mais les témoins indiquent que ce candidat (infortuné) n'a pu entendre son nom ce jour-là, puisque la foule a couvert la déclamation officielle par des cris « *Scott of Girton* », en l'honneur de Charlotte Angas Scott, étudiante du Girton College.

Il y a pourtant une bonne raison pour que Scott ne figure pas dans le classement : à l'époque, l'université de Cambridge n'accepte pas vraiment les femmes ; si elles peuvent étudier dans l'un des deux *colleges* féminins récemment créés, elles n'ont accès ni aux examens ni aux diplômes.

Charlotte n'est donc pas formellement autorisée à se présenter au *Mathematical Tripos*, mais, comme rien n'interdit aux examinateurs de corriger sa copie, elle compose clandestinement en parallèle des hommes ; impressionné par sa réussite, le jury fait fuiter dans la presse qu'elle aurait dû être classée au huitième rang si elle avait composé officiellement. La masse des étudiants réunis au sénat de l'université, consciente de cet exploit, la célèbre par des cris et des chants ; différents journaux nationaux relaient cette réussite inattendue.

L'événement aura plusieurs conséquences. Tout d'abord, l'université changera un tantinet ses règles : dorénavant, les femmes pourront se présenter au concours (mais toujours pas être classées avec les hommes ni obtenir de diplôme) ; ensuite, cette notoriété permettra à Charlotte d'attirer l'attention du professeur Arthur Cayley, qui encadrera ses travaux de thèse en géométrie. Après ces épisodes cambridgiens, Charlotte Angas Scott devra émigrer aux États-Unis, pays plus ouvert aux femmes, pour y mener une carrière bien remplie de mathématicienne.

4 FÉVRIER

LA FAUSSE TROUVAILLE DU DOCTEUR TAI

Dans son numéro de février 1994, le journal médical américain *Diabetes Care* publie un court article de mathématiques, sujet fort inhabituel pour une revue qui s'adresse aux praticiens. L'autrice de ce texte, Mary M. Tai, est médecin dans un hôpital new-yorkais, et le résultat mathématique qu'elle présente est motivé par sa propre pratique de la recherche médicale. Le titre indique d'ailleurs cette curieuse perspective : « *Un modèle mathématique pour la détermination de la surface totale sous les courbes de tolérance au glucose et autres courbes métaboliques* ».

Tai décrit tout d'abord les courbes apparaissant dans les mesures de paramètres métaboliques, puis développe le « modèle de Tai » pour calculer l'aire de la surface entre l'axe des abscisses et la courbe. Plus précisément, elle découpe cette zone en triangles et en rectangles, additionne les aires à partir des formules apprises au collège et obtient enfin une formule explicite à partir des coordonnées des points expérimentaux.

Je peux certifier que le résultat proposé est tout à fait correct, et pourtant le journal a reçu un courrier des lecteurs si abondant que, quelques mois plus tard, il décida de consacrer plusieurs pages, davantage que pour l'article initial, à la diffusion de quelques réponses. La première objection est assez naturelle : les autres chercheurs trouvent assez immodeste la démarche du docteur Tai de baptiser elle-même son travail « modèle de Tai » – en général, ce sont plutôt les gens admirant vos résultats qui lui attribuent votre nom. Toutefois, le reproche le plus pertinent consiste à dire que le résultat de l'article n'est pas original ; un lecteur précise même :

> *« L'autrice semble prétendre que la "formule de Tai" est une nouvelle méthode de calcul de l'aire sous une courbe. La formule donnée est simplement la méthode des trapèzes, publiée dans de nombreux textes d'analyse pour débutants. Bien que nous ne disposions pas de la première référence, nous croyons savoir que la méthode des trapèzes était déjà connue d'Isaac Newton au XVIIe siècle. »*

La méthode des trapèzes est effectivement bien connue : on l'enseigne en premier cycle universitaire pour approcher l'aire sous une courbe ou trouver l'aire exacte sous celle-ci quand elle a la forme choisie par Tai. En revanche, cet outil est bien antérieur à Newton, et certains spécialistes de l'histoire des mathématiques babyloniennes en voient les prémices dans des tablettes cunéiformes – plusieurs millénaires avant le docteur Tai !

LA LOI PI

Fixer la valeur d'une constante mathématique par un vote du Sénat semble une aberration. C'est pourtant ce qui a failli arriver dans l'État américain de l'Indiana en février 1897.

Pour comprendre le fil des événements, il convient de revenir un peu en arrière : en 1889, Edward J. Goodwin, médecin dans la petite ville de Solitude, dans le sud-ouest de l'État, pense avoir découvert une méthode pour la quadrature du cercle, ce problème datant de l'Antiquité grecque qui consiste à construire un carré de même aire qu'un disque donné en ne se servant que d'une règle et d'un compas. Fier de son résultat, Goodwin parvient même à le faire publier dans le journal *The American Mathematical Monthly* en juillet 1894 ; le journal prend toutefois ses distances vis-à-vis du texte de Goodwin en ajoutant la phrase sibylline « *publié à la demande de l'auteur* ». Cette prudence est tout à fait justifiée, puisque l'on sait, depuis 1882 et les travaux du mathématicien Ferdinand von Lindemann, que la quadrature du cercle est impossible !

Confiant dans sa découverte, Goodwin propose d'en faire cadeau à l'État pour une exploitation à des fins éducatives et convainc un député de déposer un projet de loi (plutôt confus) « *introduisant une nouvelle vérité mathématique et proposée comme contribution à l'éducation, à utiliser uniquement par l'État de l'Indiana sans payer de redevance* ». Le texte passe par la commission pour l'éducation de la Chambre des représentants de l'État d'Indiana le 19 janvier 1897, puis est adopté à l'unanimité le 5 février.

Sollicités à leur tour, mais avertis par un mathématicien de l'université de Purdue, les sénateurs réservent un accueil moins clément à cette proposition de loi. Ainsi que le rapporte un journal local le 13 février :

> *« Les sénateurs ont fait de mauvais jeux de mots, l'ont ridiculisé et en ont ri. L'amusement a duré une demi-heure. Le sénateur Hubbell a déclaré qu'il n'était pas convenable que le Sénat, qui coûtait 250 dollars par jour à l'État, perde son temps dans une telle frivolité. »*

Le texte est rejeté, mais passe à la postérité sous le nom ironique de « loi pi » (*Pi Bill*), bien qu'il ne mentionne pas explicitement la constante π. Pour comprendre cette appellation, il faut lire dans le deuxième paragraphe cette phrase (déjà présente dans l'article de 1889) : « *Le rapport numérique d'un diamètre sur une circonférence doit être 5/4:4.* » Si cette phrase était vraie, π vaudrait 4/(5/4), soit 3,2 !

6 FÉVRIER

LES SECRETS DE 37

Le 6 février est le trente-septième jour de l'année et, par conséquent, l'occasion rêvée de célébrer le nombre premier 37, qui fascine de nombreux amateurs de mathématiques. En cherchant sur Internet, on trouve aussi bien des sites listant des photographies du nombre 37 dans la rue (sur des numéros de bâtiments, des affiches publicitaires, des plaques d'immatriculation...) que des textes de diffusion autour de ses propriétés arithmétiques.

Personnellement, j'apprécie depuis l'enfance la table des multiplications par 37, même si je ne parviens pas à me rappeler quel enseignant me l'a fait apprendre, ni pourquoi. Contrairement aux apparences, celle-ci est plutôt facile à mémoriser une fois que l'on a remarqué que $37 \times 3 = 111$. On peut par exemple trouver rapidement le produit de 37 par 18 en écrivant $18 = 3 \times 6$: en effet, 37×18 est alors $(37 \times 3) \times 6$, soit 111×6, soit enfin 666. De même, on établit que $37 \times 27 = 999$.

Ce dernier résultat nous permet d'affirmer que le reste dans la division de 1 000 par 37 est exactement 1. Si ce fait est anodin, il sous-tend de nombreuses curiosités associées au nombre 37 : par exemple, il sert à démontrer un astucieux critère de divisibilité par 37. La propriété est celle-ci : prenez un nombre, coupez-le en tranches de trois chiffres (quitte à compléter par des zéros à gauche), effectuez l'addition de ces tranches : le nombre de départ est divisible par 37 si, et seulement si, la somme des tranches l'est. Par exemple, pour 23 147 260 236, les tranches de trois chiffres sont (en partant de la droite) 236, 260, 147 et 023 et leur somme est 666, qui est divisible par 37 ; ainsi, 23 147 260 236 est effectivement un multiple de 37.

On peut aussi (et il s'agit d'un petit exercice pour une personne ayant entamé des études supérieures de mathématiques) partir du résultat sur la division de 1 000 par 37 pour montrer le joli résultat suivant : si un nombre est divisible par 37, le nombre obtenu en ajoutant des 0 entre ces chiffres, puis en retournant l'écriture décimale obtenue, est à nouveau divisible par 37. Avec l'exemple précédent, on obtient ainsi que 603020006020704010302 est un multiple de 37 – ce qui, avouons-le, ne saute pas aux yeux !

LES CLASSEMENTS DE G. H. HARDY

Né le 7 février 1877, Godfrey Harold Hardy est à la fois un mathématicien brillant et le sujet d'innombrables anecdotes. L'Histoire reconnaît en lui un théoricien des nombres de premier plan qui, depuis l'université de Cambridge, a développé des outils analytiques puissants et laissé son nom à des théorèmes, inégalités et autres conjectures.

Cet amateur de mathématiques pures a aussi collaboré en marge de son activité (et un peu contre son gré) à l'établissement d'un résultat de probabilités appliqué à la transmission des caractères héréditaires ; toutefois, comme il le reconnaît avec une forme de modestie un tantinet exagérée, sa principale contribution aux mathématiques est d'avoir été l'interlocuteur de Srinivasa Ramanujan, mathématicien indien aux prodigieuses intuitions, qu'il a fait venir à ses côtés et avec qui il a beaucoup travaillé.

Au-delà de ces réussites et reconnaissances, Hardy cultive un goût pour la provocation, pour les aphorismes… et pour les classements. Ainsi, on lui doit notamment celui des poètes de langue anglaise, avec des notes d'une (trop ?) grande précision :

William Shakespeare, 100
John Milton, 93
Percy Shelley, 71
Alfred Tennyson, 39
Robert Browning, 27
Ella Wheeler Wilcox, 2
(Hardy ne devait pas tenir en grande estime cette poétesse américaine, qui lui était contemporaine !)

Quant aux mathématiciens, il donne ce classement lacunaire :

Srinivasa Ramanujan, 100
David Hilbert, 80
John Edensor Littlewood, 30
Godfrey Harold Hardy, 25

S'il s'est modestement placé assez bas et juste derrière son collaborateur de longue date à Cambridge, il est difficile de croire que cette échelle de « talents » ait la moindre pertinence. Elle permet au moins de voir que ce mathématicien aurait su s'adapter à la mode des classements pour les réseaux sociaux !

8 FÉVRIER

LES PETITS POIS SONT VERTS

Johann Mendel aurait pu travailler à la ferme comme ses parents ; il a plutôt choisi d'entrer en religion et a changé son prénom en Gregor.

Cela ne l'a toutefois pas vraiment éloigné des questions agricoles : encouragé par son abbé qui cherchait de meilleurs rendements pour les récoltes, il s'intéresse aux questions d'hybridation et d'hérédité, lit les thèses de l'époque, en comprend les enjeux et conçoit des expériences sur les *Pisum sativum*, c'est-à-dire les pois cultivés. Les résultats qu'il obtient sont conformes aux théories de l'hérédité qui venaient d'être conçues, et Mendel peut fièrement les détailler le 8 février 1865 à la Société de Brno pour l'étude des sciences naturelles en Moravie. L'article qui en découle est publié l'année suivante sans rencontrer d'écho, et, quand il s'éteint en 1884, Mendel n'est pas encore considéré comme le « père de la génétique moderne » ; ses travaux tombent dans l'oubli.

En 1900, des botanistes qui se lancent sur les questions d'hérédité redécouvrent Mendel et ses petits pois, et le reconnaissent comme un précurseur ; seulement, des statisticiens vont commencer à regarder de travers les trop jolis chiffres de ses expériences et nourrir une forme de scepticisme à leur encontre. En 1936, le Britannique Ronald Fisher, dont le nom est passé à la postérité pour de nombreux concepts et outils de statistique, reprend l'analyse des résultats… et conclut à une fraude : les résultats sont, selon lui, trop cohérents avec la théorie pour être honnêtes. C'est le début d'une controverse qui court jusqu'à nous.

Entendons-nous bien : personne ne conteste la théorie de Mendel, et personne ne remet en cause le travail mathématique du moine pour concevoir une expérience scientifique fiable. La question n'est pas de savoir si Mendel a truqué ses données, mais plutôt de savoir si, connaissant les résultats attendus, il n'a pas été victime de biais inconscients qui auraient pollué ses observations. Un des derniers travaux sur le sujet, par le généticien Norman F. Weeden en 2016, conclut d'ailleurs en ce sens :

> *« Je ne pense pas que Mendel ait "fabriqué" ses données. Toutefois, certains éléments indiquent que des préjugés inconscients, ou l'enthousiasme d'un assistant plus que serviable, ont influencé les valeurs […] rapportées par Mendel. »*

9 FÉVRIER

LE VADE-MECUM D'IRENE STEGUN

Née le 9 février 1919, Irene Stegun n'est pas la mathématicienne américaine la plus connue ; pourtant, son nom apparaît dans le catalogue de quasiment toutes les bibliothèques de mathématiques et de physique du monde !

L'histoire commence à la fin de ses études universitaires, lorsqu'elle rejoint le National Bureau of Standards, un organisme américain dont le but est de fournir une expertise scientifique, puis de formaliser les normes et les règles à destination des différentes industries et entreprises commerciales. Au sein de l'équipe de Stegun, dirigée par Milton Abramowitz, naît le projet de rassembler dans un même ouvrage l'ensemble des propriétés connues des fonctions mathématiques ; ainsi démarre en 1956 un travail de plusieurs années qui aboutira au célèbre *Handbook of Mathematical Functions with Formulas, Graphs, and Mathematical Tables*, plus connu des utilisateurs sous le sobriquet *Abramowitz-Stegun* ; en effet, comme son directeur meurt prématurément, Irene Stegun doit gérer seule pendant six ans la coordination de ce gigantesque formulaire, travail titanesque et pourtant d'une impressionnante fiabilité...

Ce livre n'a sûrement jamais été lu intégralement : il comporte vingt-neuf chapitres pour un total de 1 046 pages, chacune pouvant rassembler jusqu'à une vingtaine de formules ou relations. Par exemple, le chapitre 4 traite du logarithme, de l'exponentielle et des fonctions hyperboliques ; le chapitre 18 des fonctions elliptiques de Weierstrass... Irene Stegun a personnellement écrit deux chapitres, dont l'un, plus fourre-tout, sur diverses fonctions qui n'apparaissaient pas dans la classification des autres chapitres – un *must read* si vous voulez découvrir la fonction de radiation de Planck, l'intégrale de Sievert ou le dilogarithme !

Pendant des années (et jusqu'à l'avènement de logiciels de calcul formel suffisamment pertinents pour intégrer toutes ces formules), la pratique des mathématiques ou des sciences physiques amenait régulièrement à chercher dans l'*Abramowitz-Stegun* la propriété qui permettrait d'avancer ou de simplifier le calcul du jour. Ce livre était alors à la fois un dictionnaire de référence et un grimoire mystérieux que l'on ne pouvait ouvrir sans un mélange d'espoir et de sourde appréhension...

10 FÉVRIER

UNE PHRASE SUFFIT

Dans le numéro de février 1990 du journal *The American Mathematical Monthly*, on trouve un article extrêmement célèbre de Don Zagier. La notoriété de ce texte n'est pourtant pas liée à son sujet : il y a démontré que tout nombre premier qui s'écrit comme 1 plus un multiple de 4 est la somme de deux carrés d'entiers (comme $37 = 1 + 4 \times 9 = 6^2 + 1^2$ ou $157 = 1 + 4 \times 39 = 11^2 + 6^2$) ; or ce résultat était déjà connu au XVIIe siècle, et on dispose de preuves satisfaisant nos critères de rigueur au moins depuis le milieu du XVIIIe siècle !

Si l'article de Zagier est si fascinant, c'est plutôt parce qu'il est très, très, très court : moins d'une page, et encore, la preuve à proprement parler se limite à une unique phrase, soit cinq lignes en y incluant la principale formule et sa mise en page sur trois lignes. Or, dès que l'on cherche un peu dans la littérature mathématique, on trouve, pour certains théorèmes, des preuves de plusieurs centaines de pages – d'autres, si l'on additionne tous les résultats préliminaires, atteignent plus d'un millier de pages de démonstration ! L'article de Zagier est donc une exception… mais pas tout à fait un record.

En 2004, les mathématiciens John H. Conway et Alexander Soifer soumettent, de nouveau à *The American Mathematical Monthly*, un texte qui montre que l'on peut recouvrir (de deux façons différentes) un triangle équilatéral de côté un petit peu plus grand que n avec seulement $n^2 + 2$ triangles équilatéraux de côté 1 (on pense que ce n'est pas possible avec au plus $n^2 + 1$ triangles, mais le résultat demeure ouvert). Soifer raconte le processus éditorial tendu :

> *« J'ai soumis notre article qui ne comportait que deux mots, "$n^2 + 2$ can" et nos deux dessins. »*

Je ne sais pas exactement comment il compte les mots quand il écrit une formule, mais je comprends bien la réaction de l'éditrice : l'article est vraiment trop court, et elle demande l'ajout d'une ou deux lignes d'explication. Les auteurs lui ont tenu tête, ont décliné cette suggestion et répondu fermement :

> *« Y a-t-il un lien entre la quantité et la qualité ? Nous avons posé un problème ouvert élégant (selon nous) et apporté deux preuves distinctes de notre avancée sur ce problème. Qu'y a-t-il d'autre à expliquer ? »*

Finalement, le journal a accepté la publication sans modification dans le corps du texte, mais a tout de même ajouté un titre de près de quatorze mots (sans consulter les auteurs) – ce qui, vous en conviendrez, a sérieusement rallongé l'article !

11 FÉVRIER

LA LETTRE DE RECOMMANDATION

Comment écrire une lettre de recommandation ? Il faut être honnête mais aussi élogieux, et bien comprendre que chaque réserve peut être interprétée comme une raison de refuser la candidature soutenue ; bref, il s'agit d'un numéro d'équilibriste assez délicat. Lorsque Richard Duffin, professeur au Carnegie Institute of Technology, en écrit une pour John F. Nash Jr. le 11 février 1948, il choisit la simplicité et la brièveté :

> *« La présente a pour but de recommander M. John F. Nash, Jr., qui a posé sa candidature à l'admission à l'université de Princeton. M. Nash a dix-neuf ans et sera diplômé de Carnegie Tech en juin. C'est un génie des mathématiques. »*

La lettre s'achève quelques mots plus loin, mais l'essentiel est dit : le diplôme, l'âge précoce pour avoir fini son premier cycle universitaire, ainsi que la valorisation des compétences avec ce laconique « un génie ». Les archives n'indiquent pas la réaction de Salomon Lefschetz à la lecture de cette lettre, ou des trois autres lettres de recommandation plus standard par d'autres professeurs. En revanche, on sait que Nash arrive en octobre 1948 à Princeton, et qu'un an plus tard, ce même Lefschetz présente le premier travail de Nash à l'Académie des sciences américaine : un texte d'une page (environ trois cents mots et aucune formule) qui sera si fondateur que l'on parle toujours aujourd'hui des équilibres de Nash, concept introduit dans cette note.

En 1950, Nash soutient sa thèse et termine son très bref cursus à Princeton. Il a déjà révolutionné la théorie des jeux… ce qui lui vaudra le prix Nobel d'économie en 1994. Le reste de sa carrière sera consacré à d'autres sujets mathématiques, couronnés avec Louis Nirenberg par le prix Abel en 2015 ; il meurt d'un accident de la route sur le chemin du retour de la cérémonie de ce dernier prix. Malgré tous ces exploits, ce ne sont pourtant pas les travaux qui ont rendu Nash célèbre en dehors des cercles mathématiques, mais plutôt le film *Un homme d'exception* (avec Russell Crowe dans le rôle principal) : ce long-métrage, qui reçoit quatre Oscars en 2002, montre Nash aussi bien dans sa recherche hautement créative que dans son terrible combat contre la schizophrénie. Si Nash est bien le « génie des mathématiques » annoncé par Duffin, il n'en reste pas moins un homme avec ses épreuves et ses joies.

12 FÉVRIER

LA CHAÎNETTE DE SAINT-LOUIS

Lorsque le 12 février 1963 débute à Saint-Louis (Missouri) la construction de la Gateway Arch, aussi appelée Gateway to the West, certains habitants sont sceptiques : pourquoi construire une arche de près de 200 mètres de haut ? En quoi ce monument célèbre la conquête de l'Ouest ?

Certaines réticences auraient pu être levées en expliquant comment la géométrie choisie par l'architecte finno-américain Eero Saarinen s'inscrivait dans une longue histoire mathématique. Revenons quelques siècles en arrière : dans un mémoire de 1638, Galilée indique une question de mécanique sur la forme naturellement adoptée par une corde suspendue aux deux extrémités :

> *« On plante sur un mur à une certaine hauteur deux clous, également distants de l'horizon [...] à ces deux clous on suspend une fine chaînette [...] cette chaînette prend en se pliant une forme de parabole. »*

Nous visualisons facilement ce problème avec un câble électrique suspendu à deux pylônes. Le génial Pisan affirme que la courbe observée est une (portion de) parabole, courbe bien connue depuis l'Antiquité... mais il se trompe ! D'autres scientifiques vont rapidement parvenir à calculer l'équation de cette courbe à partir des lois de la physique : si l'équation d'une parabole repose sur la fonction « carré », celle de cette nouvelle courbe, baptisée chaînette, s'appuie sur la fonction cosinus hyperbolique.

À la fin du XVIIe siècle, l'Anglais Robert Hooke, dans le contexte de la rénovation de la cathédrale Saint-Paul de Londres, découvre le principe de la « chaînette inversée » : *de la même façon que pend un fil flexible s'élève l'arche rigide, mais de manière inversée*. En d'autres termes, pour construire une arche en minimisant les risques d'effondrement, la forme optimale est celle de la chaînette, en échangeant l'orientation haut-bas.

Cette découverte met un nom sur la forme adoptée dans certaines constructions plus anciennes comme le palais sassanide de taq-e Ksira en Irak (Ve siècle) ou le dôme de la cathédrale de Florence en Italie (XVe siècle) ; elle a depuis été utilisée dans d'autres constructions comme l'arche de Saint-Louis ou les voûtes de la Sagrada Família à Barcelone. Lorsque l'on visite cette basilique – dont la construction est loin d'être terminée –, on peut d'ailleurs voir la maquette de l'architecte Antoni Gaudí avec de nombreuses cordes lestées pendues en leurs extrémités, sous lesquelles se trouve un miroir donnant la vision souhaitée pour le plafond... et établissant visuellement le lien entre les chaînettes et la forme des voûtes.

13 FÉVRIER

FONDS DE TIROIRS

Le principe des tiroirs est un résultat mathématique élémentaire dont voici une application : si vous rangez trois chaussettes dans deux tiroirs, vous êtes sûr de placer au moins deux chaussettes dans un même tiroir ; de même, si vous rangez 100 chaussettes dans 99 tiroirs, au moins deux se retrouveront ensemble… On peut évidemment remplacer chaussettes et tiroirs par d'autres objets, faire évoluer les valeurs, et l'on obtient un résultat général tout aussi valide.

On cite souvent ce principe comme étant « de Dirichlet », en l'honneur de Gustav Lejeune Dirichlet, mathématicien prussien né le 13 février 1805 ; beau-frère des compositeurs Fanny et Felix Mendelssohn, il a marqué la vie culturelle berlinoise et contribué à de nombreuses reprises aux progrès de la théorie des nombres. En revanche, il n'est pas le découvreur du principe qui porte son nom : il en a « seulement » fait un usage astucieux pour démontrer un théorème d'approximation (qui indique, peu ou prou, que, lorsque l'on considère plusieurs nombres réels, on peut trouver un entier n tel que chacun de ces nombres multipliés par n est « proche » d'un entier).

La trace la plus ancienne du principe des tiroirs figure en fait dans un recueil de récréations mathématiques de 1624, soit deux siècles avant Dirichlet : ce texte est attribué au mathématicien janséniste meusien Jean Leurechon, qui y établit qu'il existe deux hommes sur Terre avec le même nombre de cheveux :

> *« C'est une chose certaine qu'il y a plus d'hommes au monde, que l'homme le plus velu […] n'a de poils […] posons le cas qu'il y ait 100 hommes et que le plus velu d'entre eux n'ait que 99 poils. […] Considérons 99 hommes et disons ou ces 99 sont tous inégaux au nombre de leurs cheveux ou il y en a qui sont égaux. Si vous dites qu'il y en a des égaux, c'est ce que ma proposition porte. Si vous dites qu'ils sont inégaux, il faut donc pour ce faire que quelqu'un n'ait qu'un cheveu, un autre deux, l'autre 3, 4, 5 ainsi des autres jusqu'au nonante-neuvième. Et le centième qu'aura-t-il ? Il n'en peut avoir plus de 99 selon l'hypothèse. Il faut donc nécessairement qu'il en ait quelque nombre en dessous de 100 et partant il est nécessaire que deux hommes aient autant de cheveux l'un que l'autre. »*

Remarquons que, pour que la démonstration de Leurechon soit tout à fait correcte, il faut exclure la possibilité d'avoir des hommes chauves !

14 FÉVRIER

TROUVER L'AMOUR AVEC UN THÉORÈME

En ce jour de Saint-Valentin, peut-on espérer trouver l'amour grâce aux mathématiques ? Une telle question peut amener de nombreuses réponses, sûrement peu concordantes. Pour Esther Klein, il ne fait pas de doutes que la réponse est positive, mais, pour la comprendre, il nous faut faire un tour dans la Hongrie des années 1930.

La jeune femme est alors étudiante (en physique) à l'université Eötvös Loránd de Budapest ; à cette époque, elle découvre un joli petit résultat combinatoire : si l'on considère cinq points du plan, alors on peut toujours en choisir quatre parmi ces cinq qui forment un quadrilatère sans angle rentrant (chaque angle pointe vers l'extérieur du quadrilatère). Pour la validité de ce résultat, il faut toutefois éviter quelques cas particuliers peu intéressants et ne pas choisir des points tels que trois d'entre eux sont alignés : on parle de points en position générale. Moyennant cette hypothèse, Klein démontre son résultat, puis, en bonne mathématicienne, s'empresse de le partager autour d'elle.

Parmi ses camarades étudiants, Paul Erdős et George Szekeres (qui, lui, étudie la chimie) se montrent particulièrement réceptifs et commencent à envisager des généralisations. Par exemple, si l'on considère neuf points du plan (en position générale), on peut toujours en trouver cinq qui sont les sommets d'un pentagone sans angle rentrant (mais huit ne suffisent en général pas). Pour être sûr de pouvoir construire cette fois un hexagone sans angle rentrant, il faut partir d'au moins dix-sept points… Les deux compères parviennent même à démontrer que, pour obtenir à coup sûr un polygone à N sommets sans angle rentrant, il existe un nombre minimal $f(N)$, tel que de tout ensemble de points plus nombreux que $f(N)$, on peut sélectionner N points qui conviennent. Ainsi est né le théorème d'Erdős-Szekeres en 1935.

Et l'amour ? Eh bien, depuis cette aventure mathématique, Esther Klein et George Szekeres l'ont trouvé : ils se sont mariés (en 1937), ont mené deux carrières (parallèles) de mathématiciens en Australie, ont eu deux enfants et soixante-huit ans de vie commune… C'est d'ailleurs ce destin qui a amené Erdős à rebaptiser ce résultat *happy ending theorem*, « théorème de la fin heureuse » !

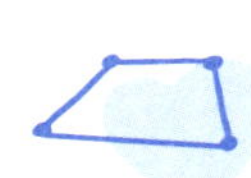

15 FÉVRIER

13 393 939 991

Le numéro de février 1966 de la revue *L'Arc* présente les différentes facettes de l'œuvre de l'écrivain Raymond Queneau ; l'article dû à François Le Lionnais y insiste sur le goût des mathématiques qu'avait l'auteur de *Zazie dans le métro* et rapporte l'anecdote suivante :

> *« Je déjeunais l'autre jour chez Raymond Queneau. Au moment de prendre congé, il me tend un bout de papier sur lequel est écrit le nombre 13 393 939 991. Regarde-le – me dit Queneau – cela t'intéressera, c'est un nombre hyperpremier. Il s'agit d'une nouvelle classe de nombres entiers que je viens d'inventer... En convenant de considérer 1 comme premier, j'appelle hyperpremier à droite un nombre tel que si on lui enlève autant de chiffres que l'on veut à droite, la partie qui restera à gauche sera toujours un nombre premier. »*

Cela fait en effet plusieurs mois que Queneau passe ses moments de loisir à déterminer les nombres « hyperpremiers ». Par exemple, il sait que le nombre 739 397 est hyperpremier car 7, 73, 739, 7 393, 73 939 et 739 397 sont tous premiers (pour vous divertir, vous pouvez dresser la liste des 24 nombres hyperpremiers à trois chiffres). Queneau comprend qu'il n'y a qu'un nombre fini de nombres hyperpremiers, et le nombre 13 393 939 991 qu'il communique à son ami est le plus grand de tous ces nombres.

Enfin, c'est ce qu'il croit. Pourtant, ce n'est pas le cas : le nombre cité n'est pas le plus grand hyperpremier... car il n'est pas hyperpremier ! On peut facilement vérifier que le préfixe 133 est un multiple de 7, donc non premier ; ou bien que 1 339 est un multiple de 13. Il y a donc une erreur dans l'anecdote... et pourtant ni Le Lionnais ni l'équipe de rédaction ne se sont trompés en recopiant le nombre.

L'erreur vient en réalité de plus loin : en 1965, Queneau obtient tous les nombres hyperpremiers à dix chiffres, mais il ne parvient pas à prolonger son raisonnement pour les nombres avec davantage de chiffres, car tester la primalité de si grands nombres est une tâche trop fastidieuse pour être effectuée à la main ; il demande donc l'appui d'un expert disposant d'un ordinateur dans son entreprise (ce qui est rare dans les années 1960), expert qui lui indique, après avoir programmé la recherche dans un langage idoine, que le plus grand hyperpremier est 13 393 939 991. L'erreur était donc dans le code informatique ; mais on peut reprocher à Queneau d'avoir cru sans vérification le résultat que la machine annonçait : il n'a pas eu le réflexe scientifique !

P.-S. : le plus grand hyperpremier est 1 979 339 339.

LA RECHERCHE ET LES PRIX

La recherche en mathématiques est parfois ingrate, elle requiert beaucoup d'efforts et de concentration ; elle exige du temps pour pouvoir dégager les concepts pertinents, s'approprier les propriétés utiles, comprendre le résultat à établir et enfin ajuster les arguments de manière à avoir une preuve satisfaisante. On comprend aisément que la soif de reconnaissance ne soit que très rarement un moteur pour les personnes qui s'y consacrent professionnellement.

Dans son livre-témoignage *Théorème vivant* publié en 2012, Cédric Villani nous emmène sur la trace de l'article « *On Landau damping* » écrit avec Clément Mouhot. On suit jour après jour, semaine après semaine, mois après mois, la lente finalisation d'un travail de recherche, les points de blocage, les espoirs et les déceptions. Pour les néophytes, il s'agit surtout de comprendre que, même pour des chercheurs brillants et aguerris, l'obtention de nouveaux résultats est loin d'être un chemin tranquille.

Dans cet exemple particulier, l'issue est heureuse : le théorème principal est finalement démontré, l'article, un temps refusé par un journal prestigieux, finit par être accepté après des modifications substantielles… et Cédric Villani se voit décerner la plus prestigieuse récompense de la communauté, la médaille Fields, pour ce travail et d'autres.

Le récit dans *Théorème vivant* conduit d'ailleurs à préciser une situation mal connue : quand quelqu'un reçoit une telle récompense, on le prévient en amont pour s'assurer qu'il soit bien présent à la cérémonie ; en revanche, pour des raisons de communication, on ne souhaite pas faire fuiter l'information et on met en place un embargo. Ainsi, pendant des mois, le lauréat sait qu'il recevra la récompense, mais ne peut en parler à ses collègues, amis ou mentors.

Villani raconte ainsi le coup de fil reçu le 16 février 2010, quand László Lovász, président de l'Union mathématique internationale, lui annonce avoir une « bonne nouvelle pour lui » au sujet de la médaille Fields ; le premier décrit son incrédulité d'alors, puis remarque avec beaucoup d'humour que le secret aurait pu immédiatement être éventé, puisque cette conversation téléphonique s'est tenue en pleine séance de photographies… Heureusement, le photographe n'avait pas fait attention à ces phrases échangées en anglais !

POURQUOI 17 ?

Dans le dialogue *Théétète*, longue réflexion sur la nature de la science et de la connaissance, Platon fait énoncer une propriété mathématique à son principal protagoniste :

« Théodore nous avait tracés quelques figures à propos de racines et nous avait montré que celles de trois pieds et de cinq pieds ne sont point pour la longueur commensurables avec celle d'un pied, et, les prenant ainsi, l'une après l'autre, il était allé jusqu'à celle de dix-sept pieds et il s'était, je ne sais pourquoi, arrêté là. »

Traduisons tout d'abord pour le néophyte : Théodore a montré à ses élèves que le nombre $\sqrt{3}$ est irrationnel, c'est-à-dire qu'il ne peut s'écrire comme quotient de deux entiers. Il a poursuivi avec $\sqrt{5}$ puis avec d'autres racines jusqu'à $\sqrt{17}$, où il s'est mystérieusement arrêté !

De nos jours, on sait facilement établir que, pour tout entier d qui n'est pas le carré d'un entier, le nombre $\sqrt{d}$ est irrationnel. Nos méthodes sont-elles celles de Théodore ? Rien n'est moins sûr, et de nombreuses hypothèses ont été échafaudées en se basant sur les mathématiques connues à l'époque et sur ce fameux arrêt à 17.

L'historienne des mathématiques Isabella Grigoryevna Bachmakova a proposé en 1986 une reconstruction du raisonnement de Théodore qui satisfait toutes les contraintes historiques. Voici son explication : on part d'un nombre impair d qui admet une racine rationnelle, et l'on écrit cette racine sur la forme p/q avec p et q les plus petits entiers correspondant à cette écriture. On établit tout d'abord que p et q sont nécessairement impairs et l'on pose $p = 2n + 1$ et $q = 2m + 1$ avec n et m des entiers ; la relation $\sqrt{d} = p/q$ donne alors $p^2 = dq^2$ puis $d = 8\,(n\,(n + 1)\,/\,2 - dm\,(m + 1)\,/\,2) + 1$. On constate ainsi que d est égal à un multiple entier de 8 plus 1 (car la parenthèse ci-dessus est un entier). Ainsi, si d n'est pas de cette forme, en particulier quand d est égal à 3, 5, 7, 11, 13 ou 15, on obtient une contradiction : l'hypothèse de départ est fausse, et $\sqrt{d}$ est irrationnel !

Dans la liste évoquée par Platon, on a traité presque tous les cas. Il ne reste que le cas $d = 9$ pour lequel il est immédiat que $\sqrt{d} = 3$ est rationnel et le cas $d = 17$ (soit $2 \times 8 + 1$), qui est justement celui où s'arrête Théodore. L'explication est très satisfaisante, d'autant que la propriété sous-jacente dans ce raisonnement (le carré d'un nombre impair est égal à un multiple de 8 plus 1) était bien connue à l'époque de Platon. Comme l'explication de Bachmakova est une reconstruction rationnelle, on ne peut juger que de sa plausibilité… impossible d'être sûr qu'il s'agit de la bonne !

18 FÉVRIER

NICOLÒ « LE BÈGUE »

Le 18 février 1512, les armées françaises s'emparent de la ville de Brescia après d'âpres combats contre les troupes vénitiennes. Si cette bataille est déterminante pour le contrôle de la Lombardie et pour soutenir les revendications territoriales de Louis XII, l'Histoire retient également le comportement violent de l'infanterie gasconne prenant possession de la ville. Lors du sac de Brescia, ces soldats ont pillé les différentes habitations, n'hésitant pas à s'en prendre à des civils innocents.

Réfugié dans la cathédrale, le petit Nicolò, un enfant pauvre âgé de douze ans et déjà orphelin de père, se trouve grièvement blessé : parmi les séquelles physiques de ce traumatisme à la mâchoire et au palais, il conserve une élocution difficile qui lui vaut le surnom de « Bègue », ou *Tartaglia* en italien. Toutefois, avec les soins et le dévouement de sa mère, cet enfant surmonte ce handicap et parvient à étudier les sciences ; quand il commence à publier des textes savants, le nom de plume qu'il choisit est Tartaglia (on ne connaît pas son nom de famille originel) « *pour bonne mémoire de cette mienne disgrâce* ».

Du travail de Tartaglia, on retient souvent la formule de résolution des équations du degré 3 qu'il a trouvée et confiée à Jérôme Cardan sous le sceau du secret. Cardan s'étant cru libéré de son engagement après avoir vu qu'un autre mathématicien connaissait cette formule, il l'a publiée dans son *Ars Magna* : par conséquent, elle ne s'appelle pas formule de Tartaglia, mais formule de Cardan.

En revanche, on a conservé le nom du savant italien pour décrire le mouvement de projectiles soumis à des frottements importants, celui que l'on peut observer lors du dégagement d'un volant de badminton ; on parle donc parfois de « trajectoire Tartaglia » en hommage au travail qu'il initie dès 1537 avec le livre intitulé *La Nova Scientia*, un texte fondateur pour l'application des mathématiques à la mécanique. Premier véritable balisticien de l'Histoire, Tartaglia a développé des méthodes d'ingénieur en profitant de son expertise mathématique pour décrire et analyser les trajectoires, bien avant Galilée ou Newton.

19 FÉVRIER

LE ROMAN D'UNE FORMULE

Michèle Audin est une géomètre contemporaine, et l'on pourrait sans peine raconter sa carrière de mathématicienne en listant ses théorèmes, ses articles ou ses livres. Mais cela serait bien trop ordinaire et conventionnel pour cette femme qui toute sa vie a brouillé les frontières.

Il faut dire que Michèle Audin a bien d'autres talents : tout d'abord, elle est une historienne reconnue, notamment de la Commune de Paris et de sa répression sanglante ; ensuite, elle a aussi développé un style personnel qui fait d'elle une écrivaine inclassable (elle a rejoint le mouvement *Oulipo* en 2009). Peut-on conjuguer la littérature, l'histoire et les mathématiques dans un même travail, ou est-on condamné à produire des œuvres parallèles dans chacun de ces domaines ?

La bibliographie de Michèle Audin propose plusieurs réponses : ses *Souvenirs sur Sofia Kovalevskaya* (2008) retracent le parcours de la grande mathématicienne russe, mais, comme le titre l'indique, d'une manière personnelle, en mêlant la compréhension des mathématiques, de la condition féminine, de l'histoire de l'époque… La maîtrise de l'autrice est parfaite, et les lecteurs ne peuvent s'y tromper : il ne s'agit pas d'une biographie de plus de Kovalevskaïa, mais d'un livre de Michèle Audin qui est aussi une biographie de Kovalevskaïa.

Malgré la grande estime que j'ai pour le livre, le projet transdisciplinaire le plus frappant pour moi est plutôt *La formule de Stokes, roman* (2016), le seul récit que je connaisse dont le personnage principal est une formule. L'organisation de ce livre est calendaire, mais pas chronologique : comme dans un almanach, on avance dans l'année du 1er janvier jusqu'au 23 décembre ; par exemple, le 19 février correspond à l'année 1900 et évoque la notoriété de Stokes, le 23 à l'année 1855 avec le décès de Gauss, le 28 à l'année 2012 avec la lettre de refus reçue d'un éditeur potentiel… Chaque halte apporte sa touche à ce roman pointilliste, une histoire ou des histoires, une réflexion sur la vie ou le monde, une compréhension de cette formule en apparence simple et pourtant si féconde. Même pour les personnes rétives aux mathématiques, cette approche historico-littéraire d'une formule sait convaincre.

20 FÉVRIER

57, GRANDE-RUE, SAINT-MAURICE

Une lettre datée du 20 février 1941 soumet à l'Académie des sciences de Paris une note d'arithmétique intitulée « *Sur l'exposant du facteur b dans $A^m - 1$ et sur les développements systématiques des nombres rationnels* ». Toutefois, ce qui surprend le plus dans ce courrier n'est pas le contenu mathématique, mais la prudence de son auteur :

> *« Au sujet de la note que je soumets ci-contre à votre jugement, se pose la question de la certitude, et aussi celle de la nouveauté [...] Je souhaite aussi que le nouveau pseudonyme vous paraisse adéquat [...] "Marcel Segond" ne présentera, je l'espère, pas d'inconvénient ; ce nom propre est rare, et ne figure guère, je crois, qu'associé à un autre. »*

On devine volontiers ce qui pousse un mathématicien à opter pour un pseudonyme dans la France occupée, où les lois abjectes de discrimination envers les juifs se succèdent rapidement ; nombreux sont les scientifiques à avoir dû vivre dans la clandestinité et cacher leur identité ! Derrière les pseudonymes Marcel Segond et René Binaud (utilisé précédemment) se dissimule André Bloch, mathématicien aux origines juives.

Toutefois, la discrétion de Bloch est antérieure à l'Occupation. Dans l'entre-deux-guerres, il n'apparaît dans aucune conférence et n'assiste à aucun cours ; il échange avec les autres mathématiciens essentiellement par courrier en indiquant une adresse au 57, Grande-Rue, Saint-Maurice. Pour les experts de géographie francilienne, cette adresse trahit son secret : il s'y trouve la « maison de Charenton », un hôpital psychiatrique ; Bloch y est interné depuis qu'en 1917, revenant très perturbé du front après trois ans au combat, il assassina son frère, son oncle et sa tante.

Son irresponsabilité pénale lui permet d'éviter la prison, mais le confine pour le restant de ses jours à l'hôpital ; dans ce relatif isolement, il reprend les études (sa scolarité à l'École polytechnique avait été trop tôt interrompue), découvre les mathématiques, écrit des articles et prouve les théorèmes d'analyse complexe qui portent désormais son nom. Son œuvre mathématique ne laisse rien voir de ses déséquilibres psychiatriques ; pour connaître sa situation singulière, il faut plonger dans les textes biographiques écrits par les mathématiciens qui, après son décès, ont enquêté sur lui... et révélé à ses correspondants ce que son adresse dissimulait.

21 FÉVRIER

VERDUN
1915

Février 1915 : sur la ligne de front proche de Verdun, le soldat Ferdinand Daussy, du 45e régiment d'infanterie territoriale, s'apprête à faire une expérience mêlant sciences physiques et mathématiques pour localiser une pièce d'artillerie ennemie. Ce jeune ingénieur, formé à l'École des mines de Paris, a construit pendant des mois un innovant appareil de repérage par le son ; employant les moyens du bord, il combine le moteur d'un phonographe, un diapason offert par le proviseur du collège de Verdun, du papier d'emballage pour transcrire les enregistrements…

Et avec tout cet attirail, Daussy est en mesure de déterminer la distance de la batterie ennemie à partir du bruit émis lors de l'éjection des obus (l'onde de bouche). Plus précisément, en effectuant des relevés en trois lieux distincts, il lui suffit d'utiliser quelques propriétés de géométrie pour localiser ceux qui les bombardent.

Pour cette première expérience, Daussy détermine qu'un poste d'observation situé à Thiaumont est le plus proche de la batterie émettrice ; que le fort de Souville est plus loin de celle-ci que Thiaumont d'une distance r = 1 098 m, et la batterie du Mardi-Gras d'une distance r' = 1 190 m (ces valeurs précises sont importantes pour l'expérience, mais pas pour notre propos). À ce stade, notre soldat raisonne en géomètre : pour satisfaire toutes les contraintes de distances obtenues avec son appareil, il cherche sur la carte d'état-major le centre d'un cercle qui passe par Thiaumont, qui est tangent (extérieurement) à un cercle centré sur Souville et de rayon r et à un cercle centré sur Mardi-Gras et de rayon r'. Ce problème de « contact » est loin d'être évident pour les néophytes. En revanche, il a une longue histoire qui le fait remonter à un livre, désormais perdu, du savant grec Apollonius de Perge, au IIIe siècle av. J.-C. Depuis le XVIIe siècle, on sait construire le centre recherché, donc résoudre le problème, avec des outils élémentaires de géométrie classique tels que ceux enseignés lorsque Daussy était étudiant.

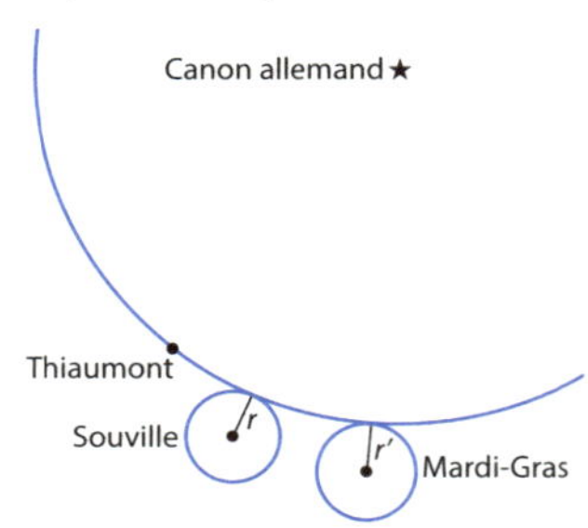

La suite est simple : une fois son calcul achevé, Daussy indique les coordonnées présumées, on braque les batteries françaises vers ce point, et les premiers tirs confirment à la fois la validité de la méthode et la précision des calculs du soldat. Le début d'une aventure militaire et géométrique !

22 FÉVRIER

LE PLUS GRAND DES PETITS HEXAGONES

Fixons un cercle de rayon 1. Comment placer trois points sur ce cercle de sorte que l'aire du triangle dont les trois points sont les sommets soit maximale ? La réponse à cette question est connue de longue date : il n'y a qu'une seule façon de placer les points de manière optimale (à rotation près bien sûr), celle qui donne un triangle équilatéral.

Si l'on cherche à nouveau à maximiser l'aire couverte en plaçant cinq ou sept points sur le cercle, la réponse est analogue : à chaque fois, il n'y a qu'une solution, le pentagone régulier ou l'heptagone régulier, c'est-à-dire les polygones obtenus en répartissant régulièrement les points sur le cercle. On obtient la même réponse pour toutes les situations où l'on considère un nombre impair de points sur le cercle : il s'agit d'un théorème établi en 1922.

Recommençons, mais cette fois-ci avec seulement quatre points, pour observer une première anomalie : le tétragone régulier, c'est-à-dire le carré, est bien une surface d'aire maximale (et cette aire vaut 2), mais ce n'est plus la seule possible... La situation se complique encore avec six points : Ron Graham a soumis le 22 février 1974 un article établissant que l'hexagone régulier ne permettait pas d'obtenir une aire maximale et exhibant la figure qui réalisait ce maximum : il la baptise le « plus grand des petits hexagones » et montre que son aire dépasse de 4 % l'aire d'un hexagone régulier :

Et pour les nombres pairs au-delà de six ? Graham avait émis quelques conjectures, et il a fallu attendre la thèse du Canadien Charles Audet en 1997 pour résoudre le problème pour huit points et découvrir le « plus grand des petits octogones ». À quand le meilleur myriogone (à dix mille côtés) ?

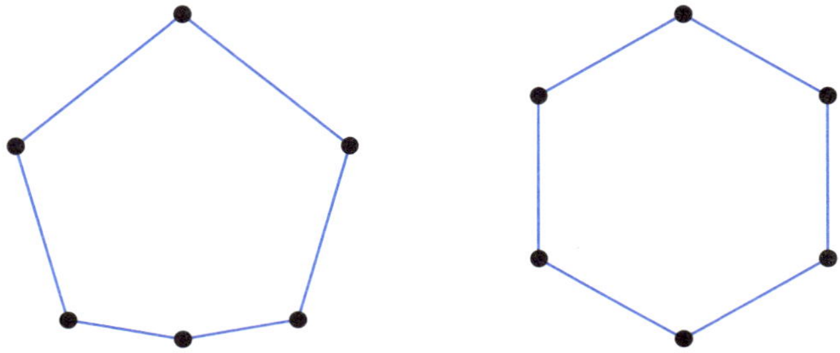

23 FÉVRIER

LE PETIT GAUSS ET LES COLOMBES D'ALCUIN

Lorsqu'il s'éteint le 23 février 1855 à Göttingen, Carl Friedrich Gauss est un mathématicien mondialement connu, bien au-delà des cercles scientifiques. Suprême honneur, son souverain fait frapper une médaille le représentant avec, au revers, l'inscription dédicatoire « *Georgius V Rex Hannoverae Mathematicorum principi* » (« de Georges V, roi du Hanovre, au prince des mathématiques »).

On se doute qu'avec une telle célébrité, les anecdotes le concernant se sont rapidement multipliées. L'une des plus répétées raconte comment Gauss, alors très jeune élève, encombrait son instituteur, et comment ce dernier avait vainement essayé d'obtenir un instant de répit en lui faisant calculer la somme S des nombres entre 1 et 100. Gauss aurait instantanément donné la réponse correcte en usant d'un astucieux stratagème : écrire deux fois la somme S ; une première fois en écrivant $1 + 2 + \ldots + 99 + 100$; une seconde fois, en écrivant sur la ligne en dessous $100 + 99 + \ldots + 2 + 1$; on peut alors remarquer que chacune des cent colonnes ainsi constituées correspond à une somme de 101 (d'abord $1 + 100$, puis $2 + 99$, … $99 + 2$, $100 + 1$), donc que le total de tous les nombres écrits est 100×101. La somme recherchée S vérifie donc $2 \times S = 100 \times 101$, soit $S = 5\,050$.

Faute de sources directes, on ne saura jamais si cette anecdote est authentique (même si elle est mentionnée dès le jour de l'enterrement par l'un de ses amis) ; en revanche, on peut retrouver le problème soumis par l'instituteur dans un ouvrage du IXe siècle attribué à Alcuin, savant anglais et proche conseiller de Charlemagne : *Propositions pour aiguiser l'esprit des jeunes*. À l'époque, l'exercice mathématique ne sert pas à calmer un enfant prodige, mais à stimuler l'intelligence des jeunes du palais carolingien appelés à occuper plus tard des responsabilités administratives ; pour ceux-là, l'énoncé (transcrit du latin par Jérôme Gavin et Philippe Genequand) était formulé de cette manière :

> *« Il y a une échelle qui a cent barreaux. Sur le premier barreau se tenait une colombe, sur le deuxième, deux, sur le troisième, trois, sur le quatrième, quatre, sur le cinquième, cinq. Ainsi sur chaque barreau jusqu'au centième. Que dise, qui le peut, combien il y eut de colombes en tout. »*

Ce qu'il est amusant de voir, c'est que le texte carolingien fournit plus loin, près de mille ans avant Gauss, la solution astucieuse que le jeune élève est dit avoir imaginée !

24 FÉVRIER

LE JEU DU 24

Prenez un jeu de 52 cartes et tirez quatre cartes ; maintenant, associez des valeurs à chacune des cartes tirées : 1 pour chaque as, 2 pour chaque 2... 11 pour chaque valet, 12 pour chaque dame et 13 pour chaque roi.

Vous vous retrouvez désormais avec quatre nombres entre 1 et 13, possiblement égaux. Avec les quatre opérations élémentaires et des parenthèses bien placées, essayez d'obtenir 24. Par exemple, si vous avez tiré le 7 de cœur, le valet de cœur, la dame de pique et le 3 de carreau, vous avez les nombres 7, 11, 12 et 3, et une combinaison gagnante est $(7 + 12 - 11) \times 3$. Si vous parvenez à retrouver le nombre 24, c'est gagné !

Pour une version plus collective, on peut faire que chaque joueur essaie de trouver au plus vite une combinaison qui donne 24 ; le premier à trouver remporte les cartes, et on recommence jusqu'à épuisement du talon ; le vainqueur est alors celui qui a gagné le plus de cartes.

Ce jeu qui fait travailler l'arithmétique élémentaire a vraisemblablement été inventé en Asie dans les années 1960, mais il est difficile d'avoir la moindre certitude sur ses origines précises. En revanche, on peut le tester entre petits et grands. Certaines combinaisons sont assez faciles à gérer, comme 1, 2, 3, 4 ; d'autres sont beaucoup plus compliquées comme 3, 3, 7, 7 (indice, il peut être malin de penser à diviser par 7). D'autres enfin ne permettront jamais d'obtenir 24, comme 3, 3, 8, 8 !

Mathématiquement, quand on cherche à étudier ce jeu, les questions naturelles appartiennent au dénombrement : on trouve par exemple qu'il y a 1 820 mains différentes (sans tenir compte de l'ordre des cartes ni de leurs couleurs). En effet, tout se passe comme si on calculait le nombre de façons de choisir treize entiers dont la somme fait 4 (le premier entier correspond au nombre d'as, le deuxième au nombre de 2...) ; or la réponse à ce problème classique figure dans de nombreux manuels.

Il est plus difficile de savoir combien parmi ces 1 820 situations admettent une solution donnant 24. À ma connaissance, personne n'a fait de raisonnement pour répondre, mais on peut mener une étude informatique exhaustive et trouver qu'il en existe 1 362. Il est légitime de croire que, si l'on s'est arrêté sur le « jeu du 24 » et non le « jeu du 23 », c'est justement car cette proportion de mains permettant d'obtenir le nombre fixé est particulièrement importante quand ce dernier vaut 24.

Dans le cas 3, 3, 7, 7, il n'y a essentiellement qu'une solution à ordre des termes près : $7 \times (3 + 3/7)$.

25 FÉVRIER

LES PENTAGONES DE MARJORIE

Il paraît que Marjorie Rice n'est pas mathématicienne : la biographie qui lui est consacrée sur Wikipédia rappelle d'abord qu'elle fut mère au foyer, élevant ses cinq enfants en Californie. Au demeurant, elle n'a plus suivi de cours de mathématiques depuis qu'elle a quitté le lycée, en 1939.

Malgré sa formation assez minimaliste, Marjorie Rice aimait pourtant se plonger dans le magazine *Scientific American*, auquel est abonné l'un de ses enfants, et plus précisément dans la rubrique mathématique du vulgarisateur Martin Gardner. En juillet 1975, elle y découvre une jolie histoire qui la fascine immédiatement : les pavages du plan par des pentagones.

On sait depuis longtemps qu'on ne peut recouvrir un mur infini (en longueur et en hauteur) par des pentagones réguliers, sans interstices ni chevauchements, comme on sait le faire avec des triangles, des hexagones réguliers, ou même de simples carrés. Toutefois, en variant les longueurs des côtés, on peut trouver des pentagones plus allongés qui permettent de le faire ; plus précisément, dans sa thèse de 1918, le mathématicien Karl Reinhardt a exhibé cinq formes de tuiles pentagonales qui ont cette propriété. Dans cet article de 1975, Gardner raconte que Richard B. Kershner en a trouvé en 1968 trois autres, qu'il dit être (après Kershner) les dernières formes de pentagones pouvant paver le plan.

Si Rice s'émerveille de ce résultat, un autre lecteur parvient de son côté à trouver un cas oublié par Reinhardt et Kershner. Cette réussite inattendue convainc Rice qu'elle peut elle aussi étudier ce problème. Après de nombreux calculs et de multiples dessins, elle découvre à son tour de nouveaux pentagones, qu'elle envoie en février 1976 à Gardner. Celui-ci transmet le résultat à la mathématicienne Doris Schattschneider, qui se charge des vérifications ; dans un texte hommage aux travaux des amateurs, elle raconte les notations et méthodes de Rice :

> *« La notation picturale de Marjorie ressemble à des hiéroglyphes, mais elle enregistre les combinaisons possibles d'angles avec une simplicité que ne permet pas la notation mathématique plus conventionnelle. »*

Après l'analyse de Schattschneider et des échanges entre les deux femmes, on confirme que les travaux de Rice apportent finalement quatre nouveaux pavages du plan par des pentagones. L'un d'entre eux a été choisi pour paver l'entrée du siège de la Mathematical Association of America à Washington. Bel hommage à une femme qu'on disait non-mathématicienne.

26 FÉVRIER

LES ÉNIGMES DE BACHET

Claude-Gaspard Bachet, seigneur de Méziriac mais aussi mathématicien et écrivain, disparaît le 26 février 1638 dans la ville de Bourg-en-Bresse, où il a passé l'essentiel de sa vie. Parmi ses publications, ses recueils de poésie ou ses commentaires d'Ovide n'ont pas eu le même succès que son ouvrage de mathématiques intitulé *Problèmes plaisans et délectables, qui se font par les nombres*.

Initialement publié en 1612, ce livre correspondait dans sa première édition plutôt à une compilation de problèmes et d'énigmes d'autres auteurs qu'à un texte complètement original ; mais la seconde édition en 1624 est considérablement complétée, et de nouveaux contenus sont ajoutés. Si on y trouve des théorèmes d'arithmétique, dont un qui porte désormais le nom de l'auteur, on s'amuse davantage avec de petits problèmes autour des nombres. Par exemple :

> *« Je demande un nombre qui étant divisé par 2 il reste 1, étant divisé par 3 il reste 1, et semblablement étant divisé par 4, 5 ou 6 il reste toujours 1, mais étant divisé par 7 il ne reste rien. »*

Avant de résoudre ce problème en posant tous les calculs, Bachet précise un énoncé alternatif :

> *« Cette question se propose ainsi ordinairement. Une pauvre femme portant un panier d'œufs pour vendre au marché vient à être heurtée par un certain qui fait tomber le panier et casser tous les œufs, qui pourtant désirant de satisfaire à la pauvre femme s'enquiert du nombre de ses œufs. Elle répond qu'elle ne le sait pas certainement, mais qu'elle est bien souvenante qu'en les comptant deux à deux il en restait 1, et semblablement en les comptant trois à trois, ou quatre à quatre, ou cinq à cinq, ou six à six, il en restait toujours 1, mais en les comptant sept à sept il ne restait rien. On demande comme de là on peut conjecturer le nombre des œufs. »*

Vous pouvez vérifier qu'il s'agit bien du même problème, puis vous lancer dans la résolution. La réponse attendue était 301 œufs, mais il y a mathématiquement une infinité de solutions (moins crédibles si vous prenez comme énoncé celui de la marchande d'œufs) : 721, 1 141, 1 561, 1 981…

27 FÉVRIER

UNE OSCARISÉE DANS LE CLUB *EBS*

Le 27 février 2010, Natalie Portman reçoit l'Oscar de la meilleure actrice pour son interprétation de danseuse dans le film *Black Swan*. Avec cette récompense, elle rejoint Katharine Hepburn, Meryl Streep, Halle Berry notamment, ou encore Marion Cotillard dans le club des actrices oscarisées. Toutefois, et à la différence de ces autres grandes actrices, Natalie Portman appartient à un cercle encore plus élitiste et secret, que l'on désigne d'ordinaire par les trois lettres EBS.

Commençons par la lettre E, pour nombre d'Erdős : ce nombre indique la position des chercheurs dans le réseau de collaboration du mathématicien Paul Erdős. Plus précisément, les 509 personnes ayant coécrit un article avec Erdős se voient attribuer le nombre 1 ; les collaborateurs de ces mathématiciens reçoivent le nombre 2. Ceux qui ont écrit un article avec une personne ayant le nombre 2 reçoivent le nombre 3 (sauf s'ils ont déjà un nombre inférieur, bien sûr), et ainsi de suite... À titre personnel, je dispose du nombre 3, car j'ai signé un article de recherche avec mon directeur de thèse, Marc Yor, qui a lui-même collaboré avec Endre Csáki, l'un des coauteurs de Paul Erdős.

Tout le monde ne bénéficie pas cependant de nombre d'Erdős, et il faut déjà avoir effectué des collaborations scientifiques (mais pas forcément mathématiques) pour pouvoir espérer s'en voir attribuer un. Il se trouve qu'avant d'être reconnue comme actrice, Natalie Portman a mené brillamment des études scientifiques à l'université Harvard et qu'elle apparaît comme coautrice d'un article de recherche en neuroscience datant de 2002... À ce titre, elle dispose du nombre d'Erdős 5 (et la chaîne de collaborations qui lui vaut ce numéro passe successivement par Abigail A. Baird, Michael S. Gazzaniga, Jonathan D. Victor, à la fois neurologue et auteur d'un article de mathématiques, et Joseph Gillis... qui a lui-même travaillé avec Erdős).

Pour les lettres B et S du sigle, il s'agit d'analogues au réseau de collaboration scientifique d'Erdős, mais pour le cinéma et le monde de la musique : on remplace alors les articles de recherche par les films où deux acteurs apparaissent ou par les chansons cointerprétées ; les personnes sur lesquelles ces deux réseaux sont centrés, expliquant le choix des lettres, sont cette fois Kevin Bacon et Tony Iommi, le leader du groupe Black Sabbath (d'où le S).

Natalie Portman admet 2 pour nombre de Bacon et 4 pour nombre de Sabbath... et elle fait partie des très rares personnes aux talents protéiformes (avec le physicien Richard Feynman ou le guitariste Brian May) disposant d'un nombre dans les trois réseaux : le club EBS !

28 FÉVRIER

RÉFLÉCHIR EN TEMPS RÉEL

Le moins que l'on puisse dire est que Tim Gowers est un mathématicien reconnu de longue date : lycéen, il a terminé au premier rang les Olympiades internationales de mathématiques de 1981 (avec un score parfait) ; chercheur, il a reçu de très nombreux prix, dont le plus célèbre, la médaille Fields, en 1998 ; il est membre de différentes académies et, suprême récompense pour un Britannique, la reine Élisabeth II l'a anobli !

En 2020, il est élu sur la chaire de combinatoire du Collège de France à Paris ; malheureusement, l'organisation de son cours est perturbée par la pandémie de Covid, et il doit assurer à distance les premières séances concernant les « outils de la combinatoire ». Après cette expérience, les personnes qui le suivaient ont eu la surprise de découvrir que d'autres vidéos de mathématiques apparaissaient sur la chaîne personnelle de Gowers : certaines correspondant à des cours, d'autres plus originales montrant notre mathématicien cherchant des exercices.

Le chercheur y reprenait des énoncés destinés à des lycéens motivés et les cherchait en temps réel sous l'œil de la caméra. Par exemple, le 28 février 2022, il se creuse les méninges sur deux exercices dont le suivant :

> *« Partant de 35 entiers quelconques, vous pouvez sélectionner 23 d'entre eux et ajouter 1 à chacun. En répétant cette étape, on peut rendre les 35 entiers égaux. Prouvez-le.*
>
> *Remplacez ensuite 35 et 23 par m et n, respectivement. Quelle condition doivent remplir m et n pour que le processus d'égalisation puisse aboutir ? »*

Il découvre l'énoncé, s'amuse du choix des nombres 35 et 23, puis essaie directement de généraliser sur de petites valeurs : peut-on trouver une stratégie pour égaliser (par ce processus) les trois ($m = 3$) nombres 4, 7 et 12 en les incrémentant deux par deux ($n = 2$) ? Il poursuit une idée apparue sur cet exemple pendant quarante minutes, en détaillant ce qui se généralise directement ou ce qui doit être justifié plus avant…

Cette vidéo est un bijou, non parce qu'elle fournit une solution de l'exercice ou confirme que Gowers est brillant, mais parce qu'elle exhibe fièrement ce que l'on cache d'ordinaire : lorsque l'on construit un raisonnement mathématique, on procède souvent par tâtonnements et l'on fait face à des moments d'égarement.

29 FÉVRIER

MATHÉMATICIENS HORLOGERS

Lors du Congrès international des mathématiciens de Strasbourg en 1920, les participants ont pu assister à un exposé sur l'horloge astronomique de la ville par Alfred Ungerer, dont l'entreprise familiale gère précisément l'entretien de cette horloge. Jusque-là, rien d'original, puisque le programme des congrès scientifiques comporte un volet culturel et que celui-ci valorise souvent la ville d'accueil auprès de personnes venant de loin. En revanche, il est plus inhabituel que le texte d'un exposé culturel trouve sa place entre les exposés de recherche dans les actes du congrès, comme c'est le cas pour le texte d'Ungerer.

Il faut dire que la conception de cette horloge par Jean-Baptiste Schwilgué entre 1838 et 1843 a requis beaucoup de mathématiques. Sur cette horloge astronomique, on observe l'heure, bien sûr, mais aussi la date, les différentes fêtes religieuses mobiles dans l'année d'après le comput ecclésiastique, les mouvements de différents corps célestes et même la « danse » de quelques automates à heures fixes.

Ces différents mouvements ont des périodicités différentes : par exemple, le jour supplémentaire des années bissextiles est ajouté tous les quatre ans (avec exception tous les cent ans… et une exception supplémentaire tous les quatre cents ans), la déviation due au phénomène de précession des équinoxes a une période de 26 000 ans… Bref, il y a de nombreux calculs pour intégrer ces mouvements dans les engrenages de l'horloge.

Dans une description simplifiée de ces mécanismes, on remarque qu'un axe muni d'une roue à m dents entraîne un autre axe muni d'une roue à n dents avec un rapport de vitesses m/n. Si on enchaîne plusieurs systèmes de roues dentées, on multiplie ces fractions pour obtenir le rapport des vitesses du premier et du dernier engrenage. Pour pouvoir gérer deux phénomènes avec des périodes distinctes, il faut donc construire un système (le plus simple possible) tel que la fraction associée corresponde au rapport des périodes des phénomènes. Si, maintenant, vous souhaitez gérer de nombreux mouvements à partir d'un même axe moteur, il faut approximer toutes les périodes par des fractions d'entiers. Or celles mesurées par les astronomes sont rarement aussi simples… La conception de l'horloge cache ainsi une délicate question d'approximation rationnelle des nombres.

30 FÉVRIER

UN JOUR BIEN PRATIQUE

Le 30 février n'existe pas… enfin, il n'a existé qu'une fois en 1712 dans le royaume de Suède, unique exemple d'une année trissextile pour le rattrapage d'une erreur calendaire. Même s'il n'existe pas davantage dans nos calendriers, le 0 mars, techniquement le jour précédant le 1er mars, est devenu une date pertinente depuis un article de John H. Conway en 1973. Dans ce texte, le mathématicien propose une méthode pour déterminer le jour associé à une date. Je suis né le 25 décembre 1977 : l'algorithme de Conway m'indique que ce jour est un dimanche.

Remarquons qu'il suffit de connaître l'association d'un jour avec une date de l'année considérée pour pouvoir calculer semaine après semaine l'association pour toutes les dates de l'année en question : par exemple, si vous savez que le 12 décembre 1977 était un lundi, vous savez que c'est aussi le cas du 19 (= 12 + 7) et du 26 (= 12 + 2 × 7), donc que le 25 est un dimanche.

Ici, il est facile d'effectuer le calcul de tête, car le 12 et le 25 décembre sont proches dans le calendrier. Si je vous avais dit que le 1er janvier 1977 était un lundi, le calcul jusqu'au 25 décembre aurait été autrement plus laborieux. Une idée géniale de Conway pour éliminer cette difficulté consiste à remarquer que certaines dates tombent systématiquement le même jour (par exemple, étant donné une année, ils sont tous un lundi, ou tous un mardi, etc.) : par exemple, le 4 avril (4/4), le 6 juin (6/6), le 8 août (8/8), le 10 octobre (10/10), le 12 décembre (12/12), mais aussi le 9 mai et le 5 septembre (9/5 et 5/9), le 11 juillet et le 7 novembre (11/7 et 7/11), et… le fameux 0 mars. Le jour associé à ces dates de référence est appelé *Doomsday* (jour du Jugement dernier).

Pour calculer le *Doomsday* d'une année, il suffit de connaître le *Doomsday* de la première année du siècle : ensuite, il est décalé d'un jour les années ordinaires et de deux les années bissextiles. Si vous savez que le *Doomsday* de 1900 est mercredi, vous savez qu'en 1901, c'est jeudi, en 1902 vendredi, en 1903 samedi, en 1904 dimanche… On remarque qu'au bout de douze ans, le *Doomsday* passe au jour suivant : en 1900 mercredi, en 1912 jeudi, en 1924 vendredi, en 1936 samedi, en 1948 dimanche, en 1960 lundi, en 1972 mardi… Par suite, le *Doomsday* en 1977 est lundi, donc le 12 décembre est un lundi (le 0 mars 1977 aussi).

Désormais, il vous suffit de retenir un *Doomsday* par siècle (en 1800 vendredi, en 1900 mercredi, en 2000 mardi) et les dates des jours associées au *Doomsday*, puis de vous entraîner en calcul mental, pour connaître le jour d'une date quelconque !

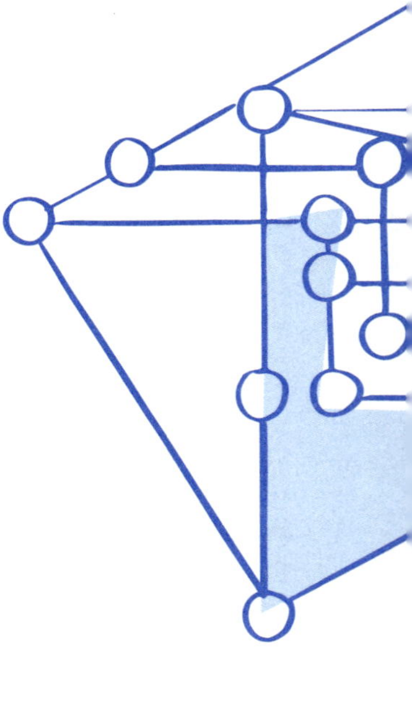
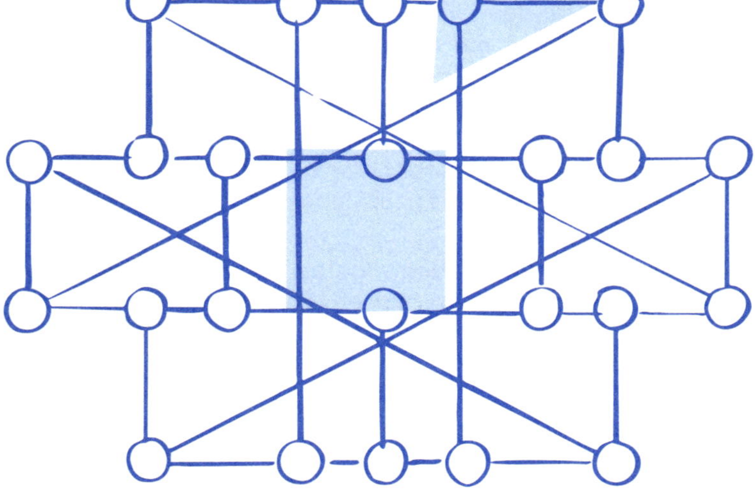

MARS

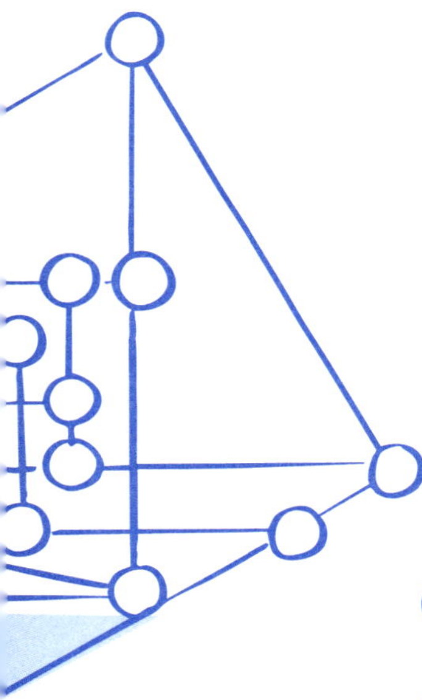

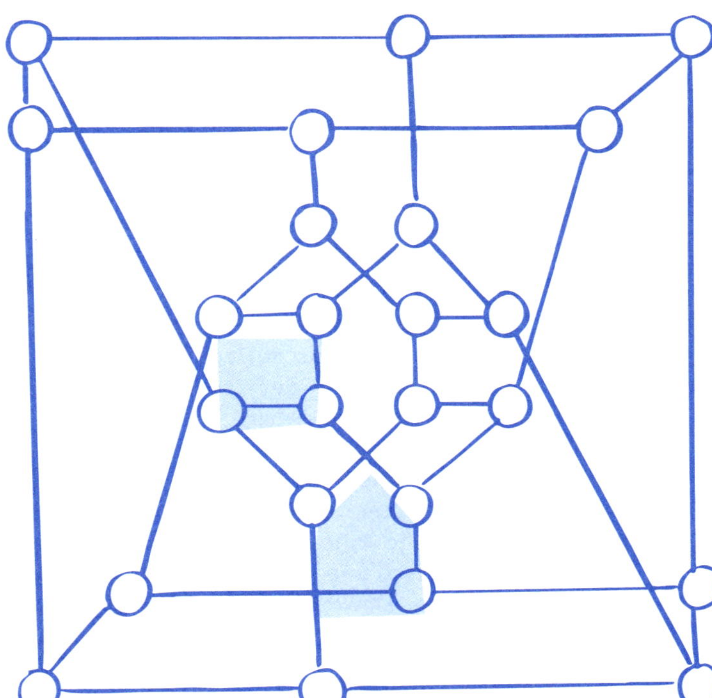

1ER MARS

MANDELBROT VOIT SON ENSEMBLE

Au début du XXe siècle, les mathématiciens Pierre Fatou (1878-1929) et Gaston Julia (1893-1978) ont étudié de difficiles problèmes touchant au comportement de suites de nombres complexes. Au gré de leurs travaux sur des suites où chaque terme s'obtient du précédent par une fonction dite rationnelle, ils ont mis en évidence des parties du plan aujourd'hui appelées ensembles de Fatou ou de Julia.

La définition de ces ensembles en rend la construction, et donc la visualisation, assez malaisée. Les deux savants n'ont donc jamais pu voir un dessin des objets qu'ils avaient introduits théoriquement, alors que leur géométrie est à la fois simple à définir et fort élégante, riche de détails subtils et insoupçonnés lorsque l'on considère leur simple définition.

Dans les années 1970, Benoît Mandelbrot, mathématicien polono-franco-américain, redécouvre ces travaux et les met en avant dans la théorie des fractales qu'il développe – des figures géométriques dont les traits caractéristiques se retrouvent à n'importe quelle échelle. On donne rapidement son nom à un ensemble particulier lié à ceux de Fatou et Julia. Mandelbrot bénéficie du bond technologique de l'informatique et, contrairement à ses glorieux prédécesseurs, il peut voir le premier dessin de « son » ensemble le 1er mars 1980, dans les locaux d'un centre de recherche de l'entreprise IBM.

Aujourd'hui, il n'y a plus besoin d'équipements informatiques de pointe pour dessiner l'ensemble de Mandelbrot (un ordinateur personnel suffit), et, si vous avez la flemme de programmer, une recherche sur Internet vous donne instantanément des milliers de dessins en haute définition. Le premier qu'obtint Mandelbrot est beaucoup plus rudimentaire (il est reproduit dans son autobiographie, *La Forme d'une vie : mémoires*) et ne rend pas justice à l'enivrante beauté des mathématiques : très pixelisé et en noir sur fond blanc.

Pour découvrir la poésie de cet ensemble, je conseille une voie intermédiaire entre la rusticité des années 1980 et la haute définition du XXIe siècle : le film documentaire *The Colours of Infinity* (1995) réalisé par Arthur C. Clarke, le célèbre auteur de *Rama* et du livre *2001 : l'Odyssée de l'espace* (sur lequel s'est basé Stanley Kubrick pour son film). Vous pourrez y écouter des interventions de Mandelbrot ou de Stephen Hawking, mais, surtout, les plongeons dans l'ensemble de Mandelbrot sont accompagnés d'une musique planante composée spécialement pour l'occasion par David Gilmour, le génial guitariste de Pink Floyd.

2 MARS

LA CLÉ DE L'ARITHMÉTIQUE

Le 3 jumādā al-'ūlā 830 dans le calendrier islamique (2 mars 1427 pour les Occidentaux) paraît le livre intitulé *Miftāh al-Hisab*, que l'on peut traduire par « Clé du calcul » ou « Clé de l'arithmétique ». Son auteur, Ghiyāth al-Dīn Jamshīd Mas'ūd al-Kāshī, est un savant né dans ce qui est aujourd'hui l'Iran, travaillant à Samarcande. Il conduit dans cet ouvrage un travail titanesque de compilation, mêlant ses propres découvertes à différentes améliorations qu'il apporte aux connaissances de ses prédécesseurs.

Il n'est pas possible de résumer un si long ouvrage en quelques lignes. Donnons donc quelques exemples arbitrairement choisis.

Dans la première partie consacrée aux calculs « arithmétiques », on trouve différentes méthodes pour effectuer des calculs exacts ou approchés, en particulier une formule impressionnante pour obtenir une valeur approchée de la racine n-ième d'un nombre qui s'écrit $a^n + r$, (c'est-à-dire d'un nombre qui s'écrit comme une puissance n-ième plus un « petit » reste noté r) : Al-Kāshī nous dit qu'on peut l'estimer par $a + r / ((a+1)^n - a^n)$, résultat qui peut être rapproché des approximations que l'on obtient avec des méthodes de calculs asymptotiques (bien postérieures). Avec un tel calcul, le savant perse généralise la méthode pour l'approximation des racines carrées, connue depuis l'Antiquité.

Suivent alors deux parties sur les manipulations des fractions et les calculs astronomiques, avant d'arriver à celle consacrée à la mesure des surfaces et des volumes. C'est dans cette partie que l'on trouve le résultat désormais appelé théorème d'Al-Kāshī : pour un triangle dont les côtés sont de longueurs a, b et c, et dont l'angle au sommet qui est l'extrémité commune des côtés de longueurs a et b est θ, on a la relation $c^2 = a^2 + b^2 - 2ab \times cos(\theta)$.

Une dernière partie rassemble des résolutions de problèmes avec l'aide des outils algébriques. Al-Kāshī en profite pour compiler différentes « règles » de calcul, avec notamment des résultats sur les sommes de termes en progression arithmétique ou en progression géométrique ; à ce sujet, l'auteur dit être le premier à trouver la formule exacte pour la somme $1 + a + a^2 + \ldots + a^n$.

La *Miftāh al-Hisab* est un livre influent, utilisé pendant plusieurs siècles tant comme outil de formation que comme encyclopédie ; en ce XXIe siècle commençant, on en publie encore des traductions pour la recherche en histoire des mathématiques en profitant de la redécouverte, fortuite, de versions manuscrites : celles-ci étaient dans la bibliothèque Süleymaniye à Istanbul, et plus personne ne s'en souciait…

3 MARS

LIMITES DE LA CROISSANCE

Début mars 1972, les chercheurs Donella Meadows, Denis Meadows, Jørgen Randers et William W. Behrens III présentent le *Rapport sur les limites de la croissance (dans un monde fini)*, bientôt rebaptisé par les médias « rapport Meadows ». Ce travail commandé par le *Club de Rome*, un groupe de réflexion impliquant des industriels et des économistes, analyse les conséquences de la croissance économique, de l'évolution démographique et de l'exploitation de ressources naturelles limitées. Les scientifiques aboutissent à différents scénarios, certains passant par un arrêt de la croissance économique exponentielle, d'autres amenant à un effondrement de l'écosystème global, avec des dépassements irréversibles des limites planétaires.

Le moins que l'on puisse dire est que ce rapport a marqué les esprits : le livre qui en a été tiré est instantanément devenu un best-seller, des activistes ont repris les conclusions afin de plaider pour un changement du modèle économique, le couple Meadows est devenu la cible d'attaques virulentes… En revanche, trop peu de gens ont pris conscience de la démarche scientifique et du travail mathématique sous-jacent.

Comme le rapport évite les aspects techniques, il faut pour en savoir plus consulter le livre des mêmes auteurs : *Dynamics of Growth in a Finite World*. Tout part de la dynamique des systèmes, cette technique de modélisation mathématique qui permet de comprendre et d'analyser des problèmes complexes : dans le modèle *World3* utilisé pour le rapport et dérivé des travaux de Jay Wright Forrester (1918-2016), on trouve ainsi cinq « blocs » principaux, le système alimentaire (au sens large), le système industriel, le système démographique, le système de ressources non renouvelables et le système de pollution.

Les graphiques simplifiés du livre font apparaître des dizaines d'interactions et des boucles de rétroaction : en conséquence, à cause de la complexité du système et des non-linéarités (les effets ne sont pas proportionnels aux causes), résoudre explicitement les équations qu'établissent les auteurs est impossible. On peut en revanche effectuer des simulations informatiques et utiliser l'analyse numérique pour obtenir des projections conditionnelles.

Ce sont ces scénarios qui figurent dans le rapport grand public. Il ne s'agit donc pas d'opinions militantes, mais de résultats scientifiques issus de la modélisation choisie… et la fiabilité des premières projections n'incite pas à critiquer les choix du modèle : malheureusement, les décennies qui ont suivi la publication du rapport donnent jusqu'ici raison aux auteurs…

4 MARS

L'OPÉRA D'ÉMILIE

Du 1er au 13 mars 2010, l'Opéra de Lyon accueille la création d'*Émilie*, un opéra de la compositrice finlandaise Kaija Saariaho, sur un livret de l'écrivain Amin Maalouf et avec la soprano Karita Mattila dans le rôle-titre. Le moins que l'on puisse dire est que l'accueil a été mitigé : certains critiques ont parlé de « beauté sans émotion » ou d'un « ennui redoutable ». Il faut croire que les critiques ont eu la dent un peu dure, puisque l'œuvre a ensuite été produite avec succès sur différents continents.

Je n'ai pas vu cet opéra, mais l'idée de départ me semble très intéressante : retracer le parcours d'Émilie du Châtelet, cette femme forte des sciences au siècle des Lumières, en partant de sa fin tragique. Au début de l'intrigue, on retrouve Émilie portant l'enfant de son amant, le poète Jean-François de Saint-Lambert, et ayant une prémonition de son décès imminent. Cette scène est particulièrement crédible : on connaît une lettre qu'elle a adressée, peu de temps avant sa mort, au responsable de la Bibliothèque royale pour faire enregistrer sa traduction des *Philosophiæ Naturalis Principia Mathematica* d'Isaac Newton (son œuvre maîtresse, où l'on trouve l'exposé de la théorie de la gravitation) – comme si elle pressentait sa disparition... Et, en effet, elle est emportée quelques semaines plus tard par une fièvre puerpérale, sans avoir vu la publication de ce travail titanesque.

Sa mort nous laisse un goût d'inachevé, mais on dispose de preuves de son talent de mathématicienne et de physicienne ; malheureusement, de nos jours, on présente trop souvent Émilie du Châtelet au travers du prisme de sa relation avec Voltaire ou sous le titre trop réducteur de « traductrice » de Newton. On a tôt fait d'oublier qu'elle était membre de l'Académie des sciences de Bologne (la seule à accueillir des femmes à l'époque), et qu'elle a contredit avec raison, puis tenu tête au secrétaire de l'Académie des sciences (la Parisienne, cette fois) sur l'usage qu'on doit faire des « forces » en physique ; de plus, même si on se limite à la « traduction » de Newton, on constate que le texte publié en français est accompagné d'un commentaire de plus de cent pages, où Émilie du Châtelet fait preuve d'une grande maîtrise scientifique et d'une fine capacité d'analyse. Peut-être les critiques français ont-ils sévèrement accueilli l'opéra en jugeant son inspiratrice trop grande pour une telle œuvre de musique.

5 MARS

LA GÉOMÉTRIE AU DÉFILÉ

Le 5 mars 2010, lors de la Fashion Week parisienne, le monde de la haute couture a pu découvrir une collection détonante lors du défilé Issey Miyake au Carrousel du Louvre. Il faut dire que le créateur en charge de cette collection, Dai Fujiwara, s'était adjoint les services d'un consultant exceptionnel, le géomètre William Thurston. Voici le compte rendu du magazine *Vogue* :

> *« Après le défilé, Fujiwara et Thurston se sont enveloppés pour la presse dans un long tronçon de tubes rouges afin de montrer que ce qui semble aléatoire est en fait (selon Thurston) une "belle géométrie".*
>
> *La même idée a été explorée dans des tenues drapées dans des cordes de tubes en tricot, ou dans des vestes passepoilées pour refléter les formules graphiques du mathématicien. Les tours et détours des pièces matelassées, froncées, côtelées et plissées ont également été inspirés par Thurston. C'est peut-être la rigueur de la pensée mathématique qui a conféré à la collection plus de structure et d'élégance qu'elle n'en avait auparavant. »*

Ce compte rendu élogieux invite à chercher à comprendre la géométrie de Thurston. Il y a plusieurs étapes dans la carrière de ce mathématicien, et chacune d'elles pourrait justifier la médaille Fields qu'il a reçue en 1982. Pour comprendre l'apport au défilé, il faut plutôt se concentrer sur la conjecture de géométrisation que Thurston a énoncée en 1976 (elle fut finalement démontrée par Grigori Perelman en 2003) : celle-ci permet de comprendre certains espaces mathématiques qui ressemblent (localement) à notre espace infini à trois dimensions, tout en pouvant être plus exotiques. Thurston aboutit ainsi à une classification avec huit « géométries » de base dont les noms peuvent tout aussi bien effrayer que faire rêver : E^3 (géométrie euclidienne classique), S^3 (géométrie sphérique), H^3 (géométrie hyperbolique), $S^2 \times R$, $H^2 \times R$, le revêtement universel de $SL(2, R)$, Sol et Nil.

Difficile de comprendre en quelques mots la portée de cette intuition ou de saisir les différences entre ces géométries ; c'est pourtant une partie du défi créatif de la collaboration entre Thurston et Fujiwara. Il faut croire que cela n'a pas été limpide pour le journaliste de Vogue, qui évoque trop sommairement des tenues « inspirées par les modèles géométriques du mathématicien William Thurston sur la forme de l'Univers ».

DU BINAIRE SUR LE TAEGEUKGI

Le drapeau coréen, ou *Taegeukgi*, est d'une rare élégance, et les détails de son design s'avèrent mathématiquement intéressants. Dessiné en 1882 sous le règne du roi Gojong, de la dynastie Joseon, pour permettre la représentation du pays dans diverses tractations internationales, il n'est officiellement promulgué que le 6 mars 1883.

Le drapeau est au format 2/3, et son fond est blanc. Au centre, un disque rouge et bleu tel que la frontière entre les deux couleurs est composée de deux demi-cercles. Ce motif, qui donne son nom au drapeau, illustre le principe philosophique *eum yang* (mieux connu sous le nom chinois de *yin yang*), à la fois harmonie, équilibre et complémentarité.

Le disque est entouré de quatre trigrammes : ☰, ☵, ☷ et ☲, en partant du haut de la hampe du drapeau et en tournant dans le sens horaire. Ces dessins sur trois lignes sont aussi issus de concepts philosophiques et de pratiques divinatoires, et ils représentent les quatre éléments : l'eau, l'air, la terre et le feu.

Il y a toutefois un autre moyen d'interpréter ces quatre symboles : on peut y lire un code binaire en interprétant comme 1 un trait long et comme 0 deux traits courts. Les quatre trigrammes du drapeau signifient alors 111, 010, 000 et 101 en binaire, soit 7, 2, 0 et 5 en écriture décimale. En binaire, avec trois « chiffres », on peut représenter tous les entiers entre 0 et 7 ; ici, il manque des nombres... car il manque des trigrammes ! En effet, les symboles sur le drapeau coréen appartiennent à une famille qui en comprend huit, famille dont la première occurrence semble figurer dans le livre chinois *Yi Jing* (« Le livre des changements »), composé il y a près de trois mille ans.

En Europe, on fait d'ordinaire remonter la compréhension de la représentation binaire des nombres à Leibniz. Or ce dernier correspondait avec les Jésuites installés en Chine, et son « *Explication de l'arithmétique binaire* », publiée en 1703, reprend notamment les huit trigrammes avec les valeurs décimales correspondantes. Cela n'est pas surprenant si l'on prend le temps de lire le titre de l'article dans son intégralité :

> *« Explication de l'arithmétique binaire, qui se sert des seuls caractères 0 et 1 ; avec des remarques sur son utilité, et sur ce qu'elle donne le sens des anciennes figures chinoises de Fohy »*

Dans son élégance épurée, le drapeau coréen nous rappelle donc les plus anciennes utilisations du binaire, en Asie comme en Europe.

7 MARS

FILLE D'ENNEMI DU PEUPLE

Véritable déflagration lors de sa sortie en 1973, *L'Archipel du Goulag* d'Alexandre Soljenitsyne est présenté comme un « essai d'investigation littéraire » décrivant de l'intérieur les rouages du régime répressif stalinien, un texte ambitieux qui s'appuie sur les récits de nombreux témoins. L'auteur ajoute cette précision liminaire : « *Ce livre ne contient ni personnages ni événements inventés. Hommes et lieux y sont désignés sous leurs vrais noms.* »

Parmi les deux cent vingt-sept témoins cités, on trouve Olga Ladyjenskaïa, une mathématicienne née le 7 mars 1922 : son père, Alexandre Ladyjenski, un enseignant qui soutenait des étudiants dont les parents étaient emprisonnés, est arrêté en 1937 puis abattu sans procès par le *NKVD*, service de sécurité de l'État soviétique ; son oncle Nikolaï, ingénieur en chef des usines d'armement à Izhevsk, meurt en prison.

Ces criantes injustices en entraînent d'autres lors des années de formation de la future mathématicienne : son statut de fille d'ennemi du peuple lui interdit en effet de rejoindre la prestigieuse université de Leningrad et la contraint à s'orienter vers une formation pour futurs enseignants. Sa vie professionnelle démarre ainsi, pendant la Seconde Guerre mondiale, par l'enseignement dans un orphelinat à Gorodets, puis dans un lycée de sa ville natale, Kologriv.

Son dévouement et le soutien inconditionnel d'une mère d'élève lui offrent toutefois l'opportunité de rejoindre l'université de Moscou pour compléter sa formation mathématique avec, ironiquement, une bourse de Staline. Elle découvre ainsi de nouveaux domaines, petit à petit, notamment les équations aux dérivées partielles (leurs solutions sont des fonctions à plusieurs paramètres, très utiles en physique). Celles-ci deviendront son sujet de recherche pendant plus de cinquante ans.

De retour à Leningrad, elle soutient une thèse sous la direction de Sergueï Sobolev et Vladimir Smirnov, puis s'affirme comme une chercheuse de tout premier plan avec des articles brillants (plus de deux cent cinquante), sept monographies de référence et un séminaire de physique mathématique maintenant légendaire. Devenue incontournable dans son domaine d'expertise, elle reçoit de nombreuses marques d'estime et différentes récompenses. Il s'en est d'ailleurs fallu de peu qu'elle ne devienne la première femme à recevoir la médaille Fields : en effet, en mars 1958, elle figure sur la courte liste des cinq potentiels médaillés ; malheureusement, il n'y a que deux lauréats, et elle n'en est pas.

Et Soljenitsyne, dans cette histoire ? C'est en fait dans la datcha de son directeur de thèse qu'elle l'a rencontré, pour lui raconter ses premières années...

8 MARS

LES JEUX *NINTENDO* SONT DIFFICILES

Le 8 mars 2012 apparaît sur le très sérieux site *arXiv* un article intitulé : « *Classic Nintendo Games are (computationally-) Hard* », soit, en français, « Les jeux classiques de *Nintendo* sont difficiles (d'un point de vue algorithmique) ». Les auteurs de cet article, Greg Aloupis, Erik D. Demaine, Alan Guo et Giovanni Viglietta, sont des chercheurs reconnus ; de même, le texte a toute l'apparence d'un article de recherche, si ce n'est que dans son plan figurent les noms de plusieurs jeux vidéo :

1. Introduction
2. Cadre d'étude pour les jeux de plateforme
3. Super Mario Bros
4. Donkey Kong Country
5. The Legend of Zelda
6. Metroid
7. Pokemon

Pour tester la complexité d'un jeu, les auteurs de l'article partent d'un problème théorique connu pour être difficile : le problème 3-SAT, cas particulier du problème SAT, où l'on se donne une formule logique (ainsi « (A et B) ou C ») pour chercher à savoir s'il est possible de donner des valeurs aux différentes variables, de sorte que la formule soit vraie. Ici, si C est faux mais A et B tous deux vrais, « (A et B) ou C » est vrai ; en effet, si, au déjeuner, vous ne prenez jamais de thé, mais ne manquez jamais de demander un café avec lait, il est aussi vrai que vous prenez toujours au moins l'une des deux boissons chaque midi – café avec lait ou thé… Il suffit donc, pour notre exemple, de donner à A et B la valeur « vrai ».

Le problème est classique, mais sa difficulté est bien éprouvée… Comment est-il utilisé dans cet article ? Plutôt simplement, les auteurs convertissent les formules logiques en niveaux de jeu *Nintendo* : les connecteurs et/ou/négations vont donner des éléments de *game design* comme des obstacles ou des chemins. Il y a toutefois deux contraintes dans cette création de niveaux : cette conversion doit être « rapide », et le niveau du jeu doit pouvoir être terminé par un joueur si, et seulement si, la formule de départ peut être évaluée à vrai. Avec cette stratégie, parvenir au bout du jeu Nintendo revient donc à résoudre le problème 3-SAT correspondant. Comme 3-SAT est difficile, le jeu Nintendo l'est au moins autant !

Cette stratégie de réduction à un problème connu et bien étudié pour éprouver la complexité algorithmique d'un autre n'a pas été conçue pour les jeux vidéo. C'est un outil classique d'analyse mathématique en informatique, mais avouons qu'en citant Zelda ou Pokémon, on a plus de chance d'intéresser le public

9 MARS

DE DANTZIG À KÖNIGSBERG

Les villes de Dantzig (désormais Gdansk, en Pologne) et Königsberg (désormais Kaliningrad, en Russie) sont distantes d'un peu plus de 120 km ; au XVIIIe siècle, effectuer un tel trajet n'est pas tout à fait une formalité.

C'est pourtant dans une lettre en provenance de Dantzig qu'apparaît pour la première fois le problème désormais appelé des « ponts de Königsberg ». Carl Gottlieb Ehler, un habitant de Dantzig (qui sera plus tard maire de cette ville), écrit le 9 mars 1736 à Leonhard Euler, mathématicien bâlois exilé à Saint-Pétersbourg, pour lui faire part d'une question que ni lui ni son ami mathématicien Heinrich Kühn ne parviennent à résoudre.

Pour énoncer le problème, il faut connaître la géographie locale de cette cité qu'Euler n'a jamais visitée : la ville prussienne est construite sur les deux rives de la rivière Pregel et sur deux îles ; sept ponts relient les quatre composantes de la ville – un entre les îles, deux partant de la première vers les rives (un pour chaque berge), et quatre partant de la seconde (deux vers la rive droite, deux vers la gauche). L'énigme consiste à déterminer si l'on peut effectuer un circuit touristique dans Königsberg passant une et une seule fois par chacun des ponts.

Ehler fournit un croquis desdits ponts et prie Euler de donner une démonstration. Il n'attendra pas longtemps : le 3 avril suivant, Euler lui adresse une preuve que la réponse est négative (avant de rédiger un article sur le sujet). En effet, chacune des rives est reliée par trois ponts aux îles, et les deux berges ne sont pas reliées entre elles ; s'il existait un circuit passant par chaque pont une unique fois, il faudrait venir et repartir d'une rive donnée en prenant à chaque fois par des ponts différents : il y aurait donc un nombre pair de ponts, ce qui contredit la topographie de la ville. En adaptant cet argument, on peut également voir qu'il n'y a pas de chemin, avec une origine et une destination finale non confondues, passant par tous les ponts une seule fois.

La réponse d'Euler est féconde pour ce qui deviendra la théorie des graphes. Les lecteurs modernes sont davantage surpris par le commentaire qu'a ajouté le génial Bâlois :

> *« Ce type de solution n'a que peu de rapport avec les mathématiques, et je ne comprends pas pourquoi vous attendez d'un mathématicien qu'il la produise, plutôt que de n'importe qui d'autre, car la solution est basée sur la raison seule et sa découverte ne dépend d'aucun principe mathématique. C'est pourquoi je ne sais pas pourquoi même des questions qui ont si peu de rapport avec les mathématiques sont résolues plus rapidement par les mathématiciens que par d'autres. »*

Peut-être qu'Euler avait une vision trop étroite de sa discipline...

10 MARS

LES URNES DES EHRENFEST

En 1872, Ludwig Boltzmann réalise un exploit pour la théorie cinétique des gaz : il parvient à établir un résultat macroscopique à partir de propriétés microscopiques. Plus précisément, son théorème η, prononcé *êta* par les snobs, montre qu'une quantité associée au système physique et notée *H* est décroissante avec le temps, ce qui indique un phénomène non réversible. Cela est particulièrement étonnant, car, à l'échelle microscopique, les phénomènes qu'il considère sont tous réversibles !

Le moins que l'on puisse dire est que ce théorème H a déchaîné les passions, et on a accusé le physicien autrichien de faire de « mauvaises mathématiques » ou de manquer de rigueur. Pire, d'autres résultats ont fait apparaître des paradoxes semblant infirmer le cœur de l'argument de Boltzmann : d'après les propriétés au niveau moléculaire, le système devrait pouvoir revenir à l'état initial, ce qui contredit la décroissance de la quantité H.

Le 10 mars 1907, le couple Paul et Tatiana Erhenfest propose, dans l'article « *Über zwei bekannte Einwände gegen das Boltzmannsche H-Theorem* », le modèle probabiliste simplifié des « urnes d'Erhenfest » pour illustrer l'évolution d'un gaz entre deux compartiments. Ils considèrent deux urnes, l'une initialement vide et l'autre comportant un grand nombre de boules. À chaque instant, on choisit une urne et une boule (toutes deux au hasard), et on change la seconde de récipient.

Passé les éventuelles pioches dans l'urne encore vide, la première étape est relativement attendue : une urne avec une seule boule et l'autre avec toutes les autres ; mais les suivantes compliquent la situation petit à petit. Dans ce modèle élémentaire, on peut effectuer les calculs et chercher le temps moyen de retour à la position initiale (avec toutes les boules dans une même urne). Le calcul donne un temps gigantesque qui montre que, même si ce système revient presque sûrement à sa position initiale, on ne peut pas l'observer en un temps raisonnable (disons, de l'ordre de l'âge de l'Univers).

Aujourd'hui, cet exercice se trouve dans les cours de probabilités sans l'interprétation physique, et il arrive même que l'on remplace urnes et boules par des chiens et des puces. Je trouve dommage de réduire la tentative de compréhension par les Ehrenfest d'un brillant résultat physique à un simple calcul probabiliste : pourtant, avec ce théorème, l'irréversibilité de certaines transformations, déjà constatée avant Boltzmann, recevait enfin une assise théorique solide : en physique aussi, on peut commettre l'irréparable !

LE FLOCON DE KOCH

Il s'agit sûrement de l'exemple le plus simple de courbe fractale, figure dont les traits caractéristiques se retrouvent à n'importe quelle échelle : on part d'un triangle équilatéral ; pour chaque segment, on remplace le tiers central par un triangle équilatéral (tourné vers l'extérieur) et on efface ce tiers central. On recommence ainsi à chaque étape avec des segments, donc des triangles, de plus en plus petits. Au bout de quelques itérations émerge l'image d'un flocon de neige ; les mathématiques considèrent plutôt l'objet « limite » (celui qu'on obtient en répétant le processus à l'infini), objet dont l'allure est déjà perceptible après quelques étapes. Voici donc à quoi ressemble notre objet après deux étapes :

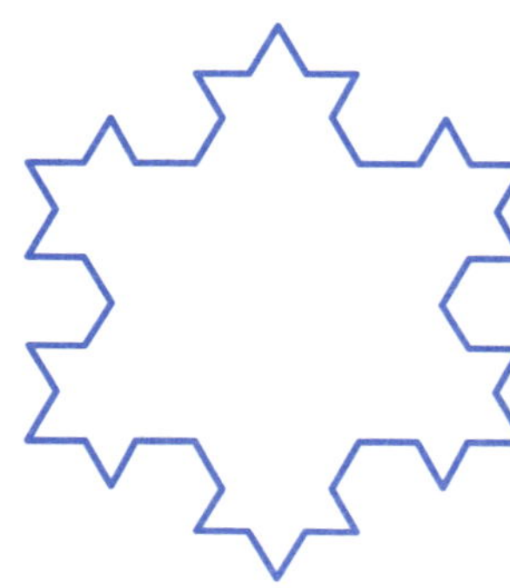

Cette construction apparaît dans un article publié en 1904 dans une revue suédoise : « *Sur une courbe continue sans tangente, obtenue par une construction géométrique élémentaire* ». L'auteur, Helge von Koch, reprend un travail de Karl Weierstrass, qui avait trouvé des courbes continues sans tangente (c'est-à-dire non dérivables) ; il reproche toutefois à son prédécesseur d'avoir fourni

« une expression analytique qui cache la nature géométrique de la courbe correspondante de sorte que l'on ne voit pas, en se plaçant à ce point de vue, pourquoi la courbe n'a pas de tangente ».

On comprend tout de suite mieux la démarche de Koch : obtenir une construction où l'on pourra d'un simple regard comprendre les propriétés de non-régularité, une courbe si accidentée qu'elle ne peut jamais être approchée par une droite !

Ce flocon a de nombreuses propriétés passionnantes, autour de sa longueur, de la surface qu'il délimite et de ses propriétés « fractales » (même si ce mot ne sera inventé que quelques décennies plus tard). Par exemple, en partant de deux tailles de flocons bien choisies, on peut paver le plan ! La principale difficulté rencontrée dans les cours et conférences quand on évoque cette courbe provient plutôt de son inventeur et de l'appellation : si tout le monde aime à y voir un flocon, peu savent prononcer correctement le nom de Helge von Koch, et il n'est pas rare d'entendre les orateurs adopter un accent germanique pour le dire. Aussi, en ce jour anniversaire de son décès, le 11 mars 1924, rappelons qu'en suédois, son patronyme se prononce [kɔk] (dites « coq ») et non [kɔx] (où vous devez vous racler un peu la gorge sur la dernière consonne…) – ce deuxième « Koch » est celui de son homonyme allemand, Robert Koch, qui a découvert le bacille de la tuberculose !

L'ÉCOLE DE CHICAGO

Le 12 mars 1986, Ronald Reagan, président des États-Unis, reçoit à la Maison Blanche le mathématicien Antoni Zygmund, de l'université de Chicago ; il lui remet la *National Medal of Science*, plus haute récompense officielle pour les scientifiques, « *pour ses contributions exceptionnelles à l'analyse de Fourier et à ses applications aux équations aux dérivées partielles et à d'autres branches de l'analyse, ainsi que pour avoir créé et dirigé l'école de recherche en analyse la plus solide du monde mathématique contemporain* ».

Reagan ne connaît sûrement pas l'apport de Zygmund à l'« analyse de Fourier », aussi appelée analyse harmonique. Ce champ des mathématiques est essentiellement né au début du XIXe siècle, d'abord pour analyser des phénomènes physiques périodiques comme les ondes ; il a connu ensuite de nombreux développements dans des directions très différentes. Zygmund a publié une somme sur le sujet sous le titre *Trigonometrics Series* en 1935 (rééditée jusqu'en 2002), découvert de nombreux théorèmes et formé une importante cohorte de chercheurs. C'est sur ce dernier point que la citation présidentielle insiste en parlant d'« école de recherche ».

Depuis son arrivée en 1947 à l'université de Chicago (en plusieurs étapes depuis sa Pologne natale), Zygmund a encadré bien des étudiants brillants, avec lequels il a petit à petit révolutionné le domaine. Au premier rang, on trouve l'un de ses premiers élèves et son principal collaborateur, l'Argentin Alberto Calderón ; mais Zygmund a été aussi le maître de bien des mathématiciens célèbres, qui formèrent à leur tour de nouveaux talents ; ainsi, un maillon plus loin en considérant cette « filiation », on trouve deux lauréats de la médaille Fields : Charles Fefferman et Terence Tao.

Les chercheurs qui assistèrent aux cours du professeur polonais viennent de différents pays, et ont depuis longtemps quitté les bancs de l'université de Chicago pour occuper des postes dans d'autres universités prestigieuses. On parle toutefois d'« école de Chicago » pour désigner le courant mathématique qu'ils contribuent à développer ; cette appellation peut sembler artificielle (il est difficile de trouver un « style » les rassemblant tous !), mais, à titre personnel, je la trouve doublement bienvenue : d'une part, elle insiste sur le caractère collectif du mouvement de la recherche ; d'autre part, elle souligne l'exceptionnelle qualité de formateur de Zygmund – mieux qu'un prix ou une médaille, fût-elle remise par le président des États-Unis en personne.

La mégalopole de l'Illinois est d'ailleurs fertile en chercheurs : sous le nom d'« école de Chicago », on trouve aussi un courant de sociologie urbaine, un autre encore d'économistes... la « Ville venteuse » ne décourage donc pas tout le monde !

OCÉAN DE SAGESSE ET DE SCIENCE

Le sultan Chahrokh Mirza s'éteint le 13 mars 1447. S'il a régné efficacement pendant plus de quarante ans sur une grande partie de l'Asie centrale et de l'Iran, il apparaît souvent en retrait de son prédécesseur comme de son successeur ; il faut dire que, bien que dissemblables, les deux sultans qui l'entourent dans la chronologie ont de fortes personnalités.

En 1405, il prend la suite de son père, le célèbre Tamerlan, seigneur de guerre qui a mené de nombreux raids et gagné des batailles dans toute l'Asie. Par sa compétence militaire, il a imposé son pouvoir sur ces territoires et installé sa dynastie : son fils règne ainsi sur un vaste empire.

Le successeur de Chahrokh, quant à lui, est son fils Ulugh Beg, qui fut avant de monter sur le trône le gouverneur de Samarcande durant plusieurs décennies. Contrairement à ses ancêtres, il n'a pas laissé l'image d'un militaire conquérant ni d'un administrateur efficace, mais celle d'un savant qui a contribué aux sciences en général et plus particulièrement à l'astronomie et aux mathématiques ; ainsi, il a gagné pour l'éternité le surnom d'« océan de sagesse et de science ».

Ses réalisations les plus célèbres sont, à Samarcande, la *médersa* (une sorte d'université) et l'observatoire astronomique ; dans ce dernier lieu, il a réuni et dirigé une équipe de plusieurs dizaines de savants, dont Ghiyāth al-Dīn Jamshīd Mas'ūd al-Kāshī, qui a laissé son nom au théorème reliant dans un triangle les longueurs des côtés et le cosinus d'un angle bien choisi. Les observations et les calculs qu'ils menèrent ont permis de publier les Tables sultaniennes, ou *zij-e soltâni* en persan, magnifique ouvrage de science mêlant les calculs de positions d'étoiles, des tables de trigonométrie du cercle et de la sphère (donnant pour différents angles les valeurs approchées des fonctions cosinus, sinus, tangente...), mais aussi la science des différents calendriers.

Deux ans après son accession au pouvoir, le sultan Ulugh Beg connaît une fin tragique : ayant froissé un groupe de fanatiques religieux, il est assassiné en 1449, et son observatoire est en grande partie détruit. Les Tables sultaniennes vont toutefois échapper à ce massacre et parvenir, après un long périple, à Venise, où elles sont traduites et imprimées ; elles contribuent aujourd'hui encore à la reconnaissance de ce sultan timouride. Ainsi, la postérité semble valider cette citation qui lui est attribuée :

> *« Les religions se dissipent comme le brouillard, les empires se démantèlent, mais les travaux des savants demeurent pour l'éternité. »*

14 MARS

LE JOUR DE π OU DE π/δ ?

L'Unesco a proclamé à l'automne 2019 que le 14 mars serait dorénavant la journée internationale des mathématiques. La date n'a pas été choisie au hasard : dans les pays anglo-saxons, ce jour, appelé *Pi Day* à cause de l'écriture 3/14 pour la date qui rappelle l'approximation décimale 3,14 du nombre π, est l'occasion de célébrer les mathématiques avec différentes activités ludiques ou culturelles autour de la « constante d'Archimède ».

Au cours de l'Histoire, la définition de cette constante et sa notation ont beaucoup varié. Elle apparaît dans l'Antiquité à travers les trois propriétés suivantes :

- *Pour tout cercle, le rapport de son périmètre par son diamètre est une valeur qui ne dépend pas du cercle choisi : la « constante du périmètre » ;*
- *Pour tout disque, le rapport de son aire par le carré de son rayon est une valeur qui ne dépend pas du disque choisi : la « constante de l'aire » ;*
- *Les deux constantes précédentes sont égales entre elles.*

La grandeur apparaissant dans cette présentation est désormais appelée π. Il n'en a pas toujours été ainsi : longtemps, elle n'eut pas de nom figé et pouvait être notée à partir des caractères e, □ ou même ם.

Au cours du XVIIIe siècle, les mathématiciens ont même pris l'habitude de la faire apparaître sous la forme d'un quotient. Par exemple, le Britannique William Oughtred la note π/δ, où π désigne le périmètre du cercle (comme initiale du mot grec περιφέρεια, « *peripheria* ») et δ son diamètre (comme initiale de διάμετρος, « *diametros* »). En 1697, David Gregory utilise plutôt la constante π/ρ avec ρ le rayon, soit le double de la constante précédente ; et en 1698, Abraham de Moivre utilise quant à lui c/r avec c et r comme initiales des mots latins pour circonférence et rayon.

Il faut attendre 1706 pour qu'un mathématicien gallois, William Jones, résume cette constante à la seule lettre π : il ne prétend alors pas fixer l'usage, mais choisit une notation pratique pour son propos. Au cours du XVIIIe siècle, on va rapidement choisir de n'utiliser qu'une lettre pour désigner cette constante, puis, plus lentement, adopter la lettre π ; par exemple, en lisant la correspondance de Leonhard Euler ou de Jean Bernoulli, on les voit basculer du p au π, ou du c au π.

Le choix extrêmement pratique d'une unique lettre nous apparaît naturel aujourd'hui, mais on a un peu perdu en cohérence depuis la notation π/δ de Oughtred, qui indiquait, elle, l'origine de cette constante issue du cercle !

15 MARS

AUX IDES DE MARS

Le 15 mars 44 av. J.-C., alors que tout Rome s'apprête à célébrer les ides de mars, une fête en l'honneur du dieu de la Guerre, Mars, Jules César succombe sous les coups de couteau de sénateurs mécontents des ambitions du général, récemment devenu dictateur à vie. Si César a pris soin de documenter sa *Guerre des Gaules*, et si quelques historiens de l'époque comme Salluste ont aussi écrit sur la vie du grand homme, certaines informations souvent répétées à son propos ne figurent que dans des sources secondaires.

Par exemple, le « code de César », cette technique consistant à dissimuler un texte en remplaçant chaque lettre par celle trois rangs plus loin dans l'alphabet, n'apparaît que dans les *Vies des douze Césars* de Suétone, près de deux siècles plus tard :

> *« Lorsqu'il avait un secret à confier, il employait le langage chiffré, en disposant ses lettres de manière qu'elles ne forment aucun mot ; mais si l'on désire en pénétrer le sens, il faut intervertir la suite des lettres en prenant par exemple le D pour l'A, c'est-à-dire la quatrième lettre pour la première et ainsi de suite. »*

César n'est pas le premier à vouloir dissimuler ses messages, et il n'est certainement pas l'inventeur des techniques de décalage. Même sans consulter des sources antiques, on peut imaginer qu'il n'utilisait pas toujours des décalages de trois lettres, sans quoi son code aurait rapidement été éventé. On peut remarquer que des messages codés par décalage, que cela soit par un Imperator de l'armée romaine ou par votre petite-cousine, sont assez faciles à décrypter, même si vous ne connaissez pas la taille du décalage imposé.

La première trace de l'analyse de ce procédé se trouve dans le *Manuscrit sur le déchiffrement des messages codés* écrit au IXᵉ siècle par le mathématicien et philosophe de Bagdad Abū Yūsuf Ya'qūb ibn Ishāq al-Kindī. Habitué à analyser les textes religieux, ce savant comprend le principe de l'analyse fréquentielle : les lettres n'apparaissent pas toutes à la même fréquence. La lettre la plus fréquente dans le message codé correspond donc a priori à la lettre la plus fréquente de la langue du message initial ; une fois que l'on a observé ce fait, on en déduit le décalage utilisé et on peut décoder entièrement le message. Bref, si César avait dit yhql yhgl ylfl, les dictionnaires de citations en seraient changés, mais le message resterait facile à comprendre.

16 MARS

LE TESTAMENT DE MITTAG-LEFFLER

Le Suédois Gösta Mittag-Leffler est un mathématicien dont la vie est à cheval entre le XIXe et le XXe siècle ; il fascine aussi bien par ses travaux que par son influence sur la communauté mathématique. En recherche, il a fait avancer l'analyse complexe, branche de l'analyse des fonctions où l'on prend comme variables des nombres complexes et plus seulement des réels. Ce changement qui semble être contraignant s'avère offrir plus de possibilités, calculatoires comme théoriques…

La vie scientifique de Mittag-Leffler ne peut toutefois se réduire à des théorèmes. Ayant bénéficié d'une bourse lui permettant d'étudier longuement à l'étranger (Paris, Berlin et Göttingen), il revient dans son pays avec des idées nouvelles et un carnet d'adresses bien rempli ; entre sa propre crédibilité scientifique, ses liens avec le pouvoir royal et la fortune personnelle de son épouse, il peut monter différents projets pour soutenir une recherche qui dépasse les réflexes nationalistes. Par exemple, avec la revue *Acta Mathematica*, il accueille les articles des mathématiciens les plus prestigieux, assurant leur diffusion dans toute l'Europe ; cette revue perpétue encore aujourd'hui l'ambition de son fondateur et jouit toujours d'un grand prestige.

D'autres engagements de Mittag-Leffler paraissent en avance sur son époque, comme son soutien aux femmes scientifiques : il s'est notamment investi pour que la géniale mathématicienne russe Sofia Kovalevskaïa puisse enfin obtenir un poste à la hauteur de ses mérites ou pour que le comité Nobel 1903 n'efface pas les travaux de la physicienne Marie Curie au profit de son mari.

Il n'est donc pas surprenant de découvrir des dispositions particulières dans le testament que Gösta et Signe Mittag-Leffler rédigent le 16 mars 1916. Ils lèguent toute leur fortune à la création et au fonctionnement d'un institut de recherche mathématique autour de leur riche bibliothèque et de leur villa à Djursholm (banlieue de Stockholm), à la distribution de bourses « *à des jeunes gens des deux sexes […] ayant fait preuve d'aptitudes réelles pour les recherches et les découvertes dans le domaine des mathématiques pures* ». *Laissons aux donateurs le soin d'expliquer leur beau geste* :

> *« Notre testament doit son origine à la vivante conviction qu'un peuple qui n'accorde pas aux mathématiques un rang élevé dans son estime ne sera jamais en état de remplir les plus hautes tâches civilisatrices. »*

UN CONTRAT AVEC L'HÔPITAL

Le marquis Guillaume de L'Hôpital est un mathématicien français de la fin du XVIIe siècle, académicien des sciences en 1693, connu comme auteur de l'ouvrage *Analyse des infiniment petits, pour l'intelligence des lignes courbes* (1696), le premier traité d'analyse traitant du calcul différentiel à la manière de Leibniz et Newton. Le nom du marquis est par ailleurs associé à un résultat permettant de lever une indétermination dans le calcul d'une limite, en un point, d'un quotient de fonctions dérivables et s'annulant en ce point ; toutefois, ce résultat, qui figure dans son traité, n'est pas de son cru…

Le marquis de L'Hôpital ne s'est pas attribué les travaux de son épouse, Marie-Charlotte de Romilley de La Chesnelaye (elle aussi mathématicienne), mais ceux de Jean Bernoulli, mathématicien bâlois en poste à l'université de Groningue. Lors de son passage à Paris durant l'hiver 1691, ce dernier a enseigné au marquis ce qu'il savait du calcul différentiel ; suite à cette rencontre, L'Hôpital propose dans une lettre en date du 17 mars 1694 que Bernoulli lui réserve la primeur et l'exclusivité de ses futures découvertes en échange d'une pension annuelle de trois cents livres. La réponse de son correspondant ne nous est pas parvenue, mais il semble que l'accord les ait tous les deux contentés… pendant quelques années.

Après le succès de l'ouvrage et le décès de L'Hôpital, Jean Bernoulli a manifesté son aigreur et revendiqué son droit à la postérité ; des archives récemment retrouvées montrent que ces plaintes étaient très légitimes, tant ses manuscrits, les *Lectiones de calculo differentialium* qu'il a enseignées en 1691, ressemblent à l'organisation du livre signé L'Hôpital. Cela amène à relire avec un peu plus de circonspection cette phrase de la préface, peut-être pour y voir de la malice :

> *« Au reste je reconnois devoir beaucoup aux lumieres de Mrs Bernoulli, sur tout à celles du jeune presentement Professeur à Groningue. Je me suis servi sans façon de leurs découvertes & de celles de M. Leibnis. C'est pourquoi je consens qu'ils en revendiquent tout ce qu'il leur plaira, me contentant de ce qu'ils voudront bien me laisser. »*

Quelques personnes ont choisi de débaptiser la « règle de L'Hôpital » pour parler de « règle de Bernoulli » : l'Histoire leur donne raison, mais est-ce vraiment conforme au droit, sachant que les deux hommes étaient liés par un contrat dont les termes nous échappent au moins en partie ?

18 MARS

DES NOUVELLES DE PYTHAGORE

Le théorème de Pythagore est la star des cours de mathématiques, le résultat que tout le monde retient : dans un triangle rectangle, le carré de la longueur du plus grand côté, la fameuse hypoténuse, est égal à la somme des carrés des longueurs des deux autres. Le résultat admet une réciproque (la propriété caractérise les triangles rectangles) et des généralisations… mais il connaît aussi de nombreuses démonstrations.

La dernière en date a été présentée le 18 mars 2022, lors d'un congrès de l'American Mathematical Society, par deux lycéennes de La Nouvelle-Orléans nommées Ne'Kiya Jackson et Calcea Johnson. Leurs arguments, fort malins, exploitent les propriétés des fonctions trigonométriques et la loi des sinus (qui indique que, dans un triangle, la quantité définie par le quotient de la longueur d'un côté par le sinus de l'angle opposé est identique pour les trois côtés) ; l'article qui en découle, publié en novembre 2024, contient même cinq autres preuves utilisant des arguments proches. Étant donné la célébrité du résultat et la jeunesse des découvreuses, l'événement a fait sensation sur les réseaux sociaux et médias ouverts aux mathématiques.

Ce n'est pourtant pas la première fois que des lycéennes étudiant les mathématiques avec passion s'illustrent sur ce sujet : déjà en 1938, Ann Condit, une lycéenne de l'Indiana âgée de seize ans, avait proposé une preuve originale du célèbre théorème reposant sur une construction de carrés dont l'un des côtés est une face du triangle, et l'introduction astucieuse d'autres triangles joignant des sommets de ces carrés au milieu de l'hypoténuse.

Comme l'on dispose de près de quatre cents preuves distinctes du théorème de Pythagore, les recenser et les comparer est difficile. En parcourant le livre *The Pythagorean Proposition* (qui en recense trois cent soixante-dix dans son édition de 1940), on découvre par exemple une preuve de 1888 par une jeune fille aveugle, E. A. Coolidge, qui s'apparente à la preuve plus ancienne du mathématicien hindou Bhāskara ; et, plus insolite encore, une preuve par James A. Garfield en 1876… soit cinq ans avant qu'il ne devienne le vingtième président des États-Unis d'Amérique !

19 MARS

LE PRODIGE INAUDI

Dans le numéro de mars 1892 de la revue *L'Astronomie populaire* se trouve un curieux portrait intitulé : « *Le calculateur prodige Inaudi* ». Camille Flammarion, astronome et vulgarisateur, évoque un personnage se produisant dans les théâtres ou les cabarets (notamment les Folies-Bergère) avec un numéro spectaculaire : Inaudi, face au public, écoute une personne lui proposer un calcul avec de grands nombres ; derrière lui, un assistant écrit le calcul sur un tableau noir, puis Inaudi répète le calcul à haute voix et donne la réponse en quelques secondes ou minutes. Les spectateurs sont fascinés par la facilité déconcertante avec laquelle il mène de tête des opérations qui semblent impossibles.

Flammarion connaît Inaudi de longue date : il rappelle dans cet article son enfance pauvre dans le Piémont, où il partait mendier avec ses frères et faire quelques tours sur les marchés et les foires ; sa découverte autodidacte des nombres et des opérations, ainsi que ses progrès année après année, puis l'intérêt que son talent suscite chez les savants. D'abord, les médecins et amateurs de phrénologie tentent de comprendre aussi bien la forme de son crâne que sa méthode pour mémoriser tous ses précédents calculs ; puis ce sont les mathématiciens de l'Académie des sciences qui deviennent témoins impartiaux de ses performances :

> *« M. Poincaré propose au calculateur le problème suivant : "Faire le carré de 4.800, le diminuer de 1 et diviser par 6." M. Bertrand pose, en même temps, la question suivante : "Quel jour de la semaine était le 11 mars 1822 ?" Inaudi répond immédiatement : "Le 11 mars 1822 était un lundi. [...] Le résultat de l'opération proposée par M. Poincaré est le nombre 1.960." »*

Inaudi n'est pas le premier prodige à être ainsi testé par l'Académie : en 1840, le mathématicien Cauchy avait dû écrire un rapport sur Henri Mondeux, un pâtre de Touraine présentant les mêmes talents. Pour ce qui touche à notre homme, le rapport indique que c'est en fouillant dans sa vaste mémoire qu'il parvient à trouver les résultats des opérations – il ne s'agit donc pas d'une aptitude scientifique. D'ailleurs, le jeune homme ne souhaite pas devenir chercheur : il dispose déjà, précise Flammarion, d'« *une situation qui dépasse du triple les appointements du Directeur de l'Observatoire de Paris* ».

Bref, plus que l'histoire d'un mathématicien, il s'agit d'une mémoire éléphantesque mise au service du spectacle. Flammarion ne jouit visiblement pas de ce talent, puisque le calcul qu'il rapporte est faux : $1\,960 \times 6$ n'est pas égal à $4\,800^2 - 1$!

20 MARS

L'APOCALYPSE ET π

Le 20 mars 2020, des amateurs ont pu pleinement profiter des mesures de confinement pour la sortie de *Doom Eternal*, dernier succès d'une célèbre franchise de jeux vidéo. Le principe demeure identique au premier opus sorti en 1993 : c'est un jeu de tir à la première personne où le joueur incarne un soldat du corps américain des *marines*, luttant contre une invasion de démons.

En pratique, l'écran affiche la main du tireur avec l'arme qu'elle tient et le décor autour de lui ; en jouant, vous vous déplacez dans un univers labyrinthique, collectez différents bonus et tirez sur les ennemis qui apparaissent. En revanche, il y a eu de nombreuses évolutions depuis le premier jeu : maniabilité, qualité des graphiques et des effets sonores... et correction de la valeur de π.

Cela peut sembler étonnant, mais, pour le rendu tridimensionnel des déplacements, des décors ou même le calcul des trajectoires de tir, on a besoin de trigonométrie et de considérations sur les angles ; le programme demande donc une bonne valeur de π pour ses calculs. Pour cela, John Carmack, concepteur du jeu original, a utilisé dans le code du jeu la valeur approchée 3,141592657. Vous ne vous en rendez sans doute pas compte en lisant cette valeur, mais celle-ci diffère des premières décimales de la constante mathématique : la dernière indiquée est fausse !

Cela ne change pas grand-chose dans le jeu, mais, a priori, les calculs sont tous imprécis et ne correspondent donc pas exactement à la réalité gouvernée par les lois de la physique. Luke Gotzling, un ingénieur logiciel, s'est ainsi interrogé sur l'importance de cette erreur ; comme le code de *Doom* est en libre accès depuis 1997, il a pu mener de nombreuses expériences, en modifiant la valeur de π dans le jeu, pour faire tourner le code et observer ce qui changeait.

Pour la plupart des valeurs qu'il proposait, le code compilait, mais ne fournissait pas de jeu ; pour d'autres, Gotzling observait d'étranges phénomènes visuels et mécaniques : des décors qui semblaient danser autour du joueur, des collisions qui n'étaient plus détectées, sans parler de tirs qui ne parvenaient que miraculeusement à atteindre leur cible. Lorsque l'on change la valeur utilisée pour π, la simulation numérique du monde devient donc incohérente avec notre expérience physique : dans un jeu de tir, la précision est requise aussi bien pour les joueurs que pour les mathématiques du programme !

21 MARS

POÉSIE MATHÉMATIQUE

L'Unesco a proclamé le 21 mars journée mondiale de la poésie. Cela semble loin du propos de cet almanach, et pourtant, des poètes et des poétesses ont su aborder les rivages mathématiques, chanter l'élégance des concepts ou conjuguer rigueur et fantaisie. Pour ma part, mon recueil favori de poésie à thèmes mathématiques est sûrement *Euclidiennes* de Guillevic, publié en 1967 : chacun des cinquante poèmes qui le compose propose une définition concise et rigoureuse d'un objet de la géométrie élémentaire, cercle, angle obtus, cycloïde, cône tronqué ou rhomboèdre…

Sous sa plume, la bissectrice – qui est, rappelons-le, la demi-droite séparant un angle en deux angles égaux – s'explique :

« Je n'aurai pas le droit
D'avoir des préférences
Pour un des deux côtés.

Juste milieu je suis
Jusqu'à la fin des fins.

C'est donc ne pas savoir,
Jamais, si je fais bien. »

La tangente – cette droite qui approche au mieux une courbe en un point donné – raconte une autre histoire tout aussi humaine :

« Je ne toucherai qu'une fois
Et vous saurez que c'est furtif.

Inutile de m'appeler,
Tout autant de me rappeler.

Vous aurez grandement le temps
De vous redire ce moment

Et d'essayer de vous convaincre
Que nous restons l'un contre l'autre. »

Ces deux beaux exemples ne sont pas si étrangers à la perception des chercheurs. La pratique entraîne une familiarité avec les concepts, et il n'est pas rare que notre conception intime des objets mathématiques ou notre façon d'en parler les dotent d'une « vie » propre qu'il faut découvrir.

PIERRE D'ACHOPPEMENT

Sur les murs de nos villes, on trouve parfois des plaques commémorant le lieu de naissance, de vie ou de décès de mathématiciens célèbres. Par exemple, vous pouvez vous balader à Paris en découvrant les marques en souvenir de Roger Joseph Boskovitch (6, rue de Seine), Henri Poincaré (63, rue Claude-Bernard) ou N. Bourbaki (63, boulevard Saint-Michel) ; non loin de l'île de la Cité, vous pouvez aussi trouver Évariste Galois (16, rue des Bernardins) ou Sophie Germain (13, rue de Savoie)... et cette liste peut être prolongée de beaucoup.

La mémoire d'Alexandre Grothendieck est conservée de manière bien différente au Brunnenstrasse 165 à Berlin. Pas de plaque, mais une *Stolperstein* (« pierre d'achoppement » ou pavé de mémoire) posée le 22 mars 2017 par l'artiste Gunter Demnig. Il s'agit d'un pavé cubique de 10 cm de côté, recouvert d'une plaque en laiton gravée de quelques mots, dont voici la traduction :

« Ici habitait Alexander Grothendieck
né en 1928
a fui en France en 1939
a été interné à Rieucros
s'est échappé en 1942
a survécu avec de l'aide »

Dans l'imaginaire mathématique, le nom de Grothendieck évoque une thèse magistrale d'analyse fonctionnelle, sa géniale refondation de la géométrie algébrique depuis l'Institut des hautes études scientifiques, son militantisme écologique et anti-militariste dans les années 1970 ou les dernières années de sa vie reclus dans un petit village ariégeois ; on évoque plus rarement son enfance, sa fuite du régime nazi, son internement dans un camp en Lozère avec sa mère, son éducation au collège cévenol à Chambon-sur-Lignon.

Lorsque l'on parle d'une grande figure scientifique, on est toujours tiraillé entre deux ambitions : donner une idée de l'œuvre, souvent peu accessible, ou retracer à grands traits son parcours. Le cas Grothendieck n'échappe pas à ce dilemme : pire encore, sa vie atypique conduit à choisir les anecdotes les plus frappantes pour insister sur le caractère non conventionnel. S'il est difficile de comprendre cet homme et sa singularité créatrice, la *stolperstein* nous rappelle que l'on peut évoquer de lui d'autres éléments biographiques, et pas seulement ceux qui nourrissent le stéréotype du mathématicien fou et génial.

23 MARS

LA QUALITÉ DE LA BIÈRE

En mars 1908, la revue britannique *Biometrika* accueille l'un de ces articles qui marquent l'histoire des mathématiques : « *The probable error of a mean* »... Il s'agit d'un travail de statistiques où l'auteur, qui signe du simple nom de « Student » (l'« Étudiant »), explique comment tester si la moyenne d'un échantillon de résultats obtenus lors d'une expérience correspond effectivement à une valeur donnée. Pour une mise en pratique de ce test, on peut par exemple imaginer une brasserie qui cherche à vérifier si ses différentes cuvées présentent bien en moyenne le degré d'alcool attendu.

Ce test statistique et la loi probabiliste associée portent désormais le nom de *Student* ; or il se trouve qu'il s'agit là du pseudonyme d'un chercheur travaillant pour le fabricant de bière irlandais Guinness. En 1930, le statisticien Harold Hotelling raconte le fin mot de l'histoire :

> *« J'ai entendu des suppositions identifiant "Student" à Egon S. Pearson [célèbre statisticien] ou au prince de Galles. Il est maintenant si bien connu en Grande-Bretagne qu'il n'est pas nécessaire de révéler qu'il s'agit de W.S. Gosset, un chercheur en chimie employé par une grande brasserie de Dublin. Cette entreprise a adopté il y a plusieurs années une règle interdisant à ses chimistes de publier leurs résultats. Gosset a plaidé que ses conclusions mathématiques et philosophiques n'étaient d'aucune utilité pratique pour les brasseurs concurrents et a finalement été autorisé à les publier, mais sous un pseudonyme, afin d'éviter des difficultés avec le reste du personnel. »*

Deux commentaires s'imposent : tout d'abord, William Gosset est effectivement chimiste, mais, pour contrôler au mieux la qualité de la production, il s'est formé pendant de longs mois dans le laboratoire de Karl Pearson ; ses vingt-et-un articles sont d'authentiques travaux mathématiques qui n'ont pas grand-chose à voir avec la chimie. Ensuite, Gosset n'est pas le seul statisticien à avoir été victime de la politique de la brasserie *Guinness* : moins connus, Edward Somerfield et George Story se sont cachés derrière les pseudonymes « Mathetes » (en grec ancien, le « Disciple ») et « Sophister » (en anglais, le « Sophiste »). Hélas, les travaux de ces deux scientifiques n'ayant pas eu le même rayonnement que ceux de Gosset, leurs noms d'emprunt ne sont pas passés à la postérité...

24 MARS

LA DIMENSION 2,333

Le 24 mars 2004 arrive dans les librairies une bande dessinée déroutante : *La 2,333ᵉ dimension*, de Marc-Antoine Mathieu. Comme dans toutes les œuvres de cet auteur, un résumé est difficilement envisageable, mais tentons-le malgré tout.

Le personnage principal, Julius Corentin Acquefacques, vit une étrange aventure : dans un rêve qui se trouve lui-même dans un premier rêve, il bouscule un point de fuite qui se perd dans l'inframonde. Malheureusement pour lui, si l'univers onirique et la réalité sont bien distincts, le monde des rêves du monde des rêves se trouve être intriqué au monde des gens éveillés, et son imprudence dans ce qui est, pour lui, un rêve emboîté dans un autre impacte la réalité... Comme le souligne un personnage, un point de fuite égaré, « *ce sont des ennuis... en perspective* » ! Bref, Julius Corentin se réveille dans un monde où les personnages et décors manquent d'épaisseur : il vit désormais en dimension 2,333 et non plus en dimension 3, comme nous en faisons l'expérience au quotidien.

Cette idée d'une dimension non entière stimule l'inventivité de l'auteur, mais elle correspond aussi à une idée mathématique qui a émergé à la fin du XIXᵉ siècle. Pour appréhender le concept de dimension, il est sage de partir d'exemples plus simples : intuitivement, une droite est un objet unidimensionnel (on peut s'y déplacer de gauche à droite), un plan est un objet à deux dimensions (on peut aller de gauche à droite, de bas en haut) ; en déformant délicatement ces objets, on comprend qu'une courbe est de dimension 1 et qu'une surface est de dimension 2.

Là où cela se complique, c'est qu'il existe des courbes biscornues qui remplissent des surfaces ; leur dimension, rigoureusement définie dans le cadre d'une théorie appelée topologie, peut se calculer – et l'on trouve qu'elle vaut 2. Les repliements d'une courbe peuvent ainsi l'amener à avoir la même dimension qu'une surface.

Si l'on considère des courbes un peu moins repliées, on peut trouver des objets de dimensions intermédiaires aux noms exotiques, comme la frontière de l'île de Gosper (de dimension environ 1,129), le flocon de Koch (1,262), le triangle de Sierpinski (1,585), la courbe en C de Lévy (1,934)... Si par curiosité vous cherchez un objet dont la dimension avoisine 2,333, le plus simple est sûrement le flocon en dodécaèdre, que l'on obtient en évidant astucieusement un solide régulier à douze faces... Mais ce n'est peut-être pas beaucoup plus accessible que le scénario de Mathieu !

25 MARS

LES POINTS DE LAGRANGE

Dans sa lettre du 25 mars 1772, Jean Le Rond D'Alembert a la joie d'annoncer à Joseph-Louis Lagrange, alors à Berlin, qu'il est récipiendaire du prix de mathématique de l'Académie des sciences de Paris pour un mémoire qu'il avait soumis à l'institution. Ce travail portait sur un problème bien difficile, l'analyse du mouvement relatif de trois corps soumis aux forces gravitationnelles ; en effet, si les équations sont faciles à écrire, il n'est pas possible d'en déterminer une solution exacte !

Dans le mémoire de Lagrange, publié par l'Académie des sciences, le deuxième chapitre est particulièrement intéressant, même s'il se borne à un cas particulier. Lagrange l'explique dans l'introduction :

> *« Le Chapitre Second a pour objet d'examiner comment, & dans quels cas les trois Corps pourroient se mouvoir ; en sorte que leurs distances fussent toujours constantes, ou gardassent au moins entre elles des rapports constans : je trouve que ces conditions ne peuvent avoir lieu que dans deux cas ; l'un, lorsque les trois Corps font rangés dans une même ligne droite, & l'autre, lorsqu'ils forment un triangle équilatéral. »*

Reformulons : Lagrange cherche les possibilités de mouvements des trois corps dont les distances relatives sont constantes ; sous cette hypothèse, les équations se simplifient, et il parvient à calculer les solutions. Si, parmi les trois corps, l'un est de masse négligeable par rapport aux deux autres, comme un vaisseau spatial dans le système Terre-Soleil, il obtient cinq positions d'équilibre pour le petit corps par rapport aux autres : trois sur la droite passant par les deux gros corps, deux aux troisièmes sommets des triangles équilatéraux dont deux sommets sont les gros corps. En ces deux dernières positions, le petit corps peut évoluer avec les deux autres sans s'écraser sur eux ; dans notre exemple, il tourne autour du Soleil en parcourant une orbite similaire à celle de la Terre, à la même vitesse que celle-ci !

Ces cinq points sont désormais appelés points de Lagrange, même si les trois premiers figuraient déjà dans des travaux antérieurs de Leonhard Euler. Les deux derniers, ceux qui jouissent d'une propriété de stabilité, sont dans les études astronomiques le refuge d'un certain nombre de corps célestes dits « troyens ». Par exemple, en 2010, le télescope américain Wide-field Infrared Survey Explorer (WISE) a observé un satellite naturel à l'un des points de Lagrange stables du système Terre-Soleil : de son petit nom (706765) 2010 TK7, il co-orbite avec notre planète et le Soleil, formant un immuable triangle équilatéral dans l'espace !

26 MARS

LE MATHÉMATICIEN ERRANT

Pál Erdős naît à Budapest le 26 mars 1913. Si ses parents, tous deux enseignants de mathématiques en lycée, lui ont rapidement permis de découvrir la discipline, il a surtout bénéficié de l'excellente dynamique de l'école hongroise entre les deux guerres mondiales et d'une tradition de résolution d'énigmes entretenue par le journal *KöMaL* (*Középiskolai Matematikai Lapok*). Après de brillantes études universitaires, il est devenu l'un des mathématiciens les plus célèbres de XXe siècle et, sans conteste, le plus prolifique, avec plus de mille cinq cents publications de recherche (et cinq cent douze coauteurs).

Excentrique et provocateur, Erdős a aussi laissé de nombreuses anecdotes à ceux qui l'ont côtoyé. Toutefois, l'élément le plus marquant de sa biographie est qu'il n'a jamais occupé de poste académique pérenne : toute sa carrière est faite d'invitations et de contrats de courte durée... Il n'a eu de cesse de parcourir le monde, travaillant de-ci de-là, apportant ses compétences à différents collaborateurs, puis passant à un autre sujet avec d'autres collègues. C'est ainsi qu'il a livré une œuvre protéiforme dans des domaines aussi différents que les mathématiques discrètes (dont la théorie des graphes), la combinatoire (l'art de dénombrer des objets mathématiques), les probabilités ou la théorie des nombres.

En 2023, son pays natal a émis deux pièces de 3 000 et 7 500 forints à son effigie : à l'avers, un portrait d'Erdős ; au revers, un tableau d'entiers recouvert par la formule « $n < p < 2n$ ». Cela évoque le postulat de Bertrand, qui constitue le sujet du premier article publié par Erdős alors qu'il n'avait que dix-sept ans ; le résultat, conjecturé par Joseph Bertrand en 1845 et démontré par Pafnouti Tchebychev en 1850, énonce qu'entre un entier n au moins égal à 2 et son double $2n$, on peut toujours trouver un nombre premier p.

Erdős a obtenu une preuve originale de ce résultat, preuve assez caractéristique de sa capacité à mobiliser des objets dans des contextes inhabituels : pour ce problème de théorie des nombres, il a considéré astucieusement le nombre de façons de choisir n boules dans une urne qui en contient $2n$. On peut d'ailleurs tirer de ce postulat de Bertrand un corollaire, qui aurait sans aucun doute amusé cet infatigable amateur de problèmes ; je vous laisse en chercher une démonstration :

> *« Pour tout entier n au moins égal à 2, on peut partitionner l'ensemble des entiers de 1 à 2n en paires dont la somme est un nombre premier. »*

27 MARS

L'HEUREUX GÉOMÈTRE

Le 27 mars 2020 à Paris, un tableau de Jusepe de Ribera (1591-1652), ne figurant dans aucune base de données consacrée au peintre espagnol, passe en vente à l'Hôtel Drouot. Retrouvé chez des particuliers qui n'en connaissaient pas l'importance, le tableau est analysé, et sa valeur marchande est estimée entre 200 000 et 300 000 euros.

Pour l'expert qui s'est chargé du tableau en amont de la vente, l'authenticité et l'attribution ne font aucun doute : on reconnaît aussi bien la manière du peintre espagnol dans la première partie de sa carrière à Rome que le modèle truculent que Ribera a convoqué à plusieurs reprises dans ses toiles ; par ailleurs, le sujet, un savant de l'Antiquité, est typique de l'époque. Le titre associé à cette œuvre est plus intrigant : *Un philosophe : l'heureux géomètre* ; il m'intrigue au point de vouloir savoir quel mathématicien est représenté !

Il y a assez peu de moyens de reconnaître un sujet antique, sauf à disposer d'attributs canoniques. Ici, pas de phrase comme le « *in numerorum* » d'un autre portrait du même peintre, citation qui permet d'identifier Pythagore ; on est donc contraint de regarder un peu mieux le tableau. Le personnage représenté est extrêmement rieur, caractéristique picturale de Démocrite l'optimiste (en opposition à Héraclite), mais trois croquis géométriques amènent à reconsidérer cette hypothèse : une évocation du théorème de Thalès, un dessin avec des cercles et un triangle, une famille de droites...

Le manque de précision du peintre sur ces constructions les rend peu identifiables ; faute de bien savoir quels théorèmes elles illustrent, on pourrait sûrement défendre que la toile représente n'importe quel mathématicien. Deux hypothèses tiennent toutefois la corde :

– Archimède : l'un des motifs du tableau peut être retrouvé sur une autre œuvre de Ribera conservée au musée du Prado à Madrid, où l'on reconnaît d'ordinaire le savant de Syracuse. S'agit-il d'un attribut clair au début du XVIIe siècle, dont nous aurions perdu le sens ? Ou du simple réemploi, d'un tableau à l'autre, d'un tracé géométrique élémentaire ?

– Apollonius de Perge : ce même motif apparaît comme une possible copie d'une illustration du traité des Coniques, ouvrage écrit par le savant d'Alexandrie.

Si l'authenticité de la peinture n'est pas remise en cause, la non-identification du mathématicien n'a pas troublé les potentiels acheteurs ; après un report de vente dû à la pandémie de Covid-19, la toile a été adjugée à 1 820 000 euros – le savant représenté peut s'estimer l'un des mieux côtés sur le marché de l'art !

28 MARS

LA GÉOMÉTRIE DES CERCLES

Avant d'étudier la musique dans la très prestigieuse Juilliard School de New York et de suivre les cours de Nadia Boulanger à Paris, le compositeur Philip Glass s'était intéressé aux mathématiques lors de son premier cycle à l'université de Chicago. Difficile de savoir ce qui reste de ces premiers cours dans son processus créatif ; en revanche, cela peut expliquer son implication dans une œuvre mal connue, la *Géométrie des cercles*.

Entre son monumental opéra *Einstein on the Beach*, créé à Avignon en 1976, et l'envoûtante musique du film *Koyaanisqatsi*, sorti en 1982, Glass a participé à un projet de quatre vidéos pour enfants réalisées par l'animatrice Cathryn Aison. Les épisodes, intitulés respectivement « *Cercle avec fleur* », « *Sept cercles à motifs* », « *Six cercles colorés* » et « *Six cercles connectés* », ont reçu une musique originale du compositeur.

Le propos de la série est d'illustrer pour de jeunes enfants les propriétés géométriques élémentaires de cette figure, comme la possibilité de construire en six coups de compas un hexagone régulier (avec la rosace associée) dont les sommets soient sur le cercle, ou le fait qu'autour d'un disque on puisse placer six disques contigus de même taille sans que l'un déborde sur les autres. Initialement diffusés en mars 1979 dans l'émission *Sesame Street*, ces dessins animés ont tout de suite suscité l'émerveillement et la fascination.

Si, aujourd'hui, l'esthétique semble un peu datée, la musique de Glass et l'intelligence du propos demeurent entières. En 2012, alors que ces films figurent dans une exposition au MoMA, l'animatrice revient avec fierté sur ce projet :

> *« Au fond de moi, mon film "Géométrie des cercles", que j'ai conçu et réalisé en 1979, a toujours été une source de fierté [...] J'aime le fait qu'il ait fait le tour du monde dans l'anonymat et qu'il ait été vu par de très nombreux enfants [...] Au fil des ans, j'ai rencontré des gens qui l'ont vu et ont été influencés par lui. C'est toujours un plaisir de les entendre dire quelque chose, et j'aime le montrer à mes petits-enfants. »*

On peut toujours montrer la magie des maths aux plus jeunes... mais cela fonctionne mieux quand on le fait avec talent : il faudrait suggérer à certains producteurs maladroits d'aller revoir ce bijou !

29 MARS

FAKE NEWS MATHÉMATIQUES

Né le 29 mars 1879, le Britannique Alan Gardiner est l'un des plus éminents égyptologues de sa génération ; son ouvrage *Egyptian Grammar : Being an Introduction to the Study of Hieroglyphs*, publié en 1927, a longtemps fait référence et peut à juste titre être considéré comme l'une des plus grandes études des hiéroglyphes depuis Champollion. En revanche, ce livre reprend et installe l'une des erreurs les plus répandues sur les mathématiques égyptiennes : l'interprétation de l'œil d'Horus comme système numérique.

L'œil d'Horus est le dessin stylisé d'un œil composé de six éléments graphiques distincts. Imaginant que ce symbole religieux servait également à exprimer les quantités, on a associé à chacun de ses éléments une fraction 1 / 2, 1 / 4… jusqu'à 1 / 64. Bien que cette interprétation ait déjà laissé quelques contemporains dubitatifs, cela pouvait vaguement sembler compatible avec ce que l'on savait au début du XXe siècle de la numération égyptienne ; mais aujourd'hui, avec les avancées faites dans la compréhension tant des hiéroglyphes que des mathématiques antiques, plus aucun égyptologue n'y adhère. Pourtant, on retrouve encore cette *fake news* mathématique dans des manuels scolaires peu inspirés – et ce n'est malheureusement pas la seule.

Ainsi, on explique encore qu'une corde à treize nœuds régulièrement répartis aurait été utilisée par les bâtisseurs de cathédrales (en faisant un triangle rectangle avec des côtés de longueurs 3, 4 et 5)… même si cette interprétation n'est apparue que dans les années 1960 et qu'elle n'est soutenue par aucun élément historique. Toutefois, le pire exemple, celui que reprennent tous les numérologues, charlatans ou vulgarisateurs peu soucieux de rigueur, c'est la supposée utilisation du « nombre d'or » dans les œuvres artistiques, de l'Antiquité jusqu'à la Renaissance, de la façade du *Parthénon* jusqu'au sourire de la Joconde.

Le nombre d'or (qui vaut $(1 + \sqrt{5}) / 2$, soit environ 1,618) présente certes des propriétés fascinantes, et il apparaît très tôt dans les études géométriques. Pourtant, on ne dispose d'aucune trace historique de son utilisation par les artistes à ces époques… et les études « métriques » prétendant retrouver ce nombre dans les sculptures ou peintures indiquent plus souvent l'incurie mathématique de ceux qui les mènent que les intentions des artistes !

LAURA PISATI, DISPARUE PRÉMATURÉMENT

Pour la mathématicienne italienne Laura Pisati, l'année 1908 s'annonce merveilleuse. D'un point de vue personnel d'abord, car elle prépare pour le printemps son mariage avec l'ingénieur électricien Giovanni Giorgi ; d'un point de vue professionnel aussi, car une consécration l'attend début avril à Rome, où elle est invitée à présenter ses travaux au Congrès international des mathématiciens.

Laura Pisati a déjà reçu quelques gages de reconnaissance de la communauté mathématique, puisqu'elle a été élue ou cooptée dans les sociétés savantes d'Allemagne (la Deutsche Mathematiker-Vereinigung) et de Sicile (le Circolo Matematico di Palermo). Il s'agit toutefois d'un honneur bien plus grand cette fois-ci : si des mathématiciennes participaient déjà aux trois premiers congrès en 1897, 1900 et 1904, c'est la première fois qu'une femme est invitée à y faire un exposé. Celle-ci le prépare donc minutieusement sous le titre « *Saggio di una teoria sintetica delle funzioni di variabile complessa* » (« Essai d'une théorie synthétique des fonctions des variables complexes »)… Malheureusement, elle vient de terminer son texte quand elle décède subitement, le 30 mars : adieu exposé, honneurs, mariage.

La nouvelle frappe évidemment tous ses proches et collègues. Début avril, lors du congrès, on salue affectueusement sa mémoire, et un collègue romain, Roberto Marcolongo, présente son exposé selon l'organisation et le texte qu'elle a préparés. En dépit de cette communication, la disparition de Pisati dans la force de l'âge n'aide pas à sa reconnaissance, bien que ses articles soient régulièrement mentionnés. La citation la plus émouvante provient sûrement de son fiancé : après une période difficile, Giorgi reprend des activités mathématiques, et au congrès de Toronto, seize ans après le décès de Pisati, il présente une contribution personnelle ; dans le texte de cet exposé, on trouve une note en bas de page incitant les lecteurs à aller consulter « *les résultats très frappants donnés par Laura Pisati dans son article* » (le dernier qu'elle a écrit, en 1908).

Pisati demeure également la première femme à avoir été invitée à parler, et la seule au congrès de 1908 ; il faudra attendre quatre ans et le congrès de Cambridge pour qu'une femme, la britannique Hilda Phoebe Hudson, puisse enfin présenter ses résultats en personne.

31 MARS

UN CUBE À TREIZE FACES

Lorsque l'écrivain James Lord interroge son ami Alberto Giacometti pour savoir si celui-ci a déjà pratiqué la sculpture abstraite, la réponse est une succession de contradictions :

> *« Jamais, à l'exception du grand Cube que j'ai fait en 1934, et encore je le considérais en réalité comme une tête. De sorte que je n'ai jamais rien fait de véritablement abstrait. »*

Cette sculpture qui serait une tête mais qui s'appelle *Cube* intrigue ; elle est singulière dans la démarche de Giacometti et apparaît à un moment où il rompt avec le mouvement surréaliste. L'œuvre a aussi passionné les historiens de l'art, et certains, comme Georges Didi-Huberman, ont même consacré une monographie à celle-ci, essayant de comprendre les intentions du sculpteur et le sens perçu par les observateurs.

Pour un mathématicien, le titre est peut-être plus perturbant encore que la sculpture : si l'on nous annonce un cube, on imagine un polyèdre à six faces carrées, un parallélépipède rectangle dont tous les côtés ont la même longueur... bref une sorte de dé ordinaire. Or, si le *Cube* original de Giacometti, celui de 1934, est approximativement un polyèdre en plâtre blanc, ses faces ne sont pas tout à fait planes ; mais ce défaut par rapport à la perfection géométrique n'est pas le plus gênant : ce « cube » dispose en fait de treize faces, douze bien visibles et celle sur laquelle il repose – total bien loin des six attendues ! Pire, ces faces ne sont pas régulières, elles ont entre trois et six côtés, ceux-ci ayant rarement des longueurs égales ou même voisines. Bref, pour les mathématiques, l'affaire est entendue, ce n'est pas un cube, mais à la rigueur un polyèdre ; on peut lui attribuer les noms de « forme cristalline » ou de « monolithe », imaginer le surgissement d'un visage, mais il n'appartient pas à la science géométrique.

On peut rapprocher cette œuvre d'une gravure qui illustre souvent les livres évoquant les mathématiques : *Melencolia I*, du graveur allemand de la Renaissance Albrecht Dürer. On cite souvent le carré magique placé au-dessus de l'ange mélancolique, où figure la date de gravure 1514 ; en effet, c'est un tableau de nombres où l'on trouve le même entier en sommant les colonnes ou les lignes. La toile comporte pourtant une autre curiosité : sur la gauche de sa composition, Dürer a choisi de placer un polyèdre que l'on considère (avec le secours d'autres dessins) comme ayant huit faces. Cet objet perturbe notre perception de la perspective comme la sculpture de Giacometti – mais, chose satisfaisante pour les mathématiques, lui n'est pas appelé « cube » !

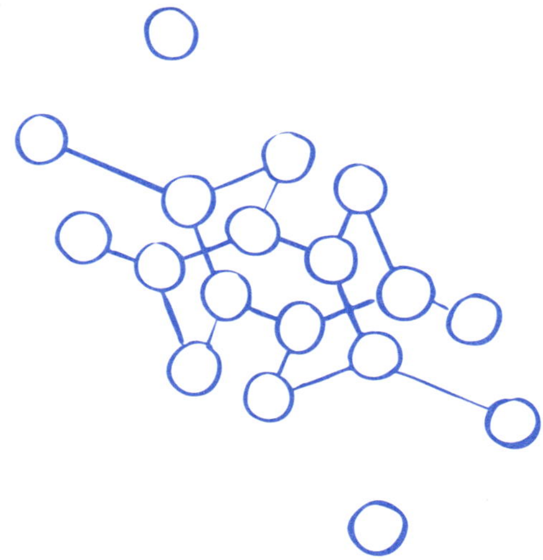

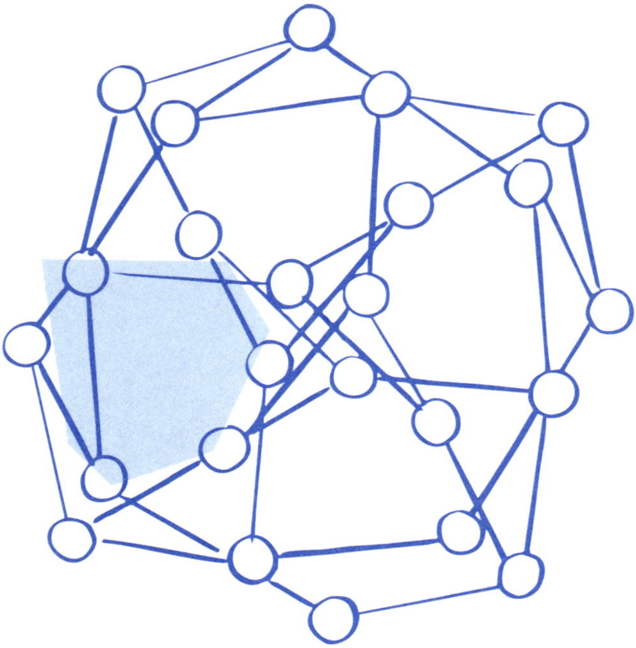

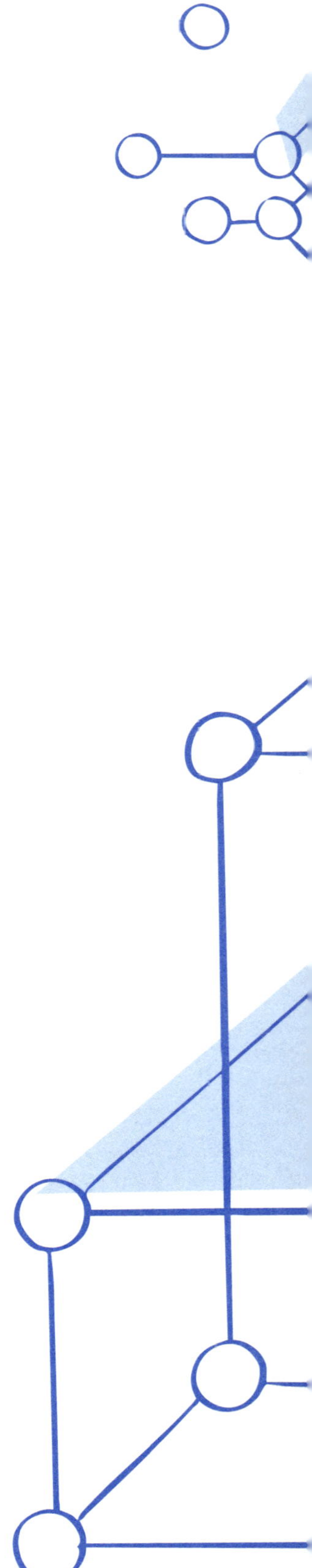

AVRIL

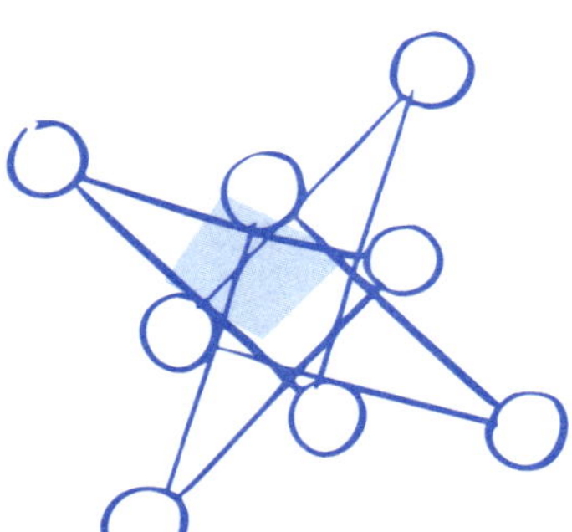

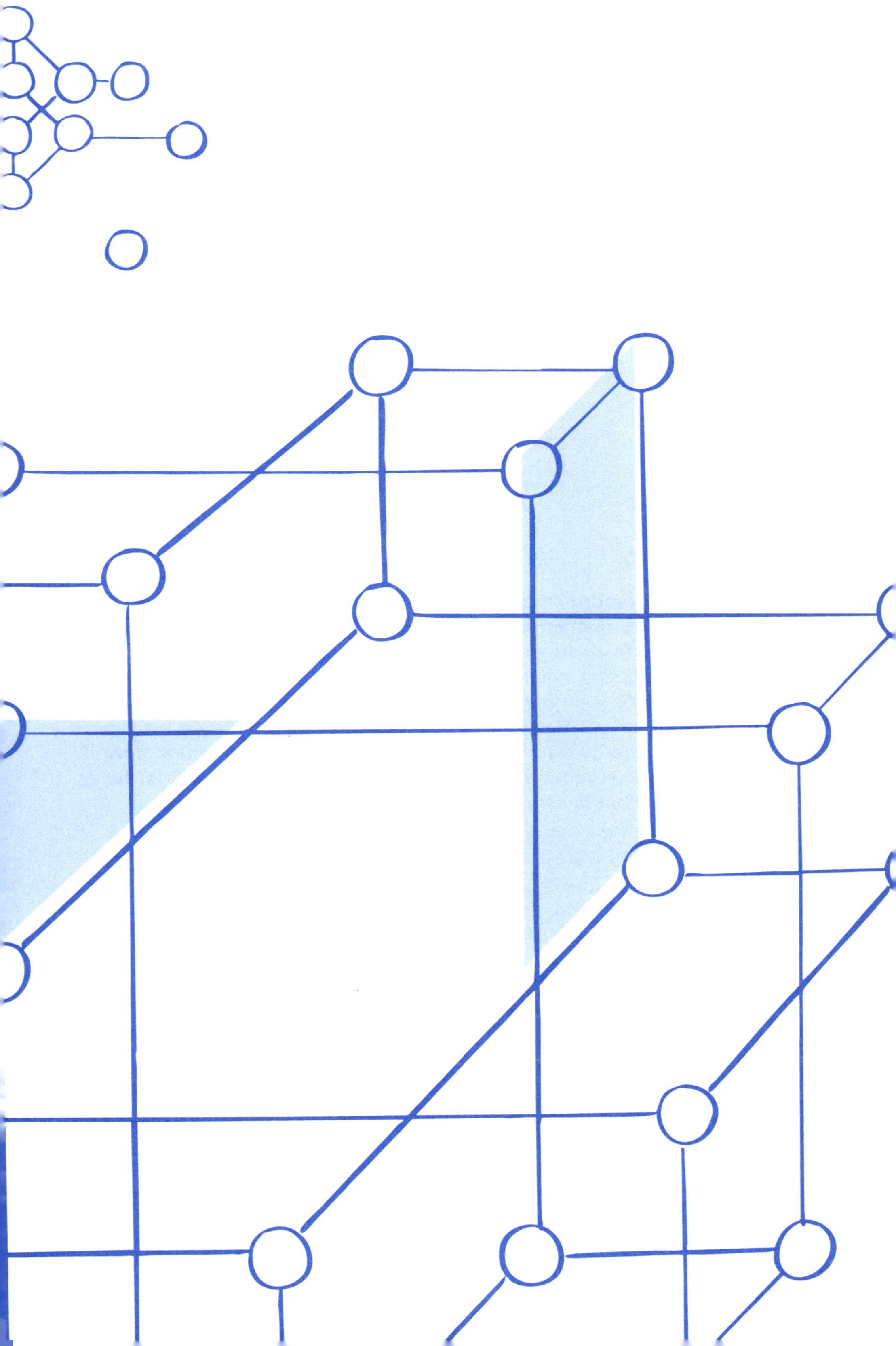

LE COLORIAGE DE MARTIN GARDNER

Ce jour d'avril 1975, le célèbre vulgarisateur américain Martin Gardner dresse pour le magazine *Scientific American* une rétrospective des six découvertes mathématiques les plus sensationnelles de l'année 1974. La plus connue concerne l'étrange entier $e^{\pi\sqrt{163}}$, mais celle qui m'intrigue le plus est accompagnée d'un dessin ressemblant à celui-ci :

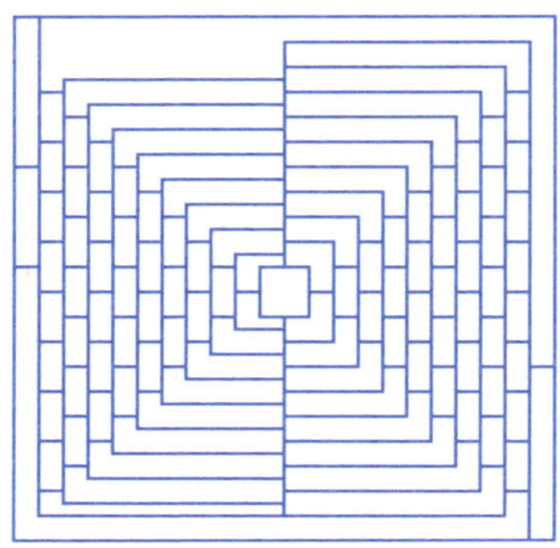

Pour en comprendre l'intérêt, il faut rappeler le « théorème des quatre couleurs » : les mathématiciens croient depuis la fin du XIXe siècle que toute carte dessinée dans le plan (ou sur la sphère) peut être coloriée avec quatre couleurs de sorte que deux régions frontalières ne soient jamais de la même couleur. Si je dis « croient », c'est parce que toutes les tentatives de preuves étaient, jusqu'à l'époque de Gardner, entachées d'erreurs ou d'omissions... Mais, pour ses contemporains, il semblait que le résultat était vrai et que la preuve n'allait pas tarder à être trouvée. Pour la suite, laissons-lui la parole :

> *« H.S.M. Coxeter, géomètre à l'université de Toronto, était presque le seul à croire que cette conjecture était fausse. L'intuition de Coxeter a maintenant été confirmée. En novembre 1974, William McGregor, un théoricien des graphes de Wappingers Falls, dans l'État de New York, a construit une carte de 110 régions qui ne peuvent être coloriées avec moins de cinq couleurs. Le rapport technique de McGregor paraîtra en 1978 dans le Journal of Combinatorial Theory, série B. »*

La nouvelle d'une telle infirmation est effectivement saisissante, d'autant qu'elle est totalement fausse (on dispose désormais d'une preuve du théorème des quatre couleurs) – mais, en ce jour si particulier de l'année, Gardner pouvait tenter le canular en imaginant que peu de lecteurs se hasarderaient à tester tous les coloriages à quatre couleurs des cent dix zones de cette carte !

2 AVRIL

LE PAPE MATHÉMATICIEN

Le 2 avril 999, l'empereur germanique Othon III désigne son protégé, l'archevêque de Ravenne, comme nouveau pape. Pour ce dernier, consacré sous le nom de Sylvestre II, il s'agit de l'aboutissement d'une carrière ecclésiastique et politique jusque-là riche en déceptions : il a dû fuir l'abbaye de Bobbio qu'il administrait, il a été exilé de son premier archevêché à Reims… et a même été excommunié par son prédécesseur sur le trône de saint Pierre ! Toutefois, malgré toutes ces péripéties, ce « pape de l'an mil » ne serait pas davantage connu que son prédécesseur ou son successeur s'il n'avait auparavant suivi une autre carrière liée aux mathématiques.

Entré jeune dans un monastère du Cantal, celui qui s'appelait encore Gerbert d'Aurillac est encouragé par son abbé à poursuivre l'étude ; le comte Borrell II de Catalogne, de passage dans la région pour son mariage, repère le jeune moine et accepte de l'emmener dans sa suite. Gerbert est alors confié à l'évêque de Vich (non loin de Barcelone), ce qui lui permet d'étudier les sciences, dans un environnement qui a su profiter de l'interface que l'Espagne offrait avec le monde arabe. Il accompagne ensuite Borrell II à Rome et en repart, fort d'une réputation d'érudit, avec la délégation du roi de France.

C'est alors que commence la partie la plus scientifiquement fertile de sa vie, celle d'écolâtre (comprendre : professeur) à Reims. L'enseignement à l'époque est divisé entre le *trivium* (grammaire, rhétorique et dialectique) et le *quadrivium* (arithmétique, géométrie, musique et astronomie). Dans ces derniers domaines très mathématiques, Gerbert s'avère inventif, aussi bien dans le contenu enseigné que dans les outils utilisés, notamment pour l'astronomie. L'Histoire retient surtout un abaque qui porte désormais son nom, une tablette divisée en colonnes et sur laquelle on déplace des jetons pour effectuer des calculs.

L'outil est certes connu depuis l'Antiquité, mais Gerbert le modernise pour effectuer multiplications et divisions ; un ancien élève, Richer, précise ainsi au détour de la rédaction de son *Histoire de France* que Gerbert marque les jetons de « neuf chiffres destinés à exprimer tous les nombres ». Grâce à Bernelin, un autre élève qui en a fourni le dessin, on découvre que ces « chiffres » sont bel et bien les chiffres arabes, qui ne seront effectivement introduits en Europe chrétienne que deux siècles plus tard. L'enseignement innovant développé à Reims indique donc que le futur pape est l'un des premiers utilisateurs de ces chiffres hors du monde musulman ; dans l'histoire mouvementée de notre notation des nombres, c'est quelqu'un avec qui il faut compter !

JOUER AVEC LES ALLUMETTES

Dans le numéro de janvier 1971 du *Mathematics Magazine*, on trouve, outre les habituels articles et recensions de livres récents, quelques problèmes soumis à la sagacité des lecteurs. L'un d'entre eux est devenu célèbre :

> *« On dispose d'une feuille de carton carrée de n unités de côté, divisée par des lignes en n^2 petits carrés de côté unitaire. On cherche à placer des allumettes de longueur 1 sur le carton (mais pas sur les bords du carton) de sorte que*
>
> *a) chaque allumette couvre un côté de l'un des petits carrés,*
>
> *b) chaque petit carré a exactement deux de ses côtés couverts par des allumettes.*
>
> *Pour quelles valeurs de n le problème admet-il une solution ? »*

Pour une fois, jouer avec des allumettes semble plutôt motivant, et vous pouvez aborder cet exercice sans mathématiques élaborées. Quelques pistes en vrac : constater que, si les contraintes sont satisfaites, vous avez posé n^2 allumettes sur le carton ; vérifier que le problème n'admet pas de solution pour $n = 3$, mais qu'il en admet pour $n = 4$ – par exemple, en posant des allumettes sur les quatre côtés qui découpent horizontalement le carton en deux rectangles égaux, la même chose verticalement, et sur les deux côtés « intérieurs » de chaque coin.

En fait, cet énoncé a gagné en célébrité non pour son caractère ludique, mais à cause du sombre destin de son auteur, Theodore J. Kaczynski. Cet Américain s'avère être un mathématicien doué, passé par l'université Harvard, qui a soutenu une thèse en analyse complexe à l'université du Michigan puis commencé une carrière d'enseignant-chercheur à Berkeley. Quand il propose cet exercice, il a démissionné de son poste et rejoint une cabane dans le Montana, où il envisage une vie au plus près de la nature et loin des dérives de la société de consommation.

Malheureusement, ses engagements politiques lui montent à la tête, et il passe du choix de vie personnel à la brutalité d'actions terroristes. En 1978, il commet son premier attentat (un colis piégé destiné à une université) et sera responsable d'une quinzaine d'explosions (la dernière en 1995), faisant de lui l'un des plus terribles terroristes domestiques de l'histoire de États-Unis. L'enquête traîne en longueur, la presse le surnomme *Unabomber*, puis, après son arrestation le 3 avril 1996, la justice le condamne à la prison à vie. Le cas de Kaczynski nous livre au moins une morale simple : la pratique des mathématiques, même à haut niveau, et la familiarité avec de subtils raisonnements n'empêchent pas de prendre un (très) mauvais virage !

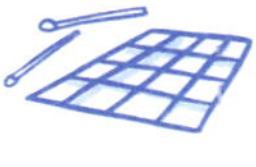

LES QUATRE 4

La date du 4 avril ou 4/4, peu importe la convention pour la position du jour ou du mois, est particulièrement bien choisie pour jouer au jeu dit « des quatre 4 ». Son but est simple : obtenir tout nombre avec quatre 4, en les combinant par les opérations mathématiques usuelles. Par exemple :

$1 = (4 / 4) \times (4 / 4)$

$2 = (4 / 4) + (4 / 4)$

$3 = (4 \times 4 - 4) / 4$

$4 = 4 + 4 \times (4 - 4)$

$5 = (4 \times 4 + 4) / 4$

Pour davantage de mathématiques, il faut préciser ce que l'on entend par « opérations usuelles » : on imagine bien les quatre opérations de l'école primaire et les parenthèses comme dans l'exemple plus haut, mais il faut leur adjoindre l'exponentiation (4^4), la racine et la factorielle (cette opération, notée avec un point d'exclamation, associe à un entier n donné en argument, le produit des entiers de 1 à n ; par exemple, $4! = 1 \times 2 \times 3 \times 4 = 24$). Avec ces opérations, la relation $37 = (2 + 24) / 2 + 24$ donne la représentation avec quatre 4 suivante :

$$37 = (\sqrt{4} + 4!) / \sqrt{4} + 4!$$

La question de savoir si l'on peut obtenir tous les entiers avec de telles combinaisons a tenu en haleine le monde des mathématiques ludiques. John Horton Conway et Michael Guy, deux mathématiciens professionnels qui se sont rencontrés pendant leurs études, ont posé une question autrement plus intéressante : que se passe-t-il si l'on cherche à obtenir, toujours avec quatre 4, d'autres nombres que les entiers, comme des fractions, des racines non entières ou même d'autres plus compliqués comme les constantes e ou π ?

Il est illusoire d'obtenir des formules exactes pour tous les nombres : la question de Conway-Guy est de savoir si on peut approcher n'importe lequel aussi près que l'on veut… et, étonnamment, la réponse est positive ! Par exemple, la formule suivante avec quatre 4 donne une approximation de e relativement bonne :

$$\sqrt{(\sqrt{((((4!)! + 4) / (4!)!)^{((4!)!)}})}$$

Et, si l'on veut une meilleure approximation, il suffit d'augmenter, à chaque occurrence du symbole, le nombre de factorielles enchaînées (trois au lieu de deux comme dans l'exemple, puis quatre, cinq…)

La démarche de Conway et Guy semble naturelle pour les personnes ayant suivi un premier cycle universitaire, car on peut montrer que les nombres $2 \wedge (m / 2 \wedge k)$ (m et k étant des entiers) permettent d'approcher, aussi près qu'on le veut, tous les nombres… mais elle est peu pratique pour trouver explicitement une formule !

LE CHIFFRE DE VIGENÈRE

Le nom de Blaise de Vigenère, né le 5 avril 1523 dans le Bourbonnais, est désormais intimement associé à son livre *Traicté des chiffres*, ou *Secrètes manières d'escrire*, publié en 1586. De ce texte touffu, on ne retient pas les considérations religieuses ou mystiques, mais le chiffre de Vigenère, une manière de crypter un texte.

Le principe en est simple : dans le document à coder, on remplace chaque lettre par une lettre plus loin dans l'alphabet ; le décalage à appliquer n'est toutefois pas tout le temps le même (de sorte que deux E peuvent être remplacés par des lettres distinctes, par exemple), ce qui rend le code plus compliqué à casser.

Plus précisément, Vigenère utilise une clé, un mot connu à la fois de l'émetteur et du destinataire du message à coder. Traitons un exemple élémentaire avec le mot-clé *MATHÉMATIQUES* pour encoder le message *LA CULTURE MATHÉMATIQUE FAIT PARTIE DE LA CULTURE*. Dans un premier temps, réécrivons le message (sans les espaces, ni caractères accentués) et, en dessous, reproduisons la clé autant de fois que nécessaire pour obtenir une ligne de même longueur :

LACULTUREMATHÉMATIQUEFAITPARTIEDELACULTURE
MATHEMATIQUESMATHEMATIQUESMATHEMATIQUESMAT

Ensuite, effectuons la « somme » lettre à lettre (en associant à chaque lettre son rang dans l'alphabet – $A = 0$, $B = 1$, $C = 2$...). Selon ce procédé, $L + M$ correspond à la somme $11 + 12 = 23$, à savoir X, $A + A$ donne $0 + 0 = 0$, soit A, $C + T$ donne V... Et si l'on dépasse 25, on se reporte au début de l'alphabet : ainsi, $X + E$ donne $23 + 4$, soit $27 = 25 + 2$; on ne garde que 2, cela donne donc C.

On obtient ainsi la chaîne de caractères suivante :

XAVBPFUKMCUXZQMTAMCUXNQCXHMRMPIPEEISOPLGRX

Pour comprendre le message codé en disposant de la clé, il suffit de « soustraire » selon les mêmes principes le mot-clé répété autant de fois que nécessaire pour atteindre la longueur du message. Vous pouvez vous exercer avec celui-ci, codé avec la même clé, qui vous indiquera le nom d'un prédécesseur de Vigenère, ayant déjà parlé de ce code dans un livre de 1563 :

SIHCEZBTBJCWLMBXSPMSHLUVVWECBH

L'activité cryptographique de Vigenère éclipse son rôle diplomatique à la cour des Valois, notamment auprès de François Ier de Clèves, duc de Nevers, puis du roi Henri III. Il n'est ni le premier, ni le dernier mathématicien à approcher ainsi le pouvoir grâce à des compétences cryptographiques, pour servir la politique internationale de ses maîtres.

Le prédécesseur de Vigenère est Giovan Battista Bellaso.

6 AVRIL

DU CYRILLIQUE À L'ALPHABET ISLANDAIS

Le 6 avril 885 s'éteint le religieux Méthode en Grande-Moravie (désormais la République tchèque). Avec son frère Cyrille, ils ont grandi dans l'Empire byzantin et reçu une éducation de premier plan, notamment auprès du savant Léon le Mathématicien, dont quelques aphorismes sur la géométrie nous sont parvenus. Partis ensuite en mission pour évangéliser les peuples slaves, ils vont contribuer au développement d'une culture et d'une liturgie propres à ces régions, en introduisant un alphabet, dit glagolitique, pour le vieux-slave ; ce premier système sera remplacé au Xe siècle par l'alphabet dérivé du grec appelé « cyrillique ».

À travers cet exemple, on comprend que les évolutions linguistiques européennes sont complexes, et on peut être étonné de la constance avec laquelle on écrit le mot « mathématiques » dans différentes langues en repartant de la racine grecque μάθημα (máthēma, soit la « connaissance »). Voici une sélection arbitraire :

Matamaitic	irlandais	Matematik	turc	Mathemateg	gallois
Matamataig	gaélique écossais	Matematika	basque	Mathematics	anglais
Matemaatika	estonien	Matematika	croate	Mathematik	allemand
Matemàtega	vénitien	Matematika	hongrois	Mathematik	luxembourgeois
Matematica	italien	Matematika	albanais	Mathématiques	français
Matematică	roumain	Matematika	maltais	Matõmaatiga	voro
Matemática	portugais	Matemātika	letton	Matymatyka	silésien
Matemáticas	espagnol	Matematikk	norvégien	Математика	bulgare
Matematiikka	finnois	Matematikki	groenlandais	Математика	serbe
Matematik	breton	Matemàtiques	catalan	Математика	russe
Matematik	suédois	Matematyka	polonais	Маѳиматїка	slavon d'église

Il y a toutefois deux exceptions majeures en Europe : le mot néerlandais *Wiskunde*, forgé au XVIIe siècle par Simon Stevin, et le mot islandais *stærðfræði*, plus récent encore puisqu'il est apparu en 1931 avec la traduction en islandais du livre *An Introduction to Mathematics* d'Alfred Whitehead. Dans les deux cas, c'est une forme de purisme, témoignant du désir de ne pas importer un mot « étranger ». Le sens des mathématiques peut apparaître plus ou moins modifié par cette procédure : en néerlandais, l'étymologie donne l'« art de savoir » ; en islandais, l'« enseignement des grandeurs ».

7 AVRIL

LOI D'EXCLUSION

La « loi sur la restauration de la fonction publique » promulguée le 7 avril 1933 en Allemagne porte bien mal son nom : sous couvert de « restauration », elle permet de destituer les fonctionnaires politiquement hostiles au nouveau *Führer* ou les personnes d'origine « non aryenne », euphémisme pour dissimuler tant bien que mal la chasse aux juifs que le régime nazi institutionnalise. Si toute la société est touchée par la mesure, les universités et grandes écoles vont démettre près de 15 % de leurs personnels enseignants.

Le mouvement se met en place avec brusquerie et excès de zèle : lettres de révocation, pressions de collègues, boycotts et autres mouvements d'agitation menés par des étudiants dévoués et membres du parti nazi. Des mathématiciens de grand mérite se voient ainsi congédiés du jour au lendemain, comme Richard Courant et Edmund Landau (cibles d'une campagne menée par un de leurs élèves), ou encore Emmy Noether.

Pour cette dernière, cette sanction arbitraire est doublement injuste : Emmy Noether subit l'antisémitisme d'État après avoir été longtemps victime de discrimination en raison de son genre ; pour pouvoir obtenir un poste, elle avait dû prouver son talent comme aucun de ses collègues masculins n'avait à le faire.

La mathématicienne voit à la fois un ancien étudiant mener le mouvement de purge et d'autres la soutenir ou avoir le courage de signer une pétition. Au milieu de ce chaos, elle poursuit ses recherches, et sa correspondance la montre particulièrement investie et productive. Hermann Weyl témoigne :

> *« Emmy Noether – son courage, sa franchise, son insouciance quant à son propre destin, son esprit de conciliation – était, au milieu de toute la haine et de la mesquinerie, du désespoir et de la tristesse qui nous entouraient, un réconfort moral. »*

Noether a beau chercher une forme de sérénité dans la recherche, sa situation est intenable, et elle doit se résoudre à émigrer pour chercher un nouveau poste outre-Atlantique. Malheureusement, les grandes universités américaines « oublient » de lui proposer un poste ; elle ne peut rejoindre Einstein, qui la porte en haute estime et a trouvé après son départ d'Europe une place à Princeton. La mathématicienne doit se « contenter » d'une université pour jeunes filles en Pennsylvanie : le Bryn Mawr College. Elle n'y enseignera pourtant qu'un peu plus d'un an, avant de mourir des suites d'une opération…

8 AVRIL

LES NOMBRES DU BASEBALL

Parmi les records légendaires de la Ligue américaine de baseball, on a longtemps considéré celui des 714 coups de circuit (*home run* en anglais) qu'a réalisés Babe Ruth au cours de sa carrière, score considéré comme imbattable ; lorsque celui-ci prend sa retraite en 1935, le joueur le plus proche n'en avait réalisé que 353. C'était avant qu'arrive Hank Aaron, joueur des Atlanta Braves : le 8 avril 1974, une frappe puissante lui permet d'effectuer son 715ᵉ coup de circuit et de devenir le nouveau détenteur du record.

L'information a suffisamment parcouru les médias pour qu'on en parle dans les laboratoires de mathématiques. Carl Pomerance, alors jeune professeur à l'université de Géorgie et spécialiste de la théorie des nombres, comprend que les nombres 714 et 715 ont une particularité « amusante » : si on les décompose comme produit de nombres premiers, on trouve $714 = 2 \times 3 \times 7 \times 17$ et $715 = 5 \times 11 \times 13$ respectivement, et la somme des facteurs est identique dans les deux produits : $2 + 3 + 7 + 17 = 5 + 11 + 13 = 29$.

Face à une telle curiosité, un mathématicien se demande naturellement s'il existe beaucoup d'autres paires d'entiers consécutifs dont la somme des facteurs premiers est la même. En tâtonnant, on peut facilement en trouver d'autres : par exemple, le couple (125, 126) vérifie $125 = 5 \times 5 \times 5$, $126 = 2 \times 3 \times 3 \times 7$, et $5 + 5 + 5 = 2 + 3 + 3 + 7$. Avec un outil informatique, on peut aller plus loin et énumérer les premiers exemples ; voici par exemple, les dix plus petits couples : (5, 6), (8, 9), (15, 16), (77, 78), (125, 126), (714, 715), (948, 949), (1 330, 1 331), (1 520, 1 521) (1 862, 1 863).

On constate alors que ces couples prennent rapidement de grandes valeurs : c'est le propos d'un théorème rigoureusement établi par Erdős et Pomerance en 1978, qui indique que ces couples sont rares (en termes mathématiques, qu'ils sont de densité nulle). On parle désormais de couples de Ruth-Aaron, et il reste de nombreuses questions ouvertes à leur sujet.

Lorsqu'il prend sa retraite en 1976, Hank Aaron a porté le record jusqu'à 755… et celui-ci a été effacé des tablettes en 2007 par Harry Bonds, qui détient encore le titre. L'information a sûrement passionné les amateurs de baseball, mais, à ma connaissance, personne n'a cherché les propriétés arithmétiques remarquables du couple (755, 756).

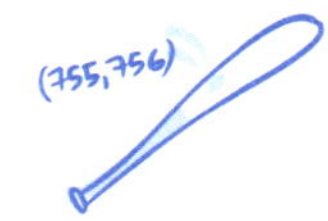

LE THÉORÈME DE GREEN-TAO

Regardez les nombres suivants : 5, 11, 17, 23, 29. Que remarquez-vous ? D'une part, ces nombres sont « régulièrement espacés » ou, de manière plus savante, en progression arithmétique : en effet, la différence entre deux nombres consécutifs de cette suite vaut toujours 6. D'autre part, chacun de ces nombres est premier. On ne peut prolonger la suite en conservant ces deux propriétés : le nombre suivant serait alors 35, qui n'est pas premier car divisible par 5.

Peut-on trouver une progression arithmétique plus longue composée de nombres premiers ? Oui, avec un peu de patience, vous pouvez en trouver une de six termes premiers démarrant avec le nombre 7. En revanche, il y a peu de chances que vous parveniez à exhiber la suite ci-dessous, contenant 27 nombres premiers en progression arithmétique, sans outil informatique :

224584605939537911, 242720302537486841, 260855999135435771, 278991695733384701, 297127392331333631, 315263088929282561, 333398785527231491, 351534482125180421, 369670178723129351, 387805875321078281, 405941571919027211, 424077268516976141, 442212965114925071, 460348661712874001, 478484358310822931, 496620054908771861, 514755751506720791, 532891448104669721, 551027144702618651, 569162841300567581, 587298537898516511, 605434234496465441, 623569931094414371, 641705627692363301, 659841324290312231, 677977020888261161, 696112717486210091.

Ce résultat est d'ailleurs accompagné du commentaire suivant :

> *« La découverte a été faite par Rob Gahan (Irlande) à l'aide d'une NVIDIA GTX 1660 Ti sur un CPU Intel(R) Core(TM) i5-9400 à 2,90 GHz fonctionnant sous Microsoft Windows 10 Professional ×64 Edition. »*

Au moment où j'écris ces lignes, il s'agit de la plus longue suite trouvée... mais les mathématiques peuvent en dire beaucoup plus, avec l'un des plus beaux théorèmes de théorie des nombres.

Celui-ci se trouve dans un article soumis le 9 avril 2014 à la revue *Annals of Mathematics* par Ben Green et Terence Tao : les deux mathématiciens n'ont pas cherché à exhiber des nombres premiers en progression arithmétique, mais ils ont fourni une preuve qu'il existait des progressions arithmétiques aussi longues que l'on souhaite, composées de nombres premiers. Si donc on n'en connaît pas pour l'instant de longueur supérieure à 27, le théorème de Green-Tao nous assure pourtant qu'il existe de telles progressions de longueur 28, 100... ou même un milliard de milliards !

10 AVRIL

MAMIE DOCTEURE

En théorie, la thèse de doctorat est le diplôme qui marque la fin des études universitaires ; elle clôt une période de plusieurs années, grosso modo entre trois et cinq, où un étudiant a mené des travaux de recherche guidés par une directrice ou un directeur. Il n'y a pas d'examen final, mais un lourd mémoire qui présente les travaux, et une soutenance où un jury de spécialistes valide la qualité des travaux et les compétences pour la recherche. En général, on devient docteur entre vingt-cinq et trente ans.

Le cas de Márta Svéd est un peu atypique, puisqu'elle a soutenu sa thèse en avril 1985 à l'âge peu courant de soixante-quinze ans. Si Svéd est encore sur les bancs de l'université à l'âge où ses camarades de promotion cherchent plutôt des activités de loisirs pour égayer leur retraite, ce n'est pas pour envisager un nouveau départ professionnel, mais plutôt pour achever un cursus entamé dans les années 1930 en Hongrie et bousculé par l'Histoire.

Née en 1910, Márta s'avère tout d'abord une élève douée, figurant au tableau d'honneur des magazines d'énigmes mathématiques qui stimulaient alors la jeunesse hongroise (tableau où l'on retrouve de nombreux futurs mathématiciens). Elle commence avec son amie Esther Klein des études dans cette discipline et rencontre un étudiant en génie civil, George Svéd, qui devient son mari. Malheureusement, les menaces de persécutions liées au régime nazi et à la Seconde Guerre mondiale la poussent à émigrer dès 1939 : elle arrive en Australie sans avoir terminé son cursus, donc sans thèse. Heureusement, elle trouve un poste de directrice du département de mathématiques à la Wilderness School, un lycée privé pour jeunes filles dans la banlieue nord d'Adélaïde.

Márta n'abandonne pourtant pas les mathématiques : elle transmet son expérience de l'éducation hongroise, des compétitions entre élèves et de leurs forts pouvoirs d'émulation, mais ne peut faire de véritables recherches en raison de son emploi du temps et de sa famille. Alors, quand elle se trouve libérée par sa retraite, elle reprend ses études interrompues et prépare une thèse (« *On finite linear and Baer structures* ») à un âge inattendu.

Une fois docteure, Márta Svéd publiera encore plusieurs livres, dont le très intrigant *Journey into Geometries*, dialogue autour des géométries non euclidiennes. Celui-ci met en scène un drôle de trio : un certain Docteur Whatif, une jeune fille, Alice, et son oncle Lewis Carroll !

11 AVRIL

UNE CHANCE SUR 73 MILLIONS

En 1996, Sally Clark, une avocate britannique, et son mari, lui aussi avocat, accueillent leur premier enfant, Christopher ; leur joie de devenir parents est malheureusement écourtée par le décès de ce bébé à l'âge de onze semaines. Un deuxième garçon né après le drame, Harry, a à peine le temps de les consoler, puisqu'il meurt à son tour à l'âge de huit semaines. La justice enquête rapidement sur ces décès, et Sally est arrêtée en février 1998, soupçonnée d'avoir tué ses deux enfants. Son procès à l'automne est un exemple d'utilisation inadaptée des mathématiques et de leur mauvaise compréhension.

Sir Roy Meadow, pédiatre et expert devant les tribunaux, explique que l'on a établi par étude statistique et recensement des décès que la probabilité qu'une mort subite d'un nourrisson survienne dans une famille comparable à celle des Clark est d'environ 1 sur 8 543 ; il en déduit que la probabilité d'observer deux morts subites au sein d'un même foyer est égale au carré de la première probabilité, soit environ 1 sur 73 millions. Ce calcul mathématique repose pourtant sur une hypothèse discutable : pour dire que la probabilité d'obtenir deux événements est le produit des probabilités de chaque événement considéré séparément, on utilise que les deux événements sont « indépendants ». Cette notion est très contraignante, et elle élimine notamment la possibilité que les deux événements puissent avoir tous deux une origine commune : dans le cas Clark, cela signifie que l'on ne considère pas l'hypothèse que les bébés auraient tous les deux souffert d'une malformation congénitale héréditaire ou d'une disposition génétique augmentant le risque de mort subite du nourrisson.

Le second problème avec cet usage des probabilités vient de l'interprétation que le jury a fait du nombre 1 sur 73 millions : face à une probabilité si petite, il a imaginé que l'événement était quasiment impossible naturellement, donc qu'il devait y avoir une autre cause (la maman aurait tué ses enfants). Dans un autre domaine, ce « réflexe » reviendrait à affirmer que les gagnants du Loto sont tous des tricheurs.

La Société statistique britannique s'est élevée contre l'utilisation abusive des mathématiques par l'expert pédiatre ; après un long parcours judiciaire, Sally Clark est innocentée, et les attendus de son dernier procès, publiés le 11 avril 2003, ouvrent la possibilité de rejuger des affaires similaires pour innocenter d'autres mères injustement condamnées.

12 AVRIL

LE THÉORÈME AU LYCÉE

Lors du congrès de l'association MATh.en.JEANS à Avignon du 11 au 13 avril 2024, on a pu écouter des lycéens présenter le fruit de leurs travaux. À chaque fois, le même protocole : une équipe de jeunes accompagnés de leurs enseignants de mathématiques reçoit une question posée par un chercheur ; celle-ci est en général accessible, sans grand prérequis, mais elle est ouverte (au sens où personne n'a pu résoudre le problème complet). Après des semaines de recherches encadrées, les élèves présentent les résultats obtenus, sans forcément répondre entièrement à la question ; l'atelier permet ainsi de faire naître des vocations et de former des jeunes à la recherche en mathématiques.

Le congrès de 2024 est toutefois singulier, puisqu'on y a exposé un théorème flambant neuf : le théorème de Marcolivio-Airoldi-Yéléhada. Pour comprendre ce résultat, il faut considérer un damier amputé de quelques cases, que l'on souhaite recouvrir par des dominos qui couvrent exactement deux cases ; une première propriété, bien connue, indique ainsi qu'un damier carré avec un nombre pair de cases et amputé de deux cases de couleurs différentes peut toujours être recouvert par des dominos. Le théorème présenté à Avignon montre, lui, que l'on peut recouvrir par des dominos un damier carré avec un nombre impair de cases et amputé de trois cases si, et seulement si, parmi les trois cases enlevées, il y en a exactement deux de la couleur (commune) des quatre coins du damier.

Le résultat est joli, mais son histoire plus belle encore : son principal auteur est Hugo Marcolivio, alors élève de seconde ; ensuite, on trouve Anne-Cécile Airoldi, une enseignante très impliquée du lycée Stendhal de Milan ; et, enfin, un mystérieux chercheur répondant au « nom » de Yéléhada, existant principalement dans les chroniques d'un grand vulgarisateur mathématique francophone, Jean-Paul Delahaye – qui se trouve être également le chercheur ayant proposé le sujet.

Si le mystère autour de ce dernier auteur amuse les personnes curieuses et les amateurs d'anagrammes, une chose est sûre : il y a toujours des lycéens brillants, et quand on leur propose de travailler sur des problèmes motivants avec de formidables enseignants, on peut obtenir des résultats exceptionnels !

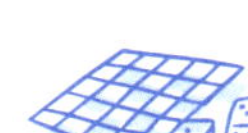

22 CLINAMEN

FÊTE DES POLYÈDRES

En 1948, le Collège de 'Pataphysique introduit un nouveau calendrier structuré en douze mois de 28 jours et un de 29 ; de nombreuses fêtes le rythment, célébrant aussi bien la figure tutélaire du mouvement, Alfred Jarry, que des concepts ou objets de réflexion pour cette « société de recherches savantes et inutiles ». Le mathématicien que je suis repère rapidement la « fête suprême seconde du 22 Clinamen ». Ce jour-là, le 22e du mois de Clinamen, correspond au 13 avril dans un calendrier plus traditionnel : les pataphysiciens y fêtent les polyèdres.

Malheureusement, le calendrier ne précise pas quel polyèdre célébrer ; or le bestiaire de ces solides délimités par des faces planes polygonales est immense, et, faute d'une classification exhaustive, il est difficile de s'y repérer. Voici donc quelques exemples pour vous aider à déterminer le héros de la fête.

Le choix le plus classique se porte indubitablement sur les solides de Platon, des polyèdres convexes dont toutes les faces sont des polygones réguliers « identiques ». Ils sont au nombre de cinq : le tétraèdre (quatre faces triangulaires), le cube (six faces carrées), l'octaèdre (huit faces triangulaires), le dodécaèdre (douze faces pentagonales) et l'icosaèdre (vingt faces triangulaires). Ces polyèdres ont fasciné les scientifiques depuis l'Antiquité ; dans une interprétation aujourd'hui considérée comme ésotérique, on leur a même associé les différents éléments : feu, terre, air, eau et éther respectivement.

En relâchant la contrainte de « régularité », c'est-à-dire en n'imposant plus que toutes les faces soient identiques, on obtient d'autres solides comme, par exemple, ceux d'Archimède ; l'un d'entre eux, l'icosaèdre tronqué, avec douze faces pentagonales et vingt faces hexagonales, rappelle soit le ballon de football, soit la molécule chimique de buckminsterfullerène. En supprimant la convexité, c'est-à-dire en autorisant les « pointes », on peut aussi obtenir de belles formes étoilées.

À titre personnel, mon choix s'arrête sur le polyèdre découvert en 1977 par le mathématicien hongrois Lajos Szilassi : il possède sept faces, et chacune d'elles est voisine de toutes les autres… Difficile d'imaginer ou même de décrire un tel solide : sachez seulement qu'il possède comme un « trou », et s'apparente donc à une bouée. Toutefois, avec ses faces planes et ses sommets anguleux, cela ferait une bouée très peu confortable !

14 AVRIL

π EN 3 408 LANCERS

En avril 1733, Georges-Louis Leclerc, comte de Buffon, propose un mémoire à l'Académie des sciences analysant le jeu de « franc-carreau ». Dans ce jeu, des joueurs parient sur le nombre de joints que rencontrera une pièce lancée sur un sol carrelé : si elle s'immobilise au centre d'un carreau sans toucher de lignes, c'est zéro, un si elle touche une frontière entre deux tuiles… et ainsi de suite. Toutefois, si ce travail est resté dans l'histoire des mathématiques, c'est pour une variante où la pièce est remplacée par une aiguille à coudre ou une épingle sans tête, et le carrelage par du parquet.

En fixant la longueur l de l'aiguille et la distance d entre deux lattes de parquet, on peut calculer la probabilité que l'aiguille (tombée au sol) croise l'une des rainures. Buffon ne mène pas vraiment ce calcul, mais l'on peut déduire le résultat de son travail et montrer que la probabilité vaut $p = 2\,l\,/\,(\pi d)$. Or, en 1802, Pierre-Simon de Laplace remarque que l'on peut renverser cette formule pour écrire $\pi = 2\,l\,/\,(dp)$, et donc déduire de la connaissance de la probabilité une estimation de la valeur de π. Ainsi, si vous procédez à de nombreux lancers et que vous calculez la proportion des lancers où l'aiguille rencontre une rainure, vous disposez d'une approximation de la probabilité, donc de π en reportant dans la formule.

L'expérience, qui préfigure de nombreuses estimations par des expériences aléatoires, a été menée par Mario Lazzarini, un enseignant italien, en 1901. En prenant une aiguille de longueur $l = 2{,}5$ cm et des lattes de largeur $d = 3$ cm, il a observé 1 808 fois l'aiguille rencontrer une rainure lors de 3 408 lancers successifs ; il en déduit pour π la valeur approchée 3,14159292035… En comparant avec la valeur connue de π, on constate que Lazzarini obtient six décimales correctes : le résultat est tout bonnement stupéfiant !

Un détail gêne et amène à douter de la sincérité de Lazzarini : pourquoi s'être arrêté exactement à 3 408 lancers ? Je propose d'imaginer prolonger cette expérience jusqu'à 3 500 lancers et de calculer les approximations de π correspondant aux différents résultats observés. La meilleure approximation est alors obtenue lorsque l'on observe 1 857 fois l'aiguille rencontrer une rainure et vaut 3,14126… Il n'y a alors plus que trois décimales correctes !

Ainsi, le fait de s'être arrêté exactement à 3 408 lancers a permis à Lazzarini d'obtenir une bien meilleure approximation : « détail » troublant, signe d'une fraude, ou indice d'un magnifique canular mathématique pour ses collègues ?

15 AVRIL

RE(DÉ)COUVRIR ARCHIMÈDE

D'après quelques bribes déchiffrées à grand-peine, les historiens estiment que c'est en avril 1229 qu'un copiste de la région de Jérusalem s'est décidé à gratter l'encre de vieux parchemins pour y inscrire à la place des prières byzantines de son temps. L'ancien texte grec n'avait que peu d'importance à ses yeux, et il apparaissait alors utile de copier les prières pour ses contemporains.

Quand l'ouvrage a été redécouvert à la fin du XIXe siècle, les temps avaient changé, et les lecteurs ne partageaient plus ses préoccupations ; ils étaient en revanche très intrigués par le sous-texte qui avait été gratté : quand se produisent ces superpositions, on ne parle plus d'un manuscrit, mais d'un palimpseste. Acquis en 1998 pour plusieurs millions de dollars par un collectionneur qui a souhaité rester anonyme, ce document est aussitôt déposé au Walters Art Museum de Baltimore et rendu accessible pour des études scientifiques. En éclairant le document par des sources lumineuses particulières, on peut ainsi retrouver le texte effacé...

Parmi les différents parchemins que le copiste a réutilisés, on découvre des textes de l'orateur grec Hypéride, un commentaire d'Aristote... mais surtout des traités d'Archimède copiés au Xe siècle, comme *De l'équilibre des figures planes*, *Des spirales*, *De la mesure du cercle*, *De la sphère et du cylindre*, *Des corps flottants*, *De la méthode*, ou encore le *Stomachion*. Pour les trois derniers traités, on ne disposait d'aucun autre manuscrit en grec.

Le *Stomachion* est de loin le texte le plus énigmatique et le plus fascinant : entre le palimpseste et quelques traductions partielles en arabe, on devine qu'il traite d'un problème assimilable à un puzzle : un carré est découpé en quatorze pièces (onze triangles, deux quadrilatères et un pentagone), et on demande de combien de façons il est possible de le reconstituer à partir de celles-ci. Cette question combinatoire, en apparence anecdotique, a motivé quelques mathématiciens contemporains : Fan Chung, Persi Diaconis, Ronald Graham et Susan P. Holmes ont démontré qu'il existait 268 recombinaisons différentes donnant le carré (17 152 en comptant les symétries du problème).

Était-ce le résultat qu'obtenait Archimède ? Difficile de le savoir : les dernières pages du *Stomachion*, sûrement en mauvais état, n'ont pas été conservées par le scribe du XIIIe siècle...

16 AVRIL

L'INSAISISSABLE ABBÉ DE GUA

Né le 16 avril 1710, l'abbé Jean-Paul de Gua de Malves est l'un de ces personnages insaisissables du siècle des Lumières : on le trouve tour à tour prêtre catholique, arrêté pour débauche chez une prostituée, auteur de mémoires mathématiques théoriques et promoteur de mines dans le sud de la France, traducteur efficace d'ouvrages anglais et éditeur dépassé par le projet de l'*Encyclopédie* (les libraires qui le congédient confieront finalement le projet à Diderot et d'Alembert). Quand il dresse son portrait dans le *Salon de 1767*, compte rendu d'une exposition à l'Académie royale de peinture, Diderot dit de lui :

> *« C'est un profond géomètre, témoin son traité des courbes du 3e et 4e genre, et sa solution ou plutôt démonstration de la règle de Descartes sur les signes d'une équation. Cet homme, placé devant sa table, enfermé dans son cabinet, peut combiner une infinité de quantités ; il n'a pas le sens commun dans la rue. Dans la même année, il embarrassera ses revenus de délégations, il perdra sa place de professeur au Collège royal, il s'exclura de l'Académie, il achèvera sa ruine par la construction d'une machine à cribler le sable, il criblera le sable et n'en séparera pas une paillette d'or ; il s'en reviendra pauvre et déshonoré. »*

Si Diderot exagère un tantinet le rocambolesque dans cette biographie, il rappelle toutefois un grand mérite de l'homme : celui d'avoir établi en 1740 la première preuve de la règle des signes énoncée par Descartes, qui permet d'estimer le nombre de solutions positives ou négatives d'une équation polynomiale.

Si cette démonstration demeure aujourd'hui dans les manuels, ce n'est pas le résultat qui m'amuse le plus dans les travaux géométriques de De Gua. En 1783, dans un mémoire tardif, il démontre un curieux analogue du théorème de Pythagore en trois dimensions, qui porte désormais son nom : pour un tétraèdre avec trois faces perpendiculaires, c'est-à-dire un solide obtenu en coupant le coin d'un cube par un plan, la somme des carrés des aires des trois faces perpendiculaires est égale au carré de l'aire de la dernière face.

Dans ce résultat, on a ainsi remplacé le triangle rectangle par un tétraèdre, les côtés par des faces, les longueurs par des aires ; pourtant, la ressemblance est troublante et, pour tout dire, fascinante. Au XXIe siècle, on dispose d'autres généralisations plus profondes, mais, selon moi, aucune ne garde la beauté simple de ce résultat de l'abbé de Gua.

17 AVRIL

PAVILLON PHILIPS

Pour l'Exposition universelle de Bruxelles en 1958, l'entreprise Philips veut promouvoir son savoir-faire dans les nouvelles technologies sonores ; pour cela, elle confie au studio de l'architecte Le Corbusier la construction d'un pavillon temporaire où l'on pourrait vivre de manière immersive l'écoute d'un *Poème électronique*. Toutefois, l'architecte suisse est déjà bien occupé à construire la ville nouvelle de Chandigarh, en Inde ; il délègue donc la majeure partie de la conception architecturale à son assistant Iannis Xenakis et la composition musicale à Edgar Varèse. Le projet de Bruxelles devient ainsi une œuvre collective.

Quand on consulte les différents documents préparatoires à la construction, on constate que l'emprise au sol est dès le départ fixée en prenant une forme d'estomac, et que le pavillon est prévu pour « digérer » les visiteurs. Plus haut, trois pointes surplombent la structure. Reste à relier le sol et les pointes, et donc à déterminer la forme des douze ou treize parois inclinées. Fort d'une formation d'ingénieur riche en géométrie, Xenakis note sur ses schémas qu'il souhaite des conoïdes, puis des paraboloïdes hyperboliques : ces surfaces ont la particularité d'être réglées, c'est-à-dire de pouvoir être engendrées par le déplacement d'une droite dans l'espace.

Je regrette de n'avoir pu visiter le Pavillon Philips, qui a, comme prévu, été démoli après l'Exposition universelle en janvier 1959 ; en revanche, j'ai pu voir d'autres bâtiments avec des toits ou parois en forme de paraboloïdes hyperboliques. Le plus élégant est indéniablement celui qui abrite la bibliothèque et les archives de la ville de Tromsø (Norvège), construit par l'architecte Gunnar Bøgeberg Haugen en 1973. Toutefois, cette structure géométrique est loin d'être rare dans l'architecture des années 1970 : ainsi la nouvelle église catholique de Rostock, la cathédrale Sainte-Marie de l'Assomption de San Francisco ou la gare Ochota à Varsovie.

Une autre forme géométrique réglée est peut-être plus familière encore : l'hyperboloïde à une nappe, forme qui habille les cheminées des centrales nucléaires. Choisie pour l'optimisation du rendement des capacités réfrigérantes, elle fournit également un bel exercice de géométrie : retrouver la droite dont le déplacement engendre la surface.

18 AVRIL

LE CARRÉ DE PARKER

Le 18 avril 2016, la chaîne YouTube *Numberphile*, spécialisée dans la vulgarisation mathématique, recevait l'un de ses invités réguliers : Matt Parker. Cet Australien aux multiples talents est un ancien enseignant, auteur de livres sur les mathématiques ludiques, vidéaste, animateur de télévision et même comédien, avec un spectacle de stand-up très réussi. Dans cette vidéo particulière, il présente l'une de ses découvertes, que ses admirateurs renomment rapidement le « carré de Parker ». Il s'agit essentiellement du tableau de taille 3 x 3 suivant :

841	1	2 209
1 681	1 369	1
529	1 681	841

Si vous calculez la somme sur chaque ligne, vous obtenez un total de 3 051 ; le même phénomène se produit sur les colonnes et sur la diagonale qui va du haut à gauche vers le bas à droite. En revanche, l'autre diagonale donne la somme de 4 107.

Ce carré n'est pas à proprement parler un carré magique, pour lequel on suppose que les lignes, colonnes et diagonales ont toutes la même somme ; les puristes lui reprochent également d'avoir utilisé à plusieurs reprises les mêmes nombres (deux fois le 1, deux fois le 1 681 et deux fois le 841). Bref, beaucoup de raisons de ne pas être satisfait de cet exemple ; et pourtant, il s'agit d'un authentique exploit : dans ce carré, chacun des nombres est lui-même le carré d'un entier (par exemple $1\,369 = 37^2$).

En fait, on ne connaît toujours pas de carré magique de taille 3 x 3 dont toutes les cases sont des carrés ; le carré de Parker est donc ce qui se rapproche le plus d'un tel objet. Si vous tentez à votre tour de chercher un tel carré magique, sachez que l'on en a trouvé pour les dimensions 4 x 4 (depuis plus de deux siècles !), 5 x 5, 6 x 6, 7 x 7... Le cas auquel s'attelle Parker est bien le plus difficile !

À titre personnel, ma seule réserve devant ce carré est que je trouve le suivant, qui dispose des mêmes propriétés, beaucoup plus élégant ; et vous, qu'en pensez-vous ?

97^2	82^2	74^2
94^2	113^2	2^2
58^2	46^2	127^2

19 AVRIL

GÉOMÉTRIE HUGOLIENNE

Le recueil *Toute la lyre* de Victor Hugo a été composé de manière posthume avec des poèmes épars. De manière surprenante, on y trouve quelques mentions de mathématiques dans cette description fidèle des sections coniques :

« Géométrie ! Algèbre ! Arithmétique ! Zone
Où l'invisible plan coupe le vague cône
Où l'asymptote cherche, où l'hyperbole fuit. »

Ou dans cette réflexion plus profonde sur le sens de la vérité scientifique :

« L'exact pris pour le vrai ! la plus grande méprise
De l'homme, atome en qui l'immensité se brise ;
Et qui croit, dans sa main que le néant conduit,
Tenir de la clarté quand il tient de la nuit ! »

Cela est toutefois bien maigre pour faire une entrée dans cet almanach ; heureusement, dans la famille Hugo, il y a aussi le comte Léopold Hugo, neveu du grand Victor. Doté d'une bonne formation en mathématiques, il voit sa curiosité aiguisée par des solides géométriques qu'il baptise cristalloïdes et qu'il définit comme « *assemblage d'onglets à surface cylindrique variable, exactement comme les pyramides en général sont formées de pyramides à base triangulaire* ».

On ne peut pas dire que cela soit très explicite, mais son ouvrage de 1867 permet de comprendre ces solides (merci aux trois planches d'illustrations hors-texte) ou de suivre des calculs de volume ; et l'on se prend à trouver une forme de poésie dans les appellations exotiques : équidomoïdes, ellidomoïdes, hyperdomoïdes, paradomoïdes... Le travail est sérieux, même s'il apparaît déjà à l'époque comme marginal dans la production scientifique.

Quand Léopold s'éteint le 19 avril 1895, sa carrière de mathématicien, un temps envisagée, a déraillé depuis longtemps : il a écrit d'autres textes de géométrie moins mathématiques et, pour parler franchement, de plus en plus farfelus. Il en vient à considérer son équidomoïde comme l'objet fondamental de la géométrie ; il parle également de convertir le château de Blois en un valhalla de la Science et se fait appeler « suprême Grand-Lama ». Difficile de le prendre au sérieux comme scientifique... Quant à sa prose, je vous laisse en juger et la comparer à celle de son oncle citée plus haut :

« La science !
L'astre-soleil vivifiant,
vers lequel une adpulsion dominatrice dirige les sociétés
et pousse invinciblement notre civilisation ! »

Bref, il y a bien une géométrie hugolienne, mais je conseille plutôt de relire Victor.

20 AVRIL

SPHÉROÏDE

En 1893, Christophe, l'un des précurseurs de la bande dessinée, met en scène Cosinus, un savant distrait et attachant que l'on dit inspiré du mathématicien Henri Poincaré. Dans ses (tentatives de) voyages, Cosinus n'est pas seul ; il est accompagné du « *chien Sphéroïde, ainsi appelé parce qu'il est vaguement de la race des Boules... dogues* ».

Le mot sphéroïde apparaît ici comme un trait d'humour, mais il décrit un véritable concept mathématique, même si on lui préfère désormais l'appellation plus précise d'ellipsoïde de révolution. Pour en retracer l'histoire dans les sciences, il faut revenir à Isaac Newton et à sa théorie de la gravitation.

Parmi les nombreuses conséquences de cette force identifiées par le savant anglais, l'une fait beaucoup parler : la Terre ne serait pas une sphère, comme on le croit depuis plusieurs millénaires, mais un sphéroïde, c'est-à-dire une forme approximativement sphérique, mais davantage « aplatie » aux pôles. Cette assertion soulève l'incrédulité, notamment en France, où l'on est attaché à la théorie des tourbillons de Descartes, concurrent de Newton. Comme l'indique Voltaire en 1734 dans ses *Lettres philosophiques* ou *Lettres anglaises* :

> *« À Paris, on voit l'univers composé de tourbillons de matière subtile ; à Londres, on ne voit rien de cela [...] À Paris, vous vous figurez la Terre faite comme un melon, à Londres elle est aplatie des deux côtés. »*

Pour trancher entre les deux théories et pour connaître la forme de la Terre, on fait partir plusieurs expéditions géodésiques : l'une va effectuer des mesures de longueur de méridien en Équateur, l'autre en Laponie. Maupertuis et Clairaut, mathématiciens qui dirigent cette dernière, partent le 20 avril 1736 et rapportent quelques mois plus tard (bien avant leurs confrères partis au sud) la confirmation de la prédiction de Newton.

Malgré cette victoire empirique, la partie n'est pas encore gagnée pour le camp newtonien, car les scientifiques attendent désormais des équations précises. Clairaut s'y colle : il reprend les principes de l'hydrostatique, cherche les formes en équilibre dans le mouvement de rotation et entreprend de relier la gravité aux différentes latitudes et à l'« aplatissement » de la Terre. Avec la publication de son ouvrage *Théorie de la figure de la Terre* en 1743, le « sphéroïde de Clairaut » s'impose comme la nouvelle forme de référence pour décrire notre planète !

21 AVRIL

POÉTESSE, ASTRONOME ET MATHÉMATICIENNE

Même si j'y passais beaucoup de temps, je crois que je ne pourrais jamais percevoir toute la subtilité de la poésie dans une langue autre que le français, ou dans une culture éloignée de mes références personnelles. Par exemple, impossible de ressentir la beauté de ce court extrait d'un poème de Wáng Zhēnyí écrit en chinois au XVIIIe siècle :

足行万里书万卷，尝拟雄心胜丈夫

Au mieux, je devrais me contenter d'une traduction comme :

> *« Marcher dix mille kilomètres et lire dix mille livres,*
> *essayer d'être plus ambitieuse que les hommes ! »*

On perçoit le sens : la poétesse a énormément voyagé, elle a beaucoup étudié pour rivaliser avec les hommes et dépasser leurs réalisations.

Quand on plonge dans sa biographie, on comprend qu'il s'agit pour le moins d'un euphémisme. Le livre *Notable Women of China*, paru en avril 2000 et coordonné par l'historienne Barbara Bennett Peterson, indique que Wáng Zhēnyí (1768-1797) était certes une poétesse reconnue, mais qu'elle a aussi su briller en sciences, en dépit d'une courte vie.

En reprenant son parcours dans le détail, on voit qu'elle échappe au destin exclusivement domestique de la majorité des femmes de cette société féodale. Son premier voyage a lieu alors qu'elle a quatorze ans, pour les funérailles de son grand-père ; ce séjour à proximité de la Grande Muraille est l'occasion pour elle de se plonger dans la bibliothèque de son ancêtre. Elle se forme alors en autodidacte et parvient à un niveau de compréhension scientifique et littéraire qui lui vaut rapidement une réputation d'érudite.

Wáng Zhēnyí se marie, continue de voyager, mais trouve le temps d'écrire des ouvrages d'astronomie sur l'explication des éclipses ou du phénomène de précession des équinoxes. Lectrice assidue du traité de l'érudit Mei Wending, du début de la dynastie Qing, elle en adapte le contenu mathématique pour le rendre plus accessible : une dizaine de volumes sont ainsi consacrés aux principes du calcul et aux méthodes à développer pour le maîtriser. Sa mort prématurée, à vingt-neuf ans, nous prive d'une œuvre qu'on pressentait grande ; la dispersion partielle de ses manuscrits n'a pas non plus aidé à valoriser le travail, déjà remarquable, de cette scientifique talentueuse.

22 AVRIL

LA LOI DES NOMBRES ANORMAUX

Le 22 avril 1937, le physicien Frank Benford soumet un court article intitulé « *The Law of Anomalous Numbers* » (« La loi des nombres anormaux »). Ce texte, marginal dans sa production scientifique, part d'une simple remarque : dans les tables de nombres utilisées pour son laboratoire (des recueils de données utiles aux expériences), certaines pages sont davantage usées que d'autres, ce qui semble indiquer que certains nombres apparaissent plus fréquemment…

Benford compile donc des données de différentes provenances (superficies de cours d'eaux, recensements de populations, poids de diverses molécules) et constate avec étonnement qu'il y a toujours davantage de nombres qui commencent par un 1 que de nombres qui commencent par un 2, par un 3… Mieux encore, il vérifie que les proportions de ces « premiers chiffres » sont universelles quel que soit le jeu de données qu'il considère : il y a approximativement 30,1 % de nombres qui commencent par un 1, 17,6 % par un 2… et seulement 4,6 % qui commencent par un 9 ! Cette constatation empirique est désormais baptisée « loi de Benford », bien que d'autres scientifiques en aient déjà fait la remarque auparavant, le premier étant l'astronome et mathématicien américain Simon Newcomb en 1881.

C'est bien de remarquer un fait, mais il est plus intéressant de l'expliquer ! Des mathématiciens ont proposé différentes hypothèses justifiant l'apparition de cette loi. Par exemple, on peut prouver que les puissances de 2 donnent une répartition du premier chiffre conforme à la loi de Benford : si vous calculez les 1 000 premières puissances de 2, vous verrez apparaître à votre tour les proportions indiquées ci-dessus pour les premiers chiffres. En revanche, cela ne fonctionne pas pour les puissances de 10 (dont le premier chiffre est toujours un 1).

Ces démonstrations mathématiques ne sont pas pleinement satisfaisantes, puisqu'elles ne permettent pas toujours d'indiquer si des données issues du monde réel vont suivre ou non la loi de Benford. Cela n'a pas empêché des personnes de vouloir utiliser ce résultat pour détecter des manques de fiabilité dans des modèles prédictifs, des cas de fraude fiscale ou des trucages politiques. Il faut toutefois être prudent après de tels tests statistiques : est-ce que les différences détectées sont liées à des manipulations ou à des données qui ne suivent naturellement pas la loi de Benford ? D'autres arguments sont nécessaires pour pouvoir conclure rigoureusement !

23 AVRIL

LE CAS DU GÖMBÖC

Le 23 avril 2020, la Cour suprême de Hongrie est amenée à se prononcer sur un litige autour d'un dépôt de marque initialement rejeté par la juridiction compétente. Il faut dire que le cas n'est pas banal : il s'agit ici de protéger la fabrication et la vente du gömböc, un objet décoratif issu de recherches mathématiques !

Revenons en arrière : dans les années 1990, des géomètres conjecturent l'existence d'un solide homogène, convexe et mono-monostatique : derrière ce vocabulaire compliqué, il s'agit de trouver un objet qui, abandonné sur un plan horizontal, reviendrait automatiquement à une position d'équilibre indépendante de la façon dont on l'a posé – une sorte de culbuto, mais sans que le solide soit lesté par un poids.

En 2006, les mathématiciens hongrois Gábor Domokos et Péter Várkonyi résolvent ce problème et isolent une famille de formes répondant aux critères. S'ils rédigent un article scientifique en bonne et due forme, ils parviennent aussi à construire ces solides (ce qui requiert une grande précision d'usinage) et les vendent sous le nom de gömböc ; aujourd'hui, on peut facilement en acquérir un, même si le dépôt de marque protégée a finalement été refusé.

Une autre façon de rendre hommage à cette réussite mathématique consiste à faire le tour du monde des gömböc numérotés, usinés pour des occasions spéciales. Voici la liste des plus grands :

- *Près de 50 cm de haut pour le gömböc dans le pavillon de la Hongrie pour l'Exposition universelle de 2010 en Chine ; il porte le n° 8, chiffre porte-bonheur dans ce pays ;*

- *30 cm pour celui qui trône dans la bibliothèque du Centre Pompidou à Paris : n° 500, comme le code des livres de sciences dans les bibliothèques ;*

- *18 cm pour le n° 1348 au château de Windsor (où l'on trouve aussi le n° 13, plus petit, mais en argent massif), le n° 1386 à l'université de Heidelberg, le n° 1746 à Princeton, le n° 2013 à l'université d'Oxford, le n° 2016 à l'université d'Aukland, et j'en passe…*

Si jamais vous cherchez à voir tous les gömböc numérotés sans contrainte de taille, le voyage sera encore plus long : il y en a plus de soixante-dix, et on en trouve en Afrique du Sud, au Brésil, en Colombie, au Japon, en Ouganda…

GÂTEAU D'ANNIVERSAIRE

Le 24 avril est l'anniversaire de mon épouse : pour l'occasion, j'ai fait un joli gâteau et invité un couple de vieux amis à venir le partager. J'ai envie de couper le gâteau avant l'arrivée des invités, car sa décoration est soignée, et le découpage peut s'avérer périlleux devant de nombreuses paires d'yeux qui m'observent.

Petit souci, j'ai oublié de demander à nos amis si leurs deux grands ados allaient accompagner leurs parents. Bref, je dois couper le gâteau de sorte que quatre, cinq ou six personnes puissent se servir de manière équitable. Combien dois-je faire de parts (pas forcément de même taille) ?

Une première solution consiste à découper 4 x 5 x 6 = 120 parts de même taille. Si nous sommes quatre, chacun en prendra 5 x 6 = 30 ; si nous sommes cinq, chacun prendra 4 x 6 = 24 parts ; si nous sommes six, chacun prendra 4 x 5 = 20 parts. Mathématiquement, il s'agit d'une solution raisonnable – mais, en pratique, personne n'envisage sérieusement de couper un gâteau en 120 parts.

Une autre solution est de ne couper que 11 parts, mais de tailles respectivement égales à 10/60, 9/60, 8/60, 7/60, 6/60, 5/60, 5/60, 4/60, 3/60, 2/60 et 1/60. Oublions un instant les dénominateurs (ce qui revient à indiquer les parts avec pour unité les soixantièmes de gâteau) et vérifions que ce découpage répond bien à notre problème :

- *Si nous sommes quatre autour de la table, on répartit les parts en 10 + 5 (c'est-à-dire la part de taille 10 et une part de taille 5), 9 + 6, 8 + 7 et 5 + 4 + 3 + 2 + 1 : tout le monde dispose de 15 soixantièmes du gâteau, soit un quart chacun.*

- *Si nous sommes cinq autour de la table, on répartit les parts en 10 + 2, 9 + 3, 8 + 4, 7 + 5 et 6 + 5 + 1.*

- *Si nous sommes six autour de la table, on répartit en 10, 9 + 1, 8 + 2, 7 + 3, 6 + 4 et 5 + 5.*

Bref, ce découpage du gâteau est adapté à notre problème, et j'affirme (parce que je détiens une preuve mathématique de ce fait) qu'il n'est pas possible de découper le gâteau avec strictement moins de parts et de satisfaire notre contrainte !

On constate qu'il est relativement facile de vérifier qu'un découpage convient, alors qu'il est très difficile de le trouver ; pour vous en convaincre, je vous invite à chercher un découpage en 11 parts, différent de celui ci-dessus, qui satisfasse la même contrainte ! En attendant, je file, les invités arrivent.

(Si vous êtes paresseux, vous pouvez déjà vérifier que celui-ci convient : 10 / 60, 10 / 60, 10 / 60, 8 / 60, 7 / 60, 5 / 60, 4 / 60, 2 / 60, 2 / 60, 1 / 60 et 1 / 60. Mais y a-t-il un troisième découpage possible ?)

25 AVRIL

UN GENTLEMAN CAMBRIOLEUR

Né en 1803 dans une famille de l'aristocratie florentine, Guglielmo Libri Carucci dalla Sommaja se distingue rapidement dans les sciences mathématiques : une première publication remarquée dans toute l'Europe à dix-sept ans et, trois ans plus tard, un poste de professeur à l'université de Pise. Quelques ennuis politiques l'obligent à l'exil ? Peu importe, il s'installe en France, obtient la nationalité française et, à trente ans, devient membre de l'Académie des sciences.

Après les journées révolutionnaires de 1848, il repart cette fois-ci vers l'Angleterre ; comme il se retrouve sans ressources, il consent à céder sa riche bibliothèque lors de ventes publiques à partir du 25 avril 1861. Au gré de ces aléas, Libri publie des mémoires sur la théorie des nombres ou sur les équations algébriques, puis une colossale somme historique sur le développement des mathématiques en Italie ; il y reviendra dans ses dernières années et s'éteindra en 1869 dans son pays natal, en Toscane.

Voilà sûrement les grands traits d'une biographie qu'aurait souhaité lire Libri. Malheureusement, une autre réalité se cache entre ces lignes : l'expertise historique et la belle collection de livres sont le fruit de nombreux larcins. Profitant de sa notoriété, Libri a volé des documents inestimables dans les bibliothèques qu'il devait contrôler : des lettres de Descartes, des manuscrits de Léonard de Vinci... mais aussi des éditions aldines ou des manuscrits médiévaux. On s'inquiète ainsi, dès les années 1840, de disparitions dans des collections françaises ; quand Libri quitte Paris en 1848, ce n'est donc pas tant la république qu'il craint, mais son arrestation prochaine suite à la rédaction d'un rapport !

Les catalogues des ventes publiques londoniennes permettent de mettre au jour son illégale « politique d'acquisition » : condamné par contumace à dix ans de prison en France, il meurt sans avoir purgé sa peine, laissant à de nombreux érudits et hommes de loi le souci de restituer les ouvrages volés. Finalement, le meilleur portrait de Libri est sûrement celui que signe le conservateur de la bibliothèque Mazarine, Philarète Chasles :

> *« Profond en mathématiques, en géométrie, en sciences physiques, et connaissant l'histoire à fond, esprit très-analytique et comparatif, joignant à la philosophie des déductions les plus exactes et les mieux liées le suave, l'agréable,* le molle atque facetum *; gai comme Polichinelle auquel il ressemblait moins la bosse ; plus expert qu'un commissaire-priseur ou un libraire dans la science des livres, cet homme extraordinaire n'avait qu'un malheur : il était essentiellement voleur. »*

26 AVRIL

LE BREVET DU NIMATRON

Le 26 avril 1940, Edward Condon, spécialiste américain de physique atomique, dépose une demande de brevet pour une curieuse machine baptisée Nimatron. Contrairement à ce que pourraient laisser croire le contexte géopolitique et le domaine de ce physicien, le Nimatron est complètement inoffensif… puisqu'il s'agit d'un jeu vidéo, ou plutôt de l'ancêtre des jeux vidéo.

Au premier abord, il s'agit d'une grande armoire métallique avec des rangées de boutons et d'indicateurs lumineux ; le brevet en détaille l'organisation interne avec un plan de circuits électriques. D'un point de vue fonctionnel, le Nimatron joue le rôle de l'adversaire pour le jeu de Nim (d'où vient son nom) ; dans une partie classique du jeu, c'est-à-dire entre humains, deux personnes retirent à tour de rôle des objets (jetons, pièces ou allumettes) qui se trouvent dans des tas devant eux, et celui qui enlève le dernier objet… a perdu.

Ces règles simples apparaissent aussi bien dans le film *L'Année dernière à Marienbad* (1961) que dans le divertissement télévisé *Fort Boyard*. Pour jouer avec la machine de Condon, il n'y a pas d'objets à prendre, mais des lampes à éteindre : l'humain décide combien il éteint de lampes, puis la machine décide combien elle en éteint à son tour, et ainsi de suite…

Pour les mathématiciens, le jeu est assez simple à formaliser avec des principes tirés de la combinatoire ; un théorème indique ainsi que l'un des joueurs dispose d'une stratégie gagnante, et comment déterminer en pratique cette stratégie. Plus précisément, la stratégie peut être décrite facilement avec la notion d'écriture binaire des nombres… qui se trouve aussi être le cœur de la programmation sur les relais électromécaniques du Nimatron, puis, plus tard, sur les composants informatiques modernes. Pour concevoir le Nimatron, on a donc simplement transcrit sur un support physique, par un « code », la solution issue des mathématiques !

Entre le 11 mai et le 27 octobre 1940, le jeu apparaît sur un stand de l'Exposition universelle de New York, et, très vite, les visiteurs y prennent goût : en un semestre, on estime que près de 100 000 parties ont été jouées et que la machine a gagné dans près de 90 % des cas. Reste à savoir si les parties qu'elle a perdues correspondent à une erreur de programmation ou à des joueurs qui connaissaient suffisamment de mathématiques pour appliquer la stratégie gagnante avant la machine !

27 AVRIL

ÉCHECS
ET MATHS

Le 27 avril 1921, le champion d'échecs Emanuel Lasker adresse un courrier à l'arbitre du match qui l'oppose au Cubain José Raúl Capablanca : véritable coup de tonnerre, il exprime son intention de déclarer forfait dans ce match pour le championnat du monde.

Ce renoncement après quatorze parties et alors qu'il est mené 9 à 5 met un terme au plus long règne dans le domaine des échecs, Lasker détenant le titre de champion du monde depuis 1894. Même s'il participe ensuite à quelques matchs d'exhibition, le champion déchu développe d'autres projets, parcourant le monde et écrivant des livres.

Lasker n'est pourtant pas qu'un très grand joueur : en parallèle des tournois d'échecs, il a mené des recherches mathématiques, soutenant une thèse de doctorat à l'université d'Erlangen en 1902 et occupant quelques postes dans des universités américaines ou anglaises. Son principal article de recherche, « *Zur Theorie der Moduln und Ideale* », publié en 1905, concerne les problèmes de factorisation dans les anneaux de polynômes, une notion qui généralise la factorisation des entiers. Dans ce travail, il met en avant une notion que l'on appelle depuis « anneaux laskeriens » en son honneur.

Ces recherches mathématiques sont à l'origine d'un second coup du sort pour Lasker, la même année que celle où il perd son titre de champion : en 1921, la mathématicienne Emmy Noether publie dans la prestigieuse revue *Mathematische Annalen* l'un de ces articles qui font date et qui changent à jamais la façon d'aborder un domaine mathématique ; et il se trouve que le travail de Noether reprend (et, avouons-le sans ambage, dépasse très largement) l'article de Lasker. Même si elle cite ce travail précurseur à une dizaine de reprises, il apparaît clairement que son propos est beaucoup plus général et de plus grande portée – partant, que le concept d'anneaux noethériens est plus pertinent que celui d'anneaux laskeriens.

Il est vraisemblable que le fait d'être mathématiquement éclipsé par Emmy Noether (ce qui est dans l'ordre des choses, le développement de cette discipline agrégeant les découvertes passées) ait été moins douloureux que la défaite aux échecs face à Capablanca, mais on ne peut que constater la troublante coïncidence temporelle des deux événements. Je ne sais pas si Lasker en a conçu du ressentiment, mais son extraordinaire double carrière peut le consoler : Emmy Noether n'a jamais été championne d'échecs, et Capablanca n'a jamais mené de recherches mathématiques. Du reste, la postérité joue aussi en sa faveur : personne n'a été champion du monde plus longtemps que lui, et ce record de longévité est sûrement intouchable !

28 AVRIL

AFFAIRES DE FAMILLE

L'un est né en mars 1822, l'autre en décembre de la même année. Tous deux vont passer par l'École polytechnique, puis étudier les mathématiques et devenir de brillants chercheurs. Le 28 avril 1856, tous deux sont candidats pour un siège à l'Académie des sciences : le premier est élu, le second retente sa chance et intègre l'Institut moins de trois mois plus tard. Ils retrouvent ensuite tous les deux l'École polytechnique comme professeurs d'analyse. Ils meurent en 1900 et 1901.

Ces deux savants aux carrières et aux vies étrangement parallèles sont Charles Hermite et Joseph Bertrand ; tant de similarités ont de quoi étonner… Il y a quelques mois, en lisant les lettres de Charles Hermite au Suédois Gösta Mittag-Leffler, j'ai ainsi découvert d'étranges mentions de Joseph Bertrand :

> *Le 18 août 1881 : « Que pensez-vous du dernier article que M. Poincaré vient de publier dans les Comptes Rendus ? […] M. Bertrand s'est exprimé dernièrement d'une manière malveillante à son égard ; je crains d'être dans le cas de me refâcher avec lui, en prenant la défense d'un talent qui me semble tout à fait hors ligne. »*
>
> *Le 22 juillet 1883 : « Une autre circonstance plus grave s'est produite il y a quelques semaines, et c'est un véritable affront que j'ai eu à subir ; j'ai rompu avec lui et je ne lui adresserai plus la parole. »*

De ces extraits (comme de nombreuses autres archives), on peut aisément imaginer une forme de rivalité, voire de détestation entre ces deux stars des mathématiques françaises. Pourtant, tous deux se côtoient régulièrement : ils sont même beaux-frères, puisque Louise, la sœur de Bertrand, a épousé Hermite. Ils ne sont d'ailleurs pas les premiers mathématiciens de la famille à rejoindre l'Académie : Jean-Marie Duhamel, leur oncle commun, les y accueille.

Tout cela pourrait sembler une coïncidence si, en déroulant l'arbre généalogique, on ne trouvait de nombreux autres académiciens : Paul Appel (élu en 1892), neveu de Bertrand et Hermite, Émile Picard (élu en 1917), gendre de Hermite, Émile Borel (élu en 1921), gendre d'Appel… Cette longue liste nous indique un fait sociologique, une forme de « népotisme » touchant la communauté scientifique – les savants cooptant leurs proches. Si ces derniers pouvaient malgré cela être talentueux, on peut se réjouir de ce que l'usage ait changé !

29 AVRIL

QUENEAU À L'ACADÉMIE

L'écrivain Raymond Queneau était membre de l'Académie Goncourt (qui décerne le prix du même nom), mais n'a jamais été élu à l'Académie française. On ne peut pourtant pas dire qu'il ait été oublié de l'Institut : par exemple, le 29 avril 1966, on y lit un de ses textes. À l'Académie, certes… mais pas la française, celle des sciences ; le texte n'est pas littéraire, mais un article de mathématiques.

Queneau a allégrement franchi les frontières entre les disciplines, et il aurait pu légitimement revendiquer l'étiquette de mathématicien avec ce travail : après une courte apparition dans les Comptes rendus de l'Académie des sciences, il est publié dans une revue de recherche avec comité de lecture, le *Journal of Combinatorial Theory*. Dans cet article, Queneau étudie les suites s-additives, de curieuses suites de nombres qui l'ont obsédé au point de lui faire remplir des centaines, voire des milliers de pages de calculs, occupant ses loisirs pendant plusieurs années.

Comment construit-on une telle suite ? Il faut tout d'abord fixer un entier s, puis $2s$ entiers strictement positifs qui sont les premiers termes de la suite. Ensuite, on complète la suite en ajoutant le plus petit entier plus grand que ceux déjà écrits qui s'écrit, de s façons différentes, comme somme de deux termes déjà écrits. Par exemple, pour $s = 3$ avec les premiers termes 3, 6, 9, 10, 13 et 16, on peut vérifier que les termes suivants sont 19 (car il s'écrit comme 3 + 16, 6 + 13 et 9 + 10), puis 22, 25, 28, 31, 34… N'hésitez pas à calculer le terme suivant, qui n'est pas 37, comme on pourrait s'y attendre en regardant les derniers termes trop rapidement…

Si on a de la patience, on peut facilement calculer les suites correspondant à différentes valeurs de s et différents premiers termes. En multipliant les essais, Queneau parvient à avoir l'intuition de la façon dont ces suites se « comportent » : certaines s'arrêtent (on ne peut plus construire le terme suivant), d'autres se prolongent indéfiniment. Il parvient même à obtenir une classification, presque botanique, de ces suites et à établir des théorèmes les concernant.

Les quarante et une pages de cet article montrent ainsi que Queneau était bien davantage qu'un amateur des mathématiques ; sa correspondance avec les mathématiciens de son temps, encore peu étudiée, pourrait permettre de mieux comprendre ce qui l'attirait vers une activité en apparence si loin de la littérature.

(Le terme suivant dans la suite considérée en exemple est 35.)

30 AVRIL

DE GAUSS À GERMAIN

En 1806-1807, les troupes napoléoniennes affrontent les armées de la quatrième coalition (Prusse, Royaume-Uni, Russie, Suède) et avancent rapidement, enchaînant les victoires à Iéna, Eylau ou Friedland. Non loin des zones de combat se trouve alors le mathématicien Carl Friedrich Gauss : il habite la ville de Brunswick. Dans ces circonstances, le savant reçoit un jour un général français qui vient s'assurer de sa sécurité en ces temps troublés ; il est d'autant plus étonné de cette attention que ce général prétend venir au nom d'une de ses amies, une Parisienne nommée Sophie Germain, dont le nom ne lui dit pourtant rien...

Après quelques incompréhensions, il apparaît que Sophie Germain est une mathématicienne et qu'elle correspond avec Gauss sous un nom d'emprunt pour éviter les préjugés associés aux « femmes savantes » et franchir les barrières interdisant l'accès des femmes à l'enseignement supérieur. Voici un extrait de la lettre que Gauss écrit à sa correspondante le 30 avril 1807, après la révélation de son identité :

> *« Le goût pour les sciences abstraites en général et surtoût pour les mysteres des nombres est fort rare [...]. Mais lorsqu'une personne de ce sexe, qui, par nos mœurs et par nos préjugés, doit rencontrer infiniment plus d'obstacles et de difficultés, que les hommes, à se familiariser avec ces recherches epineuses, sait neansmoins franchir ces entraves et penétrer ce qu'elles ont de plus caché, il faut sans doute, qu'elle ait le plus noble courage, des talens tout à fait extraordinaires, le génie supérieur. »*

Ainsi, Gauss reconnaît le sexisme de « nos mœurs » et de « nos préjugés », puis confirme que Sophie Germain dispose d'un « génie supérieur ». Suivent alors quelques pages de considérations mathématiques sur les éléments de théorie des nombres qui poursuivent la discussion des lettres précédentes ; que le correspondant soit devenu une correspondante ne change rien, il y a des questions, des théorèmes, des contre-exemples, et c'est plus important !

Il reste toutefois un point curieux dans cette lettre du 30 avril 1807 : à cette date, Napoléon a déjà traversé Berlin, et les combats sont plutôt en Pologne. Pourquoi Gauss répond-il si tard ? A-t-il peiné à répondre à une femme ? Non, la réponse est bien plus simple :

> *« J'aurais répondu plus tôt à votre lettre, mais la découverte d'une nouvelle planète par M. Olbers m'a un peu distrait. »*

MAI

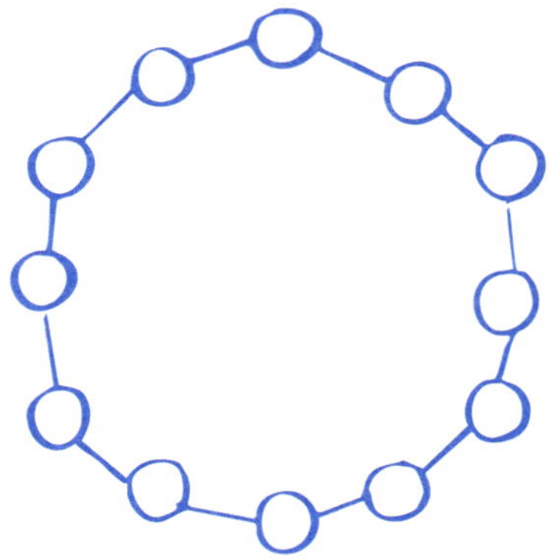

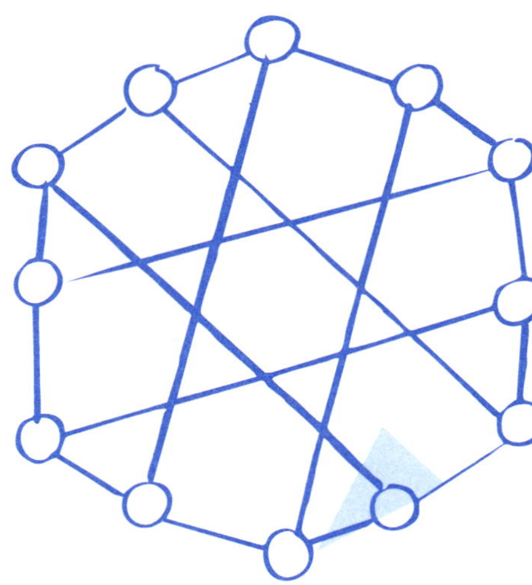

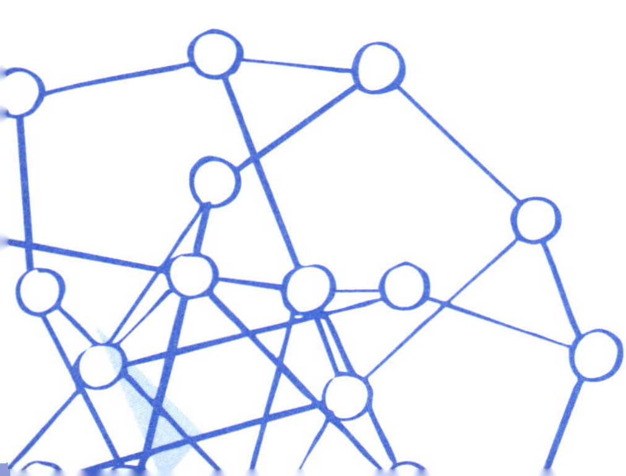

RETROUVER SES LIVRES

Au détour d'archives mathématiques, on trouve parfois des documents émouvants, voire inoubliables, même si leur contenu est scientifiquement peu pertinent. La lettre que le mathématicien Paul Lévy, fondateur de l'école française de probabilités, adresse le 1er mai 1946 au bibliothécaire de l'Institut Henri-Poincaré appartient indéniablement à cette catégorie. Dès les premières lignes, on comprend que ce courrier fait suite à une grande épreuve :

> *« Je cherche actuellement à avoir l'adresse d'un détective privé dont on m'a parlé et qui a rendu de grands services dans des circonstances analogues [aux miennes]. Je crois que le mieux est de lui confier mes intérêts. »*

Pourquoi un mathématicien aurait-il recours aux services d'un détective ? Pour retrouver sa bibliothèque de travail, disparue lors du pillage de son appartement parisien en 1942, alors qu'il s'était réfugié près de Lyon en zone libre ! Sur trois pages, il énumère ses livres, anciens ou récents, joliment reliés ou simplement brochés ; il les a hérités de son père Lucien, lui aussi mathématicien, ou accumulés au cours d'une carrière qui, en 1946, est déjà bien avancée. Au regard des détails mentionnés (dédicaces, couleurs des reliures…), on comprend vite qu'il ne s'agit pas d'une bibliothèque d'apparat, et que ces ouvrages sont à la fois des outils de travail et d'intimes compagnons de Lévy.

Il est tentant de chercher dans l'inventaire de cette bibliothèque disparue les influences du mathématicien, les livres et périodiques liés à sa recherche, ceux davantage tournés vers les activités d'enseignement ; pourtant, mon intérêt se porte plutôt sur la section concernant les « prix », qui m'émeut davantage. En ce début de XXe siècle, on perpétue en effet une tradition, malheureusement perdue aujourd'hui : celle d'offrir de beaux ouvrages à l'occasion de la cérémonie de remise. Par exemple, lorsque Lévy reçoit en 1936 le prix Poncelet de l'Académie des sciences « pour l'ensemble de son œuvre mathématique », celui-ci est accompagné des œuvres complètes du géomètre Jean-Victor Poncelet.

Comme ce n'est pas le premier prix que Lévy reçoit, il possède aussi les premiers volumes des œuvres complètes de Laplace, reçues en 1906 lorsqu'il se classa premier au terme de ses études à l'École polytechnique (là aussi, la reliure est marquée à son nom), et les trois volumes rassemblant les travaux de Fermat – reçus comme prix du lycée Saint-Louis en 1904.

Comme le document d'archives est isolé, il est difficile de savoir quels ouvrages ont été effectivement récupérés et dans quelles conditions ; on ignore surtout les tourments que connut le mathématicien en se sachant privé de tous ses livres…

2 MAI

LA CRAIE DES MATHÉMATICIENS

Mise en ligne le 2 mai 2019, la vidéo s'ouvre par un plan large : au centre, un homme assis sur une chaise, avec derrière lui six tableaux noirs couverts d'inscriptions mathématiques. Ce n'est pas n'importe qui : il s'agit de David Eisenbud, mathématicien et directeur du Mathematical Sciences Research Institute, l'un des plus grands pôles de recherches mathématiques situé à Berkeley, en Californie. Dans cette vidéo, il vante posément la qualité de certaines craies :

> *« La légende autour de ces craies est qu'il est impossible d'écrire un théorème faux en les utilisant. »*

Max Lieblich, professeur à l'université de Washington, renchérit :

> *« Je suppose que le principal ingrédient [de ces craies] sont les larmes d'ange. »*

D'autres mathématiciennes et mathématiciens se succèdent ensuite à l'écran pour expliquer comment ils ont découvert les craies d'excellente qualité fabriquées par l'entreprise japonaise *Hagoromo* ; leur désarroi quand ils ont appris que l'entreprise allait cesser son activité ; la façon dont ils ont constitué des stocks pour tenter de gérer la pénurie... On annonce alors que Sejong Mall, un groupe coréen, reprend la production selon les mêmes recettes, ce qui suscite le soulagement chez les interviewés.

Cette vidéo cumule près de trente millions de vues. D'après mon expérience personnelle, les craies Hagoromo sont de bonne qualité et jouissent de la particularité de peu salir les mains, mais cela semble un peu court pour justifier le succès de cette publicité. Gageons plutôt que le public a davantage apprécié de voir les différents intervenants révéler leur fascinant rapport au tableau.

Quand on visite un laboratoire de mathématiques, on s'étonne de trouver des tableaux dans des endroits incongrus (couloirs, salon de thé ou coin cuisine), et plus souvent des tableaux noirs « à l'ancienne » : ce matériel séduit par sa simplicité, il ne requiert pas d'informatique ni de fournitures coûteuses ; il permet aussi d'écrire ou de dessiner en conservant le rythme de la pensée en train de se construire ou de l'enseignement en train d'être transmis.

Tout cela explique son adéquation avec le travail mathématique ; mais, étant plus audacieux, j'ajoute qu'il y a aussi une certaine sensualité dans cette façon d'indiquer un calcul ou une idée, de rendre visible ce qui était immatériel – et que cette dimension physique participe au plaisir des mathématiques... sous réserve d'avoir de bonnes craies, bien sûr.

3 MAI

BONNE-NOUVELLE POUR ANDRÉ WEIL

En ce printemps 1940, l'Europe est en guerre, les universités ont un fonctionnement perturbé, et pourtant André Weil parvient tranquillement à terminer la rédaction de son livre *Intégration sur les groupes topologiques* ; plus surprenant encore, il trouve aussi le temps d'écrire quelques chapitres pour le traité que prépare le groupe Bourbaki, cercle de mathématiciens dont il est l'un des membres fondateurs. D'ailleurs, l'un de ses collaborateurs au sein de ce collectif polycéphale, Henri Cartan, le lui reproche au détour d'une lettre :

> *« Nous n'avons pas tous la chance de pouvoir comme toi travailler sans être dérangé... »*

Qu'est-ce qui vaut un tel privilège à André Weil ? Eh bien, il est tout simplement... en prison. Cet épisode, qu'il raconte avec force détails dans un chapitre intitulé « *La guerre et moi (ballet-bouffe)* » de son autobiographie, mérite notre attention. Peu convaincu de l'intérêt de mourir au front comme de si nombreux normaliens de la Première Guerre mondiale, et sensible au fait que les combats ne font pas partie de son *dharma*, André Weil cherche dès 1938 à échapper à l'incorporation. Il passe ainsi une partie de l'été 1939 en Finlande en compagnie de son épouse et du mathématicien Lars Ahlfors (l'un des premiers médaillés Fields, qui reçoit la récompense en 1936). Ensuite, il lit, il travaille... et, quand la guerre éclate, il ne rejoint tout simplement pas la France.

Arrêté en Finlande, emprisonné une première fois, interrogé comme s'il était un espion soviétique, il est finalement reconduit à la frontière puis, après quelques péripéties, atterrit dans la prison Bonne-Nouvelle de Rouen. Celle-ci apparaît dans ses courriers comme un havre de paix et de travail ; par plaisanterie, il envisage même d'écrire un courrier au service de la recherche qui commencerait par :

> *« Ayant été récemment à même de constater personnellement les avantages considérables qu'offre pour la Recherche pure et désintéressée le séjour dans les établissements de l'Administration pénitentiaire, j'ai l'honneur... »*

Si son séjour est bénéfique pour sa production mathématique, tout change le 3 mai, lorsqu'un juge militaire le condamne officiellement pour insoumission à cinq années de prison ou à rejoindre une unité combattante. André Weil quitte alors son « refuge », devient militaire et reste sous les drapeaux jusqu'à la capitulation française. Il ne s'attardera pas longtemps en France : en 1941, comme de nombreux intellectuels durant le conflit, il gagne les États-Unis.

4 MAI

UN TRAVAIL DE ROMAIN

En 2016, Marc Rayman, ingénieur en chef au Jet Propulsion Laboratory, est sommé de répondre à une question sur le nombre π : combien la NASA utilise-t-elle de décimales de la constante d'Archimède pour ses calculs ? Sa réponse est surprenante pour les néophytes : « *Pour les calculs les plus précis du JPL, qui concernent la navigation interplanétaire, nous utilisons 3,141592653589793.* » Seulement quinze décimales pour ces calculs qui requièrent une grande précision et qui impliquent de très grandes distances ! À quoi servent donc les milliers de milliards de décimales connues aujourd'hui ?

Bien avant l'utilisation de supercalculateurs et d'algorithmes optimisés, le livre *Ideae mathematicae pars prima, sive methodus polygonorum* (« Idées mathématiques (partie I), ou la méthode des polygones »), publié en 1593 par le Flamand Adrien Romain (mort un 4 mai), donnait déjà toutes les décimales utilisées par la NASA. Ce professeur de médecine à l'université de Wurtzbourg inclut aussi dans ce traité un défi lancé à tous les mathématiciens d'Europe : résoudre une certaine équation polynomiale de degré 45. Cela donne lieu à un épisode croustillant dans les souvenirs de Tallemant des Réaux, autour de l'orgueil du roi Henri IV :

> *« Un ambassadeur des États vint trouver le roi à Fontainebleau. Le roi […] lui disait les gens excellents qu'il y avait en chaque profession dans son royaume. "Mais, Sire, lui dit l'ambassadeur, vous n'avez point de mathématiciens, car Adrianus Romanus n'en nomme pas un de français dans le catalogue qu'il en fait." "Si fait, si fait", dit le Roi, "j'ai un excellent homme : qu'on m'aille quérir M. Viète." […] On montre la proposition à M. Viète, qui se met à une des fenêtres de la galerie où ils étaient alors, et avant que le roi en sortît, il écrivit deux solutions. »*

Aussitôt lu, aussitôt résolu ! Apprenant la réussite de son « adversaire », Romain viendra passer quelques semaines en France pour s'instruire auprès de lui des nouvelles méthodes. Il faut dire que François Viète n'est pas n'importe qui : ancien détenteur du record de calcul des décimales de π, il est en charge de la cryptographie royale et l'auteur d'un volume qui acte la naissance de l'algèbre moderne.

5 MAI

HEPTAKAITRIACONTAKAIPENTACOSIOI-KAIPENTACHILIKAIHEXAMYRIAGONE

Le 5 mai 1894, Felix Klein présente à l'Académie des sciences de Göttingen un résumé qu'envoie Johann Gustav Hermes de son travail, intitulé *Über die Teilung des Kreises in 65 537 gleiche Teile*, soit « Sur la division du cercle en 65 537 parties égales ». La résolution du problème lui demanda dix ans de labeur ; au cours des dix-sept pages de sa synthèse, Hermes propose une méthode pour construire à la règle et au compas un polygone régulier possédant 65 537 côtés !

Plusieurs points soulèvent l'incrédulité du lecteur ; tout d'abord, il n'y a pas la moindre figure : si le texte propose effectivement une construction géométrique, les tracés sont remplacés par des tableaux de nombres et d'interminables formules. Toutefois, le point le plus singulier pour les néophytes reste le nombre 65 537. On se demande forcément s'il y aura ensuite un autre article pour 65 538, puis un autre pour 65 539…

Pour comprendre la pertinence de ce résultat, il faut revenir à la fin du XVIIIe siècle, quand le tout jeune Carl Friedrich Gauss étudie les polygones réguliers et obtient un résultat étrange : si le nombre de côtés s'écrit comme produit d'une puissance de 2 et de nombres de Fermat premiers et distincts, alors il peut être construit à la règle et au compas. Pierre-Laurent Wantzel établit la réciproque en 1837 : seuls les polygones ayant un nombre de côtés tel que décrit par Gauss peuvent effectivement être construits !

On ne connaît que cinq nombres premiers de Fermat (3, 5, 17, 257 et 65 537), donc ce théorème limite beaucoup les constructions possibles. Le polygone régulier à 65 536 côtés est constructible, car 65 536 est une puissance de 2, celui à 65 537 côtés aussi, car 65 537 est un nombre premier de Fermat, mais pas celui à 65 538 côtés, car 65 538 = 2 × 32 × 11 × 331, et ni 11 ni 331 ne sont des nombres de Fermat.

Le résultat de Gauss et Wantzel assure l'existence d'une construction, mais ne la fournit pas en pratique ; aussi, différents géomètres ont cherché des méthodes explicites : pour les cas des plus grands nombres de Fermat connus, il a fallu attendre Johannes Erchinger (1800) pour le 17-gone, Magnus Georg Paucker (1822) et Friedrich Julius Richelot (1832) pour le 257-gone et enfin, comme on l'a vu, Hermes (1894) pour le 65 537-gone. Si le théorème de Gauss-Wantzel est toujours célébré comme un tour de force algébrique, les travaux de ces géomètres n'ont guère été lus, et leurs noms se perdent dans les marges des livres d'histoire…

6 MAI

LA PALME DE LA RECONNAISSANCE

Le 6 mai 1859 disparaît le naturaliste Alexander von Humboldt : entre ses études universitaires et ses expéditions, il est apparu comme un touche-à-tout des sciences, ayant été tour à tour géographe, volcanologue, minéralogiste, botaniste, zoologiste, météorologue, ethnologue… Il n'est donc pas surprenant qu'il soit aujourd'hui le scientifique dont le nom a été le plus attribué (plus ou moins pertinemment). En revanche, il n'a jamais vraiment fait de mathématiques, et il peut être amusant de chercher son alter ego dans cette discipline, le mathématicien dont on rencontre le plus souvent le nom dans une encyclopédie.

À vrai dire, cette recherche est rapide, et l'on tombe inévitablement sur Carl Friedrich Gauss, contemporain de Humboldt. Il est impossible de dresser une liste exhaustive de tous les résultats scientifiques qui lui sont associés dans la mémoire collective ; rien qu'en mathématiques, on est confronté à de fréquentes ambiguïtés avec des appellations comme « lemme de Gauss », qui signifie, selon les usages, un résultat sur la divisibilité en arithmétique, une proposition sur les polynômes à coefficients entiers, un résultat de géométrie non euclidienne…

Plus encore, de (trop) nombreux objets sont dits « de Gauss » ou gaussiens : constante, courbure, entier, intégrale, filtre, fonction, fraction continue, loi, période, pivot, processus, quadrature, somme, et j'en passe… Même la liste des mathématiciens qui partagent le nom d'un théorème avec Gauss semble interminable : D'Alembert, Bonnet, Codazzi, Jordan, Kuzmin, Legendre, Lucas, Markov, Newton, Seidel, Wantzel… Si l'on ajoute les résultats et objets physiques (car Gauss a aussi fait avancer la mécanique et l'électromagnétisme), on n'en finit plus !

Parmi les autres attributions pertinentes, on trouve une douzaine de « pierres de Gauss » ou *Gaußsteine*, ces bornes d'arpentage que le savant a posées en 1822 lors de la triangulation du royaume de Hanovre (nécessaire pour pouvoir dresser des cartes exactes !). La plus célèbre, située en Basse-Saxe au sommet de la colline de Burgberg (près des ruines du château de Lichtenberg), est désormais classée monument historique.

Plus original et moins directement connecté à Gauss, il y a des lieux et formations naturelles qu'on a nommés en son honneur : des montagnes en Antarctique ou au fond de l'océan Pacifique, une péninsule à l'est du Groenland, un cratère sur la Lune, un astéroïde… Le summum de l'attribution provient peut-être des *Gaussia*, un genre de palmiers originaires du Mexique et des Antilles, dont font partie les espèces *Gaussia spirituana* ou *Gaussia princeps*. C'est si éloigné des travaux du savant que cela fait sourire…

LES DISSECTIONS DE BLANCHE

Si je vous dis « Descartes », vous pensez naturellement au mathématicien et philosophe René Descartes ; pourtant, il existe un homonyme, lui aussi bien connu de la communauté mathématique : Blanche Descartes.

Je vous arrête tout de suite, il ne s'agit pas d'une énième mathématicienne malmenée par l'Histoire, mais du pseudonyme du collectif formé par quatre étudiants britanniques (Rowland Leonard Brooks, Arthur Harold Stone, Cedric Smith et William Thomas Tutte) à la fin des années 1930 (avec un jeu de mots en français autour de l'expression « carte blanche »). Le 7 mai 1940, ces jeunes gens soumettent au *Duke Mathematical Journal* un article de neuf pages intitulé « *The dissection of rectangles into squares* ». Leur propos est simple : peut-on partitionner un rectangle donné avec des carrés de tailles différentes ? Ce n'est pas toujours possible, et cela dépend fondamentalement des proportions du rectangle de départ et du nombre de carrés que l'on autorise.

La plus grande originalité de cet article est, selon moi, non l'énoncé des théorèmes, mais la nature des arguments de leurs preuves. En effet, les auteurs associent à chaque découpage d'un rectangle un circuit électrique où chaque carré correspond à un composant dans le circuit, son aire indiquant sa caractéristique de conduction (sa capacité à conduire le courant). Une fois cette correspondance établie, il ne reste qu'à utiliser des résultats physiques comme les lois de Kirchhoff sur la conservation de la charge électrique (cette charge, portée par les électrons, est toujours la même quand on considère l'ensemble de ceux qui parcourent le circuit) pour achever les preuves sur l'existence d'un tel découpage. Utiliser la connaissance des phénomènes électriques pour démontrer un résultat de géométrie, voilà qui indique bien la créativité de ce groupe d'étudiants atypiques. Après leurs études à Cambridge, chacun a repris son chemin et fait carrière dans son domaine : combinatoire, topologie, statistique et même génétique.

Toutefois, en 1971, Blanche reprend du service avec un nouvel article intitulé « *Division of a Square into Rectangles* », publié dans le magazine *Eureka*. Même si le titre ressemble à celui de l'article de 1940, il s'agit cette fois d'étudier un autre problème : on ne partitionne plus un rectangle en carrés, mais un carré en onze rectangles différents (il n'y en a pas deux avec le même rapport longueur sur largeur) mais de même aire… et la nature des preuves est différente. Plus de trente ans après, Blanche Descartes revit pour la géométrie : les premières amours seraient-elles donc les plus marquantes ?

8 MAI

MATHÉMATIQUES À LA UNE

La revue de l'Académie des sciences américaine, *Proceedings of the National Academy of Science (PNAS)*, est une revue généraliste : elle accueille des articles de recherche aussi bien en biologie et en géologie qu'en physique ou en mathématiques. Si elle présente une grande ouverture disciplinaire, on ne peut pas en dire autant de ses couvertures : à dire vrai, en une quinzaine d'années, celles relatives aux mathématiques se comptent sur les doigts d'une main.

Certes, il est plus naturel de mettre en une un oiseau au plumage chatoyant ou une chauve-souris blanche du Honduras, de reproduire une image provenant de super-microscopes ou de télescopes orbitaux… En comparaison, les schémas des articles de mathématiques font objectivement pâle figure, en dépit de la belle une de 2022 sur les polyèdres réguliers « enchevêtrés », des solides tenant à la fois de ceux de Platon (le cube, l'octaèdre, le tétraèdre, etc.) et de paniers d'osier tressé.

Malgré le charme de cette couverture-là, la plus belle mettant à l'honneur les mathématiques est indéniablement celle du numéro daté du 8 mai 2012, qui représente un plongement isométrique du « tore plat ». Celle-ci accompagne l'article « *Flat tori in three-dimensional space and convex integration* » des Français Vincent Borrelli, Saïd Jabrane, Francis Lazarus et Boris Thibert : elle représente une surface dont l'existence avait été établie dans les années 1950, mais dont, jusqu'au travail de ces auteurs, on ne connaissait pas l'allure…

Pour bien comprendre cet article, il faut repartir de la définition d'un « tore plat », à savoir un carré dont on aurait collé les côtés opposés. En pratique, on imagine donc une sorte de bouée, mais cette représentation n'est pas tout à fait satisfaisante, car les distances initialement mesurées sur le carré avant collage ne sont pas préservées lorsque l'on réalise une bouée : l'« équateur » intérieur à la bouée devrait être de même longueur que l'« équateur » extérieur.

Pour résoudre ces difficultés de représentation, l'équipe Hévéa à laquelle appartiennent les auteurs de l'article est parvenue à éliminer ce défaut en déformant la bouée, avec des « ondulations » de la surface de plus en plus petites et dans des directions alternées (elles rappellent les fronces, ces plis que fait un tissu près d'un fil cousu). Ces corrugations, pour utiliser le terme consacré en intégration convexe, donnent à la bouée une jolie allure de surface fractale : les mêmes motifs se retrouvent à des échelles de plus en plus petites. Je ne suis pas sûr que les lecteurs de *PNAS* aient immédiatement compris ces subtilités, mais tout le monde a été séduit par le charme de cette image et des mathématiques qui lui sont associées.

9 MAI

L'ULTIME SÉMINAIRE DE MISS CHISHOLM

À la fin du XIXe siècle, l'université de Göttingen est l'un des centres les plus dynamiques pour la recherche mathématique, et cette intense activité a été consciencieusement documentée par les différents protagonistes. Par exemple, lorsqu'il y est recruté en 1886, Felix Klein apporte à l'université la pratique du séminaire qu'il dirige depuis quatorze ans et sa façon de l'archiver : les *Klein Protokolle*, vingt-neuf cahiers manuscrits pour près de huit mille pages, permettent de suivre en détail chacun des exposés de ce séminaire jusqu'en 1912.

En parcourant les pages, on trouve des mathématiciens plus ou moins connus, mais également quelques mathématiciennes à partir de 1894 : Isabel Maddison, Alexandra von Stebnitzky, Charlotte Wedell, Mary Frances Winston… et aussi Grace Chisholm. L'exemple de celle-ci est particulièrement frappant : après avoir étudié à Cambridge (sans obtenir de diplôme, puisque ceux-ci étaient réservés aux hommes), elle prépare une thèse sous la direction de Klein ; elle a ainsi l'occasion de participer au séminaire et d'y présenter ses travaux les mercredis 31 janvier et 9 mai 1894, deux exposés sur la trigonométrie sphérique (l'étude des angles et des distances sur la sphère) et les fonctions harmoniques (celles-ci sont importantes pour modéliser les phénomènes de diffusion en physique). L'année suivante, elle soutient sa thèse à l'âge de vingt-sept ans… puis le nom de Chisholm disparaît des archives du séminaire.

Pourquoi ce vide ? La raison est celle-ci : en 1896, Grace épouse le mathématicien William Henry Young ; le couple repasse ensuite en Allemagne, et à cette occasion, la désormais Mme Young présente un nouvel exposé le 24 novembre 1897. Ensuite, son activité de recherche semble s'étioler, alors que celle de son mari est florissante : c'est donc que la collaboration au sein du couple se fait clairement au profit de la carrière de l'époux. Celui-ci l'indique d'ailleurs explicitement dans une lettre :

> *« Le fait est que nos articles devraient être publiés sous nos deux noms, mais si cela était fait, aucun de nous n'en tirerait profit. Les lauriers et le savoir sont à moi maintenant. À vous, le savoir seulement. Pour l'instant, vous ne pouvez pas entreprendre une carrière publique. Vous avez vos enfants. Moi, je le peux et je le fais. »*

Le « pour l'instant » s'est éternisé, et Grace Chisholm-Young n'a pas eu la carrière que ses études et ses travaux auraient dû lui permettre. Entre 1914 et 1916, elle publie trois articles sous son seul nom, mais doit d'abord rappeler « *le théorème communiqué par mon mari à la British Association à Leicester en 1907 et, sous une forme étendue, au Congrès des mathématiciens de Rome en 1908* ». Il l'a communiqué, certes, mais pas démontré…

10 MAI

DES GOLFEURS ET DES ÉCOLIÈRES

En mai 1998 apparaît sur un groupe de discussion *Usenet* (groupe de forums accessibles par ordinateur) une question de mathématique sur l'organisation d'un hypothétique tournoi de golf. L'énoncé est celui-ci : trente-deux golfeurs viennent jouer chaque dimanche ; à chaque fois, ils sont répartis en huit parties de quatre joueurs (un *foursome* dans le jargon de ce sport) ; pendant combien de semaines peut-on organiser les parties de sorte que deux joueurs quelconques s'affrontent au plus une fois ?

On peut rapidement montrer que le tournoi dure au plus dix semaines : chaque joueur affronte trois nouveaux joueurs chaque dimanche. Pour que le tournoi prenne place durant onze semaines, il faudrait au moins trente-trois adversaires, or il n'y a que trente-deux golfeurs : ainsi, il est impossible que la compétition dure davantage. Trouver une organisation qui respecte la règle annoncée s'avère plus fastidieux, mais, avec l'aide d'outils informatiques, on parvient à répondre au message initial et à montrer qu'il existe effectivement une possibilité de répartir les joueurs sur dix semaines.

Une telle question appartient à la « théorie du design combinatoire », une branche mathématique dont le but est d'étudier les propriétés de certaines structures finies admettant des propriétés de symétrie ou vérifiant des arrangements particuliers. La première question de ce type date de 1850, quand un homme d'Église anglais, Thomas Kirkman, a envoyé une énigme pour publication dans l'almanach *The Lady's and Gentleman's Diary* :

> *« Quinze écolières se promènent sept jours de suite par groupes de trois ; on demande de les grouper jour après jour de telle sorte que deux écolières ne se promènent jamais deux fois ensemble. »*

Malgré son apparence anodine, cet énoncé a attiré l'attention de mathématiciens professionnels et suscité d'importants travaux de généralisation. Voici, en notant les écolières avec les lettres A à O, une solution pour les groupes d'écolières jour après jour :

Jour 1	ABC	DEF	GHI	JKL	MNO
Jour 2	ADH	BEK	CIO	FLN	GJM
Jour 3	AEM	BHN	CGK	DIL	FJO
Jour 4	AFI	BLO	CHJ	DKM	EGN
Jour 5	AGL	BDJ	CFM	EHO	IKN
Jour 6	AJN	BIM	CEL	DGO	FHK
Jour 7	AKO	BFG	CDN	EIJ	HLM

Si l'on a trouvé en quelques mois les sept solutions distinctes au problème de Kirkman, il a fallu attendre 1968 et des travaux de Dwijendra Kumar Ray-Chaudhuri, avec son étudiant Richard M. Wilson, pour obtenir une solution générale avec un nombre quelconque d'écolières. Cela vaut aussi pour nos golfeurs… mais les organisateurs de tournois ont su s'y prendre sans ce résultat !

PI PIQUANT OU PI ROCOCO

Disparu le 11 mai 2016, l'artiste François Morellet laisse une œuvre inclassable entre peinture, sculpture et plus généralement tout ce qui touche aux arrangements de formes. Écoutons-le décrire son projet d'abstraction géométrique en 1988 dans une courte présentation pour un catalogue d'exposition, « *Réduire à une phrase trente-cinq ans de travail* » :

> *« Fils monstrueux de Mondrian et Picabia, j'ai développé depuis 1952 tout un programme de systèmes aussi rigoureux qu'absurdes, utilisant les figures les plus simples de la géométrie (droites, angles, plans…) avec des matériaux les plus divers (toiles, grillages, néons, acier, adhésifs, branches…) sur toutes sortes de supports (toiles, murs, statues, architectures, "paysages"…). »*

S'il mentionne ici la géométrie, ce sont plus généralement les mathématiques qui lui ont permis d'obtenir une forme de rigueur dans la création : en observant son œuvre, on identifie sans peine une obsession de longue date pour l'écriture décimale de la constante π (qui démarre par 3,14159265359…) et pour ses représentations. Les plus frappantes selon moi appartiennent à la série π *piquant* et son dérivé π *rococo* (qui la prolonge après 1998) : dans celles-ci, chaque œuvre est une transcription visuelle de la suite des décimales. Ainsi, à chaque chiffre est associé un trait, qui démarre à la suite du précédent (la fin du premier trait est le point de départ du deuxième, la fin du deuxième est le point de départ du troisième, et ainsi de suite) ; chaque trait forme avec le précédent un angle proportionnel à la décimale de π correspondante. L'artiste confie :

> *« J'ai pu réaliser mon rêve d'une ligne infinie au cheminement imprévisible qui se génère lui-même, et cela grâce à des lignes brisées, à un accordéon déglingué, aux décimales du chiffre [sic]* π. *»*

Si divers dessins et gravures reprennent ce *modus operandi*, le résultat est plus spectaculaire encore avec des œuvres « de façade » : les traits sont alors remplacés par des tubes lumineux au néon (un segment de droite dans le cas des « piquant », un arc de cercle pour les « rococo »), et l'œuvre est montée sur des murs, très souvent en extérieur. Une personne passant à proximité voit l'illumination en ligne brisée, sans reconnaître l'objet mathématique qui a gouverné la création.

12 MAI

EN MÉMOIRE DE MARYAM

En 2018, lors d'une rencontre à Rio de Janeiro, le Comité des femmes de la Société mathématique iranienne (کمیته بانوان انجمن ریاضی ایران en persan) a proposé d'officialiser une journée internationale pour célébrer les femmes en mathématiques ; il a suggéré que cette journée d'hommages, de discussions et d'encouragements se tienne le 12 mai. Personne n'a contesté le besoin d'une telle journée de lutte et de réflexion au regard du criant défaut de parité de la communauté ; personne n'a non plus hésité sur le choix de la date.

Il faut dire qu'elle n'a pas été fixée au hasard : le 12 mai 1977 est la date de naissance de Maryam Mirzakhani, une mathématicienne iranienne passée au rang d'icône lorsque, en 2014, elle devient la première femme à recevoir la prestigieuse médaille Fields (contre cinquante-cinq hommes déjà lauréats). Si celle-ci la rend mondialement célèbre, Mirzakhani avait déjà acquis une grande notoriété au sein de la communauté par ses résultats originaux reliant la géométrie de surfaces hyperboliques et les systèmes dynamiques, renouvelant ainsi les liens entre géométrie et topologie. Entre sa thèse en 1998 auprès du médaillé Fields américain Curtis McCullen et ses publications dans les journaux les plus sélectifs, elle a étonné ses pairs par la profondeur de ses découvertes, proposant même, en passant, une nouvelle démonstration d'une conjecture en physique, concernant la théorie des cordes.

L'autre raison de ce choix est plus triste : en 2017, Mirzakhani s'éteint prématurément, des suites d'un cancer. Impossible de mesurer la perte que cela représente pour sa famille et ses proches… et même pour des personnes plus éloignées ou qui la connaissaient à peine ; sa trajectoire brisée émeut.

Plus cyniquement, la communauté pleure aussi la perte d'une ambassadrice qui avait su mettre sa réussite et son talent au service de combats communs. Mirzakhani n'est plus là en 2018, lorsque l'on remet les médailles Fields suivantes ; elle ne peut pas non plus voir en 2022 l'Ukrainienne Marina Viazovska devenir la deuxième femme consacrée. La célébration du 12 mai qui l'honore devrait permettre à des jeunes filles du monde entier intéressées par les mathématiques de recevoir un encouragement supplémentaire, et aider la communauté à prendre conscience des difficultés imposées par les discriminations de genre.

13 MAI

SUR LA CONJECTURE DE GOLDBACH

Harald Andrés Helfgott est un mathématicien péruvien, mais sa carrière se déroule entre l'Amérique du Nord et l'Europe ; c'est ainsi en France qu'il est rattrapé par la célébrité, le 13 mai 2013.

Ce jour-là, Helfgott publie sur Internet la deuxième partie d'un travail magistral, qui établit la conjecture de Goldbach faible. Formulé pour la première fois en 1742 dans une lettre de Christian Goldbach à Leonhard Euler, ce résultat énonce que tout entier impair supérieur à 5 s'écrit comme la somme de trois nombres premiers. Depuis ce temps, personne n'était parvenu à le démontrer !

En 1937, le mathématicien soviétique Ivan Vinogradov avait réalisé un premier tour de force, en montrant que cette conjecture est vraie pour tous les entiers suffisamment grands ; malheureusement, ce « suffisamment grand » cache des difficultés, car il reste beaucoup de cas à vérifier pour établir le résultat complet. Plus précisément, en adaptant et peaufinant l'argument de Vinogradov, on est parvenu à ce qu'il ne reste que les entiers inférieurs à exp (3100), soit pratiquement tous les entiers à moins de 1 347 chiffres : cela reste bien au-delà des capacités de vérifications informatiques !

Au début du XXIe siècle, Helfgott reprend les différents arguments, analyse leurs limites et travaille pour obtenir des outils plus puissants. Ses deux prépublications de 2012 et 2013 permettent enfin de conclure : près de deux siècles après l'intuition géniale de Goldbach, le résultat est totalement démontré. La communauté s'est précipitée pour découvrir ces arguments, disséquer les étapes du raisonnement et vérifier le moindre calcul. Helfgott, lui, a commencé à recevoir les marques de reconnaissance pour son exploit : récompenses, invitations et même un doctorat *honoris causa* dans son pays d'origine.

Il y a toutefois une curiosité résiduelle : les articles sur cette conjecture ne sont toujours pas publiés sous leur forme définitive ; or, d'ordinaire, un résultat est mis en ligne sous forme de prépublication, puis soumis à un journal où des rapporteurs font le travail de vérification avant parution. Le caractère hors norme de l'exploit de Helfgott a amené un autre traitement : en 2015, la preuve dans son ensemble a été acceptée pour parution en livre dans la collection « Annals of Mathematics Studies » publiée par Princeton University Press. Depuis, Helfgott reprend son manuscrit, l'améliore, met en ligne les parties suffisamment abouties ; mais, à l'heure actuelle, on ne dispose toujours pas de la publication définitive de sa preuve !

14 MAI

YVONNE CHOQUET-BRUHAT À L'ACADÉMIE

Si vous demandez quelle est la première femme élue à l'Académie française, la plupart des réponses que vous obtiendrez seront la bonne : il s'agit de la romancière Marguerite Yourcenar, et son élection a eu lieu en 1980. En revanche, si vous demandez quelle est la première femme à l'Académie des sciences, il est vraisemblable qu'aucun ne donne le bon nom. D'après mon expérience, la majorité répond Marie Curie : or la physicienne franco-polonaise a bien été candidate en 1911, mais, au terme d'une campagne rocambolesque non dénuée de sexisme, ses deux prix Nobel n'ont pas suffi à la faire passer devant son concurrent du jour, Édouard Branly, lui aussi physicien et précurseur de la radio.

Avant de donner la réponse et pour ménager le suspense, faisons un petit tour par les États-Unis : la première femme élue à la National Academy of Science est la biologiste Florence R. Sabin en 1925, et la première mathématicienne est Julia Robinson en 1975. À Paris, cette fois, la première académicienne des sciences est une mathématicienne : Yvonne Choquet-Bruhat, élue le 14 mai 1979.

Dans son autobiographie *Une mathématicienne dans cet étrange univers* (publiée en 2016 alors qu'elle a plus de quatre-vingt-dix ans), Choquet-Bruhat consacre un chapitre à son élection, racontant aussi bien les visites protocolaires que l'annonce officielle. Toutefois, ce chapitre est le plus court du livre : six pages qui apparaissent bien modestes en comparaison des trente pages du chapitre suivant, intitulé « *La vie continue* », où elle détaille de nouvelles collaborations scientifiques au MIT ou à Saint-Pétersbourg (notamment avec la mathématicienne soviétique Olga Oleinik). Si elle ne boude pas son plaisir d'être élue académicienne et d'obtenir une reconnaissance qu'on n'avait accordée à aucune femme avant elle, elle n'oublie pas que son travail et ses résultats, qui justifient les honneurs reçus, sont plus importants... et tous les biographes qui parlent des femmes pionnières devraient la suivre sur ce point.

En 2015, un journal se propose de dresser la liste des treize jalons dans l'histoire de la théorie de la relativité générale ; entre l'observation de l'expansion de l'Univers par Edwin Hubble en 1929 et la thermodynamique des trous noirs en 1974, on trouve un travail fondateur de Choquet-Bruhat en 1952 pour reformuler les équations d'Einstein (décrivant la façon dont la matière et l'énergie modifient l'espace-temps) sous forme d'un problème avec conditions initiales : elle est ainsi la première à prouver qu'elles admettent une solution (dite « locale »). Ce n'est pourtant qu'un exemple parmi de nombreux autres dans une longue carrière vouée à comprendre les équations aux dérivées partielles, pour leur faire livrer de nouveaux résultats : outre la beauté mathématique de ceux-ci, on voit qu'ils sont d'une grande importance en physique.

15 MAI

SUR LA TOUR EIFFEL

Les touristes visitant Paris pour la première fois ne peuvent manquer le passage par la tour Eiffel ; inaugurée le 15 mai 1889 pour l'Exposition universelle de Paris, cette construction métallique, initialement conçue pour être éphémère, est devenue un monument emblématique de la capitale française. Il faut dire qu'avec ses 330 m de hauteur, ses 10 tonnes et plus de deux millions de rivets, elle ne peut pas passer inaperçue au bout du Champ-de-Mars.

En revanche, les inscriptions figurant sur le premier étage sont plus discrètes, et seules les personnes averties prennent le temps de détailler les soixante-douze noms placés sous la galerie dès l'origine. Gustave Eiffel précise cette partie du projet :

> *« Pour exprimer d'une manière frappante que le monument que j'élève sera placé sous l'invocation de la Science, j'ai décidé d'inscrire en lettres d'or sur la grande frise du premier étage et à la place d'honneur, les noms des plus grands savants qui ont honoré la France depuis 1789 jusqu'à nos jours. »*

Parmi les personnalités choisies pour avoir brillé entre la Révolution et son centenaire, on trouve évidemment de nombreux mathématiciens : en tournant dans le sens inverse des aiguilles d'une montre depuis le Nord, on lit successivement les noms de Joseph-Louis Lagrange, Pierre-Simon de Laplace, Augustin-Louis Cauchy, Siméon Denis Poisson, Gaspard Monge ou Joseph Fourier… pour ne citer que les plus célèbres. La façon dont la sélection a été effectuée reste toutefois nimbée de mystère : il y a des raisons affichées (nationalité française et activité entre 1789 et 1889), d'autres un peu moins avouables – ainsi, le nom doit être suffisamment court pour tenir entre les poutrelles…

Sophie Germain prouve qu'il y a aussi eu d'autres critères : cette savante française de premier plan est née en 1776 et morte en 1831 ; son nom est court, et pourtant elle ne figure pas sur la tour Eiffel… Cette absence apparaît d'autant plus injuste qu'au nombre de ses succès scientifiques, on trouve la théorie des surfaces élastiques pour laquelle elle a obtenu le Grand Prix des sciences mathématiques de l'Académie des sciences en 1815 – or cette théorie permet justement de concevoir et d'analyser des architectures métalliques comme celles que promeut Eiffel. Il y a sûrement une autre raison qui empêchait cette *femme* de figurer parmi les soixante-douze savants… mais laquelle ?

16 MAI

LE THÉORÈME DU TROU NOIR

Né le 16 mai 1934 dans le sud de la Nouvelle-Zélande, Roy Kerr est un mathématicien qui s'intéresse aux questions issues de la relativité générale, la théorie maîtresse d'Einstein décrivant les effets de la gravitation sur l'espace et le temps. En 1963, il travaille à l'université du Texas et parvient à exhiber une nouvelle solution de l'« équation d'Einstein » quand on cherche à la résoudre dans le vide (en l'absence de tout autre corps déformant l'espace-temps que celui sous étude). Grâce au formalisme des notations, cette dernière est alors faussement simple : elle s'écrit $R_{\mu\nu} = 0$. Rien de plus !

Jusque-là, les solutions connues dataient de 1915, 1916 et 1918 : elles décrivaient notamment des trous noirs, non électriquement chargés (Karl Schwarzschild) ou chargés (Hans Reissner et Gunnar Nordström), mais avec un « moment cinétique » nul ; avec sa nouvelle approche, Kerr peut ne plus s'embarrasser de cette hypothèse, ce qui revient à considérer des trous noirs en rotation sur eux-mêmes. Son travail est alors purement mathématique : il le présente lors d'un congrès puis publie un court texte, de moins de deux pages, expliquant le détail de ses calculs sous le titre peu appétissant de « *Gravitational Field of a Spinning Mass as an Example of Algebraically Special Metrics* ».

Il est vraisemblable que Kerr n'ait pas tout de suite mesuré l'importance de son travail, tant sa publication se concentre sur les aspects mathématiques (on parle ainsi de géométrie et de topologie). En revanche, l'impact de cette découverte pour l'astrophysique est considérable. Le prix Nobel de physique Subrahmanyan Chandrasekhar va même jusqu'à avouer :

> *« L'expérience la plus bouleversante de toute ma vie scientifique a été la prise de conscience qu'une solution exacte des équations de la relativité générale d'Einstein, découverte par le mathématicien néo-zélandais Roy Kerr, fournit la représentation absolument exacte d'un nombre incalculable de trous noirs massifs qui peuplent l'Univers. »*

Dans les années qui ont suivi, les physiciens sont parvenus à démontrer un résultat étonnamment appelé « théorème de calvitie » (où les « cheveux » correspondent aux champs – magnétiques, électriques – extérieurs à un trou noir). Avec cette proposition, on peut établir qu'il n'y a que quatre descriptions possibles d'un trou noir : celles, historiques, de Schwarzschild et de Reissner-Nordström, celle de Kerr en 1963 et la variante de Kerr-Newman établie par Ezra T. Newman à partir des travaux du premier. Aussi étrange que soit cet objet de l'astrophysique, les mathématiques le rendent chaque jour un peu moins mystérieux…

17 MAI

LA POÉSIE PARLE DE MATHS

En mai 1993, l'écrivaine Rita Dove est officiellement nommée United States Poet Laureate par la bibliothèque du Congrès des États-Unis ; si je comprends bien les termes de cette récompense, pendant deux ans, le poète lauréat dispose de moyens humains et financiers afin d'éveiller la conscience nationale au goût de la lecture et de l'écriture poétique. Déjà lauréate du prix Pulitzer pour la poésie en 1987, Rita Dove n'a sûrement pas vécu cet honneur comme une pression supplémentaire : son travail d'universitaire et son œuvre étaient déjà des portes ouvertes vers ce monde.

Pour preuve de son éclectisme et de son ouverture d'esprit, elle a même composé un poème qui évoque magistralement l'activité mathématique (« *Geometry* », dans le recueil *The Yellow House on the Corner* de 1980) :

« I prove a theorem and the house expands:
the windows jerk free to hover near the ceiling,
the ceiling floats away with a sigh.

As the walls clear themselves of everything
but transparency, the scent of carnations
leaves with them. I am out in the open

And above the windows have hinged into butterflies,
sunlight glinting where they've intersected.
They are going to some point true and unproven. »

Il m'est impossible de traduire ce poème en préservant l'impression sensible qu'il produit sur moi ; en revanche, je peux essayer de dire pourquoi je le trouve particulièrement juste. Il y a tout d'abord la sensation éprouvée quand on parvient à établir un résultat nouveau : Dove dit que la maison s'agrandit, que le plafond s'envole, que les murs deviennent transparents… Elle traduit admirablement le fait qu'un nouveau théorème ouvre de nouvelles perspectives, invite à regarder au-delà de ce que l'on a établi et à embrasser un paysage neuf. Le dernier vers indique que le regard se focalise vers un autre point à démontrer, un nouvel objectif. En trois strophes, on passe de la satisfaction de la réussite à la concentration vers un défi auparavant inaperçu, en éprouvant entre-temps le plaisir de découvrir de nouveaux horizons : une belle allégorie de la recherche mathématique, dans ce qu'elle a de plus gratifiant !

18 MAI

LE PLI CACHETÉ 11 668

Le 18 mai 2000, une certaine effervescence gagne la salle des archives de l'Académie des sciences de Paris : il faut avouer que l'on n'ouvre pas tous les jours un « pli cacheté », ces courriers que certains chercheurs confient à l'institution pour sécuriser leurs découvertes, pour prendre date avec la postérité ou anticiper d'éventuelles disputes sur la primauté d'une trouvaille. En théorie, un pli n'est pas ouvert avant cent ans ; toutefois, en ce jour spécial de l'an 2000, on ouvre, avec l'autorisation de la famille, le pli 11 668 déposé par Vincent Doblin le 26 février 1940 et intitulé « *Sur l'équation de Kolmogoroff* ».

L'année du dépôt, Doblin est un jeune probabiliste ; en 1938, il a déjà publié plusieurs articles et soutient cette année-là une thèse, à l'âge de vingt-trois ans ; on le sait brillant et destiné à une belle carrière, mais, lorsque la guerre éclate, il devient soldat téléphoniste de seconde classe dans le 291e régiment d'infanterie.

Dans un courrier à son directeur de thèse, il confie fuir le cafard dans les mathématiques et poursuivre comme il peut ses travaux ; puis, en février 1940, il rédige les résultats déjà obtenus et les envoie à l'Académie. La lettre qui accompagne ce pli cacheté précise :

> *« Le manuscrit ci-joint a été écrit en cantonnement de novembre 1939 à février 1940. Il n'est absolument pas complet et son extérieur se ressent des conditions matérielles dans lequel il a été écrit. »*

La découverte de ce cahier de brouillon de petit format prouve que Doblin maîtrisait des outils importants et originaux pour l'analyse probabiliste des phénomènes de diffusion. Ces résultats, restés méconnus, ont été découverts tout à fait indépendamment par le mathématicien japonais Kiyoshi Itō, et ce dans la décennie qui suivit : ils sont aujourd'hui le fondement de l'étude des processus aléatoires.

Si ces avancées obtenues sous les drapeaux n'ont pas été rendues publiques ni publiées plus tôt, c'est à cause du terrible destin de Doblin. Né Wolfgang Doeblin en 1915, fils d'un célèbre écrivain moderniste, il est allemand et grandit sous la République de Weimar. L'arrivée des nazis au pouvoir amène la famille à émigrer : Wolfgang se reconstruit donc en France et change de nationalité et de nom. Plus tard, alors qu'il défend sa patrie d'élection, il se retrouve encerclé par les armées ennemies dans un village des Vosges et choisit de mettre fin à ses jours pour éviter d'être capturé ; il n'a donc pas pu récupérer son pli ni compléter le manuscrit... La révélation du 18 mai permet toutefois de le replacer dans la grande histoire des mathématiques.

19 MAI

DROIT ET MATHÉMATIQUES

Dans le calendrier de l'Église catholique, le 19 mai correspond à la Saint-Yves ; l'homme (Yves Hélory de Kermartin) était un prêtre breton du XIIIe siècle qui aurait mené une vie consacrée à la justice sociale et à la lutte contre la misère. Une fois canonisé, saint Yves est donc devenu le saint patron de toutes les professions ayant trait à la justice.

De son temps, celles-ci ne manquaient pas de travail : ayant hérité de tout le corpus du droit romain et des traditions associées, le pouvoir judiciaire médiéval cherche alors une voie qui corresponde aux mutations de la société… Mais, si l'on considère comme l'empereur byzantin Justinien que « *la justice est la ferme volonté de donner toujours à chacun ce qui lui est dû* », alors les mathématiques peuvent aussi avoir un rôle à jouer ; aussi trouve-t-on de nombreuses énigmes arithmétiques qui reflètent de manière plus ou moins réaliste des questions relatives à des jugements potentiels.

Dans la *Logistica quae et arithmetica Vulgo dicitur* (« L'art du calcul, aussi appelé communément arithmétique ») de Johannes Buteo, publiée en 1559, on peut ainsi lire la question suivante :

> *« Maevius vendit à Titius une vache portante sous la clause que si elle accouchait d'une génisse, Titus payerait quarante, si d'un veau quarante-cinq. Sur le prix de la vache ils convinrent qu'il serait le triple de la génisse, et le double du veau. Le temps venu, la vache accoucha de jumeaux, mâle et femelle. On demande combien Titius devait à Maevius. »*

Un contrat de vente qui ne prévoit que deux cas et une issue différente… On imagine bien un juge devoir se prononcer face à un tel litige commercial : il faut déterminer à partir des données le prix réel de la vache non portante, de la génisse et du veau. Avec nos habitudes algébriques, il est facile de voir que leurs prix respectifs sont 30, 10 et 15, donc que le total dû est 55, mais comment aurait raisonné un homme de loi au XVIe siècle ? Aurait-il invoqué saint Yves ?

Si vous trouvez ce problème trop simple, je vous en laisse un autre du même acabit, issu de l'ouvrage d'arithmétique du Néerlandais Elcie Édouard Léon Mellema, paru en 1586 :

> *« Un marchand parachevant le cours de ceste vie fragile & calamiteuse, delaisse 1 200 fl. à sa femme grosse, à telle condition, que si Dieu la feit mere d'une fille, icelle auroit les 300 fl. & la mere la reste. Mais si elle enfanta ung fils, adoncq la mere aurat les 300 fl. & le fils le surplus. Advint après le decez du Testateur, que la vefve s'accoucha d'un fils, d'une fille & d'un hermaphrodite ou d'une androgine. À sçavoir comment faisant satisfaira on à la volonté dudit Testateur. »*

20 MAI

SŒUR CELINE

« La science est ce que nous comprenons suffisamment bien pour l'expliquer à un ordinateur. L'art est le reste de nos activités. Au cours des dernières années, une partie importante des mathématiques est passée du statut d'art à celui de science. » **Cette phrase de Donald Knuth, dans un avant-propos daté du 20 mai 1995, ouvre le livre de Marko Petkovšek, Herbert Wilf et Doron Zeilberger consacré aux algorithmes permettant d'obtenir des identités mathématiques. Cet ouvrage intrigue immédiatement avec son titre minimaliste $A = B$, mais aussi avec deux chapitres consacrés aux « méthodes de sœur Celine ». Quel lien peut avoir une religieuse avec les mathématiques ?**

La « sœur Celine » de ce chapitre n'est autre que Mary Celine Fasenmyer, né en 1906 en Pennsylvanie ; celle-ci mène de brèves études et devient enseignante dès 1923. Toutefois, motivée par son goût des mathématiques, elle retourne à l'université et obtient une licence en 1933, avant de rejoindre la congrégation des Sœurs de la Miséricorde sous le nom de sœur Celine, choix qui marque un arrêt dans sa formation scientifique. À la demande de sa hiérarchie religieuse, elle reprendra cependant une nouvelle fois ses études en 1942, pour soutenir sa thèse en 1946.

De ce travail doctoral sortent deux publications dans le *Bulletin of the American Mathematical Society* en 1947 et dans *The American Mathematical Monthly* en 1949. Malgré leurs qualités, celles-ci ne sont pas remarquées à l'époque, et Celine retrouve ses activités d'enseignante et la quiétude de sa vie religieuse. Pourtant, plusieurs décennies plus tard, à la fin des années 1970, Zeilberger et Wilf découvrent tour à tour ces travaux et en saisissent toute la pertinence pour leurs propres problèmes de recherche. Le premier témoigne :

> *« Je me souviens d'avoir eu le sentiment que j'étais sur le point de me connecter à un univers parallèle qui avait toujours existé, mais qui était resté très bien caché jusqu'alors, et que j'étais sur le point de découvrir quelles sortes de créatures y vivaient. »*

Après avoir enseigné les mathématiques à l'université privée Mercyhurst College, et alors qu'elle prend sa retraite, Mary Celine Fasenmyer apprend qu'un tout nouveau champ de la discipline est en train de naître de ses travaux. En 1993, Wilf filme une interview de cette désormais vieille dame, où elle confie son parcours et sa surprise d'être citée dans le livre $A = B$. Il la convainc d'assister à un congrès en Floride : elle y est acclamée par plus de cinq cents chercheurs qui reconnaissent en elle la pionnière de leur domaine, et peut goûter à la consécration de ses travaux – à quatre-vingt-sept ans.

21 MAI

RANGEMENT DE CALISSONS

Le « *Problème des calissons* » est le titre d'un article mathématique publié en 1989 par Guy David et Carlos Tomei dans la revue *The American Mathematical Monthly* ; les « calissons » évoqués dans ce titre mystérieux sont des friandises en forme de navette à base de pâte d'amande et de melon confit, spécialité de Provence. En suivant les auteurs de l'article, on oublie pourtant la recette et la gourmandise pour ne conserver que la forme : ces confiseries sont assimilées à des losanges obtenus en accolant deux triangles équilatéraux de côté 1.

La question est celle-ci : on cherche à ranger $3n^2$ calissons dans une boîte hexagonale dont le côté est de longueur n, où n est un entier. Le nombre de calissons est choisi au plus juste, de sorte qu'une fois remplie, la boîte n'ait plus le moindre espace libre. Une fois un remplissage obtenu, on peut remarquer qu'il y a trois dispositions possibles pour les calissons selon l'orientation de la grande diagonale du losange : « verticale nord-sud », « penchée du sud-ouest vers le nord-est » ou « penchée du sud-est vers le nord-ouest ». Or, miracle : quelle que soit la manière dont on a rangé les calissons, il y en a autant dans chacune des trois orientations ! C'est le fameux « théorème des calissons ».

Laissons les auteurs expliquer leur démonstration, qui s'appuie sur des dessins :

> *« L'idée de la preuve est de réduire le problème à un fait très intuitif en trois dimensions. Nous ne donnons pas tous les détails d'une preuve formelle pour deux raisons. Tout d'abord, nous ne voulons pas gâcher la simplicité de l'idée intuitive de base. D'autre part, le résultat est un exemple de preuve par l'image qui ne se traduit pas immédiatement en mathématiques précises. »*

Précisons : pour une boîte complète, coloriez les calissons selon leur orientation (par exemple, les verticaux en rouge, les penchés vers la droite en bleu, les derniers en vert) : sous vos yeux, l'hexagone se transforme alors en un cube plus ou moins évidé, et le résultat apparaît naturellement.

Certains grincheux affirment que cela n'est pas une preuve recevable (et ils ont raison), mais je mets quiconque au défi de convaincre un néophyte de la validité de ce résultat avec une preuve formelle et rigoureuse. En attendant, vous pouvez reprendre une confiserie et faire quelques recherches sur Internet pour jouer au « jeu du calisson », un casse-tête développé à partir de ce théorème par Olivier Longuet, un enseignant jamais à court de bonnes idées pédagogiques.

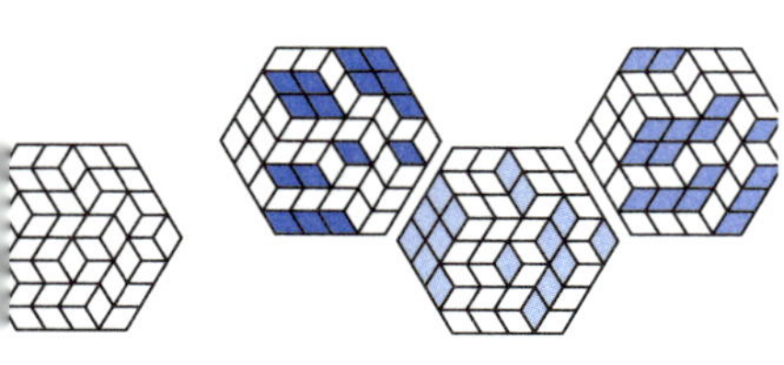

22 MAI

EXPOSITION SURRÉALISTE DE MATHÉMATIQUES

Le 22 mai 1936, la galerie Ratton à Paris accueille l'« Exposition surréaliste d'objets ». L'affiche précise dans un sous-titre que ces objets sont : « *mathématiques naturels trouvés et interprétés mobiles irrationnels objets d'Amérique et d'Océanie* ».

Longue liste de qualificatifs qui semblent peu cohérents entre eux. Sans être spécialiste du mouvement surréaliste, je peux toutefois certifier qu'à côté d'un œuf d'*Aepyornis*, de masques esquimaux et du célèbre porte-bouteilles signé Marcel Duchamp, on trouvait bien des objets mathématiques dans cette exposition et, plus précisément, des modèles en plâtre représentant des surfaces mathématiques et destinés aux laboratoires et universités (même si leur utilisation pédagogique est toujours sujette à discussion).

Ces « *surprenantes concrétisations des plus délicats problèmes de géométrie dans l'espace* », comme le dit le communiqué de presse de l'exposition, jouent ici l'un de leurs plus beaux rôles dans les mouvements artistiques (elles en eurent bien d'autres). Ces formes perdent alors leurs noms savants et leurs formules pour devenir autre chose avec l'impact de la « désignation surréaliste » ; elles participent à cet immense cabinet de curiosité.

Quelques années plus tôt, Max Ernst les découvre par hasard dans les vitrines de l'Institut Henri-Poincaré à Paris (où l'on peut encore les admirer) et suggère à Man Ray d'aller les photographier – ce qu'il fait vers 1934-1935. André Breton s'est ensuite saisi du thème lorsqu'il a dénoncé « *La crise de l'objet* » :

> *« Des objets construits, les uns sur des données euclidiennes, les autres sur des données non euclidiennes, d'aspect également troublant pour le profane, [...] les objets qui prennent place dans le cadre de l'exposition surréaliste de mai 1936 sont avant tout de nature à lever l'interdit résultant de la répétition accablante de ceux qui tombent journellement sous nos sens et nous engagent à tenir tout ce qui pourrait être en dehors d'eux pour illusoire. »*

À titre personnel, je ne suis pas convaincu que les visiteurs de cette exposition aient davantage compris le message surréaliste qu'elle portait que le sens mathématique de ses items !

23 MAI

BRACHISTOCHRONE ET TAUTOCHRONE

Il y a plusieurs façons de présenter ces deux problèmes mathématiques issus de la physique. Commençons par les noms : l'un est tautochrone, mot formé à partir des mots grecs ταὐτός, qui signifie « identique », et χρόνος, qui signifie le « temps », l'autre est brachistochrone, formé à partir de βραχιστός, « le plus court », et à nouveau de χρόνος.

Ensuite, les énoncés : dans le premier cas, on cherche une courbe, un profil vertical pour un plan incliné, telle que deux billes soumises à la pesanteur, lâchées en deux points différents de celui-ci et glissant sans rouler, arrivent au terme du plan au même moment ; dans le second cas, on cherche la courbe joignant deux points telle qu'une bille soumise à la pesanteur (glissant sans rouler sur cette courbe, encore une fois) mettra un temps minimal pour rejoindre le point d'arrivée en partant du point de départ. Dans les deux cas, on impose des conditions simplificatrices comme l'absence de tout frottement.

Ces deux problèmes ont été étudiés au cours du XVIIe siècle par Galilée… qui a donné des réponses erronées. Émilie du Châtelet souligne d'ailleurs dans *Les Institutions de physique*, en 1740, que cette erreur a motivé les chercheurs après lui :

> *« Le problème de la ligne de la plus vite descente d'un corps tombant obliquement à l'horizon par l'action de la pesanteur d'un point donné à un autre point donné, est fameux par l'erreur du grand Galilée, qui a cru que cette ligne était un arc de cercle, et par les différentes solutions que les plus grands géomètres de l'Europe en ont données. »*

Le problème de la courbe tautochrone est tout d'abord résolu par Christian Huygens en 1673 avec des considérations géométriques. C'est un tour de force, mais le plus beau reste à venir : avec la révolution du calcul différentiel à la fin du XVIIe siècle, des solutions analytiques s'imposent, et l'on peut ainsi obtenir l'équation d'une fonction dont la courbe est le plan recherché. Pour le problème de la brachistochrone, les premiers à fournir une solution sont ainsi Jean Bernoulli et Gottfried Wilhelm Leibniz (en mai 1697).

On peut s'émerveiller de la révolution en marche dans les mathématiques, des possibilités que la nouvelle théorie analytique offre – permettant d'échapper aux erreurs d'un prédécesseur aussi glorieux que Galilée. Il y a toutefois quelque chose d'encore plus beau et de plus mystérieux dans ces problèmes : la solution est la même, une portion de cycloïde. J'ai beau comprendre les calculs qui amènent à ce résultat, la coïncidence semble pour moi relever de la magie !

24 MAI

DE RETOUR À L'ÉCOLE

Lorsque l'on cherche le mathématicien canadien John Urschel sur Internet, on apprend rapidement qu'il mesure 1,90 m et pèse 141 kg ; il est bien curieux de le trouver sans mal, quand il est impossible d'obtenir les mêmes informations sur ses collègues… mais ces chiffres indiquent surtout son singulier parcours.

En effet, alors qu'il est étudiant en sciences à l'université d'État de Pennsylvanie, Urschel s'illustre comme joueur de l'équipe de football américain et remporte plusieurs trophées dans le championnat universitaire ; en 2014, il décide même de privilégier le football, c'est-à-dire de repousser la poursuite de ses études mathématiques pour devenir sportif professionnel. Désormais, il sera le n° 64 de la franchise des *Baltimore Ravens* dans le très recherché championnat NFL.

Dès sa première année, Urschel joue onze des seize matchs de son équipe, dont trois en tant que titulaire. À la fin de la saison, il médite ce choix professionnel, ainsi qu'il l'explique plus tard, le 24 mai 2016, dans un témoignage fort touchant sur le média *The Players' Tribune* :

> *« Après la fin de ma première saison en NFL en 2014, ma décision de repousser les études supérieures a commencé à me ronger. Je m'étais toujours targué de ne pas sacrifier le football aux mathématiques ni les mathématiques au football. Pourtant, au cours de ma première intersaison, lorsque j'ai été honnête avec moi-même, j'ai su que je ne me poussais pas à devenir le meilleur mathématicien que je pouvais être. »*

Bref, il s'inscrit en thèse au MIT en parallèle de sa carrière de sportif de haut niveau (sans avoir vraiment expliqué à son équipe que ses études seraient à temps plein). Pendant deux ans, il alterne les cours et séminaires à l'université, les entraînements et matchs dans sa franchise. En 2015 et 2016, il présente ses travaux et publie des articles de recherche… tout en contribuant à vingt-neuf matchs de son équipe. Et puis, à la fin de la saison 2016, il décide de prendre sa retraite de sportif et de se consacrer complètement à son doctorat.

La célébrité et les sollicitations médiatiques après cette annonce ne freinent pas vraiment Urschel : en 2021, il soutient une thèse intitulée « *Graphs, Principal Minors, and Eigenvalue Problems* » et reçoit le prix Richard C. DiPrima pour ses résultats remarquables en mathématiques appliquées. C'est le début d'une carrière prometteuse. Imaginez la réaction des étudiants quand ils découvrent à la rentrée que leur professeur de mathématiques est ce colosse, qui s'est illustré dans un prestigieux championnat sportif !

25 MAI

LE LEMME DE L'ÉTOILE DE LA MORT

Pourquoi donner des noms aux résultats mathématiques ? La réponse s'impose, c'est par commodité : il est plus facile d'échanger dans une discussion entre collègues, de rédiger un article, de fournir une solution dans une copie si l'on s'entend au préalable sur un nom de théorème. Cela évite notamment de devoir à chaque fois préciser les hypothèses et les conclusions d'un énoncé parfois long.

En revanche, il est beaucoup moins facile de répondre à la question : comment nommer un théorème ? Il y a des choix évidents : soit, par exemple, lorsque l'on utilise le nom d'un mathématicien (celui qui a démontré le résultat en premier, ou celui dont on croit qu'il l'a fait), ou bien une périphrase livrant la nature de la propriété (ainsi la « loi des sinus » dans un triangle).

Il reste toutefois quelques énoncés aux noms mystérieux, comme le « lemme de l'étoile de la mort », trouvé dans un polycopié de préparation aux Olympiades internationales de mathématiques. L'énoncé est le suivant :

> *« Considérons un grand cercle C, une corde AB de ce cercle et un petit cercle C' tangent intérieurement au grand cercle et tangent à la corde. Notons ensuite T le point commun aux deux cercles, K le point commun à C' et à la corde et M le point d'intersection de la droite (KT) et de C (autre que T bien sûr). Alors, le produit des longueurs MK et MT est égal à la longueur MA élevée au carré (et à la longueur MB élevée au carré). »*

Il est nécessaire de construire la figure pour apprécier ce résultat, mais aussi pour deviner l'origine du nom choisi pour cet énoncé. La disposition des deux cercles, le petit dans le grand, peut vous faire penser à une silhouette aperçue dans le film *Star Wars*, premier volet de la saga sorti aux États-Unis le 25 mai 1977. En effet, l'Étoile de la mort, la grande base sidérale de l'Empire galactique (qui explose après l'intervention de Luke Skywalker), est de forme sphérique avec, sur sa surface, comme un cratère, un gigantesque laser destructeur de planètes : cela rappelle bien les deux cercles du lemme ci-dessus.

Cette appellation fort sympathique n'est malheureusement pas assez explicite : des petits malins l'ont donnée à un autre résultat qui n'a rien à voir (de l'analyse complexe, cette fois) – à ceci près que l'on y trouve également une configuration avec deux cercles !

26 MAI

ABSENT, ENCORE ABSENT

Le 26 mai 2021, le mathématicien russe Gregori Aleksandrovitch Margulis donne une visioconférence intitulée « *Arithmeticity of discrete subgroups and related topics* ». Il ne s'agit pas d'un exposé ordinaire, mais de celui qui accompagne la réception du très prestigieux prix Abel 2020. Pourquoi toutefois ce hiatus entre les deux dates ?

Comme on peut le deviner, la cérémonie a été repoussée à cause de la pandémie de Covid-19 : le communiqué de presse annonçant que Margulis (conjointement avec Hillel Furstenberg) est récipiendaire du prix Abel date de mars 2020, mais les confinements et autres mesures de santé publique ont contraint l'Académie norvégienne des sciences et lettres à annuler la cérémonie. L'année suivante, les lauréats sont Avi Widgerson et László Lovász, mais la situation sanitaire ne permet toujours pas de faire venir les lauréats et tous les officiels à l'université d'Oslo ; la mort dans l'âme, les organisateurs choisissent d'organiser une remise virtuelle des prix 2020 et 2021 aux quatre lauréats.

Quel crève-cœur pour Margulis ! Recevoir le plus célèbre « prix de fin de carrière » sans pouvoir se rendre sur place, c'est goûter à moitié cette reconnaissance... Et pourtant, il a sûrement eu une impression de déjà-vu. En 1978, il est l'un des lauréats de la médaille Fields, le plus prestigieux prix pour les « jeunes » mathématiciens ; cette fois-ci, pas de pandémie, mais un contexte politique tendu, un des derniers soubresauts de la guerre froide. Craignant qu'il n'en profite pour émigrer, les autorités soviétiques interdisent à Margulis de se rendre au Congrès international des mathématiciens d'Helsinki, et donc de recevoir en main propre sa médaille ; celle-ci ne lui sera ainsi remise que l'année suivante, dans une université d'Allemagne de l'Est.

On pourrait croire Margulis maudit : pour les deux sommets de sa brillante carrière, deux contretemps assombrissent son prestige. Il faut toutefois relativiser cette impression : d'une part, il a reçu sans encombre d'autres prix internationaux, comme le prix Wolf en 2005 ; d'autre part, il a vécu des épreuves bien plus injustes, avec l'antisémitisme soviétique qui a contrarié son admission à l'université et son début de carrière.

Notons enfin que, pour les mathématiques, la trace qu'a laissée Margulis n'est pas constituée de ses prix mais de ses contributions fortes à des domaines différents. Citons au moins les plus célèbres en laissant, à défaut d'explications, leurs noms riches en images : le théorème de superrigidité pour les groupes de Lie, la construction des graphes expanseurs, et la résolution de la conjecture d'Oppenheim sur l'approximation diophantienne.

LA GARE DE CAMBRIDGE NORTH

Sur la commune de Chesterton, en Angleterre, la gare de Cambridge North dessert notamment le Cambridge Science Park, l'une des plus anciennes zones industrielles regroupant des entreprises liées à la science et aux technologies. Cet aspect a sûrement inspiré les architectes, et, quand la gare a été mise en service en mai 2017, les voyageurs ont pu découvrir un bien curieux décor mathématique ; plus précisément, ils ont découvert que les plaques de métal qui parent la partie haute de la façade étaient perforées de manière peu compréhensible : tantôt avec des motifs triangulaires, tantôt de manière aléatoire.

Pour comprendre cette apparence, il faut revenir aux « automates cellulaires unidimensionnels » : pour en construire un, on part d'une ligne horizontale de cases qui peuvent être colorées soit en blanc, soit en noir. Après en avoir rempli certaines, on voit que cette ligne fournit un code pour en remplir une autre, encore vierge, en dessous d'elle : pour déterminer la couleur de ses cases (toujours en noir ou blanc), on regarde les trois couleurs des cases au-dessus, dans cet ordre : dessus gauche, dessus et dessus droite. On se reporte alors à une règle, définissant l'automate, associant à chaque triplet de couleurs possible la couleur que recevra la case qu'on examine ; puis on recommence ainsi sur d'autres lignes, en dessous des premières (chacune déterminant donc sa voisine plus bas). En fonction de la ligne de départ et de la règle, les zones coloriées en noir ont des contours différents, évoluant de diverses manières lorsque l'on regarde la figure de haut en bas.

Il est facile de dénombrer les règles possibles : il y en a $2^8 = 256$ (à chacun des $2 \times 2 \times 2$ triplets de couleurs, il faut associer l'une des deux couleurs). Certaines sont assez peu intéressantes : par exemple, la règle 0, qui à chaque triplet associe la couleur blanche, donne un automate qui efface tout de suite les cases noires et qui n'en fait jamais réapparaître ; d'autres font émerger davantage de complexité, comme la règle 184, qui sert par exemple pour modéliser des problèmes de trafic routier. Les architectes de la gare de Cambridge North ont plutôt utilisé l'automate correspondant à la règle 135 (ou ceux associés aux règles 30, 86, 149, selon la façon dont on oriente la façade et dont on interprète les perforations) :

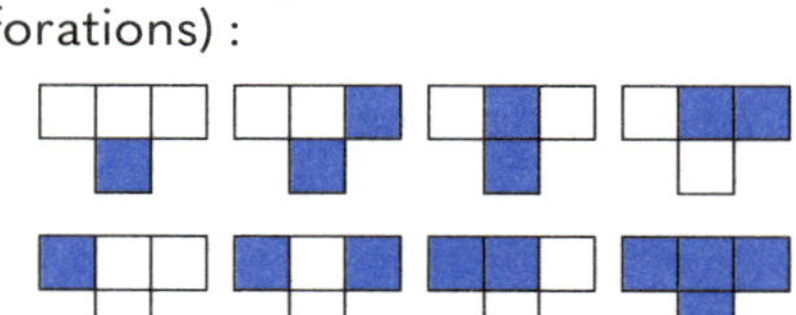

Malgré un authentique intérêt de la communauté mathématique, on sait démontrer assez peu de propriétés de cet automate. J'aime croire que c'est cette aura de mystère qui a séduit les architectes pour l'esthétique de leur gare.

28 MAI

ARRÊTÉ POUR AVOIR CALCULÉ

John Dee est un personnage fascinant du XVIe siècle anglais, à la fois mathématicien, alchimiste et amateur de sciences occultes : une triple activité qui fournit trois motifs de défiance pour les autorités religieuses. On dispose en effet de témoignages de contemporains évoquant des livres de mathématiques condamnés à être brûlés : à l'époque, il n'est pas rare que la pratique de cette discipline soit assimilée à de la magie.

En regardant la longévité de Dee, on pourrait croire que, malgré ces activités et le contexte troublé de cette époque, il est parvenu à échapper aux querelles religieuses et aux persécutions de la reine Marie Ire, justement surnommée « Bloody Mary » (« Marie la Sanglante »). Pourtant, il a affaire à la justice le 28 mai 1555 sous l'accusation, plutôt surprenante, de « calculs » ; s'il parvient à échapper à la peine capitale, il reste tout de même trois mois en prison et se voit privé temporairement de ses revenus. Quelle dangereuse manipulation algébrique peut lui valoir de telles sanctions ? En fait, Dee a effectué des calculs astronomiques pour obtenir l'horoscope de la reine et de sa demi-sœur, appelée à régner après elle sous le nom d'Élisabeth Ière ; cette détermination du ciel de naissance des reines Tudor apparaît alors comme une trahison, un soutien aux opposants politiques, voire un acte hérétique.

Cet épisode rocambolesque ne doit toutefois pas faire oublier les réussites mathématiques de Dee : il encourage l'étude du *quadrivium* (les disciplines « mathématiques » par opposition au *trivium* composé de la logique, de la rhétorique et de la grammaire), publie les *Éléments d'Euclide* en Angleterre, promeut la théorie des proportions d'Albrecht Dürer (sur les proportions idéales du corps humain) et développe les calculs pour la navigation. On le retrouve tour à tour enseignant la géométrie à l'université de Paris ou travaillant avec les savants Jérôme Cardan et Gérard Mercator.

Si, dans la mémoire collective, Dee est une figure majeure de la Renaissance élisabéthaine, il nous a aussi laissé une autre trace : longtemps après le procès de 1555, Dee a servi d'espion pour la couronne britannique. Il signait alors les courriers confidentiels d'un monogramme à l'allure ésotérique composé d'un double 0 suivi d'un 7 dont la barre horizontale passe au-dessus des 0 ; on raconte que cette signature atypique a servi d'inspiration à Ian Fleming pour le 007 de James Bond. Et dire qu'à cause d'un « calcul » au XVIe siècle, James Bond aurait pu hériter d'un autre matricule…

29 MAI

LE DESTIN DE TANIYAMA

Dans les livres d'histoire des mathématiques, le Japonais Yutaka Taniyama apparaît comme très énigmatique : une belle carrière, à la fin sombre et inattendue.

Ce sont tout d'abord des débuts plus que réussis : lorsqu'en mai 1958, il soutient sa thèse à l'université de Tokyo, il est considéré comme prometteur. Après la rencontre avec les Français André Weil et Jean-Pierre Serre lors d'un congrès à Nikko, il s'intéresse à la géométrie algébrique moderne et y avance à grands pas. Signe que ses travaux sont importants, il reçoit une invitation pour rejoindre pendant un an le célèbre Institute for Advanced Studies à Princeton.

Plus encore, c'est à cette époque qu'il développe, avec l'assistance de son collaborateur Goro Shimura, ce que l'on appelle aujourd'hui la conjecture de Shimura-Taniyama-Weil au sujet des courbes elliptiques. Ce sujet subtil et difficile, qui requiert une grande finesse de compréhension arithmétique, sera quarante ans plus tard crucial pour la preuve du « grand théorème de Fermat » (lequel dit qu'il n'existe pas d'entiers x, y, z et n, n plus grand que 2 et x, y, z plus grands que 1, tels que $x^n + y^n = z^n$).

Si l'on ajoute qu'il vient de se fiancer, on peut affirmer que tout semble s'annoncer au mieux pour ce jeune mathématicien ; pourtant, à la surprise générale, il se suicide en novembre 1958, laissant une lettre qui ne dissipe pas vraiment l'incompréhension de ses proches :

> *« Je peux simplement dire que je suis dans un état d'esprit où j'ai perdu confiance en mon avenir. »*

S'il est difficile d'expliquer la façon dont il a nourri sa géniale intuition mathématique, il est quasiment impossible de saisir ce qui le conduit à commettre l'irréparable. Il laisse un vide aussi bien dans les mathématiques que pour toutes les personnes qu'il a côtoyées.

En 1989, trente ans plus tard, Shimura lui rend hommage en essayant, dans un texte publié par la *London Mathematical Society*, de décrire ce que son ami a pu vivre, d'analyser son parcours et de comprendre cette trajectoire brisée. Au milieu de ces éléments de réponse, une phrase me touche particulièrement, car elle peut tout aussi bien livrer la raison du manque de confiance en soi de Taniyama que l'explication de son génie mathématique :

> *« Il était doué de la capacité spéciale de faire de nombreuses erreurs, la plupart du temps dans la bonne direction. Je l'enviais pour cela et j'essayais en vain de l'imiter, mais j'avais du mal à faire de bonnes erreurs. »*

30 MAI

JEU DE SET

SET est un jeu de cartes inventé par la généticienne Marsha Falco : celle-ci raconte que l'idée lui en est venue lorsqu'elle cherchait à noter et conserver les informations concernant les différents animaux qu'elle observait…

Difficile pourtant de retrouver les traces de cette idée primordiale dans le jeu qui est maintenant commercialisé dans le monde entier. Chacune des quatre-vingt-une cartes qui le composent comporte quatre informations qui se déclinent en trois valeurs : il y a tout d'abord la couleur (rouge, vert ou violet), le nombre de motifs (un, deux ou trois), leur forme (losange, ovale ou vague) et leur texture de remplissage (hachuré, plein ou vide). Toutes les cartes sont différentes, et, au début de la partie, on place neuf cartes devant les joueurs.

Ceux-ci doivent alors chercher à obtenir le plus rapidement possible un SET, c'est-à-dire un groupe de trois cartes tel que, pour chacun des quatre critères, soit toutes les cartes prennent la même valeur (par exemple, toutes les trois rouges), soit toutes les cartes ont des valeurs différentes (par exemple, une rouge, une verte et une violette). Le jeu nécessite de réfléchir rapidement, et il n'est pas rare que l'on se trompe en formant une combinaison ne vérifiant que deux ou trois des quatre critères.

De temps en temps, personne ne trouve de SET parmi les neuf cartes posées sur la table : alors, on en rajoute… Une question mathématiquement intéressante est ainsi de savoir à partir de combien de cartes on est certain de trouver au moins un SET – ou, de manière complémentaire, quelle est la taille du plus gros ensemble de cartes sans SET. Dans une formalisation plus mathématique, cette question est complètement résolue depuis 1971 (avant que le jeu n'existe !), et l'on sait que la taille maximale d'un lot sans SET est de 20 cartes. Si l'on rajoutait une cinquième information sur les faces, elle serait de 45 – et si on raffinait avec une sixième, elle serait de 112.

Les mathématiciens ne se sont toutefois pas arrêtés à ce « petit » nombre d'informations : ils ont abandonné toute idée d'un jeu réaliste, pour chercher à estimer la taille de lots de cartes sans SET possible quand le nombre d'informations tend vers l'infini ; c'est ce que fait par exemple l'article de Jordan S. Ellenberg et Dion Gijswijt, mis en ligne le 30 mai 2016. Un avertissement toutefois : on ne parle plus de cartes avec des motifs, mais de progressions arithmétiques dans des groupes abéliens… C'est sûrement un peu moins explicite pour les joueurs !

LA QUESTION DU DIARISTE

Samuel Pepys est un personnage fascinant du XVIIe siècle : responsable de l'Amirauté britannique puis parlementaire, il est désormais connu comme écrivain à la suite de la publication posthume de son journal intime, riche en anecdotes truculentes.

Dans ses carnets, on trouve dix années de récits de sa vie quotidienne, de ses aventures amoureuses ou de la vie à la cour d'Angleterre. Les historiens y obtiennent notamment des renseignements de première main sur la Grande Peste de 1665 ou sur l'incendie de Londres l'année suivante… Hélas, le lundi 31 mai 1669, il écrit que ses yeux le font tellement souffrir qu'il renonce à tenir son journal : cette fin prématurée nous prive des conversations mathématiques qu'on sait qu'il a tenues après cette date !

Il ne faut pas croire que Pepys était mathématicien : après une éducation reposant sur les humanités classiques, il s'est peu intéressé au sujet ; son journal indique que ce n'est que le 4 juillet 1662, à près de trente ans, qu'il a commencé à apprendre les tables de multiplication ! Toutefois, l'homme était curieux et côtoyait quelques-uns des plus grands savants britanniques. Ainsi, en 1693, il interroge Isaac Newton pour résoudre une question de probabilités qu'un enseignant lui a soumise : il s'agit de savoir s'il est plus probable d'obtenir au moins un 6 en lançant six dés, d'obtenir au moins deux 6 en lançant douze dés ou d'obtenir au moins trois 6 en lançant dix-huit dés. Pepys penche en faveur du troisième cas, mais Newton le détrompe et explique que le premier cas est le plus probable.

On dispose des trois lettres de réponse de Newton, où alternent un argument logique pour comparer les trois probabilités sans les calculer, et un argument calculatoire pour les déterminer explicitement. Je dois avouer qu'à mes yeux, aucun de ces deux raisonnements ne tient vraiment la route et, en tout cas, que je n'attribuerais pas de points si je les trouvais dans une copie d'un de mes étudiants. On ne peut toutefois pas blâmer Pepys et Newton : en cette fin de XVIIe siècle, la compréhension des probabilités est encore balbutiante. Avec davantage d'expérience et de théorie, on calcule les probabilités des trois événements, et on trouve approximativement 0,67, 0,62 et 0,60. Si le raisonnement de Newton est incomplet, son intuition est bien correcte !

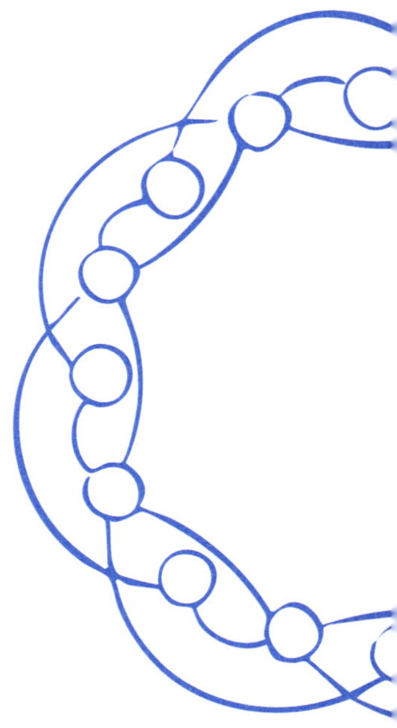

JUIN

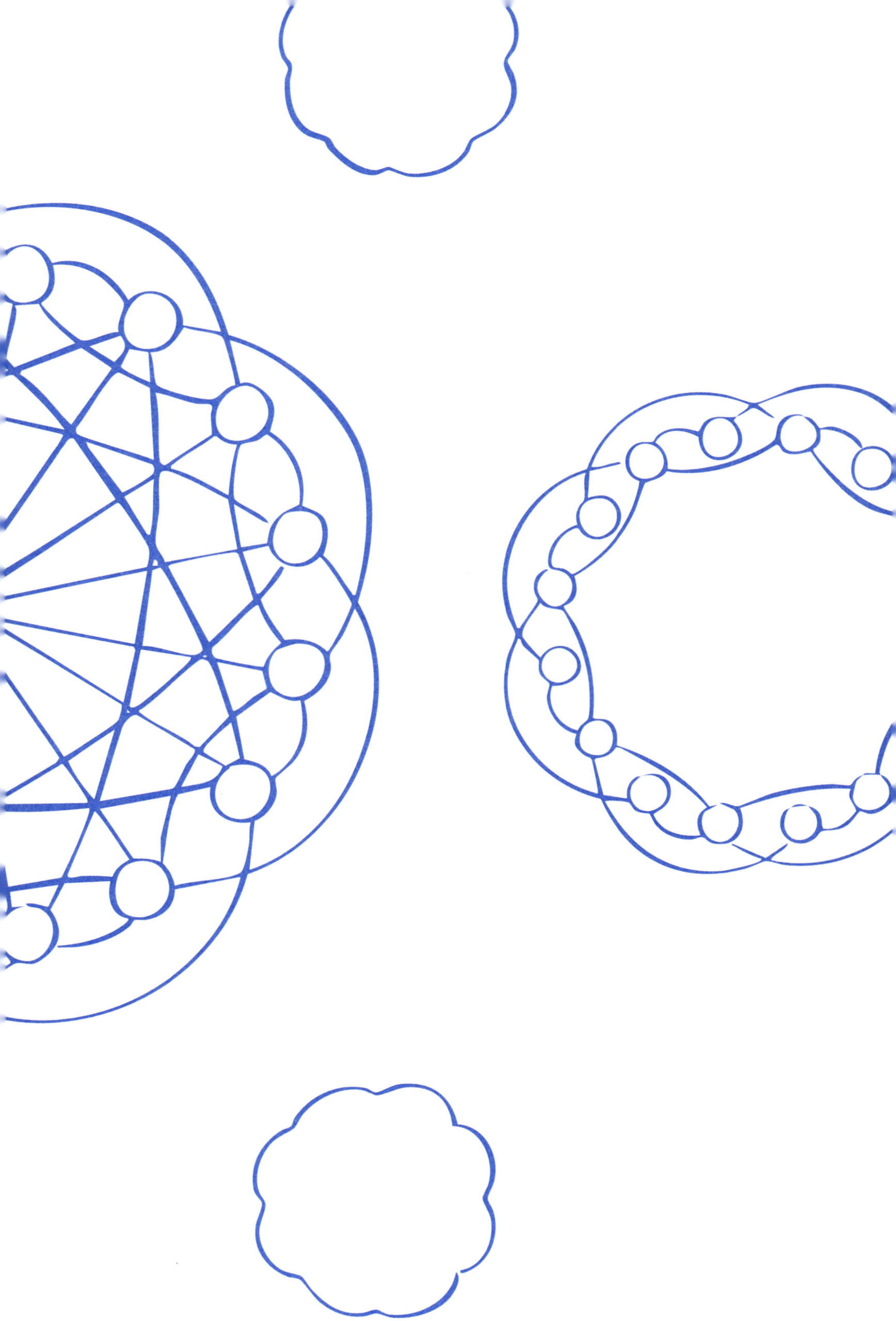

1er JUIN

PREMIER PRIX ABEL

Le mathématicien Jean-Pierre Serre a indéniablement connu une trajectoire de prodige ; né en 1926, il brûle toutes les étapes de la formation académique : normalien à dix-neuf ans, agrégé à vingt-et-un, docteur à vingt-quatre, professeur au Collège de France à vingt-neuf ! Il rejoint aussi avant ses vingt-deux ans le groupe Bourbaki, célèbre cercle de mathématiciens ; enfin, il obtient la médaille Fields en 1954 à l'âge record (et quasiment inenvisageable désormais) de vingt-sept ans. Un beau tableau de chasse !

Dans son communiqué, le comité de la médaille Fields indique que Serre « *a obtenu des résultats majeurs sur les groupes d'homotopie des sphères, en particulier dans son utilisation de la méthode des suites spectrales. Il a reformulé et étendu certains des principaux résultats de la théorie de la variable complexe en termes de faisceaux.* » Il s'agit là essentiellement de ses travaux de thèse (sous la direction d'Henri Cartan), mais le meilleur est encore à venir... Après avoir changé de thématiques de recherche, il publie dans les années qui suivent sa récompense deux articles qui marquent son domaine : « *Faisceaux algébriques cohérents* » (*Annals of Math*, 1955) et « *Géométrie Algébrique et Géométrie Analytique* » (*Annales de l'Institut Fourier*, 1956). Ces travaux sont si importants que les spécialistes les mentionnent désormais uniquement par leurs initiales, tant il est fréquent de les citer : FAC et GAGA.

La carrière de Serre est de fait une succession d'exploits mathématiques et de récompenses prestigieuses. Son livre de cours sur les corps locaux publié en 1966 est encore réédité aujourd'hui et figure dans de très nombreuses bibliothèques ; ses correspondances avec les mathématiciens Alexandre Grothendieck et John Tate sont, chose exceptionnelle, rassemblées et publiées de son vivant. Bref, lorsqu'en 2001 l'Académie norvégienne des sciences et lettres décide la création du prix Abel, un prix prestigieux de « fin de carrière » à même de soutenir la comparaison avec le prix Nobel (créé en 1901), il apparaît clairement que Jean-Pierre Serre, désormais âgé de soixante-seize ans, est le candidat idéal pour cette récompense (il la recevra en 2003).

S'il est à jamais le premier lauréat, il ne reste en revanche pas longtemps le plus jeune : en 2016, le prix Abel revient à Andrew Wiles, âgé « seulement » de soixante-deux ans, pour sa stupéfiante démonstration du dernier théorème de Fermat.

DONNER UN SENS AU CANCER

Je suis un grand fan de la mathématicienne Hannah Fry ; en plus de son travail académique à l'Université de Cambridge, cette Britannique construit une œuvre de diffusion protéiforme et originale : livres, films documentaires, émissions de radio ou de télévision, vidéos sur Internet... Elle parvient à se saisir de sujets délicats avec talent, sérieux, enthousiasme – et même avec humour.

Si vous ne la connaissez pas, je conseille les documentaires *The Joy of data* (2016) qui explique les enjeux, passés et présents, de l'exploitation statistique des données ; ou bien *Contagion* (2018), qui relate une grande expérience menée par la BBC pour comprendre le fonctionnement d'une pandémie. Dans les deux cas, le travail de Fry et son expertise mathématique s'avèrent salutaires pour comprendre le monde dans lequel nous vivons.

Le 2 juin 2022, les téléspectateurs de la BBC la retrouvent dans un documentaire beaucoup plus intime : *Making sense of cancer with Hannah Fry* (« Donner un sens au cancer avec Hannah Fry »). L'histoire de ce projet commence de manière malheureusement assez ordinaire – un examen médical de routine suivi d'un diagnostic de cancer, ensuite une lourde chirurgie, les traitements... puis la rémission. Toutefois Fry n'est pas une patiente ordinaire : c'est une mathématicienne, une personne qui passe sa vie à essayer de comprendre le sens caché des nombres et à trouver des explications rationnelles aux observations du quotidien. Elle choisit donc progressivement de considérer son parcours clinique avec un regard professionnel :

> *« En janvier 2021, alors que j'étais traitée pour un cancer du col de l'utérus, j'ai commencé à me filmer. Au départ, c'était un moyen de donner un sens à ce qui m'arrivait, mais j'ai vite compris qu'il s'agissait d'une histoire beaucoup plus vaste, sur la manière dont nous abordons le traitement du cancer dans ce pays... »*

Car oui, au-delà d'un moyen d'exorciser ses propres peurs et de documenter son courage, le projet porte des réflexions plus profondes sur les campagnes de dépistage, les probabilités de survie, les risques encourus, les conséquences des différents traitements. Fry se sert des mathématiques pour comprendre ce qui est involontairement dissimulé (faute de formation suffisante des médecins en analyse des données) et plaide pour un nouveau rapport aux statistiques médicales, plus précis et plus éclairant. Un exemple emblématique d'une mathématicienne au service de la société.

SOMMES DE CARRÉS DISTINCTS

Si vous demandez à un badaud son nombre favori, il y a peu de chances qu'il vous réponde 128. Pourtant, comme me l'a un jour appris un étudiant, cette puissance de 2 jouit d'une propriété intéressante : il s'agit du plus grand entier qui ne s'écrit pas comme somme de carrés d'entiers différents.

Sans trop de peine, on peut vérifier que 12 ne s'écrit pas comme somme de carrés distincts, car les seuls carrés inférieurs à 12 sont 1, 4 et 9, et les sommes construites à partir de ces termes ne donnent jamais 12. On peut aussi vérifier que cela ne fonctionne pas pour des nombres comme 33, 60, 92, 96 ou 128 (liste non exhaustive). En 1948, le mathématicien allemand Roland Sprague établit toutefois que tous les entiers au-delà de 129 admettent une telle décomposition. Par exemple :

$$129 = 10^2 + 4^2 + 3^2 + 2^2$$
$$130 = 10^2 + 4^2 + 3^2 + 2^2 + 1^2$$
$$131 = 11^2 + 3^2 + 1^2$$
$$132 = 9^2 + 5^2 + 4^2 + 3^2 + 1^2$$

Le travail de Sprague n'est évidemment pas une énumération complète de ces décompositions (puisque ce serait une tâche infinie !) : il y a un argument théorique qui permet à partir des décompositions des entiers entre 129 et 249 de déduire celles de tous les entiers au-delà de 249 (sans les calculer explicitement).

Il est intéressant de remarquer que la démonstration de Sprague peut s'étendre aux puissances autres que 2. Tous les nombres « suffisamment grands » peuvent s'écrire comme somme de cubes deux à deux distincts, comme somme de puissances quatrièmes deux à deux distinctes... et ainsi de suite. En revanche, il est difficile de déterminer précisément ce « suffisamment grand », c'est-à-dire de trouver le plus grand entier qui ne se décompose pas avec ces puissances. En 1964, Ron Graham a établi que le plus grand entier qui ne s'écrit pas comme somme de cubes distincts est 12 758 ; pour les puissances quatrièmes, il a fallu attendre quelques années de plus pour trouver que le « seuil » est 5 134 240... Petit à petit, la communauté a complètement résolu le problème pour les exposants entre 2 et 7.

En juin 2023, Michael Wiener, cryptologue à la retraite, s'intéresse au problème des puissances huitièmes et établit que le plus grand entier qui ne s'écrit pas comme somme de puissances huitièmes distinctes est 4 968 618 780 985 762. Comme on l'imagine volontiers en regardant la longueur de ce nombre, un tel résultat requiert à la fois des arguments théoriques et des calculs informatiques plutôt bien optimisés. Si vous voulez vous lancer à votre tour dans ce genre de problème, sachez que la valeur seuil pour les puissances neuvièmes est toujours inconnue, mais qu'elle est supérieure à 155 581 444 629 727 232 !

4 JUIN

PASSER LA FRONTIÈRE

Le mathématicien finlandais Ernst Leonard Lindelöf s'est éteint le 4 juin 1946, mais sa mémoire est largement conservée par les noms des résultats qu'il a obtenus dans le domaine des équations différentielles. Le plus célèbre est celui qu'on appelle en anglais le *Picard–Lindelöf theorem* (*Satz von Picard-Lindelöf* en allemand) : il indique essentiellement qu'une équation différentielle vérifiant une certaine hypothèse de régularité admet, pour une condition initiale donnée, une unique solution.

En mécanique classique, ce théorème correspond à un fait plutôt évident : si vous étudiez la trajectoire d'un objet mobile, celle-ci est entièrement déterminée par l'équation provenant du principe fondamental de la dynamique, par sa position initiale et la vitesse qu'on lui a originellement impulsée. (Le résultat mathématique qu'obtient Lindelöf est cependant plus général et s'applique à des contextes pratiques ou théoriques bien plus élaborés.)

Si, dans le paragraphe initial, le résultat est mentionné en anglais et en allemand mais pas en français, il y a une bonne raison : en France, le résultat s'appelle théorème de Cauchy-Lipschitz. Il n'est en effet pas rare qu'un énoncé porte des noms différents de part et d'autre d'une frontière : les évolutions locales ignorant les résultats des pays voisins, parfois couplées avec quelques réflexes nationalistes, amènent des divergences dans les appellations. Par exemple, le théorème de Pythagore est connu sous le nom de théorème de Gougu en Chine ; le théorème dit de Casorati-Weierstrass en Europe occidentale s'appelle plutôt théorème de Sochocki dans les pays russophones ; de même, l'inégalité de Cauchy-Schwarz est attribuée à Bouniakovski plus à l'est.

Le cas du théorème de Picard-Lindelöf est un tantinet plus atypique : on ne remplace pas des mathématiciens occidentaux par un Russe ou un Chinois sous prétexte d'être en Russie ou en Chine, mais on change un binôme franco-finlandais pour un autre franco-allemand. Grosso modo, Cauchy a été le premier à énoncer le résultat en 1820 ; Lipschitz a donné en 1868 la « bonne » hypothèse pour le rendre utilisable ; Picard a développé le « théorème de point fixe » qui sous-tend les démonstrations en 1893, et Lindelöf donne la forme moderne de l'énoncé en 1894. Le troc entre les Français Cauchy et Picard n'est donc pas un choix politique ou national, mais davantage une préférence sur la personne à honorer dans l'histoire, tortueuse comme toujours, d'un résultat mathématique.

5 JUIN

LA FOLIE DU CUBE MAGIQUE

Le Rubik's Cube est un casse-tête inventé en 1974 par Ernő Rubik, professeur de design et d'architecture hongrois. Il s'agit d'un cube formé de vingt-sept plus petits et de même taille : celui du centre, qui demeure invisible, et ceux du bord dont les faces sont peintes avec des couleurs très voyantes. On peut tourner chacune des faces du grand cube (et donc les neuf petits cubes qui la composent) ; l'objectif est de parvenir à une configuration telle que chacune des six faces du grand cube soit d'une seule couleur.

L'inventeur raconte avoir créé l'objet pour répondre à une question de design, et n'avoir pas envisagé le succès qui a suivi ; pourtant, son casse-tête a envahi le monde entier au début des années 1980, et on estime qu'un humain sur sept a déjà posé ses doigts sur un Rubik's Cube. Sommet de cette première déferlante, un championnat du monde s'ouvre le 5 juin 1982 à Budapest et sacre un jeune américain, Minh Thai, qui a « résolu » le cube dans le temps de 22,95 secondes (très loin du record actuel qui est de 3,13 secondes).

Le succès de ce jeu est pour le moins mystérieux. Dans sa biographie, Rubik estime que

> *« le Cube est devenu un objet iconique grâce à sa fonctionnalité contrefactuelle : il a rendu possible ce qui semblait impossible, en faisant exploser l'immobilité intérieure d'un solide statique. Il a créé une harmonie entre l'esprit, le cœur et les mains. »*

Il me semble qu'une autre explication est possible : la pratique du jeu permet à chacun d'expérimenter... les mathématiques.

On peut penser d'abord à la géométrie, naturellement, avec la suite des rotations dans l'espace, ou bien à la combinatoire avec le dénombrement des configurations possibles ; mais le plus frappant pour les néophytes est la découverte de l'algèbre et de la notion d'ordre dans un groupe fini.

Précisons : si vous tournez une face plusieurs fois, au bout de quatre étapes, vous êtes revenu à la position de départ : tout le monde le comprend instantanément. Maintenant, prenez un cube « résolu » et effectuez une succession quelconque d'opérations ; par exemple, un quart de tour sur la face de gauche, puis sur celle en dessous, puis sur celle au fond puis à nouveau celle de gauche. Recommencez ces quatre opérations dans le même ordre encore et encore : dans un premier temps, vous observez le cube se mélanger puis, presque par miracle, il revient à la configuration « résolue ». Peu importe la succession d'opérations choisie, vous observerez le même phénomène... et la puissance des mathématiques.

6 JUIN

ALTESSE ROYALE

Thomas Mann, né le 6 juin 1875 et mort en 1955, est l'un des auteurs majeurs du début du XXᵉ siècle, et son œuvre a été récompensée du prix Nobel de Littérature en 1929. Les lecteurs plébiscitent en général la nouvelle *La Mort à Venise* qui a inspiré le film éponyme de Luchino Visconti, le roman *La Montagne magique*, ou la tétralogie *Joseph et ses frères* écrite lors de son exil entre 1933 et 1943. En tant que mathématicien, je recommande plutôt *Altesse Royale*, une comédie légère, voire une bluette.

L'intrigue se déroule dans un duché fictif, que l'on imagine au centre de l'Europe, avec des finances en piteux état, un héritier qui n'a ni goût ni aptitude pour l'exercice du pouvoir, et un cadet infirme d'une main – l'Altesse Royale du titre... Bref, une certaine morosité règne dans ce pays jusqu'à ce que le milliardaire américain Samuel Spoelman et sa fille Imma viennent s'y installer pour profiter d'une antique source thermale ; le contraste entre la vieille famille aristocrate ruinée et ces nouveaux riches venant de l'étranger amène son lot d'incompréhensions, voire de quiproquos. Pour nous indiquer que la roturière Imma n'est pas du même monde que l'Altesse Royale, on la dit métisse, puis un personnage précise :

> *« Elle est savante, à ce que l'on dit, elle fait des études d'homme, de l'algèbre et autres sciences ardues. »*

Là, je m'insurge : les mathématiques réservées aux hommes, est-ce bien ce que promeut l'auteur ? Prête-t-il au contraire le stéréotype à un personnage pour le déjouer ? Pour percer l'intention de Mann et éviter de le vouer inutilement aux gémonies, penchons-nous sur sa biographie : sa femme, Katia, menait des études de mathématiques avant leur mariage ; elle semble une bonne inspiration pour Imma, ce qui montrerait que Mann ne cautionne pas le propos machiste de son personnage.

À vrai dire, le rapprochement Imma-Katia est aussi soutenu par les similitudes entre le père d'Imma et le beau-père de Mann, Alfred Pringsheim, spécialiste d'analyse complexe et professeur à l'Université de Münich. Tous deux sont héritiers d'une fortune accumulée par un père qui a investi dans les chemins de fer, tous deux collectionnent les faïences... Il est donc plaisant de lire (ou de relire) ce roman après avoir pris connaissance de la biographie de Prigsheim, pour voir comment Mann retranscrit les lubies de son beau-père mathématicien.

7 JUIN

APPORTE-T-IL LA JOIE ?

Marie Kondō est une Japonaise qui a acquis la célébrité en développant des techniques pour améliorer l'organisation de son logement, afin qu'il devienne apaisant voire relaxant ; elle recommande notamment de ne conserver que des objets et vêtements qui fournissent des « énergies positives ». Dans la méthode qu'elle promeut, il faut prendre chaque objet en main et se demander si, oui ou non, cet objet vous procure de la joie. N'étant pas spécialiste du rangement et encore moins de développement personnel, je ne me risquerai pas à juger ce processus de décision… En revanche, je peux vous dire que certains nombres procurent de la joie !

En sanskrit, procurer de la joie se dit *harshad*, et c'est de ce nom que le grand amateur indien de mathématiques récréatives Dattatreya Ramchandra Kaprekar (1905 - 1986) a baptisé les nombres qui étaient divisibles par la somme de leurs chiffres. Par exemple, 86 559 est *harshad* puisque la somme de ses chiffres $8 + 6 + 5 + 5 + 9 = 33$ est un diviseur de 86 559 (il suffit de vérifier que $33 \times 2\,623 = 86\,559$). Forts de cette définition, vous pouvez maintenant tester si votre année de naissance, votre numéro de téléphone ou votre code de carte bancaire apportent de la joie.

Pour les mathématiciens, une telle définition ouvre de nombreuses questions. Par exemple, on peut montrer que tout entier s'écrit comme somme de nombres *harshad*. En juin 1991, Curtis Cooper et Robert E. Kennedy ont résolu une question plus délicate encore : combien peut-on trouver de nombres *harshad* consécutifs ? Par exemple, 131 052, 131 053, 131 054, 131 055 et 131 056 sont cinq nombres *harshad* consécutifs, mais le nombre suivant ne l'est plus.

Les deux mathématiciens ont ainsi établi deux résultats : tout d'abord, il n'existe pas vingt-et-un nombres *harshad* consécutifs ; mais il existe une infinité de séquences de vingt nombres *harshad* consécutifs. Inutile cependant de chercher à trouver une telle séquence : la plus petite proposée dans leur article correspond à vingt entiers admettant chacun… 4 436 342 786 chiffres ! À titre personnel, je ne sais pas si imaginer ce genre de résultat m'apporte réellement une étincelle de joie…

8 JUIN

DES MATHÉMATICIENS DANS L'OCÉAN

Depuis 2009, le 8 juin est la journée mondiale de l'océan dans le calendrier des Nations-Unies ; chaque année, c'est l'occasion de rappeler la richesse et la fragilité des écosystèmes marins (et leur importance pour la vie sur Terre). Il faut dire qu'on trouve de tout dans les océans, particulièrement en leur fond : en parcourant une carte du plancher océanique, on tombe sur de nombreuses ressources comme le sable et d'autres granulats, des hydrocarbures, différents métaux… et, si l'on est attentif, on se surprend même à déchiffrer des noms de mathématiciens.

En effet, depuis 1960 et à l'initiative du géologue Henry William Menard du Scripps Institution of Oceanography, un massif sous-marin de l'Océan Pacifique est entièrement attribué aux mathématiciens. Dans cette zone géologique au large du Mexique, on trouve ainsi de nombreux monts sous-marins ou guyots (lorsque le sommet est arasé), souvent d'origine volcanique, qui portent les noms de mathématiciens célèbres. Voici la liste de sommets immergés (d'après le catalogue du *Seamount Biogeosciences Network*) :

	Lat. (N)	Long. (W)
RIEMANN	12°06'	109°55'
EUCLIDE	12°46'	110°31'
GALOIS	12°52'	106°29'
ARCHIMÈDE	13°10'	110°28'
FOURIER	14°05'	111°
DESCARTES	14°07'	108°42'
KHAYYAM	14°23'	107°08'
LAPLACE	14°42'	110°36'
GAUSS	15°21'	110°56'
POINCARÉ	15°21'	111°17
PASCAL	15°50'	111°18'

	Lat. (N)	Long. (W)
NAPIER	15°52'	110°50'
EULER	16°03'	112°06'
NEWTON	16°06'	111°35'
CANTOR	16°12'	109°20'
LOBATCHEVSKY	16°29'	109°04'
LEIBNIZ	16°46'	110°11'
LAGRANGE	17°18'	110°55'
CLAIRAUT	17°58'	110°34'
BERNOULLI	18°10'	111°50'
KEPLER	18°30'	109°31'

Que penser de cette énumération ? Chacun des scientifiques honorés a effectivement de grands mérites et l'on peut facilement justifier l'honneur qui lui est fait. Toutefois, les absents de cette liste parlent sûrement davantage : alors que l'on est à proximité des Amériques, pas un seul mathématicien américain ? Et surtout, pas une seule mathématicienne ? Ce constat me semble choquant. Aussi, je propose solennellement que l'on débaptise le mont Archimède du Pacifique (le savant de Syracuse dispose d'un autre mont à son nom en Méditerranée, aux coordonnées 34°19'N, 17°59'E) pour faire de la place à une personne oubliée de la liste actuelle…

9 JUIN

N + H

Le 9 juin 2004 à Paris, le Centre Pompidou accueille la première grande rétrospective de la peintre et poétesse Aurelie Nemours (1910 - 2005). L'exposition (intitulée « *Rythme Nombre Couleur* ») propose un parcours chronologique des œuvres de cette artiste, dont on dit généralement qu'elle a révolutionné l'abstraction géométrique.

Le parcours respecte d'ailleurs le groupement en séries que Nemours avait fait de son travail. À titre personnel la série « *Nombre et Hasard* » (souvent raccourci en « N + H »), me semble la plus éclairante sur ses recherches esthétiques ; en un certain sens, elle résume son attachement à l'art concret et indique le long chemin qu'elle a tracé entre liberté créatrice et contrainte mathématique.

Essayons de décrire l'une de ses peintures, *Nombre et Hasard* (*V 139*), datant de 1991 et actuellement dans les réserves du Centre Pompidou. Techniquement, il s'agit d'une peinture sur papier au format 36,9 cm × 33,6 cm. Le regard détecte une grille 4 × 4 non matérialisée qui découpe la peinture en seize zones rectangulaires identiques ; chaque petit rectangle est recouvert d'un fond blanc, d'où se détache un polygone noir aux côtés faits de segments verticaux ou horizontaux (pas d'obliques ni de courbes).

Aucun doute possible, l'œuvre est abstraite. Je ne peux m'empêcher pourtant d'y percevoir un message crypté, comme si chaque motif noir était l'encodage d'un caractère ou d'un chiffre. Le titre de la série « *Nombre et Hasard* » m'incite d'ailleurs à creuser cette piste... mais je n'y parviens pas : soit le code est excellent et je ne peux le casser avec un seul tableau, soit ma réflexion ne s'attache à aucune réalité et les intentions de l'artiste sont bien différentes de mon interprétation de visiteur.

Pour qu'à votre tour vous vous intéressiez à la série N + H et pour vous encourager à chercher à votre tour un sens caché dans ces dernières peintures d'Aurelie Nemours, je vous suggère de garder en mémoire cet extrait d'une de ses poésies, et de vous en servir comme viatique :

> *« une mathématique secrète*
> *initie le poème*
> *structure la forme*
> *exige le rythme*
> *invente le chaos »*

10 JUIN

LE THÉORÈME DE LA PIZZA

Selon le *Livre des records*, la plus longue pizza a été réalisée en Californie le 10 juin 2017 et mesurait précisément 1 930,39 m (oui, près de 2 km ! Elle a d'ailleurs requis deux tonnes de mozzarella). Notez bien cependant : il ne s'agit pas de la plus grande pizza, mais de la plus longue...

Si les organisateurs de ce record ont préféré une forme rectangulaire (étroite et longue) à la traditionnelle forme circulaire, c'est par souci de logistique (pour la garniture comme pour la cuisson), mais aussi parce que le partage en fut plus facile ; le découpage d'un disque peut en effet s'avérer plus délicat, surtout si la personne qui tient le couteau ne localise pas très bien le centre. C'est d'ailleurs le sujet du théorème dit « de la pizza ».

Commençons par un cas simple : vous disposez d'une pizza parfaitement circulaire. Vous choisissez un point P sur la pizza puis vous découpez huit parts à partir de ce point, chacune ayant le même angle en P. Deux personnes prennent les parts à tour de rôle dans le sens horaire, chacune finissant ainsi avec 4 parts. Si P est le centre, toutes les parts ont la même taille et les deux mangeurs se sont réparti équitablement la pizza.

Que se passe-t-il si P n'est pas le centre ? Eh bien, c'est pareil : les parts ont beau être de tailles différentes, les deux mangeurs ont la même quantité totale de pizza. Si au lieu de 8, l'on coupe en $2n$ parts avec n un nombre pair au moins égal à 4, le partage est encore équitable ; en revanche, si n est un nombre impair, les deux mangeurs n'ont pas forcément la même quantité de pizza...

On peut même démontrer mieux : si le reste de la division de n par 4 est 1, le mangeur ayant la part sur laquelle se trouve le vrai centre de la pizza est défavorisé ; si le reste de la division par 4 est 3, il est favorisé. Curieux exemple de mariage entre arithmétique, géométrie et gloutonnerie !

Cette pizza n'est toutefois pas la seule occurrence de la nourriture dans des énoncés mathématiques : il y a également un théorème du sandwich au jambon (il existe une façon de partager un sandwich d'un seul coup de couteau de sorte que les deux morceaux aient la même quantité de pain, de jambon et de fromage) et un problème McNuggets (quels sont les nombres de nuggets que l'on peut obtenir en commandant des boîtes de 6, 9 ou 20 ?). À titre personnel, je trouve que l'on reste malheureusement trop loin de la haute gastronomie...

11 JUIN

UN DÉ À 5 FACES

Quand on vous parle d'un dé, vous pensez à un dé à six faces de forme cubique ; avec un peu de culture mathématique ou d'habitude des jeux de rôles, vous pouvez même imaginer des dés à quatre, huit, douze ou vingt faces construits à partir d'autres polyèdres réguliers (le tétraèdre, l'octaèdre, le dodécaèdre et l'icosaèdre). En revanche, on sait depuis l'Antiquité qu'il n'existe pas d'autres polyèdres réguliers, et donc qu'il n'est pas possible (par exemple) de construire un dé à cinq faces régulières et superposables, où chaque sommet joue un rôle identique.

Connaissant cette limitation théorique, le concepteur de jeux Louis Zocchi a cherché une forme originale pour réaliser un dé qui donnerait cinq résultats avec la même probabilité. Après quelques essais, il peut déposer une demande de brevet le 11 juin 2003 :

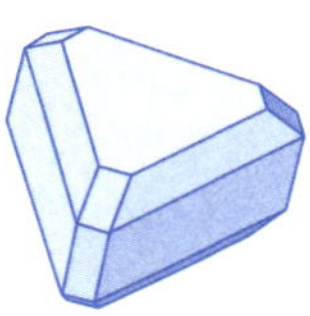

« La présente invention concerne un dé équilibré à cinq faces qui comporte une paire de faces triangulaires opposées et trois faces rectangulaires. [...] Les chiffres 1 et 5 sont disposés sur l'une des faces triangulaires, tandis que les chiffres 2 et 3 sont disposés sur une face rectangulaire, 3 et 4 sur une deuxième face rectangulaire et 2 et 4 sur une troisième face rectangulaire, de telle sorte que si l'on obtient 2, 3 ou 4, ces chiffres apparaissent à l'utilisateur comme étant à la verticale. »

Pas facile à visualiser avec le seul texte, et le dessin ci-dessus en aidera beaucoup ; vous pouvez cependant deviner que le dé est un prisme à base triangulaire. Grosso modo, deux issues sont possibles : Si le dé arrive à plat sur une face triangulaire, l'autre face triangulaire est au-dessus et on lit soit un 1, soit un 5 sur cette face visible ; sinon, le dé repose sur une face rectangulaire et on peut voir simultanément deux faces rectangulaires dressées (on ne tient pas compte des faces triangulaires) – toutes les deux ont le même chiffre (2, 3 ou 4) en haut, c'est donc le résultat du lancer.

Même une fois la forme bien comprise, il reste un mystère : pourquoi ce dé est-il équilibré, c'est-à-dire pourquoi obtient-on chacun des cinq résultats avec la même fréquence ? Il n'y a pas de preuve mathématique, mais le brevet précise les tests qui ont été effectués et rapporte qu'après 10 163 lancers, les faces triangulaires sont apparues 4 011 fois, soit un pourcentage de 39,47 %... ce qui diffère peu (en termes statistiques non explicités ici) des 40 % que prévoit la théorie pour un dé équilibré. Bref, le dé semble suffisamment fiable pour un usage ludique ; reste à convaincre les joueurs de l'utiliser, malgré leurs méfiances et superstitions...

12 JUIN

LA DÉCOMPOSITION DU LIEUTENANT

En juin 1907, un petit détachement de militaires français est à pied d'œuvre pour mesurer un arc de méridien dans la région lyonnaise à des fins cartographiques : afin de calculer, sur la sphère de notre globe, la distance entre deux lieux de même latitude (situés sur un même arc reliant les pôles), on élève sur différents sommets des appareils émettant des signaux, on mesure des distances entre ces points, puis on calcule avec quelques résultats de géométrie. Bref, un travail géodésique assez classique, tant par le matériel utilisé sur le terrain que par les mathématiques mises en place pour tenir compte des imprécisions et erreurs de mesure.

Dans cette mission, André-Louis Cholesky, un jeune lieutenant issu de l'École polytechnique, effectue les calculs avec diligence : il a trouvé un moyen de simplifier la laborieuse résolution des systèmes d'équations linéaires. Mais voilà, Cholesky a beau être brillant et avoir levé le voile sur un coin obscur des mathématiques, il n'en demeure pas moins un militaire de carrière et ne publie pas ses travaux. Plus tard, il quitte la topographie pour rejoindre un régiment d'artillerie, devient capitaine, est mobilisé pour la Grande Guerre, promu chef d'escadron… et meurt en 1918 de blessures reçues au front.

Sa belle découverte reste inconnue des milieux savants jusqu'en 1924 lorsqu'un ancien camarade, le commandant Benoît, publie une courte note précisant sa méthode. Il en vante d'ailleurs les mérites :

> *« Les calculs très complexes par les méthodes ordinaires, y compris celle de Gauss, […] deviennent, par la méthode Cholesky et l'emploi de la machine à calculer, relativement aisés et beaucoup plus courts. […] On peut, avec cette méthode, aborder facilement des résolutions à 40 ou 50 inconnues, qui auraient demandé des semaines de travail ardu par les procédés antérieurs. »*

Sur la base de ce seul témoignage, la « décomposition de Cholesky », comme on l'appelle maintenant, rejoint dans les décennies suivantes les outils standards des manuels pour le calcul de matrices sur ordinateur. Ultime épisode de cette histoire, en 2005, on identifie huit pages de la main de Cholesky intitulée « *Sur la résolution numérique des systèmes d'équations linéaires* » et datant de 1910 : aujourd'hui, on peut donc lire la version originelle de ce travail désormais mondialement connu !

13 JUIN

LE DICTON DE L'OISEAU IVRE

D dans le calendrier de l'Église catholique, on commémore le 13 juin la mémoire du Portugais Saint-Antoine-de-Padoue. La sagesse populaire et rurale associe à cette date quelques dictons gardant la mémoire de propriétés plus ou moins attestées comme :

Saint-Antoine ouvre le derrière des poules
Saint-Antoine sec et beau remplit caves et tonneaux
Pour la Saint-Antoine, les jours croissent comme la barbe d'un moine

En mathématiques, on trouve l'équivalent de tels dictons, c'est-à-dire des phrases conservant le souvenir de résultats établis pour le transmettre au plus grand nombre. Mon dicton mathématique favori concerne la théorie des probabilités :

Un homme ivre retrouvera toujours son chemin, un oiseau ivre se perdra définitivement

Quel en est le sens ? Précisons qu'il ne s'agit en rien d'une incitation à la consommation excessive d'alcool. Ici, l'ivresse est convoquée pour indiquer que le personnage, homme ou oiseau, se déplace au hasard ; la métaphore concerne donc ce qu'on appelle, plus rigoureusement, les processus stochastiques.

Expliquons un peu. Considérons un personnage marche au hasard sur un quadrillage du plan : à chaque instant, il se déplace soit vers la gauche, soit vers la droite, soit vers l'avant, soit vers l'arrière, en choisissant parmi ces quatre possibilités avec la même probabilité. En effectuant ces déplacements, il construit petit à petit une « marche aléatoire ».

Les mathématiciens ont établi la propriété de récurrence de ce processus : si on laisse le personnage se déplacer indéfiniment, il repassera une infinité de fois en chaque point du quadrillage. Si l'on considère la même construction, mais sur une grille en trois dimensions cette fois (en rajoutant les possibilités d'évoluer vers le haut ou vers le bas), cette propriété disparaît !

La même distinction apparaît lorsque l'on considère une version continue avec des pas « infiniment petits » réalisés à des intervalles « infiniment courts ». Le mouvement brownien – c'est le nom de l'objet-limite – est récurrent en dimension 2, mais pas en dimension 3. Ainsi, l'étude de ce processus aléatoire diffère selon que l'on reste dans un plan ou que l'on s'échappe dans l'espace tridimensionnel, selon que l'on est un homme condamné à rester les pieds sur terre ou un oiseau pouvant s'envoler.

Voulant éliminer la notion d'ivresse de ce dicton, j'en ai forgé un autre avec le même sens :

Tous les chemins mènent à Rome sauf si on passe par les cieux

Qu'en pensez-vous ?

DES ARBRES EN SPIRALE

Le 14 juin 1996, la petite ville de Ylöjärvi en Finlande inaugure sa *Tree mountain*, littéralement « Montagne aux arbres », monumentale œuvre de *land art* par l'artiste Ágnes Dénes. Il s'agit à l'origine d'un gigantesque projet de réaménagement du site d'une ancienne gravière, avec un terrassement qui a permis la construction d'une « montagne » de forme elliptique – longue de 420 m, large de 270 m et haute de 18 m.

La colline a été paysagée avec onze mille arbres plantés par autant de volontaires en provenance du monde entier ; ainsi constituée, la Montagne aux arbres est le plus grand monument au monde, légalement protégé pour les quatre cents prochaines années. Outre sa dimension esthétique, elle constitue un legs aux générations futures, manifeste d'une volonté de restaurer l'environnement après des années d'exploitation déraisonnable.

Si cette œuvre d'art intéresse les mathématiciens, c'est parce que Ágnes Dénes a choisi d'implanter les arbres selon la forme d'une spirale, et que les images aériennes du site sont autant de figures géométriques. L'artiste a précisé s'inspirer de la forme des tournesols, ce qui mathématiquement se traduit par une spirale logarithmique. Dans un plan muni d'un repère et d'un centre O, l'équation d'une telle courbe s'obtient en écrivant que la distance r d'un point M de la courbe au centre O est proportionnelle à l'exponentielle de l'angle θ entre l'axe des abscisses et la droite (OM).

Il existe de nombreuses autres formes spirales, qui se traduisent par d'autres relations entre la distance r et l'angle θ, et donc des « vitesses d'enroulement autour du centre » différentes : les spires consécutives sont plus ou moins espacées. Plus rigoureusement, on peut tirer une droite à partir du centre de la spirale : celle-ci rencontrant la courbe en un nombre infini de points, on peut alors s'intéresser aux distances entre deux points consécutifs sur cette droite, distances qui forment une suite... Avec notre spirale logarithmique, on trouve qu'une telle suite croît de manière géométrique (on passe d'un terme au suivant en multipliant par un facteur constant) !

Le mathématicien bâlois Jacques Bernoulli était fasciné par la spirale logarithmique et sa propriété très esthétique d'auto-similarité (la courbe reste identique après rotation et agrandissement) ; il l'a étudiée et baptisée *spira mirabilis*, soit « la spirale miraculeuse ». Bernoulli l'appréciait tellement qu'il a demandé que sa tombe soit ornée de cette spirale et de la locution latine *eadem mutata resurgo* (« déplacée, je demeure identique ») ; malheureusement pour lui, le graveur n'était pas mathématicien, et chacun peut voir aujourd'hui dans la cathédrale de Bâle une spirale d'Archimède – qui, à la différence de la spirale logarithmique, s'enroule à intervalles réguliers...

15 JUIN

TOURNOI SUISSE

Le 15 juin 1895 à Zurich démarre le cinquième championnat d'échecs de Suisse ; la date serait anodine si l'un des organisateurs, un enseignant du nom de Julius Müller, n'avait eu l'idée de changer le format du tournoi, et si cette idée ne s'était rapidement imposée dans beaucoup de compétitions. Ainsi, on la retrouve désormais dans le monde des échecs, mais aussi dans des compétitions sportives ou, plus récemment, e-sportives : 1895 est l'acte de naissance des « tournois suisses » !

Il existe de nombreuses façons d'organiser une compétition : les plus classiques sont le tournoi à élimination directe (chaque joueur défait quitte le tournoi) ou le tournoi toutes rondes ou *round-robin* (chaque joueur affronte une fois tous les autres adversaires). Les deux procédés ne sont pas sans défaut : avec le premier, un joueur peut se trouver éliminé pour une maladresse ou une malchance lors du premier match, alors qu'il était le meilleur engagé dans la compétition ; avec le second, le nombre de matchs à jouer devient gigantesque dès que le nombre de joueurs croît, puisqu'en notant n le nombre de joueurs, il faut autant de rondes que $(n-1) \times (n-2) \times \ldots \times 2$.

L'idée de Müller est de ne jouer qu'un petit nombre de rondes, mais en imposant à chaque tour qu'un joueur soit appareillé avec un autre joueur de score proche du sien ; par exemple, à la fin du premier tour, les vainqueurs se rencontrent de leur côté et les perdants du leur. À la fin du second tour, on met ensemble les joueurs au score 2 - 0 (ceux qui ont gagné deux matchs), ensemble ceux de score 1 - 1 et ensemble ceux de score 0 - 2... et ainsi de suite. Il y a bien sûr d'autres subtilités, comme éviter que des joueurs ne se rencontrent plusieurs fois, mais c'est globalement le format utilisé dans les opens d'échecs, ou la première phase des championnats du monde du jeu vidéo League of Legends.

S'il est bien commode, son analyse mathématique est cependant un défi : comment fixer le nombre de rondes ? Peut-on mesurer le caractère équitable d'un tournoi ? Il n'y a pas (encore) de théorèmes pour répondre à ces questions mais des études statistiques poussées comme celles de David R. Appleton, publiée en 1995 dans le *Journal of the Royal Statistical Society*, confortent les organisateurs choisissant ce format. Son titre est d'ailleurs joli : « *Est-ce que le meilleur peut gagner ?* »

BLOOMSDAY ET STATISTIQUES

Chaque 16 juin, les Irlandais célèbrent leur plus grand écrivain, James Joyce. Cette date ne correspond pourtant ni à celle de sa naissance, ni à celle de son décès – ni même d'ailleurs à aucune autre qui soit importante pour l'état-civil ; il s'agit plutôt de la commémoration du *Bloomsday*, c'est-à-dire le 16 juin 1904, jour où est censé se dérouler l'action du livre *Ulysse* (l'appellation pour la fête provient du patronyme du personnage principal, Leopold Bloom). Il n'est alors pas rare de trouver dans Dublin des personnes avec des tenues du début du XXᵉ siècle, récitant des passages du livre.

Le linguiste américain George Kingsley Zipf a fait un tout autre usage d'*Ulysse* : il a oublié les nombreux styles adoptés par Joyce pour se concentrer sur les statistiques d'apparition des mots. Plus précisément, il a classé les 29 957 mots différents du roman selon leur nombre d'apparitions, allant du plus fréquent au plus rare. Muni de cette liste, on obtient que le 20ᵉ mot dans ce classement apparaît 1 311 fois, le 100ᵉ encore 265 fois, et le 1000ᵉ seulement 26 fois.

Zipf remarque que le produit entre le rang dans le classement et le nombre d'apparitions est presque toujours identique : il y voit un phénomène intéressant. Mieux, il constate que ceci n'est pas propre à l'œuvre de Joyce, puisque cette observation peut se faire avec d'autres livres et même avec les journaux quotidiens. Plus fort encore, ceci ne semble pas dépendre de la langue (à quelques exceptions près). C'est la découverte de ce qu'on appelle désormais la loi de Zipf : la probabilité d'apparition d'un mot est proportionnelle à l'inverse de son rang.

En 1965, le mathématicien polono-franco-américain Benoît Mandelbrot reprend cette remarque, la généralise et, pour tout dire, la complique un peu : pour lui, la probabilité d'apparition d'un mot est proportionnelle à l'inverse de $(a + n)^c$, où n est le rang du mot, a et c deux constantes. Dans cette variante, on dispose de deux paramètres, la constante a et la valeur de l'exposant qui, s'ils sont bien choisis, permettent de coller encore plus finement aux données observées ; on parle donc désormais de loi de Zipf-Mandelbrot.

Le petit miracle est que la loi n'apparaît pas que dans les études linguistiques ; on la retrouve dans la fréquence des gènes en biologie ou dans l'analyse musicale par exemple. Reste à comprendre ce que signifie ce fait statistique !

17 JUIN

LECTURE DU HASARD

Parcourir les commentaires des acheteurs sur un site de vente en ligne est toujours particulièrement divertissant : on trouve toute la gamme des aigreurs ou des incompréhensions... mais on obtient aussi de l'enthousiasme sincère, et parfois même de l'humour à l'état pur. Le 17 juin 2017, une lectrice italienne a commenté son dernier livre acheté en ces termes :

> *« De temps en temps, on a l'impression de lire quelque chose que l'on a déjà rencontré, mais c'est un problème mineur ; l'intrigue tient toujours et elle est vraiment imprévisible.*
>
> *Spoiler Alert : il se termine sur 41 998. Vous devriez quand même le lire, car vous ne devinerez jamais comment vous y arriverez ! »*

Le livre en question est intitulé *A Million Random Digits with 100,000 Normal Deviates* ; il a été écrit et publié par la RAND Corporation en 1955. Contrairement à la lectrice citée ci-dessus, je ne recommande pas la lecture de ce « texte » ; les pages 1 à 400 du livre sont composées de tableaux à 50 lignes et 10 colonnes, dont chacune des 500 cases contient 5 chiffres... on a donc bien le million de chiffres promis par le titre !

Même si l'on inclut l'introduction où il y a davantage d'explications, l'intérêt d'un tel livre ne saute pas aux yeux, et l'on se demande légitimement ce qui a poussé des gens intelligents et par ailleurs fort occupés à écrire un tel livre – et surtout pourquoi d'autres personnes l'ont acheté... La clef de ce mystère tient dans le mot « imprévisible » du commentaire.

Cette succession de chiffres est en effet obtenue aléatoirement. N'imaginez pas quelqu'un qui lance un dé à dix faces et qui enregistre un million de résultats : Il s'agit plutôt d'une procédure informatique pour générer des nombres de façon tout à fait déterminée, tout en s'assurant avec des tests de contrôle que les résultats ressemblent vraiment à du hasard. Utiliser les ordinateurs à cette fin est un exploit dans les années 1950 !

Qu'en font les lecteurs ? Ils utilisent cette succession de chiffres pour des activités où l'on doit échapper à toute forme de « motif », de régularité inaperçue : cryptographie, enquêtes sociologiques ou sondages, jeux... Pour prendre un exemple un peu caricatural, mais qui donne une bonne idée de l'usage professionnel qu'on peut avoir de ce livre « vraiment imprévisible », vous pouvez imaginer une situation où vous avez besoin d'un mot de passe fiable ; plutôt que de choisir les très prévisibles *motdepasse, azertyuiop ou 0123456789*, déterminez une page et une ligne du livre de RAND puis considérez la succession de chiffres comme mot de passe : voilà qui est inattendu !

SHAKUNTALA DEVI, CALCULATRICE RECORD

Shakuntala Devi (1929 - 2013) est une Indienne issue d'une famille pauvre ; son père travaillait dans un cirque comme trapéziste, dompteur et magicien. C'est en montrant un tour de magie à sa fille qu'il a remarqué son extraordinaire capacité de mémorisation des nombres. Rapidement, le talent de Shakuntala se transforme en numéro recherché, et son père quitte le cirque pour l'accompagner dans différentes représentations à travers l'Inde, puis le monde.

Surnommée la « calculatrice humaine », elle multiplie les exploits et sa réputation s'accroît. Le 18 juin 1980, elle parvient ainsi à effectuer la multiplication 7 686 369 774 870 × 2 465 099 745 779 en vingt-huit secondes (en tenant compte du temps requis pour annoncer les vingt-six chiffres du résultat) ce qui lui vaut d'entrer au *Livre des records*. Impressionnant !

En fait, Shakuntala Devi avait développé des techniques de calcul très personnelles pour calculer des racines carrées, cubiques... méthodes dont elle a expliqué les bases dans un ouvrage intitulé *Figuring : The Joy of Number*, publié en 1977. Si vous vous plongez dans ses publications, vous serez surpris d'y découvrir la même année un autre livre intitulé *The World of Homosexuals* – le premier en Inde à expliquer l'histoire des homosexuels et leur condition sociale, mais aussi à donner la parole à plusieurs d'entre eux.

Bref, Shakuntala Devi fait partie des personnalités ayant accédé à la célébrité autant par leurs prédispositions que par leurs actions. Peut-on pourtant l'affubler du surnom de « génie des mathématiques » comme certains médias l'ont fait ? Selon moi, c'est exagéré : je suis incapable de mener les mêmes calculs qu'elle, mais je sais qu'au XXe siècle, ces impressionnantes manipulations ne sont plus, depuis longtemps, des questions de recherches mathématiques.

Si vous voulez vous mesurer à elle, voici un exercice qu'elle a résolu en moins d'une minute : trouver le nombre dont la puissance 23e est

91674867692003915809866092758538016248310668014
43086224071265164279346570408670965932792057674
80806790022783016354924852380335745316935111903
59657754734007568168830562082101612913284556480
5780158806771

Je voudrais bien vous souhaiter bon courage, si la tâche ne me semblait pas aussi difficile...

LE THÉORÈME DE GALLAI

Voici un théorème élémentaire qui me fascine : si vous prenez un ensemble fini de points dans le plan, soit ils se trouvent tous sur une même droite, soit il y a une droite qui contient exactement deux des points choisis ; un énoncé alternatif consiste à dire que si vous prenez des points du plan qui ne sont pas tous alignés et tels que toute droite passant par deux de ces points en contient un troisième, alors vous avez nécessairement considéré une infinité de points. Ce résultat porte le nom de théorème de Sylvester-Gallai ; son nom composite est le résultat de quelques rebondissements…

Le premier nom est célèbre : James Joseph Sylvester (1814 - 1897) est un mathématicien britannique qui fait carrière entre l'Angleterre et les États-Unis avec différentes péripéties – le diplôme qu'on lui refuse car il est juif, l'étudiant qu'il frappe et croit avoir tué, son passage dans une compagnie d'assurances… Laissant de côté ces détails, je préfère retenir son apport essentiel à l'algèbre linéaire et au calcul matriciel. Hélas, pour ce qui nous intéresse, il n'a pas démontré le résultat ci-dessus : il l'a seulement énoncé comme un défi à la communauté, dans un problème envoyé au magazine *Educational Times* en 1893.

Cette question est pourtant oubliée pendant quelques décennies, pour réapparaître en Hongrie pendant les années 1930, où des étudiants se forment sur la résolution de problèmes. Parmi eux, Tibor Gallai (1912 - 1992), né Tibor Grünwald, trouve une preuve élémentaire et la publie en 1944 dans le Journal *The American Mathematical Monthly*… sauf que l'on a découvert depuis qu'il n'était pas le premier à l'établir : Eberhard Melchior, un mathématicien allemand tellement peu célèbre que même sa date de décès nous est inconnue, avait déjà fourni une preuve quelques années plus tôt. Malheureusement pour lui, il l'a publiée dans un journal soumis aux politiques nazies donc peu diffusé à l'étranger.

L'appellation « de Sylvester-Gallai » est injuste pour Melchior, mais j'y trouve une forme de justice réparatrice : plus tard dans sa carrière, Gallai a démontré un joli résultat de théorie des graphes qui est désormais attribué à l'américain Robert Dilworth. Comme on l'entend parfois à la fin d'une compétition sportive entachée d'erreurs d'arbitrage : « À la fin, ça s'équilibre ! ».

20 JUIN

LES BAISERS DANS *NATURE*

Dans le magazine britannique *Nature*, on trouve chaque semaine des articles de recherche sur les découvertes scientifiques les plus frappantes : par exemple, on y a lu la découverte du proton en 1932, celle de la structure de l'ADN en 1953, la détection des pulsars (ces étoiles très particulières) en 1968 ou le clonage de la brebis Dolly en 1997. On y trouve également des textes écrits par des journalistes sur les relations entre science et société ou sur des sujets d'actualité.

Dans le numéro du 20 juin 1936, il y a plus inclassable encore : un poème intitulé *The Kiss Precise* et écrit par Frederick Soddy, prix Nobel de chimie en 1921. Dans les premiers vers de ce texte, il indique que pour embrasser, il n'y a pas besoin de trigonométrie, sauf lorsque l'on parle de cercles :

« For pairs of lips to kiss maybe
Involves no trigonometry.
This not so when four circles kiss
Each one the other three. »

J'imagine la stupéfaction des lecteurs en découvrant les trois strophes (soit trente-quatre vers) dans un journal scientifique. La première parle donc de baisers et de cercles ; il s'agit de configurations de cercles deux à deux tangents (le « baiser » étant alors l'unique point de contact des deux cercles). La conclusion de la seconde strophe est l'énoncé d'un résultat mathématique bien connu ; si quatre cercles du plan sont tangents deux à deux, alors il existe une relation simple entre leurs rayons, ou plutôt entre leurs courbures, qui sont les inverses des rayons : la somme des carrés des quatre courbures est la moitié du carré de leur somme.

Ce problème est connu depuis le troisième siècle avant J.-C. et les travaux d'Apollonios de Perga ; la relation a été établie par Descartes en 1643, dans une lettre à la princesse Élisabeth de Bohème. À ce résultat, Soddy apporte une généralisation : la dernière strophe énonce une extension de ce résultat à des sphères dans notre espace tridimensionnel habituel : pour que cinq sphères « s'embrassent », il faut que la somme des carrés de leurs cinq courbures soit la moitié du carré de leur somme.

La forme originale que Soddy a adoptée pour énoncer son théorème géométrique a fait des émules : lorsque, quelques mois plus tard, Thorold Gosset étend ce résultat à un espace de dimension quelconque, il se sent obligé d'écrire une strophe supplémentaire pour prolonger le poème et de l'envoyer au même journal. L'ultime étape (temporaire) de cette histoire est due à Fred Lunnon, qui généralise la propriété en se débarrassant des contraintes de la géométrie euclidienne. Voici le début de son poème :

« How frightfully pedestrian
My predecessors were
To pose in space Euclidean
Each fraternising sphere ! »

21 JUIN

MAURICE AUDIN S'ÉVADE

Le 21 juin 1957 à vingt-et-une heure à Alger, le mathématicien Maurice Audin profite d'un transfert entre le centre d'El Biar et une villa de la rue Faidherbe, où il était attendu pour un interrogatoire, pour fausser compagnie à ses geôliers ; l'homme était détenu depuis dix jours après une arrestation à son domicile par des parachutistes de l'armée française...

Cette version de l'« évasion » ne convainc pourtant personne, quand celui qu'on dit fugitif tarde à refaire surface : la guerre d'indépendance de l'Algérie bat alors son plein et le chercheur est connu pour son militantisme communiste et ses convictions anticoloniales. Le contexte politique rend ainsi l'hypothèse d'une sordide « élimination » par les militaires beaucoup plus crédible aux yeux de ses proches, de sa famille, de ses camarades ou de ses collègues. À Alger comme à Paris, des soutiens s'organisent aussi bien pour avoir la vérité sur Maurice Audin que pour dénoncer le comportement des troupes françaises.

L'une des initiatives les plus frappantes concerne la thèse de mathématiques d'Audin. Celle-ci n'était pas tout à fait terminée lors de son arrestation, mais contenait déjà des résultats intéressants dont « *un très beau théorème spectral* », « *un travail tout à fait original* » pour reprendre les mots de Laurent Schwartz, alors professeur de calcul différentiel et intégral à l'Université de Paris. On décide de conclure la thèse in absentia avec le directeur défendant les travaux en lieu et place du candidat. Le 2 décembre 1957, le président du jury indique le résultat des délibérations :

> *« L'exposé qu'a fait M. de Possel montre l'importance du travail présenté ; il témoigne d'une grande maîtrise de moyens et d'un talent d'autant plus précieux qu'il est plus rare. [...] La faculté veut apporter ici son témoignage à Mme Audin et à ses parents. À l'unanimité, le jury a décidé que le doctorat ès sciences mathématiques est accordé à M. Audin avec mention très honorable. Je vous demande de ne pas applaudir, mais seulement d'observer une minute de silence. »*

Ainsi, Maurice Audin devient docteur six mois après sa « disparition ». Il faudra attendre encore quelques décennies et l'action concertée de la famille, de militants politiques, d'historiens et de mathématiciens pour que les archives de l'époque soient déclassées – et que l'on confirme que Maurice Audin a été assassiné sur ordre par un militaire français.

22 JUIN

LES CENTRES D'UN TRIANGLE

Lorsque l'on commence l'étude de la géométrie du triangle, on apprend l'existence de quatre points particuliers : le centre du cercle inscrit au triangle (point de concours des bissectrices), le centre de gravité (point de concours des médianes) le centre du cercle circonscrit au triangle (point de concours des médiatrices), et l'orthocentre (point de concours des hauteurs). En progressant dans l'étude, on découvre de plus en plus de points intéressants, et l'on apprend que ceux-ci portent souvent les noms d'anciens géomètres

Il peut être tentant de vouloir mettre de l'ordre et de dresser la liste des points remarquables d'un triangle. C'est l'ambition du mathématicien Clark Kimberling quand il écrit l'article « *Central Points and Central Lines in the Plane of a Triangle* » en juin 1994. Au travers de ses vingt-cinq pages, il dresse une première liste ; quatre ans plus tard, il étend celle-ci en un livre entier : *Triangle Centers and Central Triangles*. Kimberling poursuit toutefois sa collecte, et bientôt le livre ne suffit plus : on aboutit avec Internet à une véritable encyclopédie en ligne des centres du triangle, qui contient aujourd'hui près de 70 000 points remarquables !

Pour s'y repérer, chacun est associé à une référence $X(n)$, où n est le numéro dans cette banque d'exemples. Les quatre points cités plus haut sont respectivement $X(1)$, $X(2)$, $X(3)$, $X(4)$; $X(5)$ est le centre du cercle des neufs points d'Euler – l'unique cercle passant par les milieux des côtés, les pieds des hauteurs et les milieux des segments reliant $X(4)$ aux côtés des triangles. Certains autres ont une petite notoriété, comme les points de Gergonne $X(7)$, de Longchamps $X(20)$, d'Exeter $X(22)$, de Miquel $X(501)$...

D'autres encore, sans nom, sont définis par des propriétés obscures : par exemple, X(50 000) est l'intersection des droites $(X(1)X(2))$ et $(X(513)X(4122))$; et c'est sans compter avec ceux aux appellations moins compréhensibles, voire exotiques – comme $X(770)$ qui porte sans raison le nom d'une étoile de la constellation de l'Éridan.

Sans être expert en géométrie, on peut aussi se balader dans cette base à la recherche d'un point particulier, par curiosité. Mon favori est $X(176)$, appelé point d'égal détour : quelle que soit la paire de sommets choisie sur notre triangle, aller de l'un à l'autre en faisant un détour par ce point intérieur au triangle rajoute la même distance par rapport au trajet « droit », qui emprunterait le côté du triangle les reliant...

23 JUIN

LA VIE, MODE D'EMPLOI

Le 23 juin 1975, un peu avant vingt heures, Percival Bartlebooth s'éteint dans son appartement du 11, rue Simon-Grubellier ; c'est aussi ce moment que l'artiste Valène, habitant à la même adresse, choisit pour son projet de peindre l'immeuble et tous ses habitants. Ces deux évènements fictifs forment le prétexte au roman *La Vie, mode d'emploi* de Georges Perec, un long texte qui nous présente le projet du tableau, avec les locataires et leurs histoires.

Comme dans de nombreux ouvrages rattachés au mouvement littéraire Oulipo, il y a beaucoup à dire d'un point de vue mathématique : par exemple, on y trouve quelques lignes issues de la thèse de doctorat de Jacques Roubaud (lui aussi membre du groupe) intitulée « *Morphismes rationnels et algébriques dans les titres d'A-Algèbres discrètes à une dimension* ». Toutefois, au-delà de cette tentative d'utiliser toutes les écritures possibles, y compris les formules mathématiques, il est plus intéressant de chercher les contraintes combinatoires que Perec s'est imposées.

La plus fascinante provient sûrement de la façon dont le récit fait visiter l'immeuble : on démarre dans la cage d'escalier au troisième étage, puis on change de pièce à chaque chapitre d'une manière qui peut sembler aléatoire. Or, ce cheminement s'éclaire lorsque l'on essaie de le dessiner sur un plan de l'immeuble privé de sa façade : les dix étages (du sous-sol au huitième) et le découpage en pièces permettent d'identifier l'immeuble à un damier de taille 10 × 10 ; sur un tel plan, le récit évolue par déplacements successifs, à la manière d'un cavalier aux échecs. Virtuosité suprême, Perec s'arrange pour que l'on passe par toutes les cases une seule fois.

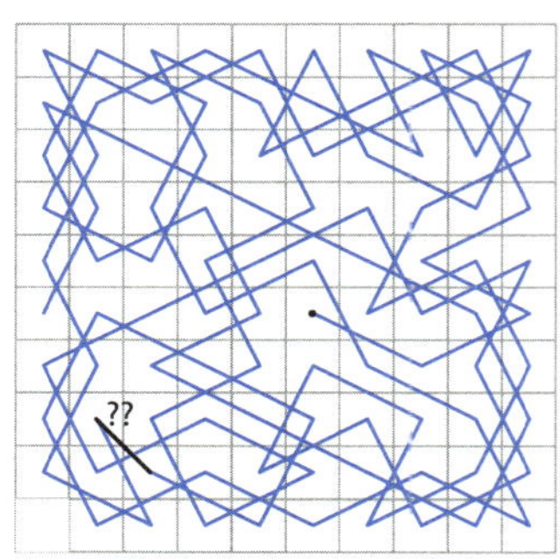

Est-il bien possible de produire un tel parcours ? Dans le cas d'un échiquier ordinaire, de taille 8 × 8, le problème est connu et résolu depuis longtemps. Au milieu du XVIIIe siècle, confronté à ce qui est alors une curiosité de salon, Léonard Euler en donne une étude sous l'intrigant titre « *Solution d'une question curieuse qui ne paroit soumise à aucune analyse* » ; il montre alors qu'un tel mouvement est bien réalisable…

Perec connaissait ces travaux, mais en choisissant un damier plus grand pour son immeuble, il a dû construire sa propre solution (qui, de son propre aveu, a été obtenue par tâtonnements). Ultime pied-de-nez, il s'est permis d'enlever une case dans le parcours qu'il avait patiemment construit, la pièce sous l'entrée de service : le roman contient ainsi quatre-vingt-dix-neuf chapitres, et non cent !

24 JUIN

LA THÉORIE DE LA TERRE SANS LUNE

Le 24 juin 1991, le magazine *People* fait sa une sur l'actrice Geena Davis à l'occasion de la sortie du film *Thelma et Louise* ; dans ce numéro, c'est pourtant un tout autre article qui retient mon attention : quelques paragraphes consacrés à Alexander Abian, professeur à l'Université d'Iowa State âgé de soixante-huit ans, et à son désir de faire exploser la Lune à coups de bombes atomiques. Si Abian a une carrière académique bien remplie (trois livres, deux-cents-quarante articles de recherche et des dizaines de cours universitaires), sa discipline est les mathématiques – et le magazine s'amuse à ridiculiser sa théorie d'une Terre sans Lune.

Sans le vouloir, Abian devient le prototype du mathématicien qui sort de son domaine d'expertise, en se persuadant, par ses succès obtenus dans sa discipline, de sa supériorité intellectuelle. Il n'est pas le seul à se fourvoyer ainsi : on trouve aujourd'hui de tels spécimens de mathématiciens, faisant la promotion du climatoscepticisme ou d'aberrantes mesures de santé publique pendant une pandémie.

Pour la théorie de la Terre sans Lune, Abian argumente que la Lune est physiquement responsable des plus grandes marées, qu'elle impacte le mouvement de l'axe terrestre et les phénomènes saisonniers. Il propose donc de la faire exploser pour se libérer de cette contrainte et éliminer les saisons, avec les évènements météorologiques extrêmes qui les accompagnent (ainsi les vagues de chaleur, tempêtes, ouragans…).

Cette piste est pourtant doublement impossible : d'une part, on ne dispose heureusement pas de l'arsenal suffisant pour faire exploser notre satellite naturel ; d'autre part, les spécialistes du domaine, notamment l'astronome Jacques Laskar, ont rigoureusement établi que, loin de stabiliser le mouvement de l'axe terrestre, l'absence de la Lune rendrait son mouvement complètement chaotique ! L'idée d'Abian, qui pouvait au premier abord être tentante, est réduite à un amas de balivernes par les démonstrations et calculs mathématiques. La « théorie de la Terre sans Lune » montre donc, en donnant raison aux méthodes de Laskar contre Abian, qu'il ne faut pas croire sur parole les mathématiciens… mais qu'on peut toujours croire les mathématiques !

25 JUIN

LES IMAGES DE LA BARONNE

Quel est le point commun entre le retable de l'Agneau mystique dans la cathédrale Saint-Bavon de Gand et le standard informatique ISO / CEI 15444-1, dit JPEG2000, pour les images numériques ? Les deux doivent beaucoup de leur superbe actuelle aux travaux d'une mathématicienne belge naturalisée américaine, la baronne Ingrid Daubechies, née en 1954.

Daubechies entre dans la recherche par les sciences physiques : son doctorat comme ses premiers articles concernent la mécanique quantique. Dans les années 1980, sa carrière connaît pourtant un virage : elle découvre les travaux du mathématicien Yves Meyer, de l'ingénieur géophysicien Jean Morlet et du physicien Alexandre Grossman ; ces trois scientifiques ont mis au point la théorie des ondelettes, un moyen théorique de décomposer un signal.

Comme un son s'écrit comme somme d'harmoniques, (la fonction le représentant peut être obtenue en sommant des fonctions sinus), un signal peut se décomposer avec d'autres fonctions mathématiques et offrir sous cette forme davantage de possibilités opératoires. Comme le raconte Daubechies :

> *« À l'époque, la recette d'Yves [Meyer] était un petit miracle car beaucoup la pensaient impossible. Nous étions éblouis mais pas satisfaits. En maths, on cherche toujours à comprendre ces choses magiques. »*

L'apport de Daubechies est éclatant : elle parvient à concevoir effectivement des fonctions plus adaptées à ce formalisme ; les décompositions qui convenaient, mais dont on ne pouvait savoir pourquoi elles étaient commodes, deviennent complètement exploitables – la découverte se change en une révolution. Les « ondelettes de Daubechies » permettent ainsi de diviser les images et d'en extraire les différentes informations, voire de ne garder que celles qui sont essentielles ; cela permet un nouveau modèle de compression des images numériques et donc de nouveaux standards comme le JPEG2000. C'est en référence à cette application que, lorsque le roi Albert II anoblit la mathématicienne, celle-ci choisit la devise *divide ut compresse* : le célèbre « diviser pour régner » devient « diviser pour compresser » et porte haut son travail.

Ces travaux rendent Daubechies célèbre : elle devient la première femme professeure à Princeton, la première présidente de l'Union mathématique internationale ; le *New York Times Magazine* la pose en « Marraine des images numériques ». Elle ne s'arrête toutefois pas là et décide d'appliquer ses compétences pour aider les projets de restauration de peintures anciennes : c'est ainsi que, plus de cinq-cents ans après qu'il a été peint par les frères van Eyck, le retable de Gand bénéficie des imageries spectroscopiques et de l'analyse en ondelettes de Daubechies pour retrouver sa fraîcheur originelle.

26 JUIN

LE PORTRAIT SANS LUCA PACIOLI

Dans un palais sur les hauteurs de Naples, le Museo e Real Bosco di Capodimonte abrite un portrait humaniste du XVe siècle représentant le moine et mathématicien Luca Pacioli ; le franciscain y détaille une démonstration pour son élève, le jeune duc d'Urbino, qui se tient derrière lui. Quelques objets disposés devant eux permettent d'identifier précisément le sujet du cours : la huitième proposition du Livre XIII des *Éléments d'Euclide* sur les diagonales d'un pentagone régulier. Comment s'y est-on pris pour le deviner ?

- En bas à droite, on trouve le livre *Summa de Arithmetica, geometria, proportioni et proportionalità*, écrit par Pacioli en 1494. Il s'agit d'un traité à visée pédagogique écrit en italien (plutôt qu'en latin) ; ici, il est utilisé pour sa quatrième partie sur la géométrie. (La troisième, consacrée à la comptabilité dite en partie double, vaut à Pacioli la réputation de « père de la comptabilité ».)
- Un dodécaèdre (solide à douze faces pentagonales) en bois est posé sur le livre ; un autre solide en cristal, le rhombicuboctaèdre (solide à vingt-six faces : huit triangulaires et dix-huit carrées), est suspendu en haut à gauche, à moitié rempli d'eau… ces deux images rappellent les illustrations qu'a faites Léonard de Vinci pour le livre *De divina proportione* de Pacioli, publié en 1509.
- Sur la table, on voit une édition latine des *Éléments* d'Euclide et une ardoise où sont tracés un pentagone régulier et deux de ses diagonales. Pacioli pose une main sur le texte d'Euclide et pointe un détail dans la figure avec une baguette tenue dans l'autre main.
- Différents outils de géométrie comme un compas et un rapporteur sont posés en vrac sur la table.

Pour nous, les objets sont plus facilement reconnaissables que les personnages ou le style du peintre : l'attribution à Jacopo de' Barbari est discutée et la présence d'une mouche sur la signature intrigue toujours les spécialistes. En revanche, il est certain que Jean Bertholle n'a pas peint ce tableau ; mais il s'en bien inspiré.

Né le 26 juin 1909, Bertholle a d'abord produit des œuvres abstraites avant de revenir à des représentations « activement figurées » : on peut ainsi voir au musée des Beaux-Arts de Dijon un de ses tableaux, intitulé *La table du géomètre* et peint entre 1983 et 1988, qui reprend le portrait de Pacioli : la composition et les différents éléments énumérés plus haut sont là, mais le maître et l'élève sont remplacés par des formes verticales inertes. Dans la peinture de Bertholle, on se concentre sur l'aspect ésotérique de l'activité mathématique, et on oublie la dimension humaine…

27 JUIN

ILS CONTREDISENT EULER !

Au XVIIIe siècle, le mathématicien bâlois Leonhard Euler démontre un cas particulier du résultat que l'on appelle désormais le grand théorème de Fermat ; plus précisément, il établit qu'il n'existe pas trois entiers strictement positifs a, b et c tels que le cube de a est égal à la somme du cube de b et du cube de c. Il s'agit d'un premier pas vers la démonstration générale (qui ne viendra que deux-cents ans plus tard !) mais Euler y voit autre chose : si l'on veut décomposer le cube d'un entier comme somme d'autres cubes, il faut que cette somme en compte au moins trois.

Si le résultat de Fermat était vrai (Euler ne le sait pas encore, mais nous le savons désormais), on pourrait affirmer également « pour décomposer la puissance quatrième d'un entier comme somme d'autres puissances quatrièmes, il faut que la somme comporte au moins trois termes ». Riche de son expérience des nombres, Euler soupçonne que se cache ici un résultat plus fort et énonce (sans preuve) la conjecture suivante :

> *« Pour tout exposant n au moins égal à 3, une puissance n-ème d'un entier strictement positif ne peut s'écrire comme la somme d'au plus n-1 puissances n-èmes d'entiers positifs. »*

Comme souvent avec les conjectures de théorie des nombres, le résultat proposé par Euler est loin d'être évident ; longtemps, personne n'a su le démontrer, le classant dans la liste des curiosités dont le statut est en suspens mais qui sont accompagnées du prestige de la personne qui les a énoncées en premier : ainsi de la conjecture de Goldbach ou, jusqu'à peu, du théorème de Fermat.

Dans le cas de cette conjecture d'Euler, il y a une bonne raison à l'absence de preuve : le résultat est faux ! Le 27 juin 1966, Leon J. Lander et Thomas R. Parkin publient le contre-exemple suivant pour les puissances cinquièmes $144^5 = 27^5 + 84^5 + 110^5 + 133^5$. Leur travail repose sur une exploration informatique, et ce seul exemple suffit à contredire l'intuition d'Euler. On a depuis obtenu d'autres contre-exemples pour les puissances quatrièmes : $422\,481^4 = 414\,560^4 + 217\,519^4 + 95\,800^4$.

L'histoire ne s'arrête pourtant pas à ce résultat « négatif » : Lander, Parkin et John Selfridge ont mis à jour la conjecture d'Euler. Leur proposition est ainsi : si deux sommes de puissances n-èmes d'entiers strictement positifs sont égales, alors le nombre total de termes dans les deux sommes est au moins égal à n. Le résultat proposé est plus fin que celui d'Euler mais, à ce jour, il n'a été ni infirmé, ni démontré.

28 JUIN

PROFESSEURE KOVALEVSKAIA

La mathématicienne Sofia Kovalevskaia n'a vécu que quarante-et-un, de 1850 à 1891 ; et pourtant, il est difficile de résumer une vie si densément remplie. Faut-il mentionner sa jeunesse russe et sa formation « à la maison » ? son mariage blanc pour pouvoir émigrer et étudier à l'étranger, en espérant y trouver des conditions plus propices ? Au contraire faut-il se limiter aux habituels repères académiques ? Je suis tenté de suivre cette dernière piste, mais pour une femme du XIXe siècle, rien ne va de soi : chaque étape d'une carrière s'obtient de haute lutte !

D'abord, la thèse : pour Kovalevskaia, c'est en 1874 à Berlin sous la direction de Karl Weierstrass. Écrite après avoir suivi les cours du maître à son domicile (car l'université n'est pas accessible aux femmes), elle l'obtiendra sans soutenance... mais en rédigeant trois mémoires, chacun ayant pu suffire pour une thèse : « *Sur la théorie des équations aux dérivées partielles* » (il contient l'énoncé du théorème maintenant dit de Cauchy-Kovalevskaia qui montre que ces équations admettent, sous certaines contraintes, une unique fonction solution), « *Sur la réduction d'une certaine classe d'intégrales abéliennes à des intégrales elliptiques* » et « *Ajouts et observations sur les recherches de Laplace concernant la forme des anneaux de Saturne* ».

Ensuite le poste universitaire : en 1883, après avoir prouvé ses mérites et en étant soutenue par des collègues bien établis, Kovalevskaia reçoit une proposition pour devenir *privat docent* à l'Université de Stockholm : un poste d'enseignante précaire et sans salaire ! Un an plus tard, c'est la consécration : en juin 1884, elle devient officiellement professeure « extraordinaire », un statut intermédiaire dans l'échelle des postes universitaires. C'est déjà une première pour une femme, mais il ne faudra rien de moins qu'un mémoire admirable sur le mouvement d'un solide en rotation autour d'un point, son étude par une toupie très spéciale qu'elle conçut, et enfin le prix Bordin de l'Académie des sciences de Paris – rien de moins que ces trois grands travaux, donc, pour qu'elle puisse devenir professeur de plein exercice ! Le célèbre dramaturge suédois August Strindberg commente à son sujet :

> *« Une femme professeure est un phénomène pernicieux et désagréable – voire, pourrait-on dire, une monstruosité. »*

Qu'importent les grincheux, Kovalevskaia est au faîte de sa productivité mathématique comme de la reconnaissance institutionnelle ! Malheureusement, elle ne peut en profiter longtemps : une pneumonie mal soignée l'emporte deux ans plus tard...

JE LE VOIS MAIS NE LE CROIS PAS

Lorsque Georg Cantor et Richard Dedekind, deux mathématiciens allemands, se rencontrent fortuitement en 1872 dans la ville suisse d'Interlaken, ils ne se doutent pas qu'ils vont donner naissance à l'une des correspondances scientifiques les plus fascinantes de l'histoire. Leurs préoccupations communes sur ce que nous appelons désormais la théorie des ensembles et les fondations des mathématiques vont amener chacun à solliciter l'aide, le soutien et les commentaires de l'autre.

Lire cette correspondance, publiée en français en 1937 par Jean Cavaillès et Emmy Noether (dont nous reprenons la traduction), c'est embarquer dans une aventure avec des affirmations fougueuses et parfois non étayées, des réserves prudentes, des doutes profonds qui alternent avec des joies immenses. Le point culminant est sûrement dans cette lettre du 29 juin 1877, quand Cantor cherche nerveusement l'approbation de son aîné pour ce qui apparaît comme l'une des premières manipulations correctes d'ensembles infinis. Il a déjà écrit une carte le 23 puis une très longue lettre le 25. Le 29, il n'y tient plus :

> *« Veuillez excuser mon zèle pour cette affaire, si je fais appel tellement souvent à votre bonté et à votre peine ; ce que je vous ai communiqué tout récemment est pour moi-même si inattendu, si nouveau, que je ne pourrai pour ainsi dire pas arriver à une certaine tranquillité d'esprit avant que je n'aie reçu, très honoré ami, votre jugement sur son exactitude. Tant que vous ne m'aurez pas approuvé, je ne puis que dire : Je le vois, mais je ne le crois pas. »*

Il faut dire que la découverte de Cantor est sensationnelle : en simplifiant, il a établi qu'un carré ou qu'un cube contient autant de points qu'un segment ; en version originale, cela donne « une multiplicité continue à e dimensions peut être mise en correspondance univoque avec une multiplicité continue à une dimension ». Ce résultat éminemment contre-intuitif le perturbe et il cherche la sérénité dans l'avis de son collègue. Celui-ci ne tardera pas : la réponse du 2 juillet commence par

> *« J'ai examiné encore une fois votre démonstration, et n'y ai pas trouvé de lacune ; je suis convaincu que votre intéressant théorème est exact et je vous en félicite. »*

Ça va tout de suite un peu mieux avec l'aide d'un ami !

30 JUIN

GRETE ET KLARA

Klara Löbenstein et Margarete « Grete » Kahn sont deux mathématiciennes allemandes mais, plus encore, deux amies ayant parcouru avec brio une route semée d'embûches ; nées en 1880 et en 1883 respectivement, leurs trajectoires sont à bien des égards parallèles. C'est d'abord les mêmes entraves : comme dans l'Allemagne de l'époque, les filles n'ont pas accès au même enseignement que les garçons, elles entreprennent des études primaires féminines et des cours à domicile pour les compléter, puis obtiennent l'autorisation exceptionnelle de pouvoir se présenter à l'*Abitur*, l'équivalent du baccalauréat. Ensuite, en tant qu'étudiantes « invitées », elles peuvent assister à quelques cours universitaires ; c'est à ce moment qu'elles se rencontrent et deviennent proches.

Au fur et à mesure de leurs progressions académiques contrariées, l'idée de préparer une thèse fait son chemin et elles rejoignent ensemble Göttingen, où se trouve l'une des universités les plus ouvertes d'Allemagne pour les jeunes femmes, puisqu'elle accueille déjà depuis plusieurs années des étudiantes étrangères. Elles préparent toutes deux une thèse sous la direction de David Hilbert, sur des sujets proches mais en obtenant des résultats complémentaires ; elles déposent leurs manuscrits le même jour. Hilbert dit de l'un d'eux :

> *« La méthode, dont j'ai communiqué l'idée à Mademoiselle Kahn, est maintenant élaborée dans le présent travail avec un haut niveau de conscience, de diligence et de précision. »*

et de l'autre :

> *« Cette preuve difficile est tout à fait rigoureuse, élaborée avec perspicacité et diligence, et je suis convaincu qu'elle sera accueillie avec un grand intérêt par les spécialistes de ce sujet car ce théorème présente le premier fait profond et difficile dans le domaine de la topologie des courbes. »*

Quelques professeurs revêches tentent vainement d'empêcher la soutenance, sous le prétexte fallacieux que les deux jeunes femmes ont soumis exactement le même CV (ce qui, reconnaissons-le, est maladroit) et que, par ce geste, elles insulteraient toute la Faculté ! Elles peuvent passer (et réussir) l'ultime examen simultanément le 30 juin 1909 (l'une passant devant l'examinateur de mathématiques puis de physique, l'autre dans l'ordre inverse) et deviennent docteures.

Ensuite, elles poursuivent des carrières d'enseignantes dans le secondaire, jusqu'à être exclues par les infâmes lois sur le statut des juifs. La fin appartient à l'histoire plus qu'aux mathématiques : Grete s'éteint en déportation, Klara en exil…

JUILLET

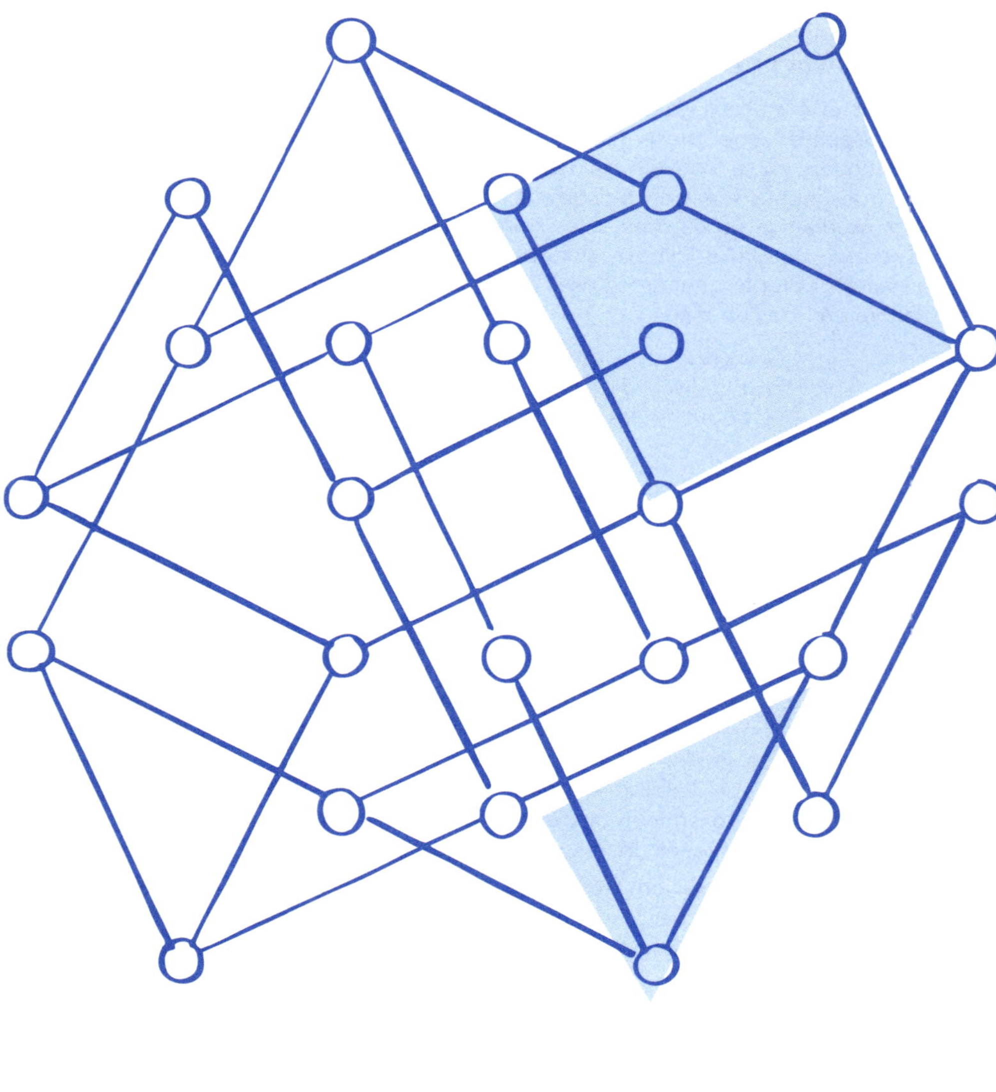

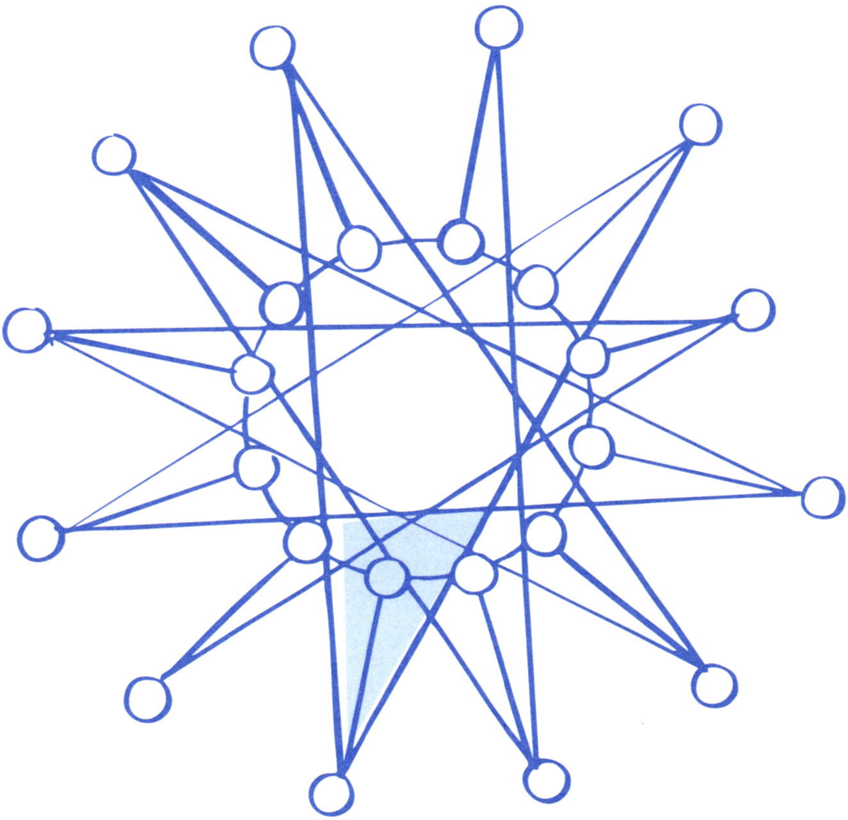

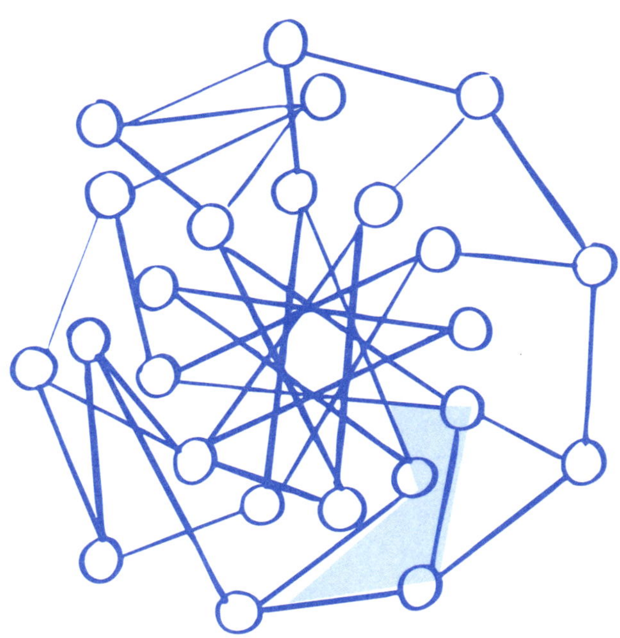

1ER JUILLET

LA MÈRE DES POLYTOPES

En 1914, l'université de Groningue fête son tricentenaire avec plusieurs semaines de festivités : le point culminant de l'événement est la cérémonie de remise des doctorats *honoris causa* à la reine Wilhelmine des Pays-Bas et à quelques éminents professeurs étrangers.

La Britannique Alicia Boole Stott apparaît sur la liste des récipiendaires, mais elle n'est pas présente le 1er juillet. Son absence demeure un mystère : elle a bien reçu l'invitation officielle envoyée le 20 avril et, comme les rares femmes de l'époque à pouvoir recevoir ce genre d'honneur, elle n'a sûrement pas été choquée par l'adresse imprimée au masculin, ce *Viro Illustrissimo* (« très illustre Monsieur ») biffée et corrigée à la main en *Feminae Illustrissimae*. Peut-être était-elle davantage gênée par son statut de femme au foyer, loin du monde universitaire qui voulait l'honorer ?

Il faut dire que Boole Stott n'a pas un destin ni une carrière ordinaires. Elle naît dans une famille de mathématiciens : son père George est un logicien de renom, et sa mère Mary Everest, autodidacte en mathématiques, est une didacticienne à qui l'on doit notamment le livre *Philosophy and Fun of Algebra*. La mort de son père alors qu'elle n'a que quatre ans et les difficultés d'accès à l'enseignement supérieur pour les femmes font qu'elle ne suit pas de véritables cours de mathématiques et ne va pas à l'université. En revanche, avec les activités éducatives de sa mère, elle développe peu à peu une familiarité avec la géométrie, puis une aptitude singulière à comprendre et visualiser les objets en dimension 4.

Boole Stott découvre alors qu'avec cette dimension supplémentaire, il n'y a pas seulement cinq polyèdres réguliers, comme c'est le cas dans l'espace (ceux-là sont les solides de Platon, dont toutes les faces sont des polygones aux côtés de même longueur) : elle y trouve six objets analogues à ceux que l'on connaît, pour lesquels elle forge le mot « polytopes ». Dans son coin, elle poursuit ses recherches et construit des modèles en carton de coupes tridimensionnelles de ces nouveaux objets, (comme avec ceux, dans l'espace, que l'on étudie par coupes dans le plan).

Mariée à un actuaire et mère de deux enfants, elle finit par rencontrer le géomètre néerlandais Pieter Schoute, qui, impressionné, la convainc de publier des articles de recherche, puis collabore avec elle. Ce singulier compagnonnage entre un mathématicien établi et une femme au foyer, et les publications qui en découlent, conduisent le successeur de Schoute à demander qu'elle reçoive le doctorat *honoris causa* : Boole Stott obtient ainsi le plus grand honneur d'une carrière universitaire, alors même qu'elle n'a jamais pu appartenir à une faculté.

2 JUILLET

RECHERCHES À L'OFLAG XVII A

Peu de temps avant la Seconde Guerre mondiale, la petite commune d'Edelbach, en Autriche, est vidée de ses habitants afin d'y construire un camp militaire ; et pourtant, le 2 juillet 1940, c'est une nouvelle université scientifique qui y apparaît, sans remplacer le premier projet.

Ce paradoxe tient à ce que le camp que l'on a construit est un lieu de détention pour les officiers prisonniers de guerre, un *Oflag* (abréviation du mot *Offizierslager*) ; des universitaires, mobilisés dans l'armée française, s'y retrouvent emprisonnés et décident de reprendre, malgré la précarité des conditions de vie, leurs activités de recherche et d'enseignement. Aussi surprenant que cela puisse paraître aujourd'hui, on a donc donné et suivi des cours dans les baraquements de l'Oflag XVII A ; certains détenus vont même jusqu'à passer des examens et obtenir des diplômes de cette université éphémère, diplômes qui seront officiellement reconnus après la Libération. Parmi les disciplines enseignées, les mathématiques, bien sûr !

Jean Leray, jeune et brillant professeur de mathématiques à l'université de Nancy, fait partie des prisonniers ; il structure cette initiative et la gère, au point d'apparaître comme le recteur de cette « université ». Une grande question le taraude toutefois : avant la mobilisation, son domaine d'expertise était l'étude théorique des phénomènes de mécanique des fluides ; or ce champ disciplinaire apparaît stratégique pour les activités militaires... Est-il pertinent de continuer à développer ces travaux dans un camp de prisonniers en territoire ennemi ?

Leray tranche rapidement et opère une réorientation thématique de ses recherches : désormais, pour ses travaux comme pour ses cours, il se concentre sur la topologie, domaine (en apparence) moins directement applicable au conflit militaire. Il travaille si bien qu'il peut soumettre ses premiers résultats dès le printemps 1942 :

> *« Le Cours de Topologie que je professe à l'Université de captivité de l'Oflag XVII A expose une théorie des équations, des transformations et des homéomorphies qui s'applique directement à tout espace topologique [...] La présente Note résume les notions qui sont à la base de mon Cours ; je crois que celles d'intersection de complexes et de couverture sont originales, mais je ne peux m'en assurer. »*

La réserve est formulée brièvement, mais cette introduction à sa première note pour les *Comptes rendus* de l'Académie des sciences de Paris témoigne bien des difficultés de Leray : malgré le soutien bibliographique de l'Académie et la tolérance des autorités allemandes, il est bien difficile dans un camp de se tenir au courant des avancées de la recherche.

3 JUILLET

JESSE DOUGLAS

Le 3 juillet 1897 naît à New York Jesse Douglas ; s'il est désormais un peu oublié dans l'histoire des mathématiques, il a tout de même relevé un défi de la physique aux mathématiques, le « problème de Plateau ». Celui-ci, ancien et célèbre, a connu divers énoncés, mais, au début du XXe siècle, on sait le reformuler en une question claire : étant donné une courbe fermée dans l'espace tridimensionnel (l'espace ambiant dans lequel on vit), existe-t-il une surface d'aire minimale dont le bord est cette courbe ?

Physiquement, il s'agit du problème du film de savon : quand vous plongez une boucle en fil métallique dans un seau d'eau savonneuse et que vous la sortez délicatement, une surface qui s'appuie sur votre boucle apparaît ; les lois de la physique indiquent qu'à l'équilibre, les forces de tension font de celle-ci une surface d'aire minimale. Le spectacle est magique et intrigue : que se passe-t-il si l'on part d'une courbe plus compliquée qu'une boucle ?

Dès le milieu du XVIIIe siècle, Joseph-Louis Lagrange s'est intéressé à la question ; près de cent ans plus tard, le physicien belge Joseph Plateau l'a retournée dans tous les sens pour comprendre la difficulté du problème, et son nom est resté attaché à la question d'existence de la surface minimale, sans qu'il ait su y répondre. Ainsi, le résultat était en suspens jusqu'en 1931, lorsque Jesse Douglas présente une solution « générale » : il y décrit comment s'assurer du résultat en passant par la minimisation d'une quantité désormais appelée « intégrale de Douglas ».

Ces premiers travaux, qui seront complétés par trois autres articles en 1939, le rendent célèbre ; lors du Congrès international des mathématiciens de 1936 à Oslo, on décide de lui décerner l'une des deux premières médailles Fields de l'Histoire (concomitamment au Finlandais Lars Ahlfors, pour des travaux en analyse complexe). Trois petites anecdotes accompagnent cette récompense :

– Douglas est le seul lauréat de la médaille Fields né au XIXe siècle ; Ahlfors est né en 1907. Les médailles suivantes seront remises, après une interruption due à la guerre, à des mathématiciens nés en 1915 et 1917.

– Lorsque, dans les années 1960, on décide de fixer une limite d'âge pour les lauréats afin d'être plus fidèle au testament de Charles Fields (qui avait instauré le prix), on choisit le nombre « rond » au-dessus de tous les âges des lauréats passés : les trente-neuf ans de Douglas imposent la limite à quarante ans.

– Enfin, Douglas n'a pas reçu sa médaille en mains propres ; fatigué, il a décidé de ne pas se rendre à la cérémonie, et c'est le mathématicien Norbert Wiener qui la récupère pour lui !

4 JUILLET

EULER SUR LES TRACES DE SAINT PIERRE

Voici une devinette à saveur mathématique que l'on racontait dans les salons au XVIIIe siècle : saint Pierre est sur un bateau avec quinze chrétiens et quinze païens ; une tempête survient, et la seule solution pour sauver l'embarcation consiste à jeter quinze personnes par-dessus bord. L'apôtre dispose alors les trente passagers en cercle et les énumère : toutes les neuf personnes, on en jette une à la mer. Qui restera à bord ?

Pour mieux comprendre, numérotons les gens de 1 à 30 dans l'ordre des aiguilles d'une montre, le 1 étant la première personne énumérée par saint Pierre : le premier éliminé est le n° 9, puis vient le n° 18, puis le n° 27. Ensuite, on continue le compte en revenant à 1 après 30, et on trouve que le prochain éliminé correspond au n° 6. En continuant le calcul, on passe au-delà de la position 9 sans la compter (car la personne correspondante est déjà dans les flots), et on trouve que l'éliminé suivant est en position 16… On poursuit ainsi de suite.

On raconte que saint Pierre a initialement disposé 4 chrétiens, puis 5 païens, 2 chrétiens, 1 païen, 3 chrétiens, 1 païen, 1 chrétien, 2 païens, 2 chrétiens, 3 païens, 1 chrétien, 2 païens, 2 chrétiens, 1 païen – de sorte qu'après la quinzième élimination, il ne reste que les 15 chrétiens à bord du bateau.

L'histoire est belle, et on lui a même ajouté un moyen mnémotechnique, une phrase où les voyelles indiquent les effectifs successifs dans la disposition de Saint-Pierre ($a = 1$, $e = 2$, $i = 3$, $o = 4$ et $u = 5$), étant entendu qu'on commence par un groupe de chrétiens :

> *« Mort, tu ne failliras pas*
> *En me livrant le trépas. »*

Leonhard Euler a tout de suite été intrigué pour cette histoire et a cherché à en déterminer les ressorts calculatoires en faisant varier le nombre n de passagers (ici, 30) et la période p de l'élimination (ici, 9). Si on poursuit le processus d'élimination comme saint Pierre, le dernier survivant est le passager au n° 21 : pouvait-on le prévoir dès le départ ? Est-ce qu'une formule nous l'aurait donné directement en fonction de n et p ?

Le 4 juillet 1771, Euler présente le résultat de ses expérimentations à l'Académie de Saint-Pétersbourg, soit quelques curieuses propriétés, mais ne parvient pas à obtenir un résultat général. Si aujourd'hui on sait programmer facilement le problème, on n'est pas beaucoup plus avancé qu'Euler pour l'étude générale…

5 JUILLET

PAR AMOUR DE L'ÉTUDE

La contribution de Sir Thomas Gresham (1519-1579) aux mathématiques est quasi inexistante : sa vie professionnelle est essentiellement consacrée au commerce international (entre l'Angleterre et les Pays-Bas) et à la finance, au service des monarques Édouard VI, Marie Ire, puis Élisabeth Ire. Il y a donc a priori peu de raisons de le voir figurer dans notre almanach.

Son testament rédigé le 5 juillet 1575 nous offre toutefois un autre regard sur le personnage : l'homme lègue une partie de sa fortune pour établir un établissement d'enseignement supérieur à Londres. Le Gresham College, finalement fondé en 1597, devient ainsi le premier du genre dans la capitale ; conformément aux volontés du donateur, il accueille sept professeurs ; ceux-ci enseignent l'astronomie, le droit, la géométrie, la médecine, la musique, la rhétorique et la théologie – des disciplines s'inscrivant dans le cursus traditionnel médiéval, avec une part non négligeable de mathématiques.

Si le Collège de France, fondé au même siècle à Paris, avait pour but de « compléter » les enseignements de l'Université, le Gresham College ambitionne quant à lui de s'adresser à un autre public et de former gratuitement les marchands, les marins, et plus généralement tous les hommes qui n'ont pas accès aux enseignements académiques. Cette mission très spécifique et cette historicité font de l'institution un ferment de nombreuses évolutions dans le monde intellectuel britannique : on raconte par exemple que c'est en marge d'un cours qui s'y tenait que la Royal Society, équivalent britannique de l'Académie des sciences, prend corps.

En ce qui concerne les mathématiques, le Gresham a toujours accueilli (et accueille encore) des professeurs prestigieux dont les cours sont recherchés. Depuis les années 1980, on note toutefois une inflexion donnant un nouvel élan au projet initial : la vulgarisation mathématique s'est fait une place remarquée, et de grands spécialistes anglo-saxons de la diffusion des savoirs à un large public ont pu s'y exprimer : par exemple, Alex Bellos, Sarah Hart, Marcus du Sautoy, Ian Stewart, Tadashi Tokieda ou Christopher Zeeman. Avec la captation et la diffusion sur Internet de leurs conférences, un public toujours plus nombreux peut apprécier la devise « *For the Love of Learning* » qui prévaut dans cet établissement londonien atypique.

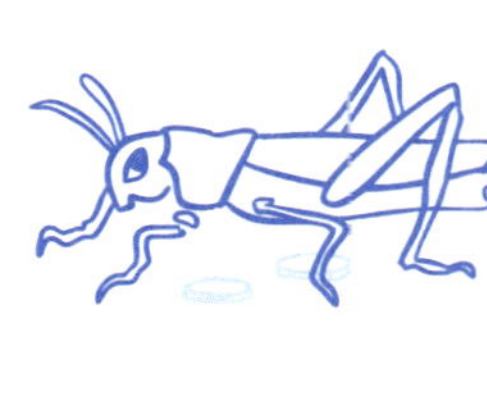

6 JUILLET

DE LA MONTAGNE DU ROI

Johann Müller est un important mathématicien du XVe siècle. On le connaît aujourd'hui sous le pseudonyme de Regiomontanus, mais, dans les catalogues des bibliothèques, vous pouvez aussi le trouver sous d'autres noms : Johannes de Monte Regio, Johannes de Regiomonte ou Jean de Montroyal. La proximité de ces différents patronymes s'explique aisément si l'on rappelle que Müller est né près de Königsberg, une ville de Bavière : il s'est contenté de traduire assez grossièrement le nom de cette ville dans les langues où il souhaitait écrire.

S'il commence ses études à Vienne, on le trouve tour à tour auprès de l'empereur du Saint-Empire Maximilien Ier, du pape Paul II ou du cardinal Basilius Bessarion, éminent érudit byzantin pour qui il commente l'*Almageste* de Ptolémée. S'inspirant d'études antiques et de travaux issus du monde arabe, Regiomontanus produit l'un des premiers livres occidentaux de trigonométrie, avec deux chapitres sur les triangles dans le plan, trois sur les triangles sur la sphère, et des tables permettant les calculs des sinus. Son intention est de fournir un outil pour l'astronomie :

> *« Vous qui souhaitez étudier de grandes et merveilleuses choses, qui vous questionnez à propos du mouvement des étoiles, vous devriez lire ces théorèmes à propos des triangles. Cette connaissance vous ouvrira les portes de l'astronomie. »*

En plus de ce travail théorique, il pratique l'observation astronomique, avec notamment la description complète d'une comète en 1472. Fort reconnu pour son expertise mathématique, il est rappelé à Rome en 1475 par le (sulfureux) pape Sixte IV, afin de travailler sur la réforme du calendrier ; toutefois, cette mission n'aboutit pas, car Regiomontanus meurt subitement à quarante ans, le 6 juillet 1476, dans des circonstances non élucidées : victime de l'épidémie de peste ou empoisonné par un rival dans les sphères intellectuelles ?

On risque de ne jamais avoir le fin mot de l'histoire, mais une rumeur persistante a attribué son décès à un fils de Georges de Trébizonde, philosophe humaniste, dont les thèses avaient été publiquement contredites par Regiomontanus. La controverse se réglait quelquefois dans le sang, au XVe siècle.

7 JUILLET

LE SORCIER DE SCHENECTADY

Le 7 juillet 1936, on inaugure le tableau de Raoul Dufy intitulé *La Fée Électricité*. Commandée pour l'Exposition universelle de 1937 à Paris, cette peinture en impose de par ses dimensions : haute de 10 m et large de 60 m, elle présente cent huit savants ayant contribué à la compréhension des phénomènes électriques.

Lorsque l'on regarde cette œuvre aujourd'hui, dans une salle dédiée au musée d'Art moderne de Paris, on s'amuse à comprendre les choix de l'artiste et à imaginer sa phase de recherche documentaire. Certains personnages sont facilement reconnaissables (la peinture est légendée), mais l'un d'eux est tout à fait impossible à identifier, le mathématicien Charles Proteus Steinmetz. Dufy l'a représenté debout et de haute stature, alors que Steinmetz est frappé de nanisme et de dysplasie de la hanche, ce qui lui confère une taille et une posture peu cohérentes avec la peinture.

On dirait que Dufy s'est peu renseigné sur Steinmetz, et pourtant il y a tant à dire : on lui attribue, entre autres, une analyse des courants alternatifs et une compréhension mathématique du phénomène d'hystérésis (comportement d'un composant électronique réagissant de différentes façons à l'intensité du courant qui le traverse : il dispose d'un seuil haut d'activation et d'un seuil bas de désactivation). Ces propriétés, découvertes par lui, sont importantes pour le développement de l'industrie de l'électricité.

En géométrie, ce savant a considéré des solides, aujourd'hui dits « de Steinmetz » : par exemple, l'intersection de deux cylindres de même rayon R et d'axes perpendiculaires, qui fournit un solide apparaissant comme un disque lorsqu'on le regarde depuis l'axe d'un des cylindres, et comme un carré si on le fait ensuite tourner de 90°. Steinmetz a calculé le volume de ce solide et trouvé $16R^3/3$; pour l'intersection de trois cylindres de même rayon R et d'axes deux à deux perpendiculaires, (c'est-à-dire un solide avec 12 faces en forme de quadrilatères incurvés), c'est à peine plus compliqué : $8(2 - \sqrt{2})R^3$.

S'il y a beaucoup à dire sur les activités scientifiques de Steinmetz, sa vie personnelle est tout aussi romanesque : après avoir fui sa Prusse natale, où il était inquiété pour ses activités socialistes, il s'installe aux États-Unis à Schenectady (dans l'État de New York) et se donne un deuxième prénom en référence à un personnage de l'*Odyssée* capable de métamorphose. Surnommé le sorcier de Schenectady, il vit dans une grande maison/laboratoire avec la famille de son assistant, qu'il a adopté : pour Steinmetz, qui a longtemps rêvé d'en fonder une (sans jamais le faire, de peur que ses malformations soient congénitales), c'est la source de nombreuses joies. Dufy aurait pu faire quelques efforts pour le représenter plus justement, non ?

8 JUILLET

UNE FABLE MATHÉMATIQUE

Baptisé le 8 juillet 1621 à Château-Thierry, Jean de la Fontaine aura su puiser l'inspiration de tous côtés pour composer des fables élégantes aux moralités frappantes, n'épargnant ni les quidams ni les plus hautes autorités du Grand Siècle.

Si son éducation, ses études de droit à Paris et ses premières lectures sont bien documentées, les biographes ne disent rien d'un éventuel intérêt pour les sciences mathématiques. Il y a pourtant tant de moyens d'utiliser l'algèbre pour critiquer le pouvoir ou la politique fiscale du Roi-Soleil ! Pour s'en convaincre, lisons la fable intitulée « Le Lion, la Hyène et le Loup » :

« Trois animaux chassaient ensemble
Et, un soir, ils se partageaient
Les chairs, les peaux, les muscles, les cœurs et les râbles.
La Hyène et le Loup discutèrent,
Cela pour moi, cela pour toi,
Et ce beau morceau pour le Roi.
Justement dit le Lion, je prends d'abord ma part :
La moitié me revient et je la mets à part,
Un tiers aussi puisque nous sommes trois,
Et enfin un sixième pour « bon plaisir » du Roi.
Partagez-vous amis, tout ce qui reste ici !
Ainsi font les états, ils gardent tout pour eux,
Au mépris des fractions et de tous les matheux. »

Je vous laisse additionner les fractions... Comme l'esquisse la chute, La Fontaine n'a pas écrit ce texte, dû à André Deledicq, mathématicien contemporain et fondateur du jeu-concours Kangourou. La seule fable authentique qui s'approche de ce pastiche est *La Génisse, la Chèvre et la Brebis, en société avec le Lion* (sixième fable du Livre I), où le partage se limite aux quarts d'un cerf tué, que le Lion s'attribue tour à tour. Il faut croire que, pour se tailler la part du lion, La Fontaine ne voulait utiliser qu'une seule fraction !

9 JUILLET

LE PLUS DUR PROBLÈME ?

Les Olympiades internationales de mathématiques sont une compétition pour lycéens au format bien rodé : deux épreuves de quatre heures trente, chacune comportant trois exercices dont la résolution exige à la fois (relativement) peu de connaissances et beaucoup d'idées. Les énoncés apparaissent abordables, mais les solutions sont loin d'être immédiates.

Le plus célèbre de ces problèmes est indéniablement le sixième exercice donné lors des 29es Olympiades, dont voici l'énoncé :

> *« Soit a et b des entiers positifs tels que $ab + 1$ divise $a^2 + b^2$. Montrer que le quotient est le carré d'un entier. »*

Testons cette affirmation sur de petites valeurs : les entiers $a = 8$ et $b = 2$ correspondent à l'hypothèse ($ab + 1 = 17$ divise bien $a^2 + b^2 = 68$), et la conclusion pour ces valeurs est vraie : le quotient est $4 = 2^2$. Toutefois, le problème n'est pas de prouver la véracité de l'énoncé pour a et b bien choisis, mais pour tous les entiers qui satisfont l'hypothèse.

On raconte qu'aucun des six membres du comité d'organisation n'est parvenu à résoudre cet exercice en temps limité ; et sur les deux cent soixante-huit jeunes compétiteurs qui planchent le 9 juillet 1988, seuls onze vont trouver la solution complète. Parmi eux, on trouve le Soviétique Sergueï Ivanov (légende des Olympiades, avec trois médailles d'or en trois ans), le Vietnamien Ngô Bảo Châu (qui recevra la médaille Fields en 2010 pour des mathématiques autrement plus élaborées), la Bulgare Zvezdelina Stankova ou encore Nicuşor Dan, devenu président de la Roumanie en mai 2025.

Essayons de donner sommairement l'idée d'une solution « accessible ». On suppose initialement qu'il existe au moins une solution de l'équation $a^2 + b^2 = k(1 + ab)$ avec des entiers a, b et un entier k non carré. On peut choisir cette solution de sorte que k soit le plus petit possible, puis, une fois k fixé minimal, de sorte que la somme $a + b$ soit petite et que $a \geq b$. On montre alors qu'en remplaçant a par $kb - a$, on obtient une nouvelle solution plus petite que la précédente (en exploitant que k n'est pas un carré), ce qui contredit la minimalité de la solution choisie et indique que l'hypothèse initiale (une solution avec k non carré) est impossible.

Le point le plus intéressant avec cet exercice n'est pas sa difficulté ou la façon exagérément mythologique dont certains le racontent, mais plutôt la trace laissée dans les préparations des différents pays : la méthode de résolution ci-dessus, popularisée sous le nom de « saut de Viète », a été enseignée pour augmenter la créativité mathématique des futurs candidats. Un exercice n'est pas intéressant parce qu'il est difficile, mais parce qu'il est riche !

10 JUILLET

LES TROIS MOUSQUETAIRES ÉTAIENT QUATRE

Le 10 juillet 1981 s'achève au Centre international de rencontres mathématiques (à Marseille) le colloque intitulé « *Analyse et topologie sur les espaces singuliers* » ; si, l'année suivante, la Société mathématique de France publie trois volumes qui reprennent les actes de ce congrès, le premier ne contient qu'un seul article vite devenu célèbre, intitulé « *Faisceaux pervers* »...

Le titre est mystérieux, et il est quasiment impossible de donner une idée de son contenu en quelques lignes (voire pages) pour des non-spécialistes. Soulignons que, même pour les auteurs, le titre est discutable, puisqu'ils précisent après quatre pages d'introduction :

> *« Les faisceaux pervers n'étant ni des faisceaux, ni pervers, la terminologie requiert une explication. »*

Ils indiquent même que :

> *« Le mot "pervers" n'enchante pas certains d'entre nous. »*

Si l'on exclut ces quelques commentaires, les cent soixante-dix pages de l'article sont de grande technicité et ne semblent pas s'adresser à une vaste audience. Cette appréciation est toutefois contredite par le succès et la fécondité de ce travail ; fait exceptionnel, ce long article aura même droit à une réédition en 2018 avec l'ajout d'une liste d'errata, de compléments bibliographiques, d'un court appendice... et d'un nouvel auteur !

Dans la première version, l'article est en effet signé Alexander Beilinson, Joseph Bernstein et Pierre Deligne ; dans la nouvelle, on trouve également Ofer Gabber (en dernière position, comme le veut l'ordre alphabétique). Il ne s'agit pas d'une entourloupe pour gonfler la bibliographie d'un collègue (qui n'en a d'ailleurs pas besoin) mais d'une rectification près de quarante ans plus tard : en effet, dès 1982, la contribution de Gabber était reconnue et ses scrupules étalés au grand jour, puisqu'il est écrit dans l'introduction :

> *« Il avait d'abord été prévu que O. Gabber soit coauteur du présent article. Il a préféré s'en abstenir, pour ne pas être coresponsable des erreurs ou imprécisions qui s'y trouvent. Il n'en est pas moins responsable de bien des idées que nous exploitons, et le lecteur lui est redevable de nombreuses critiques qui, nous l'espérons, ont permis d'améliorer le manuscrit. »*

Reste à savoir si c'est la liste d'errata qui a convaincu Gabber de finalement signer cet article !

LA MAGIE DU PÈRE FONDATEUR

Benjamin Franklin a marqué de manière indélébile l'histoire états-unienne comme « père fondateur » de la nation, diplomate en Europe, président de Pennsylvanie ou corédacteur de la Déclaration d'indépendance. En bon intellectuel du siècle des Lumières, il a tâté de tous les sujets de la connaissance, passant de la littérature à la science : on lui doit aussi bien un almanach à succès que l'invention du paratonnerre.

Il n'est donc pas surprenant de trouver dans sa correspondance de nombreuses allusions à des mathématiques que l'on appellerait aujourd'hui récréatives. Dans les pages de juillet 1768 du *Gentleman's Magazine* figure un exemple frappant de cet intérêt : le carré magique suivant de taille 16 × 16, composé par Franklin lui-même.

200	217	232	249	8	25	40	57	72	89	104	121	136	153	168	185
58	39	26	7	250	231	218	199	186	167	154	135	122	103	90	71
198	219	230	251	6	27	38	59	70	91	102	123	134	155	166	187
60	37	28	5	252	229	220	197	188	165	156	133	124	101	92	69
201	216	233	248	9	24	41	56	73	88	105	120	137	152	169	184
55	42	23	10	247	234	215	202	183	170	151	138	119	106	87	74
203	214	235	246	11	22	43	54	75	86	107	118	139	150	171	182
53	44	21	12	245	236	213	204	181	172	149	140	117	108	85	76
205	212	237	244	13	20	45	52	77	84	109	116	141	148	173	180
51	46	19	14	243	238	211	206	179	174	147	142	115	110	83	78
207	210	239	242	15	18	47	50	79	82	111	114	143	146	175	178
49	48	17	16	241	240	209	208	177	176	145	144	113	112	81	80
196	221	228	253	4	29	36	61	68	93	100	125	132	157	164	189
62	35	30	3	254	227	222	195	190	163	158	131	126	99	94	67
194	223	226	255	2	31	34	63	66	95	98	127	130	159	162	191
64	33	32	1	256	225	224	193	192	161	160	129	128	97	96	65

On peut vérifier la propriété de carré magique : la somme sur chaque ligne ou sur chaque colonne vaut toujours 2 056 ; plus stupéfiant encore, la somme sur tout carré de taille 4 × 4 extrait de ce grand carré vaut aussi 2 056. Fier de sa trouvaille, Franklin indiquait qu'il s'agissait du « *carré magique le plus magique de tous les carrés magiques* » !

12 JUILLET

WALD ET LES SURVIVANTS

En juillet 1980, on republie les quatre-vingt-neuf pages des mémorandums d'Abraham Wald, des documents initialement écrits et publiés pendant la Seconde Guerre mondiale pour le Statistical Research Group, un ensemble de chercheurs qui participaient à l'effort de guerre pour l'armée américaine. Intitulés « *Méthode d'estimation de la vulnérabilité des avions basée sur les dommages subis par les survivants* », ils répondent à une question pratique : en observant les impacts sur le fuselage des avions revenant de missions opérationnelles, peut-on en déduire une meilleure façon de les protéger pour de futures expéditions ?

Le travail de Wald est pour le moins technique ; il développe des modèles statistiques et en dérive les équations satisfaites par les probabilités qu'un avion soit abattu en fonction du nombre de fois où il a été touché. Toutefois, si cette étude est indéniablement théorique, elle a des applications directes pour les militaires américains et est immédiatement exploitée ; elle se révélera aussi utile lors des guerres en Corée ou au Vietnam.

Pour comprendre sa pertinence, revenons aux avions : on observe de nombreux impacts sur les ailes et très peu sur le moteur : la conclusion naïve consiste donc à vouloir davantage blinder les ailes, puisque c'est là qu'il y a beaucoup d'impacts. Ce que propose Wald est diamétralement opposé : il faut blinder les moteurs au détriment des ailes !

Sans se plonger dans ses calculs, on peut suivre son raisonnement : les impacts sur les ailes sont peu importants, puisque, même touchés plusieurs fois à cet endroit, les avions parviennent à rentrer ; en revanche, les impacts au moteur sont fatals, puisqu'on en observe peu sur les engins qui reviennent des zones de combat : il faut donc protéger les moteurs. Notre intuition est trompée par les données qui ne concernent que les avions saufs, et pas ceux qui se sont écrasés : c'est ce qu'on appelle le biais du survivant.

Même sans faire de mathématiques, on est souvent confronté à ce biais lorsqu'un reportage raconte le succès d'une start-up (omettant les banqueroutes d'entreprises à profil proche) ou la réussite d'un influenceur sur les réseaux (en oubliant celles et ceux qui ne cumulent pas des millions de vues) ; les travaux de Wald doivent nous alerter sur nos erreurs de compréhension et peuvent servir d'introduction pour développer un regard critique vis-à-vis des médias.

13 JUILLET

PRÉCURSEUR DES SUCCESSEURS D'EUCLIDE

Parmi les textes qui nous sont parvenus de l'Antiquité grecque, les *Éléments* d'Euclide apparaissent indéniablement modernes, aussi bien dans le propos que dans la forme ; ils ont été abondamment lus et commentés. Euclide y a rassemblé les connaissances mathématiques et géométriques de son temps et les a présentées en distinguant les « postulats » (ou vérités élémentaires) des propositions (ou propriétés démontrées) : il semble en effet difficile de remettre en cause un postulat comme *« un segment de droite peut être prolongé indéfiniment en une ligne droite »*.

Il n'en est pas tout à fait de même du cinquième postulat de son ouvrage, dont une formulation est « *en un point extérieur à une ligne droite, il passe toujours une unique ligne droite qui lui est parallèle* » : celui-ci ne pourrait-il pas être déduit des autres ? Ne rentrerait-il pas en contradiction avec eux ? Voilà des questions qui émergent petit à petit, quand on s'interroge sur l'édifice déductif d'Euclide.

En 1832, le Hongrois János Bolyai publie, en annexe d'un livre de son père, l'analyse d'une géométrie non euclidienne, c'est-à-dire sans le cinquième postulat : dans son exemple, par un point passent une infinité de parallèles à une droite donnée. Même si Bolyai l'ignore, il a été précédé par le Russe Nikolaï Ivanovitch Lobatchevski, qui a publié en 1829 à Kazan une autre construction ; Gauss avait lui aussi obtenu des résultats en ce sens, mais il n'a jamais cru nécessaire de les publier. La publication de Lobatchevski, en russe, restant confidentielle, ce n'est qu'en 1837 que le monde découvre ces résultats, à la publication que Bolyai fait en français de sa *Géométrie imaginaire*.

En ce XIXe siècle, on n'a donc de cesse d'« inventer » des géométries non euclidiennes : ce mouvement suscite une recherche historiographique, et l'on redécouvre un ouvrage tombé dans l'oubli, *Euclides ab omni naevo vindicatus* (« Euclide lavé de toute tache »). Dans ce texte, qui a obtenu l'imprimatur de l'Église catholique le 13 juillet 1733, le prêtre jésuite Giovanni Girolamo Saccheri s'essaie lui aussi à comprendre la nature du cinquième postulat et précède Lobatchevski dans sa démarche... sans toutefois avoir l'audace de conclure en fournissant une construction complète de géométrie non euclidienne. Saccheri demeure ainsi à jamais un précurseur, mais pas un découvreur.

14 JUILLET

AU CŒUR DE LA RÉVOLUTION FRANÇAISE

Si vous visitez Versailles, faites un détour par la salle du Jeu de paume : en juin 1789, les députés du tiers état s'y sont réunis pour constater la situation de blocage politique des états généraux et promettre de doter la France d'une Constitution écrite. Aujourd'hui convertie en musée de la Révolution, cette ancienne salle de sport abrite notamment une peinture représentant les députés prêtant serment (d'après le dessin de David) et une statue de Jean-Sylvain Bailly, qui présidait ce groupe (il y est représenté le bras levé, comme au centre de la peinture).

En revanche, on dit assez peu de choses dans ce musée de ce personnage politique, dont la première vie est celle d'un intellectuel du siècle des Lumières qui a acquis la célébrité par les mathématiques. Alors que sa famille est bien introduite dans le monde artistique, Bailly finit par étudier les mathématiques en général, et celles appliquées à l'astronomie en particulier ; ses premiers mémoires lui apportent la reconnaissance et un siège à l'Académie des sciences à seulement vingt-sept ans ! Il poursuit alors ses travaux et publie une monumentale et très littéraire *Histoire de l'Astronomie* ; les reconnaissances se multiplient, et il intègre tour à tour l'Académie des sciences morales et politiques, puis l'Académie française.

Bailly est donc un scientifique reconnu pour ses multiples talents quand la Révolution arrive ; il devient député de Paris et président des députés du tiers état. Toutefois, son engagement politique ne s'arrête pas avec le serment du Jeu de paume : le 14 juillet 1789, l'insurrection populaire prend d'assaut la prison de la Bastille ; à quelques centaines de mètres de là, un autre épisode historique se produit, avec l'assassinat de Jacques de Flesselles, prévôt des marchands et, de ce fait, administrateur de Paris. Il faut alors trouver une personnalité capable de gérer la ville, et on se tourne vers Bailly, qui devient ainsi le premier maire de Paris !

Maire, il le restera deux ans, connaissant une fin de carrière marquée par une impopularité croissante : jugé trop conservateur et accusé d'avoir fait tirer sur les manifestants du Champ-de-Mars en juillet 1791, Bailly est arrêté, condamné par le Tribunal révolutionnaire, puis guillotiné. À ce jour, il demeure le seul maire de Paris mathématicien.

15 JUILLET

NOMBRES DE LYCHREL

Prenez un nombre, écrivez celui qu'on obtient en lisant les chiffres de droite à gauche, puis additionnez ces deux quantités : cette simple procédure peut vous donner des questions mathématiques intéressantes. Par exemple, si vous partez du nombre 120, vous obtenez 120 + 021 = 141, soit un nombre palindrome (lire 141 depuis la gauche ou depuis la droite ne change pas le nombre). En revanche, si vous êtes parti de 37, vous avez obtenu 37 + 73 = 110, qui n'est pas un palindrome !

Avant de laisser libre cours à votre déception, recommencez la procédure : 110 + 011 = 121 est un palindrome ! Vous pouvez recommencer avec 89 pour constater que le nombre d'applications de la procédure peut être très grand avant d'en obtenir un. Est-ce que l'on finit toujours par y parvenir en itérant ces calculs ? La question n'est pas résolue à ce jour, et ce n'est pas faute de personnes s'étant lancées dans cette quête ; vous pouvez essayer à votre tour en testant des nombres au hasard, en codant un programme de vérification ou, de manière plus ambitieuse encore, en cherchant une preuve.

Les amateurs qui se sont lancés à corps perdu dans ces recherches ont baptisé « nombres de Lychrel » les éventuels nombres pour lesquels on ne pourrait jamais tomber sur un palindrome. Personne ne sait s'ils existent, mais, pour certains nombres, aucun des calculs menés jusqu'à présent n'a pu aboutir : le plus petit candidat au statut de nombre de Lychrel est 196 (et le 15 juillet est, sauf année bissextile, le 196e jour de l'année) : après plus d'un milliard d'applications de la procédure, il n'a toujours pas livré de palindrome.

Pour parvenir à ces résultats, il n'y a pas d'astuce de calcul (on parle de recherche par force brute, ou recherche exhaustive), juste une excellente gestion de ressources informatiques. Si, au lieu d'écrire les nombres en base 10 comme on en a l'habitude, on passe en binaire, il devient facile de trouver des nombres de Lychrel, et le plus petit est 10110.

Au fait, pourquoi Lychrel ? D'après l'un des premiers à définir ce problème, il s'agit d'un mot qui était inutilisé, construit à partir du prénom de sa petite amie (Cheryl) : un peu d'amour dans un monde de calcul et de force brute !

16 JUILLET

LE MOINE ET SON RÉSEAU

Lorsque l'on s'intéresse aux mathématiques du XVIIe siècle, un nom revient souvent : Marin Mersenne. Ce religieux français de l'ordre des Minimes est le centre d'un réseau d'échanges de plus d'une centaine de correspondants scientifiques, comme René Descartes, Pierre de Fermat, Christian Huygens, Blaise Pascal ou encore Gilles Personne de Roberval : il transmet les derniers résultats, propose de nouvelles questions, mais entretient aussi polémiques, controverses et rivalités.

Mersenne finit même par créer une « académie », l'*Academia Parisiensis*, qui anime la vie mathématique parisienne entre 1635 et 1648. Ce rôle d'intermédiaire favorisant les échanges est extrêmement moderne, et c'est ce qui justifie que son nom soit aujourd'hui donné à une plate-forme qui promeut la diffusion de publications scientifiques en libre accès. Toutefois, il serait réducteur de limiter notre moine à son seul rôle épistolaire : son activité scientifique comprend également des traductions de savants antiques et des travaux originaux en acoustique, en mécanique et en arithmétique. C'est dans ce dernier domaine que l'on a le mieux conservé son nom : les nombres de Mersenne sont les nombres premiers de la forme $2^n - 1$.

Il n'est pas facile de trouver les exposants n qui font de $2^n - 1$ un nombre premier : les premières valeurs, connues bien avant le XVIIe siècle, sont 2, 3, 5, 7, 13, 17, 31... Au paragraphe XIX de son *Cogitata physico-mathematica* (1644), Mersenne dresse une liste plus longue, mais malheureusement erronée : il y met des entiers qui ne devraient pas y figurer et en oublie d'autres qui devraient y être ! Avant de se lancer dans les sarcasmes, on peut remarquer que dans un ouvrage ultérieur, *Novarum observationum physico-mathematicarum* (1647), se trouve une liste corrigée – et que, aujourd'hui encore, trouver de nouveaux nombres de Mersenne est un difficile enjeu de recherche.

À côté de toutes ces réussites, il y a toutefois quelques points sombres dans la biographie de notre moine : entre le 16 juillet 1611, où il entre chez les Minimes, et sa première publication scientifique, il a fait paraître plusieurs textes faisant preuve d'une grande intolérance. Dans son opuscule *L'Impiété des déistes, athées et libertins de ce temps*, il condamne très vivement la « méchanceté » et les « erreurs » du médecin et mathématicien Jérôme Cardan, n'hésitant pas à demander le bûcher pour punir ce qu'il juge être des errements théologiques !

17 JUILLET

LE COCHON JAUNE RÉVÉLÉ

En ouvrant le livre *Calculus* du mathématicien Mickael Spivak, on trouve une étrange dédicace : « *Dedicated to the memory of Y. P.* ». Les lettres Y. P. ne désignent ni la chanteuse Yvonne Printemps, ni le skipper Yves Parlier, ni le mathématicien Yuval Peres, ni un quelconque humain sur la planète ! Ce livre d'introduction à l'analyse est plutôt dédié au Yellow Pig, ou cochon jaune dans la langue de Molière.

Par ailleurs, si l'on regarde les couvertures de la série de livres du même auteur *A Comprehensive Introduction to Differential Geometry*, on aperçoit le détail d'une queue en tire-bouchon jaune, qui dépasse tantôt d'une mare, tantôt d'un schéma mathématique. L'index précise d'ailleurs que le Yellow Pig est mentionné en page 314… mais cette page ne donne aucune information.

Une rapide recherche sur Internet indique que, dans une université américaine, le Hampshire College, se tient depuis cinquante ans une école d'été de mathématiques pour étudiants, ponctuée d'un événement convivial le 17 juillet à la gloire du Yellow Pig ; l'organisateur de cette école d'été est le mathématicien David C. Kelly. Ces deux faits ne sont pas entièrement indépendants : Kelly et Spivak sont deux mathématiciens de la même génération, qui se sont croisés sur les bancs de l'université Princeton au début des années 1960. Alors jeunes étudiants, ils s'émerveillent devant les nombreuses propriétés arithmétiques ou géométriques du nombre premier 17 et commencent à imaginer une mystique autour de celui-ci ; puis, l'ivresse aidant, ils inventent une sorte de divinité associée au nombre 17 : un cochon jaune (et non un éléphant rose) à dix-sept orteils, dix-sept dents et même dix-sept cils…

À l'époque des blagues potaches, cet animal mythologique fournit le prétexte à des fêtes étudiantes et donne l'occasion de faire des mathématiques plus ludiques. Il faut croire que cette période les a marqués, puisque, pendant plusieurs décennies, l'un et l'autre ont discrètement entretenu ce culte à travers leurs livres et leurs enseignements !

18 JUILLET

L'IDENTITÉ DE SOPHIE GERMAIN

Lors des Olympiades internationales de juillet 1969 en Roumanie, les candidats ont dû plancher sur six exercices dont le suivant :

« Montrer qu'il existe une infinité d'entiers a tels que le nombre $n^4 + a$ ne soit premier pour aucun entier n. »

Pour un néophyte, cet exercice n'est pas facile. En revanche, avec l'habitude, on peut facilement voir qu'en prenant les entiers a de la forme $4k^4$ avec k un entier supérieur à 2, le nombre $n^4 + a$ n'est pas premier, puisqu'il s'écrit comme le produit des deux nombres $n^2 + 2k^2 + 2kn$ et $n^2 + 2k^2 - 2kn$ (et que ces deux nombres sont strictement supérieurs à 1).

Vous remarquez que cette solution rapide et élégante repose sur la connaissance de la factorisation de $n^4 + 4k^4$, résultat qui appartient au folklore des préparations de compétitions mathématiques sous le nom d'« identité de Sophie Germain ». Ce résultat n'est le point crucial d'aucune publication de la géniale mathématicienne parisienne, mais on le trouve comme outil dans plusieurs passages de ses manuscrits ; par exemple, on peut lire le raisonnement suivant sur les nombres de la forme $p^4 + 4$: si l'on sait depuis Pierre de Fermat que de tels nombres, s'ils étaient premiers, s'écriraient de manière unique comme somme de deux carrés, Sophie Germain peut aller plus loin et conclure :

> *« Aucun nombre de la forme $p^4 + 4$ excepté 5 n'est un nombre premier, car $p^4 + 4 = (p^2 - 2)^2 + 4p^2$ et par conséquent ces nombres sont de plusieurs manières la somme de deux carrés. »*

Il est difficile de savoir si Sophie Germain est effectivement la première à exploiter cette factorisation, mais l'historien des mathématiques Leonard Eugene Dickson est le premier à l'évoquer sous le nom d'« identité de Sophie Germain », dans son monumental ouvrage *History of the Theory of Numbers* publié en 1920. Cette potentielle erreur d'attribution rend hommage au travail de la mathématicienne pris dans son ensemble, et compense maladroitement le fait que, d'ordinaire, on prête peu de résultats aux femmes qui font des mathématiques... Inconsciemment, cette appellation rappelle aussi que, pour contrer les préjugés sexistes de son époque, Sophie Germain a dû communiquer avec différents savants sous un nom d'emprunt masculin, c'est-à-dire sous une autre « identité ».

L'HISTORIENNE ET LE MEUNIER

J'ai longtemps enseigné le théorème de Green, un élégant résultat qui relie le flux d'une quantité circulant le long d'un contour et une intégrale sur la surface délimitée par ce contour ; dans un cours de mathématiques de premier cycle, on s'en sert pour calculer des aires, mais il appartient à toute une famille de résultats essentiels pour les sciences physiques.

Jusque récemment, je croyais pourtant que George Green (1793-1841) était l'un des nombreux physiciens britanniques du XIXe siècle, purs produits de l'université de Cambridge (comme Kelvin, Maxwell, Thomson...), jusqu'à croiser les travaux de Mary Cannell, née le 19 juillet 1913. Celle-ci a mené une carrière d'enseignante – d'abord dans le secondaire, puis en premier cycle universitaire ; mais, une fois la retraite venue, elle s'est imposée comme historienne des sciences, et surtout comme la grande spécialiste de Green. Habitant à Nottingham, elle choisit de s'intéresser à ce scientifique qui y vécut, un savant mondialement connu, certes, mais dont la vie était entourée de mystère.

Sa première publication est un modeste livret intitulé *George Green : Miller and Mathematician* (« George Green, meunier et mathématicien »), bientôt complété en une monographie plus complète mais au titre moins dépaysant, *George Green : Mathematician and Physicist*. Cannell y restitue une trajectoire atypique : d'abord, Green est autodidacte et n'a pas vraiment eu d'éducation formelle ; jusqu'à la mort de son père en 1829, il travaille comme meunier, et les sciences ne sont qu'un loisir mené avec le soutien d'une bibliothèque locale...

C'est à cette période qu'il écrit son *Essai sur l'application de l'analyse mathématique aux théories de l'électricité et du magnétisme*, vendu sur souscription à cinquante et une personnes (principalement ses proches) ; dans celui-ci, on trouve le théorème cité plus haut, mais aussi ce qu'on appelle depuis les « fonctions de Green », dont l'utilité dépasse l'électromagnétisme et permet de modéliser de nombreux phénomènes physiques. Avec la relative aisance que lui procure l'héritage, il décide de quitter le moulin et de reprendre ses études à quarante ans en rejoignant l'université de Cambridge ; sept ans plus tard, malade, il revient à Nottingham, où il s'éteint rapidement.

En somme : une vie brève et atypique, des concepts et théorèmes développés alors qu'il travaillait comme meunier et reconnus seulement après sa mort... Merci, Mary Cannell, de m'avoir permis de raconter cette histoire à mes étudiants.

20 JUILLET

NOM D'UN CRATÈRE !

Le 20 juillet 1969, le module *Eagle*, avec à son bord Neil Armstrong et Buzz Aldrin, se pose sur la Lune. Plus précisément, il alunit sur la mer de la Tranquillité, à proximité d'un petit cratère de 190 m de diamètre auquel on n'avait pas encore attribué de nom. Comme celui-ci se trouve à l'ouest du vaisseau (quand on regarde depuis la Terre), il ne tardera pas à être appelé le « cratère Ouest », d'abord officieusement, puis officiellement à partir de 1973.

Les cratères extraterrestres portent souvent des noms de célébrités, notamment des astronomes ou des scientifiques ayant contribué aux études spatiales. La mission Apollo 11 aurait pu se retrouver à proximité d'un cratère Gauss, Hilbert, Levi-Civita, Thalès ou Ulugh Beg, pour ne citer que quelques exemples parmi les dizaines de mathématiciens honorés sur la Lune – et cela aurait été un beau message pour les jeunes qui se destinent aux études scientifiques. En parcourant la liste des 1 649 cratères ayant officiellement un nom reconnu par l'Union astronomique internationale, on constate à la fois une grande diversité des nationalités représentées… et la petite minorité que forment les femmes.

Reprenant la liste, j'ai repéré quelques cratères aux noms de mathématiciennes, dont deux célébrées dans le film *Les Figures de l'ombre* pour leur rôle important dans le programme Apollo : Easley et Vaughan. Les positions sont en coordonnées sélénographiques et le diamètre en kilomètres :

	LATITUDE	LONGITUDE	DIAMÈTRE (km)
ANNIE JEAN EASLEY	−23,69	87,97	9
HYPATIE	−4,25	22,58	38,82
SOFIA KOVALEVSKAÏA	30,86	−129,44	113,71
NICOLE-REINE LEPAUTE	−33,30	-33,69	16,36
MARYAM MIRZAKHANI	−17,47	85,20	5
EMMY NOETHER	66,35	−114,18	64,8
MARY FAIRFAX SOMERVILLE	−8,33	64,96	17,08
DOROTHY VAUGHAN	−41,41	−171,85	3

À cette moisson assez maigre, on peut ajouter des cratères vénusiens ; l'Union astronomique internationale ayant décidé de ne donner que des noms de femmes à ces derniers, quelques mathématiciennes qui n'étaient pas honorées sur la Lune se font une petite place :

	LATITUDE	LONGITUDE	DIAMÈTRE (km)
MARIA AGNESI	39,4°S	37,7°E	42,4
LAURA BASSI	19°S	64,6°E	31
ÉMILIE DU CHÂTELET	21,5°N	165°E	18,5
SOPHIE GERMAIN	37,9°S	63,7°E	35,5
ELENA CORNARO PISCOPIA	1,5°N	169,1°O	26,2
WÁNG ZHĒNYÍ	13,2°N	142,2°O	23,4

Honnêtement, à ce rythme-là, il va falloir beaucoup d'autres satellites et planètes pour couvrir l'apport des femmes aux mathématiques !

21 JUILLET

CHEZ LES BELGES

La révolution belge de 1830 s'achève le 21 juillet 1831 lorsque le roi Léopold prête serment sur la Constitution, faisant de la Belgique un pays indépendant sous un régime de monarchie parlementaire ; c'est assez naturellement que ce jour s'est imposé en 1890 comme la fête nationale de cet État.

Si le pays n'existe de manière autonome que depuis le XIXe siècle, les habitants de la région n'ont pas attendu cette date pour se faire connaître en mathématiques ; citons en vrac Simon Stevin, précurseur de l'écriture décimale, ou Gérard Mercator, qui a exploité les mathématiques pour la cartographie ; puis, après 1831, Adolphe Quetelet, qui a utilisé les statistiques pour l'analyse démographique, Eugène Catalan et Charles-Jean de La Vallée Poussin, qui ont laissé leur nom en théorie des nombres, ou bien encore Pierre-François Verhulst, qui a modélisé mathématiquement l'évolution de populations animales. Plus récemment, on peut citer Jacques Tits, Pierre Deligne, Jean Bourgain ou Ingrid Daubechies, qui ont valu au plat pays de nombreuses récompenses internationales.

Il existe même un « théorème belge », que l'on doit à un mathématicien moins connu, Germinal Dandelin, au début du XIXe siècle. Pour comprendre ce résultat, il est nécessaire de savoir ce que sont les ellipses, ces courbes planes dont la forme évoque un cercle « étiré ». La façon historique d'en obtenir une est de partir d'un cône tenu bien droit (en pratique, un cornet de frites ou de glace) et de le couper par un plan qui n'est pas horizontal ; l'intersection du plan de coupe et du cône donne la figure recherchée.

Une autre définition provient de la construction dite du jardinier : on part de deux points, appelés foyers, dans une pelouse où l'on plante des piquets ; on accroche les deux extrémités d'une longue corde à ceux-ci, puis l'on cherche tous les points de la pelouse tels que, entre les deux piquets et ce point, la corde soit bien tendue.

Le théorème belge énonce que ces deux définitions donnent bien les mêmes courbes ; il explicite même comment retrouver les foyers à partir de la première construction : partant d'un cône et d'un plan de coupe, on considère deux sphères tangentes au cône et au plan, un peu comme deux boules de glace dans le cornet – l'une en dessous du plan de coupe, l'autre au-dessus ; alors, les points de contact de ces boules avec le plan sont les foyers de l'ellipse. Pas facile à comprendre sans manipuler soi-même cône, plan et boules ; ça irait peut-être mieux en dégustant une glace sur les plages d'Ostende ou de La Panne !

22 JUILLET

JOUR DE L'APPROXIMATION DE π

Depuis 1761 et les travaux du Mulhousien Jean-Henri Lambert, on sait que la constante π ne peut être obtenue comme quotient de deux entiers : il s'agit d'un nombre irrationnel, comme $\sqrt{2}$ ou e. En revanche, on peut l'approcher arbitrairement près par de tels quotients, faciles à manipuler pour les calculs.

L'idée est plus ancienne que Lambert, et l'on trouve dès l'Antiquité des approximations rationnelles de π. La plus célèbre est ainsi 22/7 (qui vaut environ 3,143), et elle sert de prétexte à tous ceux qui veulent célébrer les mathématiques le 22 juillet (jour qui se note 22/7 en écrivant la date dans le format jour, puis mois).

On prête à Archimède l'idée d'approcher le périmètre d'un cercle (qui s'exprime à partir de π) par ceux de deux polygones, l'un intérieur au cercle, l'autre extérieur. Les périmètres de ceux-ci sont en effet calculables à l'aide de la trigonométrie... Archimède aurait ainsi trouvé, en considérant des polygones réguliers à 96 côtés, que π se trouve entre 223/71, approximation par défaut, et 22/7, approximation par excès. D'autres mathématiciens ont eu indépendamment la même idée, comme les Chinois Liu Hui et Zu Chongzhi ou l'Indien Aryabhata, qui ont considéré des polygones à 96, 192, 384 voire 24 576 côtés pour obtenir les approximations 377/120, 355/113 ou 62 832/20 000.

Mais pourquoi choisir des polygones dont le nombre de côtés s'écrit sous la forme d'un produit de 3 par une puissance de 2 ? Pour pouvoir calculer simplement les angles et leurs sinus, donc estimer les périmètres : c'est peut-être contre-intuitif, mais il est plus facile de trouver la longueur des côtés du 96-gone que du 100-gone.

Pour les mathématiciens d'aujourd'hui, la démarche apparaît à la fois géniale et étrange, et on préférerait sûrement adapter l'idée pour gagner en rigueur. En effet, il n'est pas facile de justifier que le périmètre du polygone intérieur est plus petit que celui du cercle, lui-même plus petit que celui du polygone extérieur ; tandis que la croissance de l'aire, d'une figure à celle qui la contient, est quant à elle complètement évidente. Il aurait été a priori plus naturel de dire que l'aire du disque était comprise entre les aires des polygones inscrit et circonscrit... et l'on aurait essentiellement trouvé la même approximation.

23 JUILLET

LE CLUB DES 26

Lorsqu'Amy Winehouse s'éteint, le 23 juillet 2011, certains journalistes rappellent ses inoubliables interprétations de chansons comme « Rehab », « You Know I'm No Good » ou « Back to Black » ; d'autres mentionnent ses troubles psychiques et l'abus d'alcool qui l'ont emportée ; d'autres enfin précisent que, par son décès, elle rejoint le mythique « club des 27 », réunion virtuelle de stars du rock fauchées à vingt-sept ans. Dans ce club, on trouve notamment Brian Jones (des Rolling Stones), Jimi Hendrix, Janis Joplin, Jim Morrison (des Doors), ou Kurt Cobain (de Nirvana) ; il s'agit essentiellement d'un élément de culture populaire, qui participe à la légende du jeune rockeur rebelle mais talentueux dont le destin brisé nous prive de morceaux d'anthologie…

Existe-t-il un analogue dans la communauté mathématique ? Deux éléments semblent s'y opposer. Tout d'abord, il faut souvent du temps pour « percer » en mathématiques : les études universitaires prennent des années difficilement compressibles, et le temps pour obtenir la reconnaissance avec ses recherches est un peu plus long que celui requis pour sortir un album culte. Ensuite, il faut reconnaître que les mathématiques incitent un peu moins que le monde de la musique à la (sur) consommation d'alcool et de drogues, et qu'il y a notablement moins d'overdoses dans les labos que dans les coulisses des salles de concert.

Si, malgré ces prévenances de bon sens, on scrute quand même des listes de biographies, on constate quelques héros des mathématiques foudroyés dans leur jeunesse. Évariste Galois est un peu trop seul parmi les mathématiciens de génie morts à vingt ans pour véritablement former un club ; en cherchant parmi les jeunes « un peu moins jeunes », on remarque un « club des 26 » relativement bien fourni (en nombre comme en talents) :

- *Niels Abel (5 août 1802-6 avril 1829), emporté par une tuberculose contractée à Paris ;*
- *Gustav Roch (9 décembre 1839-27 novembre 1866), lui aussi emporté par la tuberculose ;*
- *René Gâteaux (5 mai 1889-3 octobre 1914), mort au front lors de la Première Guerre mondiale ;*
- *Pavel Urysohn (3 février 1898-17 août 1924), noyé au large de Batz-sur-Mer ;*
- *Frank Ramsey (22 février 1903-19 janvier 1930), mort d'une maladie du foie ;*
- *Raymond E.A.C. Paley (7 janvier 1907-7 avril 1933), emporté par une avalanche au Canada.*

En cherchant bien, on en trouverait peut-être d'autres… mais ces jeunes gens brillants ne doivent pas occulter ceux dont le talent mathématique a mis du temps à s'épanouir.

DE TROTSKY À GÖDEL

En juillet 1938, le poète André Breton se rend à Coyoacán, au Mexique, pour rencontrer le révolutionnaire et intellectuel Léon Trotsky. Lorsqu'il raconte son séjour quelques mois plus tard à un meeting du Parti communiste international, il commence ainsi son récit :

> *« Le lendemain même de mon arrivée, la joie m'attendait de retrouver là-bas le camarade Van que beaucoup d'entre vous connaissent. Tous ceux qui l'ont approché savent les extraordinaires ressources d'intelligence et de sensibilité qui sont les siennes, ont su apprécier la rapidité de son coup d'œil, la lucidité de son jugement, mais sans doute n'ont-ils pas tous eu le loisir de mesurer l'étendue de sa curiosité ni de faire la part chez lui des admirables dons du cœur. »*

Ce si subtil « camarade Van » est en fait le secrétaire particulier et garde du corps de Trotsky, un Français qui répond au nom de Jean van Heijenoort. Son parcours inspire de nombreux textes historiques, politiques ou romanesques : certains préfèrent retenir le détail de sa liaison avec la peintre Frida Kahlo, d'autres sa contribution à la Quatrième Internationale, mais on peut davantage estimer son apport à l'étude des mathématiques.

Van Heijenoort découvre en effet les mouvements communistes alors qu'il est un brillant étudiant en classes préparatoires au lycée Saint-Louis à Paris ; repéré pour sa culture scientifique et littéraire, sa maîtrise de nombreuses langues (dont le russe) et sa forte carrure, il se voit proposer de rejoindre Trotsky à Prinkipo (désormais Büyükada, en Turquie). Pendant sept ans, il suivra le grand révolutionnaire à travers le monde comme son bras droit ; il sera par conséquent l'intermédiaire inévitable pour tous ses visiteurs.

En 1939 (donc peu avant le meurtre de Trotsky, l'année suivante), van Heijenoort change de vie pour partir à New York avec sa deuxième épouse et commencer une thèse de géométrie différentielle. En quelques années, il va s'imposer comme un spécialiste de la logique mathématique et de son histoire, enseigner dans de grandes universités américaines et publier notamment les œuvres complètes des logiciens Jacques Herbrand ou Kurt Gödel. Reconnu pour ses travaux académiques dans cette nouvelle vie, il prend le temps de témoigner de son passé et publie en 1978 le livre *Sept ans auprès de Léon Trotsky*.

Cette destinée romanesque connaît une fin tragique, loin des mathématiques : en 1986, il est assassiné par sa quatrième épouse, dont il était séparé…

25 JUILLET

LA GRANDE CHASSE AU LION

La chasse au lion dans le désert est un sujet qui, en général, ne reçoit pas dans les journaux scientifiques l'attention qu'il mérite ; partant de ce constat, le professeur H. Pétard, de Princeton, rédige en 1938 un article intitulé « *A contribution to the mathematical theory of big game hunting* » qui indique les méthodes mathématiques et physiques exploitables dans ce domaine. Si un lecteur expert peut apprécier la méthode axiomatique à la Hilbert ou la manière dont on peut utiliser un tore pour ficeler le lion, le lecteur néophyte préfère en général la stratégie développée au quatrième paragraphe :

> *« Le désert est coupé en deux par une ligne nord-sud. Le lion se trouve soit dans la partie est, soit dans la partie ouest ; supposons qu'il se trouve dans la partie ouest. Couper cette partie par une ligne allant de l'est à l'ouest. Le lion se trouve soit dans la partie nord, soit dans la partie sud ; supposons qu'il se trouve dans la partie nord. Nous continuons ce processus indéfiniment, en construisant à chaque étape une clôture suffisamment solide autour de la portion choisie. Le diamètre des portions choisies se rapproche de zéro, de sorte que le lion est finalement entouré d'une clôture dont le périmètre est arbitrairement petit. »*

Si vous êtes suffisamment versé en mathématiques, vous reconnaissez là une version imagée de la preuve par dichotomie du théorème de Bolzano-Weierstrass ; sinon, vous comprenez tout de même qu'il s'agit ici d'une parodie, et non d'un guide pour chasseurs.

Le texte est devenu un classique de l'humour mathématique (si tant est que ce domaine existe). L'auteur de cette plaisanterie, H. Pétard, n'existe pas, et son nom est construit à partir d'un vers de Hamlet « *hoist by his own petard* » (que l'on peut traduire par « pris à son propre piège »). Une enquête minutieuse révèle que, derrière ce pseudonyme, se cache le mathématicien E.S. Pondiczery, à qui l'on doit notamment un article de topologie, tout à fait sérieux cette fois, publié dans le journal mathématique de l'université Duke en décembre 1944.

En poussant un peu, on trouve pourtant que E.S. Pondiczery n'existe pas non plus : derrière ce second pseudonyme, on trouve le mathématicien américain Ralph P. Boas (disparu le 25 juillet 1992) et son collègue britannique Frank Smithies ; tous deux sont auteurs de livres sérieux à destination des étudiants en mathématiques… et amateurs de plaisanteries léonines.

26 JUILLET

PREMIÈRE OLYMPIADE

Du 21 au 31 juillet 1959 se tient à Braşov (Roumanie) la première session des Olympiades internationales de mathématiques ; elle rassemble cinquante-huit candidats (dont six femmes) représentant sept pays du bloc de l'Est : Roumanie, Hongrie, Tchécoslovaquie, Bulgarie, Pologne, URSS et RDA. Après deux jours d'épreuves et six exercices, le Tchécoslovaque Bohuslav Diviš se classe premier ; on remarque aussi, au neuvième rang, le Hongrois Béla Bollobás (quinze ans à l'époque), qui deviendra plus tard un spécialiste mondialement reconnu de combinatoire et de graphes aléatoires.

Maintenant que les Olympiades sont devenues un rendez-vous annuel rassemblant les lycéens de plus d'une centaine de pays, on regarde cette première édition avec nostalgie et curiosité. Par exemple le premier exercice était :

> *« Montrer que la fraction $(21 \times n + 4)/(14 \times n + 3)$ est irréductible pour tout entier n. »*

Soyons honnêtes, cet énoncé ne pose aucun problème à un élève d'aujourd'hui entraîné pour les Olympiades. Considérons un diviseur positif d commun au numérateur et au dénominateur ; alors d divise le nombre $3 \times (14 \times n + 3) - 2 \times (21 \times n + 4)$, égal à 1, donc d est égal à 1. Comme le numérateur et le dénominateur n'ont pas de diviseur autre que 1, la fraction ne peut être simplifiée, donc est irréductible.

Il n'est pas surprenant que les exercices d'alors apparaissent plus faciles : aujourd'hui, pour former les équipes nationales, chaque pays sélectionne les élèves avec plusieurs tours d'examen ; ceux qui sont retenus suivent des cours supplémentaires, travaillent les annales sur plusieurs années, apprennent toutes les méthodes « classiques », voire participent à des stages intensifs pendant les vacances scolaires. Avec une telle préparation, les candidats du XXIe siècle sont sûrement plus performants que ceux qui arrivaient à Braşov en 1959, et les exercices qu'on leur propose désormais présentent davantage de défi.

Attention toutefois à ne pas croire que tous les exercices de 1959 étaient immédiats : voici par exemple l'exercice de géométrie de la première session :

> *« Deux plans, P et Q, se coupent le long de la droite p. Le point A est donné dans le plan P, et le point C dans le plan Q ; aucun de ces points ne se trouve sur la droite p. Construire un trapèze isocèle ABCD (avec AB parallèle à CD) dans lequel on peut inscrire un cercle, et dont les sommets B et D se trouvent respectivement dans les plans P et Q. »*

27 JUILLET

TRIGONOMÉTRIE AU PAYS DES MERVEILLES

On apprend très tôt dans les études scientifiques que les abréviations *sin*, *cos* et *tan* correspondent aux fonctions trigonométriques sinus, cosinus et tangente, et que celles-ci donnent à partir d'un angle des longueurs de segments, construits à partir du point correspondant à cet angle sur un cercle de rayon 1 ; ce sont là les bases de la trigonométrie circulaire par lesquelles tout étudiant doit passer.

En 1861, un enseignant de mathématiques au Christ Church College de l'université d'Oxford, Charles Lutwidge Dodgson, trouve ces notations malcommodes et envisage de les remplacer dans ses cours par des dessins plus explicites. Par exemple, il substitue aux trois lettres de *sin* la moitié supérieure d'un cercle barrée d'un trait vertical pour indiquer que le sinus d'un angle est l'ordonnée du point du cercle correspondant à cet angle, c'est-à-dire la coordonnée de ce point qui se lit sur l'axe vertical. Pour *cos*, on remplace le trait vertical par un trait horizontal ; pour *tan*, par une tangente au cercle... Dodgson poursuit ainsi pour d'autres fonctions trigonométriques moins utilisées de nos jours comme la cotangente, la sécante, la cosécante ou le sinus verse.

Sa brochure *The Formulae of Plane Trigonometry* présente ces innovations, explique leur intérêt et sollicite l'avis, voire les encouragements, d'autres enseignants. À titre personnel, j'apprécie d'identifier l'origine des fonctions par le dessin, mais je redouterais le manque de lisibilité des copies, si mes élèves adoptaient ces symboles !

Je ne suis pas le premier à émettre des réserves. Le 27 juillet 1861, le magazine britannique *Athenaeum* répond assez sévèrement aux interrogations de Dodgson : il réprouve l'introduction de ces symboles dans les cours élémentaires, car ils sont à la fois non conformes à l'usage établi et peu pratiques : en effet, chaque dessin requiert de lever le stylo pour un second trait, alors que les abréviations usuelles ne présentent que « *l'inconvénient du point sur le i [pour sin] et la barre du t [pour tan]* ».

La critique a dû toucher le jeune enseignant, puisque celui-ci a soigneusement découpé la recension de sa brochure dans l'*Athenaeum* pour la placer dans ses cahiers personnels. Il est vraisemblable que cet épisode ait altéré ses envies de renouveler l'enseignement des mathématiques, mais il n'a laissé aucune trace perceptible dans son autre carrière : celle d'écrivain, qu'il a menée sous le pseudonyme de... Lewis Carroll.

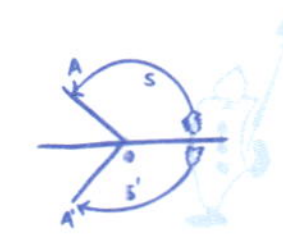

28 JUILLET

INTERPRÉTATION ALÉATOIRE

Même pour les musiciens les plus aguerris, la partition *Klavierstück XI* du compositeur allemand Karlheinz Stockhausen a de quoi déconcerter : présentée sur une unique page de grand format (54 cm de haut et 94 cm de large), elle comporte 19 « cellules » musicales ; l'interprète regarde la feuille et joue la première cellule qu'il voit, puis il en joue une autre, toujours choisie au hasard, et poursuit en respectant deux règles :

- *il ne joue jamais deux fois la même cellule consécutivement ;*
- *il s'arrête dès qu'il rejoue une cellule pour la troisième fois (les autres étant donc jouées au plus deux fois).*

Il y a d'autres subtilités, comme de jouer une cellule avec les indications figurant à la fin de la cellule précédente ; toutefois, la question mathématique n'est pas liée à ces questions d'interprétation, mais consiste plutôt à savoir le nombre de façons d'enchaîner les cellules en respectant les règles du compositeur.

De petits raisonnements montrent qu'une prestation comporte entre 5 et 39 cellules, ni plus ni moins. Les dénombrer toutes est délicat, et plusieurs mathématiciens ont mobilisé des outils savants, comme les séries génératrices et des fonctions symétriques, pour y parvenir ; c'est ainsi que des articles de la mathématicienne Lily Yen et du mathématicien Ronald C. Read ont établi en 1997 que le nombre total de prestations est :

17 423 935 148 332 958 167 310 127 282 862 901 334.

Lors de la première interprétation européenne à Darmstadt, le 28 juillet 1957, le pianiste Paul Jacobs a seulement interprété deux versions... Le public aurait légitimement pu se montrer déçu ! Toutefois, l'écart entre ce qui est réalisable dans un concert de durée raisonnable et le nombre gigantesque de versions possibles interpelle : le compositeur Stockhausen n'a jamais pu entendre toutes ces versions ; il faut donc quelques astuces de composition et une bonne dose de confiance dans son propre génie créatif pour imaginer que toutes ces possibilités sont pertinentes !

29 JUILLET

LA PARTIE INTERROMPUE

Quand est née la théorie des probabilités ? Faut-il chercher la première fois, sûrement dans l'Antiquité, où un individu s'est interrogé en regardant rouler un dé ? Ou doit-on attendre la publication d'une présentation complète des probabilités par Andreï Kolmogorov en 1933, dans le cadre rigoureux de la théorie de la mesure ? Une autre réponse, moins extrême, se trouve dans un traité de Siméon-Denis Poisson publié en 1837 :

> *« Un problème relatif aux jeux de hasard, proposé à un austère janséniste par un homme du monde, a été à l'origine du calcul des probabilités. Il avait pour objet de déterminer la proportion suivant laquelle l'enjeu doit être partagé entre les joueurs, lorsqu'ils conviennent de ne point achever la partie. »*

L'homme du monde cité par Poisson est Antoine Gombaud, appelé improprement chevalier de Méré, et l'austère janséniste est l'illustre Blaise Pascal. Ils n'appartiennent pas aux mêmes sphères de la société et ne partagent sûrement pas beaucoup de centres d'intérêt ; mais voilà que Gombaud, joueur compulsif, s'interroge sur certains faits qu'il observe autour de parties de dés, pour lesquels il consulte le célèbre savant.

Le 29 juillet 1654, dans une lettre à Pierre de Fermat, Pascal explique les questions qui lui sont posées et ses premiers éléments de réponses. Après quelques échanges, les deux mathématiciens tiennent une solution complète et argumentée au problème général dit « des partis », dont voici l'énoncé : deux joueurs s'affrontent à un jeu de hasard, en s'entendant sur le fait que le gagnant sera le premier à emporter n parties ; ils ont misé la même somme, et le vainqueur remportera l'ensemble des deux mises ; malheureusement, la partie est interrompue avant que l'un des joueurs ne gagne. La question est de savoir comment partager équitablement les mises en tenant compte du score au moment où la partie s'arrête.

Dans la lettre du 29 juillet, Pascal examine d'abord le cas particulier de joueurs qui jouent en trois parties gagnantes, qui ont misé 32 pistoles chacun et qui doivent s'interrompre sur le score de 2 à 1 ; il conclut que l'on doit restituer 48 pistoles à celui qui mène et 16 à l'autre. C'est ce moment que choisit Poisson comme acte de naissance des probabilités – oubliant que des géomètres italiens avaient déjà considéré ce problème (sans le résoudre entièrement)… et que Pascal lui-même n'utilise jamais le mot « probabilité » dans ces lettres.

30 JUILLET

LE THÉORÈME DE MARION

En sciences, les contributions féminines ont longtemps été minimisées, voire invisibilisées, à cause de différents biais dans le fonctionnement de la société en général et de la recherche en particulier. Ce phénomène, désormais consciencieusement documenté, est connu sous le nom d'« effet Matilda » depuis les travaux de l'historienne Margaret W. Rossiter, dans les années 1990.

En tant qu'enseignant, et même avec la meilleure volonté du monde, je remarque qu'il est parfois difficile de faire apparaître les travaux des mathématiciennes. Une difficulté provient des appellations fixées pour les théorèmes : on cite le théorème de Machin ou le lemme de Truc, sans se demander s'il ne s'agirait pas, par hasard, de Mme Machin ou Mme Truc. Un exemple résiste pourtant à cette standardisation des noms des énoncés, le « théorème de Marion », dont voici un aperçu (vous pouvez expérimenter de votre côté en traçant la figure correspondante) :

> *« Considérez un triangle et coupez chaque côté en trois parties d'égale longueur. Joignez chaque sommet du triangle avec les deux points qui séparent le côté opposé. Les six segments ainsi tracés délimitent au centre du triangle un hexagone dont l'aire est le dixième de l'aire du triangle de départ ! »*

Exceptionnellement (et je ne sais pas pourquoi), ce résultat ne porte pas le nom de la personne qui l'a découvert, mais son prénom : en effet, ce résultat est attribué à la mathématicienne Marion Walter, née le 30 juillet 1928, qui l'a démontré en 1993.

Juifs allemands, les parents de Marion parviennent à l'envoyer en Angleterre juste avant le début de la Seconde Guerre mondiale ; bien que déracinée et séparée de ses proches, et ne parlant pas anglais, la petite fille montre bientôt des aptitudes pour les mathématiques. La pénurie de professeurs l'amène ainsi rapidement à enseigner à de jeunes enfants, alors qu'elle n'est encore qu'une adolescente ; puis, après la guerre, elle émigre aux États-Unis et poursuit une carrière d'enseignante et d'autrice de livres de mathématiques pour enfants. Mais elle continue d'étudier pour obtenir ses diplômes universitaires. Dans les années 1960, il lui faudra démissionner de son poste pour pouvoir enfin se consacrer à sa thèse.

Le théorème ci-dessus peut sembler élémentaire parmi les recherches publiées à la fin du XXe siècle, mais il rend visible une femme qui a consacré sa vie aux mathématiques – à mes yeux, cela le rend plus beau encore !

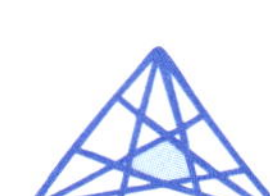

31 JUILLET

QUI EST LE MARI D'ANNA ?

Anna Pell Wheeler (1883-1966) est une mathématicienne américaine dont les travaux sont précurseurs de l'analyse fonctionnelle actuelle. Comme beaucoup de femmes de sa génération, elle a connu un parcours universitaire compliqué, ballottée d'établissement en établissement, voire de pays en pays : elle entame des études à l'université du Dakota du Sud, les poursuit à l'université de l'Iowa, puis, grâce à une bourse exceptionnelle, à l'université de Göttingen. Là, elle prépare une thèse sous la direction de David Hilbert, mais, à la suite d'un conflit avec ce dernier, elle ne la soutient pas et revient aux États-Unis en 1907. Elle rejoint alors l'université de Chicago, où elle obtient finalement son doctorat en 1910.

Quand on déroule la suite de sa biographie, on trouve des périodes où elle « suit » les affectations de son (premier) mari, Alexander Pell, et, après la mort de celui-ci, mène une carrière à la tête du département de mathématiques de Bryn Mawr College. En le disant rapidement, le décès de son époux lui a permis de recouvrer une plus grande liberté académique et toute son indépendance ; de manière plus surprenante, cette disparition lui a aussi permis de découvrir... qui était réellement ce mari !

De vingt-cinq ans son aîné, Alexander Pell était déjà enseignant à l'université du Dakota du Sud quand Anna fréquentait cet établissement ; mathématicien jouissant d'une petite reconnaissance comme chercheur et comme enseignant, il devient veuf en 1904 et se rapproche d'Anna lorsque celle-ci étudie en Allemagne ; ils se marient en juillet 1907 et poursuivent ensuite une route commune.

Ce qu'Anna apprend après le décès d'Alexander est qu'il s'appelle originellement Sergey Dagiev, qu'il est né citoyen russe et a participé au mouvement terroriste révolutionnaire Narodnaya Volya, qui s'élevait contre le régime tsariste. Plus compliqué encore, il a retourné plusieurs fois sa veste : d'abord en travaillant pour la Sécurité intérieure comme agent infiltré dans Narodnaya Volya, puis, après avoir été découvert, en assassinant le chef de la Sécurité intérieure qui l'avait recruté quelques mois plus tôt. Une fuite et une reconversion s'imposaient : après avoir été espion et assassin en Russie, il est devenu mathématicien aux États-Unis, parvenant à cacher son passé toute sa vie à sa femme Anna : bel exploit !

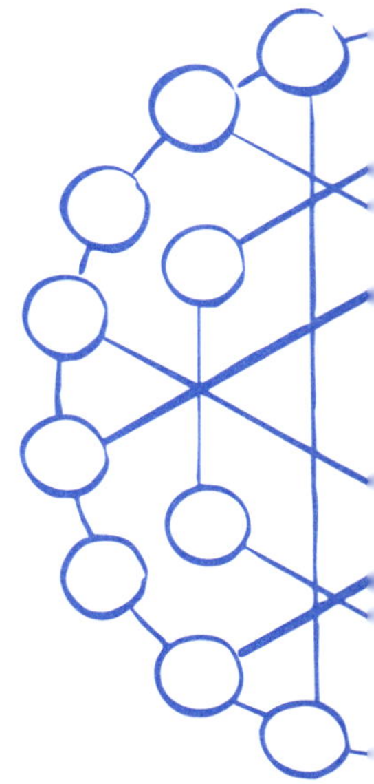

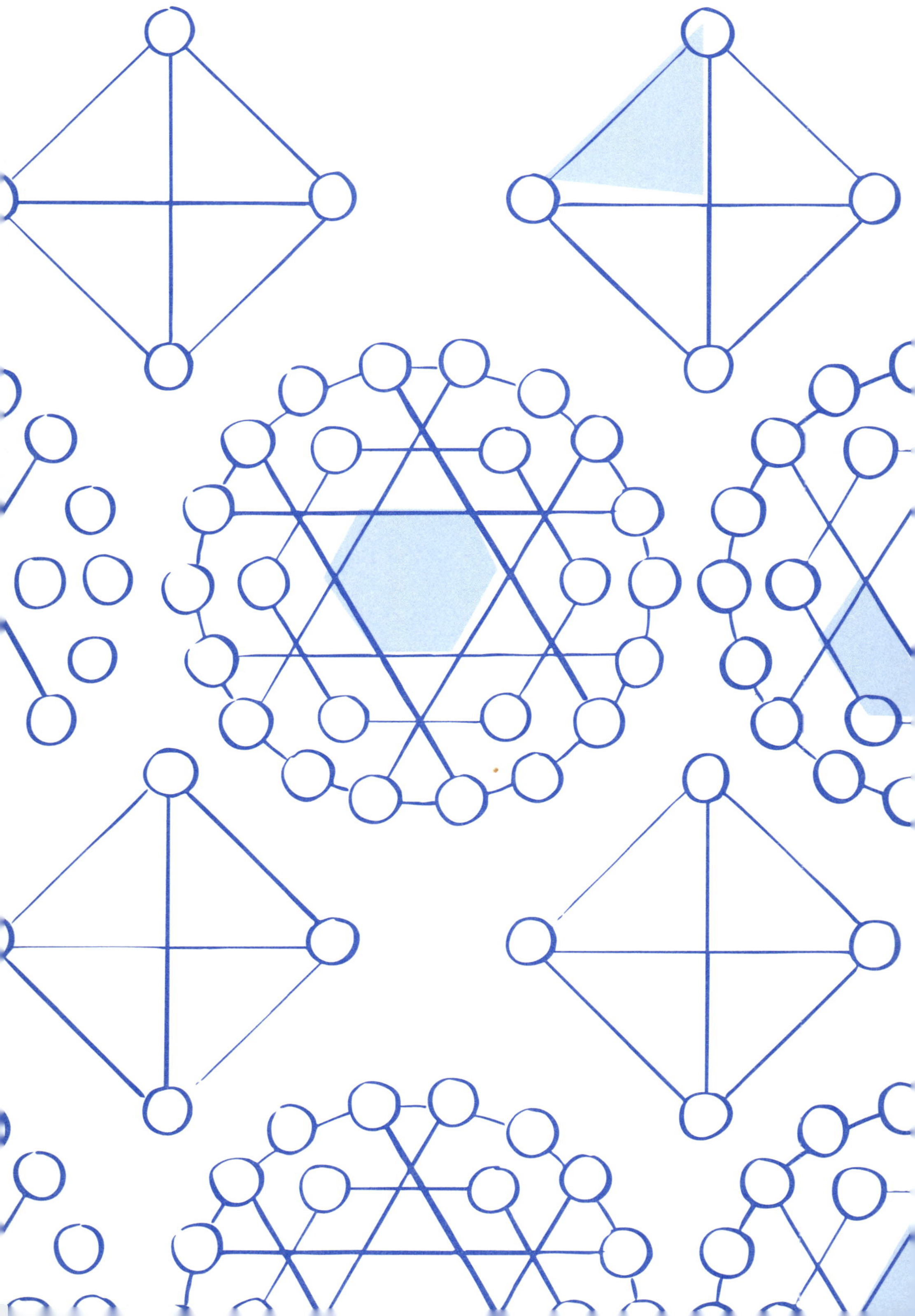

AOÛT

1ER AOÛT

PHILOSOPHE FUSILLÉ

Pendant près de soixante-dix ans, dans une rue de centre de Toulouse, on pouvait lire la plaque « Rue Albert-Lautmann, héros de la résistance 1908-1944 », avec une erreur d'orthographe dans l'hommage à Albert Lautman. C'est un comble, mais, pour la défense de la mairie, on se doit de rappeler qu'il n'est pas tout à fait un enfant du pays : né à Paris, il passe la majeure partie de son enfance à Nice, avant de revenir dans la capitale pour ses études. Normalien, il s'oriente alors vers la philosophie des mathématiques dans le sillage de son professeur Léon Brunschvicg et soutient une thèse en 1937.

Si son activité philosophique est intense, Lautman dialogue en permanence avec les mathématiciens de son temps, qu'il fréquente assidûment : il assiste au séminaire de Gaston Julia à l'Institut Henri-Poincaré, côtoie le logicien Jacques Herbrand et discute avec les fondateurs du groupe Bourbaki. Pleinement en phase avec la recherche contemporaine, il analyse le structuralisme dans les mathématiques et le rôle des structures algébriques : en ce temps-là, on commence en effet à comprendre que des objets qu'on pensait différents peuvent être vus comme des exemplaires d'une seule entité mathématique, chacun d'eux vérifiant le même ensemble de contraintes. Lautman se penche sur ces nouveaux développements et les analyse finement ; bref, il apparaît comme un esprit brillant, et on lui promet une grande carrière.

La guerre va en décider autrement : mobilisé dans une unité de lutte anti-aérienne, il est fait prisonnier lors de la débâcle des troupes françaises au printemps 1940 ; il parvient à s'échapper du camp de prisonniers avec un scénario digne des plus grands films de guerre, puis à rejoindre Nancy. Dans cette ville, un membre de Bourbaki lui permet de gagner la zone libre du sud de la France ; il ne peut toutefois y reprendre son activité enseignante en raison des nouvelles lois sur le « statut des juifs ». Arrivé à Toulouse, où son épouse enseigne, il poursuit donc ses travaux et écrit le mémoire « *Symétrie et dissymétrie en mathématiques et en physique. Le problème du temps* » (qui ne sera publié qu'après la guerre).

À l'invasion de la zone libre en 1942, Lautman rejoint pleinement la Résistance à travers le réseau Pat O'Leary. Après deux années d'actions clandestines, il tombe dans un piège, est arrêté le 15 mai 1944, puis placé dans un train à destination de Dachau. Après la destruction d'une portion de la ligne, le train est dévié sur Bordeaux ; avec une cinquantaine d'autres prisonniers, il est fusillé le 1er août 1944 au camp de Souge. Cette fin tragique justifie que le nom de ce jeune penseur des mathématiques figure, avec d'autres, sur un mur du Panthéon de Paris honorant les « écrivains morts pour la France »... sans faute d'orthographe, cette fois !

2 AOÛT

L'ENFANT PRODIGE

En 1987 paraît le livre *Elliptic Curve*, de Dale Husemoller, lourd volume de quatre cents pages qui est vite devenu une référence pour les cours de troisième cycle universitaire sur le sujet. Signe de l'importance pédagogique accordée à ce manuel, une annexe fournit indications ou résultats pour les exercices éparpillés dans les dix-sept chapitres de cours ; toutefois, ces pages bien remplies ne sont pas écrites par l'auteur, mais par une mathématicienne britannique, Ruth Lawrence. Elle y précise :

> *« J'espère que cette annexe remplira son rôle en aidant les lecteurs qui rencontrent des difficultés avec les problèmes à les surmonter, et qu'ils bénéficieront ainsi d'une compréhension et d'un éclairage maximum, comme l'a voulu l'auteur en les incorporant avec soin dans le texte. »*

Ruth Lawrence est née le 2 août 1971, et quand sort ce livre, elle est encore étudiante à l'université d'Oxford. S'il n'est pas rare que des élèves brillants contribuent à des projets éditoriaux comme « petites mains », il est exceptionnel qu'une adolescente d'à peine quinze ans apparaisse dans un ouvrage destiné à des étudiants bien plus âgés qu'elle.

Il faut dire que Ruth Lawrence n'est pas une étudiante ordinaire : véritable enfant prodige soutenue par ses parents, elle pulvérise régulièrement les records de précocité dans les études et attire l'attention de ses pairs comme des médias. À dix ans, elle réussit l'examen d'entrée à Oxford, même si elle ne rejoint effectivement le St Hugh's College que deux ans plus tard ; elle enchaîne alors rapidement sur une licence de mathématiques (reçue avec mention), une licence de physique, puis, avant ses dix-huit ans, une thèse intitulée « *Homology representations of braid groups* », sous la direction du mathématicien Michael Atiyah.

Quand ils apparaissent dans les médias, les élèves ayant beaucoup d'avance suscitent à la fois la fascination et la peur : on imagine volontiers ces jeunes poussés par leurs parents, surexploités à des fins médiatiques et, faute d'une jeunesse ordinaire, se retrouvant en difficulté dans la vie d'adulte. Le parcours de Lawrence ne conserve pas de traces visibles de telles souffrances : mathématicienne accomplie (en poste à l'Einstein Institute of Mathematics à Jérusalem, après un passage à Harvard et à l'université du Michigan), spécialiste de théorie des nœuds et des tresses, autrice d'articles de recherche et mère de quatre enfants, elle ne semble pas souffrir de son destin hors norme d'enfant prodige.

3 AOÛT

LES BILLARDS DE KNOX

Le « Girls' Angle » est un club de mathématiques fondé en 2007 à Cambridge, ville des États-Unis située dans le Massachusetts ; comme son nom l'indique, la participation à ce club est réservée aux dames, et l'ambition assumée est de faire naître des vocations pour une discipline où la parité est loin d'être acquise. Il est encore trop tôt pour savoir si Katherine Knox deviendra mathématicienne, mais elle participe au Girls' Angle depuis plusieurs années et y a acquis une petite renommée en démontrant un théorème sur les billards.

Alors qu'elle est en *sixth grade*, l'équivalent de la classe de sixième en France, Knox découvre le problème des circuits de billard, ces trajectoires où une bille revient à sa place d'origine après avoir frappé chaque côté de la table une et une seule fois. Il est facile de déterminer de telles trajectoires sur un billard rectangulaire, mais que se passe-t-il lorsque l'on change la forme de la table ?

Au cours de ses expérimentations, Knox trouve que, si la table est un triangle, il existe un circuit de billard si, et seulement si, les trois angles du triangle sont aigus. (C'est un joli résultat, mais celui-ci est bien connu et a été établi en 1775 par le religieux italien Giovanni Francesco Fagnano.) Elle passe ensuite aux quadrilatères « convexes » (dont les angles pointent vers l'extérieur de la figure) : dans ce cas, on sait que, pour qu'un circuit existe, il faut que les quatre sommets du billard se trouvent sur un même cercle. Il s'agit là d'une condition nécessaire que l'on trouve dans la littérature mathématique sur le sujet, mais elle n'est pas suffisante – en d'autres termes, il existe des quadrilatères inscrits dans un cercle tels que les billards qu'ils définissent n'admettent pas de circuit.

Knox travaille ce problème, trouve la condition à la fois nécessaire et suffisante, et, en 2022, alors qu'elle est lycéenne, soumet un article avec son théorème et sa preuve : pour qu'un billard à quatre côtés admette un circuit, il faut et il suffit que les quatre sommets soient sur un cercle et que le centre de ce cercle se situe à l'intérieur du quadrilatère. On peut lire ces cinq jolies pages de mathématiques dans la revue *The American Mathematical Monthly* ou sur le site où elles ont été publiées début août 2023 : cela fait une belle publicité pour son club de mathématiques !

4 AOÛT

LE VILLAGE MATHÉMATIQUE DE NESIN

Les alentours de la ville turque de Şirince sont classés « zone protégée », et les permis de construire y sont plutôt difficiles à obtenir. Malgré ces contraintes, c'est sur une colline voisine de la cité que le mathématicien Ali Nesin a choisi de construire un village entier, en s'affranchissant de quelques formalités administratives ; poursuivant au travers de la fondation Nesin l'œuvre sociale de son père Aziz, un célèbre écrivain turc, ce mathématicien a entrepris depuis 2007 de construire des dizaines de bâtiments : certains servent pour l'hébergement, d'autres abritent une bibliothèque, des salles de cours ou d'atelier – on y trouve même un amphithéâtre.

Il faut dire que le « village » de Nesin n'est pas un village comme les autres : il s'agit d'une utopie mathématique. Initialement, il devait permettre de rassembler des étudiants des universités pour leur permettre de travailler autrement, mais il s'est rapidement ouvert à d'autres publics, notamment parmi de plus jeunes : il accueille ainsi des camps pendant les vacances scolaires, l'été ou l'hiver, qui rassemblent plusieurs centaines d'élèves motivés. On s'y rend pour travailler, pour progresser, pour découvrir et même pour s'amuser ; le village devient petit à petit un lieu de liberté et d'engagement total.

L'initiative n'est pas passée inaperçue : le 4 août 2018, lors du congrès international de Rio de Janeiro, l'Union mathématique internationale décerne à Ali Nesin le prix Leelavati, récompensant un travail remarquable de vulgarisation mathématique. L'intitulé du prix précise les raisons pour lesquelles il lui est remis :

> *« Pour sa contribution exceptionnelle à la sensibilisation du public aux mathématiques en Turquie, en particulier pour son travail inlassable dans la création du "Village des mathématiques", un lieu exceptionnel et paisible pour l'éducation, la recherche et l'exploration des mathématiques pour tous. »*

L'initiative est belle, mais fragile : elle repose sur le travail de bénévoles, aussi bien pour la logistique que pour le contenu scientifique, et sur les dons des particuliers pour les finances. On peut se féliciter d'une telle initiative et s'inquiéter de sa pérennité non assurée ; de leur côté, les organisateurs voient plus loin, en ouvrant leur havre de liberté à des philosophes ou des artistes. Le village des mathématiques accueille désormais tout le monde !

5 AOÛT

MATHEMATICS, THE GATHERING

Dans les bases bibliographiques, Richard Garfield apparaît comme auteur de deux notes mêlant combinatoire et arithmétique en 1990 et 1992 : c'est assez peu pour une carrière de mathématicien, d'autant que ces travaux n'ont pas vraiment révolutionné ces domaines. En revanche, il s'agit d'un bon début pour quelqu'un qui prépare une thèse... et c'est bien un indice de la vérité : si la liste de publications de Garfield n'est pas plus longue, c'est parce que, après sa soutenance à l'université de Pennsylvanie, il a effectué une reconversion pour le moins atypique.

Richard n'a pas suivi l'exemple de son ancêtre James Garfield, le vingtième président des États-Unis, mais a plutôt laissé libre cours à une passion qui l'habitait depuis des années : la conception de jeux ! Alors qu'il préparait sa thèse, il mûrissait déjà le projet d'un jeu où deux joueurs s'opposeraient en jouant l'un après l'autre des cartes ayant des spécificités propres (des terrains et des sorts correspondant à différentes formes de magie) ; il fait d'ailleurs tester les premières versions à des étudiants de son université avant de le proposer à un éditeur. Le 5 août 1993, le projet voit le jour sous le nom *Magic : The Gathering* (ou MTG pour les experts).

Le jeu devient vite un succès planétaire, qui rassemble aujourd'hui des millions d'adeptes. Son éditeur n'a de cesse de le complexifier, d'éditer de nouvelles cartes et de prévoir de nouvelles possibilités de tournoi ; trente ans après le lancement officiel, les règles occupent plus de trois cents pages, et il existe plusieurs dizaines de milliers de cartes différentes.

Ces nombres vertigineux amènent à chercher dans la conception initiale les ressorts de ce succès ; en d'autres termes, que doit le jeu aux études mathématiques de Garfield ? La réponse est plutôt décevante : quasiment rien. En effet, si les joueurs mettent en œuvre des stratégies très élaborées, et si les concepteurs exploitent toutes les possibilités combinatoires pour créer de nouveaux défis avec les cartes ajoutées, il n'est pas nécessaire de connaître les mathématiques pour apprécier ce jeu et en comprendre toutes les mécaniques. Il est donc difficile d'aller plus loin que ce témoignage de Garfield :

> *« Mon amour des mathématiques et mon amour des jeux sont liés, mais l'un n'entraîne pas exclusivement l'autre. Lorsqu'un auteur écrit, tous les aspects de sa vie peuvent avoir de l'importance. C'est la même chose dans la conception de jeux. Tous mes centres d'intérêt ont aidé à créer mes jeux. »*

LES PREMIERS SONT DANS P

Est-ce que le nombre 2 357 est premier ? Pour répondre à cette question de manière élémentaire, il suffit de chercher les entiers entre 2 et 2 356 divisant 2 357 : si l'on en trouve un, le nombre n'est pas premier ; sinon, il l'est. On peut réduire un tantinet les calculs en se limitant aux entiers inférieurs à la racine carrée de 2 357 (car s'il y a un diviseur plus grand que cette racine, il y en a aussi un plus petit) ; mais, qu'on utilise une méthode ou l'autre, le résultat sera le même : 2 357 est bien premier.

Cette stratégie peut sembler raisonnable pour un nombre à quatre chiffres, mais un peu moins si on lance les calculs à partir de ce nombre à vingt-deux chiffres dont l'écriture m'intrigue :

2 357 223 335 555 577 777 772 357

Si vous commencez à réfléchir aux méthodes pour tester la primalité, vous vous heurtez invariablement à la question de la complexité temporelle : quel temps prend un algorithme pour déterminer si un nombre est premier, si on estime ce temps en fonction de la taille de ce nombre ? La notion de « temps » dépendant de votre rapidité à effectuer une division (ou de celle de votre ordinateur), on quantifie plutôt la qualité d'un algorithme au regard du nombre d'opérations élémentaires requises « dans le pire des cas ». Dans l'exemple naïf ci-dessus, ce nombre d'opérations augmente très (trop) vite avec la taille de l'entier à tester : il n'est pas applicable pour les grands nombres d'ordinaire manipulés pour la cryptographie. Si l'on peut proposer des méthodes moins élémentaires que la nôtre, jusqu'au début du XXIe siècle, on ne connaissait pourtant pas d'algorithme « efficace » pour tester la primalité (sauf pour des nombres particuliers).

Le 6 août 2002, trois mathématiciens indiens, le professeur Manindra Agrawal et les étudiants Neeraj Kayal et Nitin Saxena, publient un court article de seulement neuf pages dont le titre « *Prime is in P* » est évocateur (on le traduit de manière moins concise par « Le test de la primalité se résout en temps polynomial »). Dans cet article, ils décrivent et analysent un algorithme, désormais appelé AKS d'après leurs initiales, dont le nombre d'opérations élémentaires est majoré, dans le pire des cas, par une quantité de l'ordre de la puissance 12 du nombre de chiffres de l'entier dont on teste la primalité.

Le résultat est superbe et d'une simplicité assez déconcertante. À la suite du retentissement de leur découverte, les auteurs reçoivent des prix prestigieux comme la Clay Research Award en 2002, le prix Fulkerson et, surtout, le prix Gödel en 2006, l'une des deux plus grandes récompenses internationales en informatique avec le prix Turing. Hélas, si cet algorithme a généré de nombreux développements théoriques, il est malheureusement peu utile dans les situations pratiques...

7 AOÛT

LES NOMBRES PRÉFÉRÉS DU PROFESSEUR

En août 2003 au Japon, la romancière à succès Yōko Ogawa publie un joli roman intitulé 博士の愛した数式 (*Hakase no aishita sūshiki*), que sa traductrice française Rose-Marie Makino-Fayolle rendra par *La Formule préférée du professeur*. Ce livre met en scène un professeur des universités, spécialiste de théorie algébrique des nombres, et son aide-ménagère qui élève seule son enfant. Depuis un accident de la route en 1975, le professeur ne parvient plus à mémoriser de nouvelles informations et oublie tout ce qu'il a appris après quatre-vingts minutes ; chaque jour, son aide-ménagère est ainsi obligée de se présenter à nouveau, de répondre aux curieuses questions de ce « patron » sans mémoire, qui se réfugie dans l'amour des nombres et la résolution d'énigmes mathématiques.

Sans dévoiler l'intrigue à la fois sensible et émouvante, on peut dire que les deux protagonistes vont développer une forme d'amitié, et que celle-ci est annoncée dès les premières pages par un fait arithmétique : les deux personnages sont liés à des nombres « amicaux ». En effet, on apprend dès le premier chapitre que l'aide-ménagère est née un 20 février, date associée au nombre 220, et que le professeur a jadis gagné une récompense, le 284e « prix du président de l'université ». Or la somme des diviseurs de 220 (en excluant 220) est :

$$1 + 2 + 4 + 5 + 10 + 11 + 20 + 22 + 44 + 55 + 110 = 284,$$

et la somme des diviseurs de 284 (en excluant 284) est :

$$1 + 2 + 4 + 71 + 142 = 220.$$

Deux nombres tels que la somme des diviseurs de l'un donne l'autre sont appelés amicaux. La romancière utilise cet élément pour faire apparaître un lien fort entre les deux personnages, mais elle n'est pas la première ; dans l'Antiquité, les membres des cercles pythagoriciens évoquent déjà le caractère mystique de cette relation. Par la suite, de nombreux mathématiciens se sont aussi penchés sur celle-ci ; citons rapidement le mathématicien arabe Thābit ibn Qurra au IXe siècle, le Marocain Ibn al-Banna' al-Marrakushi au XIVe siècle ou le Perse Muhammad Baqir Yazdi au XVIe siècle, qui ont chacun trouvé de nouvelles paires de ces nombres.

Avec l'outil informatique, on connaît aujourd'hui des milliards de paires de nombres amicaux, mais on ne sait toujours pas s'il en existe une infinité. Si vous vous lancez dans cette recherche, soyez patient : après 220 et 284, les suivants sont 1 184 et 1 210, puis 2 620 et 2 924.

8 AOÛT

DES MATHÉMATIQUES AU COLLÈGE

Le 8 août 1555 s'éteint Oronce Finé, cartographe et mathématicien. De sa riche vie, on retient surtout qu'il a été le premier professeur de mathématiques au Collège de France, une institution parisienne fondée en 1530 par le roi François Ier avec des postes de « lecteurs royaux » (comprendre professeurs) pour le grec, l'hébreu et les mathématiques.

La coïncidence de ces trois disciplines étonne toujours un peu, et certains mauvais esprits plaisantent en disant qu'il s'agissait de trois langues que le roi ne comprenait pas. L'explication est plus simple et tient dans la devise *docet omnia* (« il enseigne tout ») : avec son ambition humaniste, le Collège recrutait des enseignants dans des disciplines choisies pour leur lien à l'héritage antique, mais, surtout, parce qu'elles n'étaient à l'époque pas présentes à l'Université.

Depuis Finé, le Collège a accueilli près d'une centaine de mathématiciens sur les chaires de mathématiques, mais aussi sur des chaires de physique mathématique, de mécanique rationnelle ou, plus récemment, sur des chaires portant des noms plus précis comme combinatoire, formes automorphes, géométrie spectrale, géométrie algébrique ou théorie des nombres. Le prestige d'une chaire au Collège de France est indéniable et, en parcourant la liste, on repère beaucoup de « grands noms », parmi lesquels on peut citer :

Nalini Anantharaman
Alain Connes
Timothy Gowers
Jacques Hadamard
Camille Jordan
Sylvestre-François Lacroix
Henri-Léon Lebesgue
Jean Leray
André Lichnerowicz
Jacques-Louis Lions
Pierre-Louis Lions
Joseph Liouville
Stéphane Mallat
Szolem Mandelbrojt
Ngô Bảo Châu
Jean-Pierre Serre
Jacques Tits
Claire Voisin
Jean-Christophe Yoccoz
Don Zagier

D'autres leçons peuvent être tirées de la chronologie des professeurs de mathématiques : on voit les sciences physiques se séparer progressivement des mathématiques, les domaines se spécialiser, mais aussi une place se faire pour des professeurs étrangers et même des professeures. Le Collège de France vit avec son temps, et il est bon que ces cours, gratuits et ouverts à tout public, reflètent aussi bien l'état de la recherche que les changements dans la société.

9 AOÛT

PREMIER CONGRÈS INTERNATIONAL

Si aujourd'hui les congrès internationaux de mathématiques sont devenus monnaie courante, il n'en a pas toujours été ainsi : c'est en fait à la fin du XIXe siècle que les progrès rapides de la science mirent en évidence le besoin de coopération entre pays ; des scientifiques commencent alors à imaginer des rencontres regroupant des chercheurs de différents points du globe, permettant de dépasser les frontières des « écoles nationales » et les limites des correspondances personnelles.

Pour les mathématiques, le premier effort véritable a lieu en marge de la World's Columbian Exposition de Chicago en 1893, mais on n'y trouve peu ou prou que des Américains et des Allemands ; pour une véritable réunion internationale, il faut se rendre au Polytechnicum de Zurich du 9 au 11 août 1897. Le choix de la ville suisse peut surprendre, mais il faut comprendre que la neutralité helvétique était bien pratique pour convaincre les autorités françaises et allemandes de dépasser leurs rivalités, rancœurs et autres revendications politiques autour de l'Alsace et de la Moselle.

Ce premier Congrès international des mathématiciens n'a d'ailleurs pas été facile à organiser – notamment à cause des Français qui ont placé, à la même date, un congrès de l'Association française pour l'avancement des sciences à Saint-Étienne. Il a ainsi fallu les efforts conjugués des mathématiciens Georg Cantor, Charles-Ange Laisant, Felix Klein ou encore Carl Geiser pour la tenue d'un tel événement. Dans les faits, deux cent huit mathématiciens ont participé aux trois jours de congrès et assisté à la trentaine d'exposés et de lectures d'articles (on lisait en effet ceux de collègues n'ayant pu se rendre en Suisse, qui contribuaient par l'intermédiaire d'un porte-voix à la rencontre) ; notons au passage qu'il s'y trouvait quatre mathématiciennes (Iginia Massarini, Vera von Schiff, Charlotte Angas Scott et Charlotte Wedell), un fait remarquable à une époque où, dans la plupart des pays, l'accès des femmes aux études supérieures était encore très limité, voire interdit.

Si seuls seize pays étaient représentés à ce premier congrès « international », le succès est tel que l'événement est pérennisé et sera régulièrement reconduit tous les quatre ans au XXe siècle : Paris 1900, Heidelberg 1904, Rome 1908, Cambridge 1912, Strasbourg 1920 (la guerre ayant fait annuler le précédent), Toronto 1924... En ce XXIe siècle commençant, le Congrès international des mathématiciens n'est bien sûr plus le seul événement de coopération mondiale pour la recherche dans cette discipline, mais il demeure celui de plus grande ampleur, avec désormais plusieurs milliers de participants en provenance de cent vingt pays.

10 AOÛT

PAS D'ARCHIMÈDE AU LOUVRE !

Le musée du Louvre est, avec le Metropolitan Museum de New York, le musée de l'Ermitage à Saint-Pétersbourg et le Musée national de Chine à Pékin, l'un des plus grands du monde. On peut traverser la Grande Galerie en découvrant la quintessence de la peinture italienne, se perdre dans les sublimes salles Poussin de l'aile Richelieu, apprécier la lumière changeante sur les sculptures des cours Marly et Fuget, parcourir les antiquités égyptiennes, grecques ou même étrusques… mais peut-on voir des mathématiques au Louvre ?

Une réponse immédiate est affirmative : les maths sont partout, et qui les cherche les trouvera forcément dans l'architecture, dans les compositions de certaines œuvres, dans des comptabilités antiques… En revanche, il est plus difficile de les trouver dans les vitrines ou sur les cimaises. Si l'on omet quelques objets dans la collection de médailles et dans le cabinet des arts graphiques, on ne trouve qu'une seule peinture de mathématicien : *Portrait d'un mathématicien traçant une figure de géométrie* par Ferdinand Bol, réalisée en 1658. Ce tableau, qui a rejoint les collections du lieu peu après son inauguration en période révolutionnaire (le 10 août 1793), est rarement exposé. Il est tout de même bien surprenant de ne pas trouver d'autres géomètres dans le palais…

Habitué des musées, je m'attendais à trouver a minima une représentation de la mort d'Archimède ; cet épisode, rapporté par Plutarque, est en effet particulièrement dramatique et très fréquemment peint : le savant absorbé par la contemplation d'un tracé géométrique est abattu après la prise de Syracuse par un soldat dont il n'a pas entendu les ordres.

Cette scène apparaît régulièrement dans la vogue des portraits de philosophes et savants de l'Antiquité grecque au XVIIe siècle. De nombreux musées bien moins réputés que le Louvre disposent ainsi d'une « mort d'Archimède » de cette période, sous le pinceau de peintres aussi différents que Luca Giordano (1632-1705), Guillaume Courtois dit Il Borgognone (1626-1679), ou Salvator Rosa (1615-1673). Si l'épisode a tant inspiré, c'est pour la légende qui l'accompagne : alors qu'Archimède, frappé par le soldat, s'effondre à terre, il implore celui-ci de ne pas effacer le tracé géométrique qu'il a dessiné sur le sable : « Ne dérangez pas mes cercles. » Cet épisode (sans doute mythique) illustre ainsi l'amour absolu qu'on prêtait au savant de Syracuse pour sa discipline : celle-ci lui aurait été plus précieuse que la vie.

11 AOÛT

À LA SUITE D'EUGÈNE PROUHET

Eugène Prouhet s'éteint un jour d'août 1867, après une honnête carrière de mathématicien et plusieurs dizaines de publications, souvent de brefs articles de recherche. La postérité n'aurait peut-être pas conservé sa mémoire si deux de ses travaux, assez ludiques, n'avaient été redécouverts plus tardivement – et si son nom n'était désormais accolé à ceux de mathématiciens postérieurs, ayant travaillé sur ses sujets sans connaître son œuvre.

Ainsi, on trouve désormais une suite de Prouhet-Thue-Morse, succession de 0 et de 1 qui jouit d'intrigantes propriétés ; mais, plus étonnant, il y a le « problème de Prouhet-Tarry-Escott », formulé par Prouhet en 1851 et redécouvert par Gaston Tarry et Edward Brind Escott au début des années 1910. Il s'agit, étant donné un entier n, de trouver deux ensembles A et B, faits de nombres tous distincts, tels que la somme des éléments de A est égale à la somme correspondante sur B, la somme des carrés des éléments de A est égale à la somme correspondante sur B, celle des cubes aussi... et ainsi de suite, jusqu'à la puissance n.

Par exemple, A = {0, 4, 7, 11} et B = {1, 2, 9, 10} fournissent une solution pour $n = 3$: pour les deux ensembles, la somme des termes vaut 22, la somme de leurs carrés vaut 186 et la somme de leurs cubes est 1 738. En revanche, les sommes de leurs puissances quatrièmes diffèrent : 17 298 et 16 578.

Le problème est facile à énoncer, et, à propos de ses solutions, il reste de nombreuses questions annexes à résoudre (elles sont souvent déroutantes) : cela conduit des amateurs à chercher théoriquement ou informatiquement des ensembles particuliers. Ainsi, un ingénieur chinois, Chen Shuwen, y travaille depuis presque quarante ans ; son site *Equal Sums of Like Powers* recense des centaines de solutions, les siennes ou celles d'autres amateurs. On trouve notamment cette impressionnante solution du problème pour $n = 9$ uniquement composée de nombres premiers :

A = {2 589 701, 2 972 741, 6 579 701, 9 388 661, 9 420 581, 15 740 741, 15 772 661, 18 581 621, 22 188 581, 22 571 621}

B = {2 749 301, 2 781 221, 6 835 061, 8 399 141, 10 314 341, 14 846 981, 16 762 181, 18 326 261, 22 380 101, 22 412 021}

On peut regarder ce travail avec circonspection, voire dédain, si on le compare avec les édifices abstraits de mathématiciens professionnels... mais ce serait une erreur d'appréciation : l'enthousiasme et les efforts des amateurs font aussi grandir les mathématiques.

12 AOÛT

SI JEUNESSE SAVAIT, SI VIEILLESSE POUVAIT...

En 1999, les Nations unies ont décidé d'instaurer une nouvelle journée internationale le 12 août, consacrée à la jeunesse ; il s'agit de mettre en avant les dangers qui concernent spécifiquement les jeunes, d'encourager les programmes éducatifs, mais aussi de promouvoir les talents émergents. Ce dernier point trouve un écho particulier dans la communauté mathématique.

Encourager les jeunes chercheurs dans leurs projets, fournir un soutien à un domaine d'étude ou accorder une reconnaissance qui permette ensuite d'obtenir postes et financements... tels sont quelques-uns des objectifs assumés par les prix dits « de début de carrière » ; par exemple, la médaille Fields, la plus célèbre récompense mathématique, a pour but historique « d'encourager les lauréats à poursuivre leurs efforts ». Pour ne pas aller à l'encontre d'un tel projet en récompensant des chercheurs plus si jeunes, il a été décidé après la Seconde Guerre mondiale (et alors que les premières médailles Fields avaient été décernées en 1936) de fixer une limite d'âge : les lauréats devront avoir moins de quarante ans.

Cette borne de quarante ans est tout à fait arbitraire, mais curieusement partagée par de nombreux autres prix : on peut citer en vrac la médaille Hall aux États-Unis, le prix Clodomiro au Costa Rica, la médaille de l'Australian Mathematical Society, les prix Vinti et Fichera en Italie, le prix Paul-Erdős en Hongrie... On trouve aussi d'autres limitations plus ou moins exotiques : il faut moins de quarante-cinq ans pour la médaille Morningside en Chine, moins de trente-huit pour le prix Felix Klein de l'European Mathematical Society, trente-cinq pour le Abdus Salam Award au Pakistan, trente-deux pour le prix SASTRA Ramanujan en Inde...

À travers ces listes (qui sont loin d'être exhaustives), on constate une démarche universelle d'encouragement à destination des jeunes chercheurs... qui s'accompagne malheureusement partout des mêmes biais : la rigidité de ces limites aboutit à exclure injustement tous les esprits brillants qui ne connaissent pas un début de carrière fulgurant, celles et ceux qui sont ralentis par une difficulté d'accès aux études, par la maladie ou, plus fréquemment encore, par des maternités. Plusieurs voix s'élèvent pour contester ce fonctionnement et l'idée sous-jacente qu'une œuvre mathématique de grande ampleur doit nécessairement passer par un départ en fanfare : peut-être que l'on parviendra à définir la jeunesse autrement que par une limite d'âge, pour pouvoir encourager des personnes très talentueuses, collant un peu moins à notre stéréotype du « génie dès le plus jeune âge ».

13 AOÛT

CENTENAIRES DES MATHÉMATIQUES

Le 13 août 2008 s'éteint Henri Cartan, à l'âge de cent quatre ans. Sa longévité extraordinaire lui aura permis de contribuer à de nombreuses aventures mathématiques : il participe à la fondation du groupe Bourbaki, à l'organisation du séminaire qui porte son nom à l'École normale supérieure (de 1948 à 1964) ou à la création du Comité des mathématiciens, en soutien à ceux victimes des régimes autoritaires.

La carrière de Cartan est rythmée par des travaux qui, dès aujourd'hui, font date. À l'heure où beaucoup goûtent les joies d'une retraite bien méritée, il publia encore quelques textes à dominante mathématique, et pas exclusivement des récits de souvenirs ou des nécrologies (qu'il fit pour des collègues célèbres auxquels il survécut : ainsi Georges de Rham, Jean Dieudonné, Samuel Eilenberg ou André Weil). Sa dernière publication mathématique originale semble ainsi être la note « *Sur les rétractions d'une variété* », publiée dans les *Comptes rendus de l'Académie des sciences* en 1986 – à l'âge vénérable de quatre-vingt-deux ans.

Je me suis demandé si d'autres mathématiciens étaient parvenus à conserver une activité de recherche, même modeste, à un âge avancé ; j'ai ainsi fouillé les bibliographies de la grosse vingtaine de mathématiciennes et mathématiciens internationalement reconnus ayant atteint cent ans. Voici les publications les plus remarquables :

- Le géomètre Boris Yakovlevich Bukreev a publié l'article « *Equidistant lines of constant geodesic curvature in the planimetry of Lobachevskiĭ* » en 1955, à quatre-vingt-seize ans !
- La dernière note de la spécialiste de mathématiques appliquées Pelageya Yakovlevna Polubarinova-Kochina, intitulée « *Some properties of a linear-fractional transformation* », est publiée en 1999 alors que cette mathématicienne est déjà centenaire… et peu de temps avant sa disparition.
- L'article « *A generalization of the fundamental theorem of spherical harmonic theory* » du Russe Sergey Nikolsky a d'abord été publié dans sa langue natale en 2007, alors que l'auteur avait atteint l'âge de cent deux ans.

Il apparaît toutefois que le record de l'auteur le plus âgé tient avec l'article « *Über das Vorzeichen gewisser trigonometrischer Summen. III.* » : lorsqu'il est publié, en 1994, son auteur, l'Autrichien Leopold Vietoris, a cent trois ans (ce mathématicien est d'ailleurs le seul à être supercentenaire, c'est-à-dire à avoir atteint cent dix ans). Autre curiosité, ce texte constitue la troisième partie d'un travail, les deux précédentes ayant été publiées trente-cinq ans plus tôt : j'espère que les lecteurs ont été patients !

VIRÉS DES UNIVERSITÉS AMÉRICAINES

En août 1950, l'université Berkeley, en Californie, congédie trente et un membres du corps enseignant ayant refusé de signer le *loyalty oath*, serment de fidélité imposé aux universitaires ; celui-ci est un des moyens dont se servent les maccarthystes pour mener la chasse aux prétendues « activités anti-américaines ».

Parmi les exclus, on trouve le mathématicien D.H. Lehmer, qui avait déjà obtenu de grands succès depuis les années 1930, mettant au point le célèbre test de Lucas-Lehmer pour identifier les nombres premiers ou travaillant sur les premiers ordinateurs électroniques comme l'ENIAC. Contraint de quitter son poste, il retombe rapidement sur ses pieds, en s'en voyant proposer un autre à l'autre bout du pays, comme directeur de l'Institut d'analyse numérique du National Bureau of Standards (une agence fédérale chargée principalement des normes industrielles). Deux ans plus tard, la Cour suprême de Californie déclare le *loyalty oath* anticonstitutionnel, les professeurs sont réintégrés, et Lehmer retrouve Berkeley – pour y rester jusqu'à sa retraite.

Cette issue favorable ne signe pourtant pas la fin des persécutions pour les mathématiciens. L'exemple de Chandler Davis est particulièrement frappant : membre du parti communiste américain, il avait refusé de rejoindre une université californienne pour ne pas avoir à signer le *loyalty oath* ; ayant intégré l'université du Michigan, il reçoit en 1953 une citation à comparaître devant la commission des activités anti-américaines de la Chambre des représentants. Évoquant le droit constitutionnel à la liberté d'expression, Davis n'obtient pas gain de cause : il est suspendu de ses fonctions et finit même par être emprisonné six mois.

Ces aléas ne le détournent toutefois pas de l'activité de recherche, et l'on trouve dans son article intitulé « *An extremum problem for plane convex curves* » cette curieuse note de bas de page :

> *« Recherche soutenue en partie par le système pénitentiaire fédéral. Les opinions exprimées dans ce document sont celles de l'auteur et ne sont pas nécessairement celles du Bureau des prisons. »*

Cette ironie est un moyen d'évacuer la tension de la situation, mais elle ne règle pas ses problèmes avec l'administration ; la suite de la carrière de Davis se déroule hors des États-Unis ; s'il quitte le parti communiste américain, il conserve ses convictions et s'engage dans la défense des peuples opprimés et des mathématiciens emprisonnés par les régimes autoritaires.

15 AOÛT

SAINT NAPOLÉON

Le 15 août 1769 naît à Ajaccio Napoléon Bonaparte, le futur empereur Napoléon Ier. Si l'on connaît assez bien la carrière militaire et politique du grand homme, d'autres aspects de son parcours sont plus secrets : savez-vous par exemple que, durant l'Empire, le 15 août avait été déclaré fête nationale et Saint-Napoléon ? Que Napoléon avait été élu membre de l'Académie des sciences ? Qu'un problème géométrique et un théorème portaient son nom ?

Le problème en question est assez simple à énoncer : étant donné un cercle, peut-on trouver son centre en ne disposant que d'un compas ? Pas encore empereur, Bonaparte propose une construction en résolvant ce problème dans un dîner de décembre 1797, ce qui lui vaut la fameuse (et flagorneuse) répartie de Laplace : « *Général, nous nous attendions à tout recevoir de vous, excepté des leçons de mathématiques.* »

Difficile de savoir si Bonaparte a effectivement trouvé cette solution tout seul, à partir des connaissances acquises dans sa formation militaire, ou s'il s'attribue des idées de l'abbé Lorenzo Mascheroni, rencontré lors des campagnes d'Italie. Un livre de ce dernier, intitulé *Geometría del compasso* (« La Géométrie du compas »), paraît justement en 1797 ; il est opportunément dédicacé « *à Bonaparte l'Italique* » :

« J'ai vu ta main, ta main puissante,
Qui frappa tant de potentats
Et fonda tant d'heureux États,
Aux lois d'Euclide obéissante,
Avec moi suivre le Compas. »

L'énoncé du théorème dit « de Napoléon » mérite aussi que l'on s'y arrête : partant d'un triangle (a priori quelconque), on construit sur chaque côté un triangle équilatéral (extérieur au triangle de départ) : alors, les centres de ces trois nouveaux triangles sont à leur tour les sommets d'un triangle équilatéral ! La démonstration est abordable avec les outils de l'époque, mais son attribution apparaît plus discutable, là encore pour de simples raisons chronologiques : le résultat n'est en effet énoncé qu'après la mort de l'Empereur et ne lui sera attribué pour la première fois qu'un siècle plus tard. On ne prête décidément qu'aux riches.

16 AOÛT

UNE MÉDAILLE NÉE À TORONTO

Après Zurich (1897), Paris (1900), Heidelberg (1904), Rome (1908), Cambridge (1912) et Strasbourg (1920), le Congrès international des mathématiciens s'apprête à quitter l'Europe pour son édition 1924 : les natifs des États-Unis ont obtenu l'accord de leurs pairs de tous pays pour que le congrès suivant se déroule dans l'une de leurs universités.

Une fois rentrés en Amérique, ils découvrent que leur principale société savante, l'American Mathematical Society, est opposée à l'organisation de cet événement... Fondé à l'issue de la Première Guerre mondiale, le Conseil international de la recherche, qui devrait mettre sur pied ce congrès, impose en effet l'exclusion des mathématiciens issus des pays défaits (Allemagne, Autriche, Bulgarie, Hongrie, Turquie) ; l'AMS contestant cette décision, elle refuse naturellement de financer la rencontre.

Les organisateurs états-uniens se retrouvent alors fort embarrassés, et une solution providentielle arrive quand le mathématicien canadien John Charles Fields propose de délocaliser le congrès de 1924 à Toronto. Grâce au talent d'organisateur de Fields, la réunion est un succès scientifique et logistique ; lorsqu'elle s'achève, le 16 août 1924, il y a même, chose impensable, un excédent de trésorerie ! Cette somme résiduelle permet à Fields de relancer une vieille idée : créer un prix pour encourager les efforts de jeunes chercheurs brillants, prix qui serait décerné lors des Congrès internationaux des mathématiciens. Il n'aura de cesse de pousser ce projet, qui aboutira lors de l'édition de 1936.

Entre-temps, Fields a contribué intellectuellement et financièrement à la conception de la médaille en or que nous connaissons aujourd'hui : le portrait d'Archimède avec l'inscription latine *transire suum pectus mundoque potiri* (« s'élever au-dessus de soi-même et conquérir le monde ») sur l'avers ; et, au revers, la tombe d'Archimède avec la figure qui y est tracée, un cône et un cylindre ; à celle-ci s'ajoutent des lauriers et l'inscription *congregati ex toto orbe mathematici ob scripta insignia tribuere* (« les mathématiciens du monde entier rassemblés ont récompensé pour des contributions exceptionnelles »).

Avec cette médaille, le projet de Fields d'une récompense prestigieuse et universelle se réalise ; en revanche, son décès avant la première remise l'empêche de créer un prix en tout point conforme à ses vœux : alors qu'il souhaitait que celui-ci ne porte pas le nom d'une personne, tout le monde le célèbre désormais sous le nom de « médaille Fields ».

17 AOÛT

LA PAIRE DE L'AVOCAT PERKO

Prenez une ficelle, tortillez-la à votre guise, puis nouez les deux extrémités : vous obtenez une réalisation physique de ce que l'on appelle un nœud en mathématique. Si, en même temps que le vôtre, j'ai moi aussi réalisé un nœud, on peut se demander si les deux sont identiques. Il y a peu de chances qu'ils soient exactement les mêmes, mais peut-être peut-on déformer l'un pour obtenir l'autre, sans avoir à dénouer la ficelle.

La question est plus difficile qu'il n'y paraît, et, mathématiquement, identifier puis classer les nœuds différents a occupé de nombreux chercheurs. À la fin du XIXe siècle, l'Américain Charles Newton Little dresse la table de tous ceux possédant moins de dix croisements : on ne distingue ainsi que deux nœuds à cinq croisements ne pouvant pas être déduits l'un de l'autre par déformations successives. Plus on augmente le nombre de croisements, plus il y a de nœuds différents : avec neuf croisements, Little en trouve quarante-neuf.

On comprend rapidement que cette explosion combinatoire rend très difficiles l'analyse et l'étude de ces nœuds... C'est pourquoi, pendant près de soixante-dix ans, personne n'a remarqué une erreur dans ces tables de Little reproduites dans divers articles et livres. En 1973, pourtant, l'avocat américain Kenneth Perko découvre une redondance dans la dernière table publiée : les nœuds numérotés 10_{161} et 10_{162} ne sont pas différents, et l'on peut passer de l'un à l'autre par des déformations élémentaires. Plus fort encore, cette « paire de Perko » (ainsi qu'on les appelle désormais) n'est pas une coquille, mais bel et bien un contre-exemple à un résultat utilisé pour dresser les tables. Bel exploit pour un « amateur » de mathématiques !

Il faut toutefois relativiser cette appellation : s'il a principalement fait des études de droit, Perko a aussi suivi des cours de topologie et s'intéresse assidûment à la théorie des nœuds ; avec beaucoup d'humour, il se présente même sur la plate-forme *ResearchGate* avec le message suivant :

> *« Je me spécialise dans la théorie des nœuds corrective, en corrigeant ceux qui se trompent (comme Tait, Little, Heegaard, Dehn et Conway). J'aime aussi me considérer comme un conseiller en matière de deuil pour les mathématiciens qui commettent des erreurs. »*

18 AOÛT

LA THÉIÈRE DE L'UTAH

Dans les collections du musée de l'Histoire de l'ordinateur à Mountain View (Californie), on trouve le super-ordinateur Cray 1, d'antiques ordinateurs personnels, des codes-sources de logiciels emblématiques... mais aussi une théière, appelée « théière de l'Utah ». Si cet objet relativement ordinaire et peu technologique figure dans un musée de l'Informatique, c'est en raison de son rôle dans la thèse de Martin Newell, soutenue à l'été 1975.

Le jeune chercheur travaille alors à l'université de l'Utah sur la synthèse d'images 3D ; pour illustrer la pertinence des procédures qu'il développe, il réalise ainsi des images de son propre service à thé : théière, tasse et soucoupe, cuillère et pot à lait. Seule la théière, ayant des propriétés géométriques plus intéressantes comme le « trou » sous l'anse et les zones « pointues » du bec verseur, a accédé à la célébrité – on la retrouve depuis dans tous les bancs d'essai pour le traitement des images.

La démarche de Newell est très intéressante : à l'époque, on crée des images de synthèse avec des polygones accolés, et, quand les polygones sont suffisamment nombreux et petits, on a l'illusion d'avoir dessiné une surface courbe ; pour compléter cette approche plutôt rudimentaire et obtenir des surfaces véritablement lisses, Newell implémente alors un autre objet mathématique, les « patchs bi-cubiques de Bézier ». L'origine de cette notion se trouve chez les constructeurs automobiles français, où de brillants ingénieurs mettent en place, à la fin des années 1950, ce qui deviendra la conception assistée par ordinateur : d'un côté, Paul de Casteljau chez Citroën, de l'autre, Pierre Bézier chez Renault.

Avec les outils que ces deux hommes développent, on ne cherche plus à décrire une surface (pas nécessairement plane) en mettant des points dessus et en les reliant par des polygones, mais on impose des « points de contrôle », possiblement hors de la surface, à partir desquels on peut la reconstruire facilement. Si, au départ, ces mathématiques avaient un usage pour la conception de carrosserie, avec Newell et la théière de l'Utah, elles deviennent indispensables pour l'obtention d'images de synthèse : cela valait bien une place dans un musée !

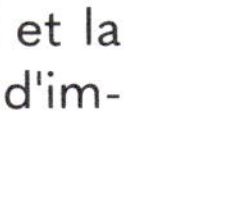

19 AOÛT

LE THÉORÈME DE FUTURAMA

Dans le dixième épisode de la saison 6 du dessin animé Futurama, diffusé la première fois le 19 août 2010, deux personnages mettent au point une machine pour permuter les corps de deux cobayes : chaque âme se trouve après utilisation dans le corps de l'autre. Ils essaient alors la machine sur eux et se trouvent fort démunis lorsqu'ils ne parviennent pas à revenir en arrière : la machine ne peut fonctionner deux fois avec les deux mêmes corps. Alors, ils appellent une troisième personne, puis une quatrième… Le scénario complique à dessein les permutations entre les corps des différents personnages pour nouer diverses intrigues.

Je vous laisse regarder l'épisode si vous voulez en savoir davantage ; pour nos personnages (appelons-les A et B), il y aurait pourtant un moyen simple de revenir à la normale si jamais ils échangeaient leurs corps : vous convoquez deux autres personnes X et Y, puis vous effectuez les permutations entre A et X, entre B et Y, entre B et X, entre A et Y, et enfin entre X et Y. Je vous encourage à vérifier que cela fonctionne bien : par exemple, l'âme de A est passée dans le corps B à la première manipulation, ne change pas de corps à la deuxième, passe dans le corps Y à la troisième, ne change pas à la quatrième, revient dans le corps A à la cinquième et y reste à la dernière. Ouf !

Dans cette succession de permutations, j'ai indiqué avoir besoin de deux personnes supplémentaires : une ne suffisait pas ! Le scénariste de cet épisode, Ken Keeler, en était bien conscient : il a soutenu une thèse de mathématiques… Fort de ce talent auxiliaire, il a cherché à comprendre cette situation en mathématicien et a démontré un résultat, le « théorème de Futurama » : toute permutation entre les corps d'un nombre quelconque de personnages peut être ramenée à la normale par l'ajout de deux personnages supplémentaires et d'échanges judicieux (à faire dans le bon ordre) – échanges impliquant toujours l'un des deux personnages ajoutés.

Plutôt qu'un script, ce travail qu'a fait Keeler en marge de la série aboutit à la démonstration d'un vrai résultat mathématique. Le studio d'animation a d'ailleurs fait un clin d'œil à l'inhabituel travail de son scénariste : à un moment dans l'épisode (vers la vingtième minute), les notations de la preuve de Keeler apparaissent sur un tableau noir !

20 AOÛT

LA FOUDRE FRAPPE FORT !

Le Jamaïcain Usain Bolt est sûrement l'un des plus grands coureurs de tous les temps ; en tout cas, il est le seul à avoir remporté l'or olympique en 100 m et 200 m sur trois éditions consécutives (Pékin, Londres et Rio de Janeiro). Surnommé « la Foudre », il a aussi laissé une trace immanquable dans les livres de records ; si les journalistes sportifs rappellent souvent son temps de 9"58 sur le 100 m, j'avoue avoir une très nette préférence pour sa performance de 19"19 sur 200 m, accomplie le 20 août 2009 à Berlin.

Pourquoi ? Tout d'abord parce que, sur ce 200 m, sa vitesse moyenne est plus élevée que sur le 100 m qui l'a consacré (l'entendre appeler « homme le plus rapide du monde » pour cette seconde victoire irrite donc le mathématicien en moi...). Je préfère aussi ce record car, ayant pu voir à la télévision les 19"32 de Michael Johnson aux JO d'Atlanta en 1996, je pensais qu'il était impossible de faire mieux. Bolt n'était visiblement pas d'accord avec moi, et il pensait la même chose de son propre record, puisqu'il confiait en 2014 à son sponsor :

> *« J'aimerais faire passer ce record sous la barre des 19 secondes, et j'en serais très fier. C'est un de mes objectifs, et la possibilité existe. »*

La confiance est impressionnante, mais est-ce mathématiquement possible ? La littérature scientifique a cherché à établir une limite « plancher » pour le 200 m : par exemple, dans un travail publié en 1986, le célèbre physiologiste de la performance Richard Hugh Morton en indiquait une de 18"15. Cette valeur provient d'un modèle d'équations intégrales et différentielles, censé décrire au mieux les mécanismes biomécaniques, énergétiques et physiologiques d'un individu à partir des paramètres corporels mesurés.

Dans le cadre fixé par ce modèle, la limite est tout à fait exacte et démontrée. En revanche, on peut discuter de sa validité pratique : le modèle n'oublie-t-il pas des paramètres ? La fiabilité de la modélisation pour les valeurs mesurées par les paramètres tient-elle toujours pour d'autres différant de beaucoup des valeurs « usuelles » ? Bref, il y a une défiance devant ces limites mathématiques reprises à outrance dans les médias.

Faut-il pour autant jeter ces modèles ? Surtout pas ! Il faut les utiliser autrement, en voyant par exemple comment l'évolution de tel ou tel paramètre (physiologique, mécanique) fait évoluer la performance, afin d'en tirer des idées pour améliorer la préparation physique. Les mathématiques servent à gagner les compétitions de demain, pas à fixer des limites indépassables et universelles.

21 AOÛT

LES ERREURS DE LOUIS DE BRANGES

Louis de Branges de Bourcia est un mathématicien franco-américain à la carrière bien remplie : étudiant au MIT puis à l'université Cornell dans les années 1950, il passe plus de soixante ans comme professeur à l'université Purdue. Ce spécialiste d'analyse hilbertienne a écrit près d'une centaine d'articles de recherche et résolu trois grands problèmes ouverts qui résistaient à toute la communauté des mathématiciens ; le plus important, l'hypothèse de Riemann, aura été l'obsession de toute sa carrière : dans la preuve qu'il livre en 2004, il dit avoir montré que les seuls points où la fonction « zêta » de Riemann s'annule sont localisés dans une certaine partie du plan...

Une réserve s'impose : quand je dis qu'il a résolu ces trois célèbres problèmes, je lui fais abusivement confiance, car il a prétendu les avoir résolus. La réalité est un peu moins flatteuse. Il le reconnaît lui-même dans l'un de ses rares moments d'introspection :

> *« Le premier cas où j'ai commis une erreur a été quand j'ai prouvé l'existence de sous-espaces invariants pour les transformations continues dans les espaces de Hilbert. Cela s'est passé en 1964, et j'ai déclaré vrai quelque chose que je n'étais pas en mesure d'étayer. Le fait que j'aie fait cela a détruit ma carrière. Mes collègues ne me l'ont jamais pardonné. »*

Sa preuve de 1964 ne tient pas la route et ne correspond pas aux standards de rigueur : elle est rapidement dénoncée par la communauté. À l'autre extrémité de la carrière, la preuve de l'hypothèse de Riemann en 2004 connaît le même sort, malgré quelques tentatives de la réécrire en bouchant des trous logiques ou en rectifiant quelques erreurs.

En revanche, la preuve de la conjecture de Bieberbach qu'il publie en 1984 est tout à fait valable, et l'on parle désormais du théorème de De Branges pour ce résultat (d'autant plus volontiers que cela permet d'effacer le nom de Ludwig Bierberbach, nazi notoire). Cet exploit n'a pas pour autant sauvé la réputation de De Branges. Comme l'indique le mathématicien Atle Selberg dans un commentaire perfide :

> *« Louis de Branges a commis beaucoup d'erreurs dans sa vie. D'un point de vue mathématique, il n'est pas la source la plus fiable. Comme je l'ai dit un jour – c'est une plaisanterie un peu malicieuse comme il m'arrive d'en faire – après qu'ils eurent finalement vérifié qu'il avait obtenu ce résultat sur la conjecture de Bieberbach, j'ai dit que Louis de Branges avait commis toutes sortes d'erreurs, et que cette fois-ci, il avait commis l'erreur d'avoir raison ! »*

22 AOÛT

LA GROUPIE DE TURING

Le 22 août 2023, l'agent spécial Greg Wertsch du département de la Sécurité intérieure des États-Unis et la procureure assistante Laura Hurd sont en mission à la Sherborne School (en Grande-Bretagne) ; ils viennent officiellement rendre à cet établissement scolaire des archives de son plus célèbre ancien étudiant, le mathématicien et informaticien Alan Turing.

Parmi les documents restitués, plusieurs bulletins scolaires, une lettre du roi George VI, une photographie de passeport, le diplôme de thèse et la médaille de l'ordre de l'Empire britannique ; des *memorabilia* qui peuvent intéresser archivistes et collectionneurs, mais aucun document qui renseigne sur ses activités de chercheur ou ses services rendus à la nation durant la Seconde Guerre mondiale. Au mieux, on sourit devant les notes de Turing en anglais et devant la mention sur son bulletin de 1927 : « Il a été surpris en train de faire de l'algèbre pendant un cours de religion. »

Si les documents sont rapatriés des États-Unis, c'est parce qu'ils ont été volés quarante ans plus tôt et que la justice vient de les récupérer, pour les rendre à leur propriétaire légitime. La voleuse, Julie Ann Schwinghamer, est une Américaine à l'enfance malheureuse qui a découvert par hasard la destinée et les travaux de Turing ; convaincue de trouver en lui une sorte d'âme sœur, elle décide en 1984 de faire un pèlerinage en Angleterre et profite d'un manque de surveillance à la Sherborne School pour subtiliser des documents sur son mathématicien chéri.

Outre-Atlantique, elle reprend sa carrière militaire et multiplie des performances athlétiques jusqu'à devenir l'une des meilleures sprinteuses des États-Unis... Mais sa fascination pour Turing s'accroît toujours plus, au point de devenir une obsession ; elle finit même par changer son état civil pour se faire appeler Julia Mathison Turing (comme Alan Mathison Turing) !

Difficile de comprendre sa passion malsaine ou d'analyser les ressorts psychologiques qui l'ont conduite à de tels excès ; la justice américaine a d'ailleurs décidé de ne pas la poursuivre au pénal et l'a exceptionnellement autorisée à consulter une ultime fois le diplôme de Turing avant le rapatriement... Que les larmes et la souffrance de cette groupie très particulière nous prémunissent de toute forme d'idolâtrie !

23 AOÛT

CLÉLIES

Prenez une clémentine, enfoncez un ongle dans sa peau, puis tournez-la comme si vous vouliez la peler : votre ongle décrit une trajectoire en forme de « spirale » à la surface du fruit, et, selon la façon dont vous avez choisi de mettre la clémentine en rotation, cette « spirale » est plus ou moins complexe.

Si, dans le paragraphe précédent, il y a des guillemets autour du mot spirale, c'est parce que, mathématiquement, les mots pour décrire les courbes ont un sens extrêmement précis ; ils collent rarement avec notre usage dans la langue ordinaire. Dans l'exemple de la clémentine, on peut certes obtenir une spirale sphérique, au sens mathématique, mais aussi d'autres courbes qui ne répondent pas à la définition restrictive des spirales.

Parmi celles-ci, on peut signaler les clélies, dont la description repose sur une équation simple. Pour la préciser, on a besoin de considérer notre clémentine, ou plutôt une sphère, d'un point de vue géographique : on fixe les deux pôles, puis on associe à un point de la surface sa longitude, un angle qui mesure la position est-ouest, et sa colatitude, un angle qui mesure la position nord-sud (0° au pôle Nord, 90° à l'équateur, et 180° au pôle Sud) ; la clélie de paramètre $k > 0$ est la courbe des points de la sphère dont la longitude est égale à k fois la colatitude. On peut s'amuser à tracer les clélies pour différentes valeurs du paramètre, et l'on trouve une vaste variété de courbes.

Vous vous demandez peut-être l'origine du nom : il a été fixé par le mathématicien et moine italien Guido Grandi, qui consacre aux clélies la seconde partie d'un ouvrage publié en 1728 ; il y explique avoir donné ce nom en hommage à la comtesse Clelia Grillo Borromeo (née en 1683 et morte le 23 août 1777), « assez versée en géométrie pour être en état de goûter l'odeur de ce bouquet de fleurs géométriques ».

Cette comtesse est en effet polyglotte et fort savante dans les différents domaines scientifiques ; elle tient, dans son palais romain, un salon où elle permet le développement aussi bien des sciences naturelles expérimentales et de la mécanique newtonienne que de la géométrie... Désormais, et pour toujours, elle se trouve associée aux satellites dont l'orbite est un cercle passant par les pôles : à cause de la rotation de la Terre, pour un observateur placé sur le globe, leur trajectoire apparente est une clélie. Il est amusant d'imaginer que ces satellites se trouvent liés au nom d'une savante du siècle des Lumières...

24 AOÛT

AVEC UN AN DE RETARD

1983

Le 24 août 1983 se clôt à Varsovie le Congrès international des mathématiciens 1982. Vous avez bien lu, pas d'erreur dans les dates : le congrès 1982 se termine effectivement en août 1983.

Pour comprendre ce décalage, il faut revenir en arrière. En 1978, lorsque le congrès d'Helsinki s'achève, le professeur Kazimierz Urbanik annonce que le suivant aura lieu en Pologne :

> *« Nous sommes tous conscients qu'il sera difficile d'organiser une réunion d'une telle ampleur, d'autant plus que le souvenir du splendide congrès d'Helsinki sera encore frais. Toutefois, compte tenu de l'aide de l'Union mathématique internationale et du soutien promis par l'Académie polonaise des sciences, nous sommes optimistes. »*

L'optimisme est une excellente chose quand on veut organiser un événement d'ampleur mondiale, mais il faut aussi faire preuve de pragmatisme. Entre 1978 et 1982, la situation politique polonaise évolue rapidement : les grèves dans les chantiers navals font émerger le syndicat Solidarność et apparaître une contestation inédite du gouvernement communiste ; les tensions montent jusqu'à la brutale reprise en main du général Jaruzelski, le 13 décembre 1981. Les habitants du pays sont alors soumis à la loi martiale et subissent un couvre-feu strict la nuit, la censure des médias et des restrictions aux déplacements, alors que des opposants sont emprisonnés… Difficile d'envisager un congrès avec des milliers d'étrangers dans ces conditions.

En avril 1982, comme on pouvait le prévoir, l'Union mathématique internationale annonce reporter le congrès *sine die* (mais l'assemblée générale et l'annonce des récompenses comme les médailles Fields ont bien lieu cette année-là) ; elle assure toutefois les organisateurs de son soutien, en ne cherchant pas à délocaliser l'événement. Plus précisément, pour qu'il ait lieu, on demande au gouvernement polonais des assurances concernant la libre circulation de ses participants, la libération des mathématiciens emprisonnés et la levée du couvre-feu.

La suspension de la loi martiale en décembre 1982 permet d'envisager la reprise du travail scientifique – et l'organisation du congrès pour l'été 1983, avec un an de retard. Ces péripéties teintent d'une ironie particulière le discours d'ouverture du professeur Czesław Olech, et notamment la phrase suivante :

> *« Organiser une rencontre de cette envergure n'aurait pas été possible sans le soutien actif du gouvernement. »*

Une fois de plus, on constate que les mathématiciens ne peuvent être hors du monde.

25 AOÛT

SAINT-EXUPÉRY SE RATE ENCORE

Antoine de Saint-Exupéry est un écrivain et aviateur français ; il a accédé à la célébrité avec *Le Petit Prince* et sa disparition tragique lors d'une mission aérienne de reconnaissance en 1944. En revanche, peu de gens savent qu'il ne se destinait initialement ni à l'écriture ni à l'aviation : enfant, il rêvait de rejoindre l'École navale pour pouvoir faire carrière dans la marine. Pour cela, il est venu à Paris pour suivre des classes préparatoires et préparer au mieux le concours de cette école.

Certains biographes affirment que Saint-Exupéry brillait davantage en sciences que dans les matières littéraires, ce qui est plutôt ironique au regard de son succès ultérieur comme écrivain ; malheureusement, il s'agit d'une légende facilement démentie en consultant ses résultats aux concours. Un examinateur de mathématiques de l'époque a conservé les carnets où il consignait les différentes performances des candidats : on dispose ainsi d'informations de première main. (Précisons que ces annotations n'étaient pas destinées à être rendues publiques, ce qui explique le ton plutôt cassant.)

Passons sur la session 1918 (la première de Saint-Exupéry) : son calendrier est un peu perturbé par la fin du conflit mondial. Lors de sa deuxième tentative l'année suivante, il est interrogé à Brest ; le 25 août 1919, il doit d'abord répondre à une question de cours de géométrie, au sujet des asymptotes d'une hyperbole. Le sujet est raisonnable, mais le commentaire de l'examinateur est sans appel : « Ne sait pas, retrouve péniblement les énoncés. »

Après cette mise en jambe ratée, un premier exercice amène le candidat à résoudre une équation différentielle et à manipuler des exponentielles : Saint-Exupéry a le malheur d'écrire la formule $(\exp(2t))^2 = \exp(2t+2)$ – fausse sauf si $t=1$; il aurait dû écrire $\exp(4t)$) –, et le jury commente laconiquement « peu intelligent ». Un dernier exercice, l'ultime chance de sauver son oral pour le candidat, demande de calculer l'inverse d'une sphère par rapport à l'un de ses points, et l'examinateur conclut le calvaire avec l'appréciation « aucune précision dans les termes, ne comprend pas ce qu'il fait ».

Nul besoin d'être versé en mathématiques pour comprendre que Saint-Exupéry n'a pas brillé : il hérite de la note de 7,5 sur 20 et est recalé. L'année suivante, il tente le concours une dernière fois, mais l'issue est identique. On peut s'attrister devant une vocation ainsi contrariée par les mathématiques... mais n'oublions pas que cet échec est aussi ce qui l'a réorienté vers les domaines où il s'est illustré !

26 AOÛT

LA CRYPTANALYSTE DE LA PROHIBITION

En 1933, lors d'un célèbre procès à La Nouvelle-Orléans, le colonel Amos W. Woodcock dirige les poursuites contre vingt-trois membres du plus puissant syndicat international de contrebande, un groupe mafieux contrôlant un vaste territoire du golfe du Mexique à la côte Ouest.

Woodcock a une grande expertise juridique et une réputation d'avocat intransigeant contre les trafiquants de la prohibition ; toutefois, dans ce procès retentissant, son meilleur atout est l'intervention à la barre d'une experte en cryptographie. Il le signale explicitement dans une lettre au secrétaire au Trésor, l'équivalent américain du ministre des Finances :

> *« Mme Friedman a été citée comme témoin expert pour témoigner sur la signification de certains messages radio codés et interceptés. [...] [Elle] fit une impression inhabituelle sur le jury. Ses descriptions de l'art de déchiffrer et de décoder établirent dans l'esprit de tous sa pleine compétence pour témoigner. Cela aurait été un malheur de première grandeur dans la poursuite de cette affaire si l'on n'avait pas eu à notre disposition un témoin ayant les qualifications et la personnalité de Mme Friedman. »*

Elizebeth Smith Friedman, née le 26 août 1892, ne se destinait pas à la cryptographie ; mais après des études littéraires, elle se fait embaucher par un riche marchand qui souhaite prouver que les œuvres de Shakespeare sont en fait écrites par Bacon. À travers ce projet atypique d'analyse statistique de textes, elle s'initie aux techniques pour décrypter des messages codés – et aux mathématiques sous-jacentes ; elle finit alors par devenir l'une des personnes les plus compétentes en ce domaine aux États-Unis.

Pour faire face aux conflits internationaux et lutter contre le crime organisé, les administrations vont faire appel à elle pour son travail personnel, mais aussi pour former et diriger des équipes de cryptographes prêtes à agir. Si la presse américaine a chanté ses louanges lors de ses apparitions à la barre, où elle expliquait avec pédagogie les principes de sa science, il faudra attendre plusieurs décennies pour apprendre qu'elle avait en fait décodé des dizaines de milliers de messages, et qu'elle était impliquée pendant les deux guerres mondiales dans des projets secret défense.

27 AOÛT

LE DERNIER ARTICLE DE KATÓ ET ALFRÉD

En cette fin août 1969, la ville de Balatonfüred, en Hongrie, accueille une conférence internationale intitulée « *Combinatorial Theory and its Applications* » ; il s'agit d'un authentique événement mathématique et politique, et, bien que la Hongrie dispose d'une excellente école de combinatoire avec des chercheurs mondialement reconnus, c'est la première fois que s'y tient un congrès de cette ampleur.

Le mathématicien Alfréd Rényi contribue à son organisation et, le 27 août, il présente un travail conjointement mené avec son épouse Kató (Catherine), elle aussi mathématicienne. Les deux se sont penchés sur l'énumération et le dénombrement des k-arbres, un type de graphes particulièrement intéressant pour la combinatoire (lesdits « graphes » sont des réseaux définis par leur nombre de nœuds et les connexions qui les relient). Une collègue bien informée, Vera Sós, raconte même que leurs derniers résultats ont été obtenus la semaine précédant la conférence.

Aujourd'hui, on peut retrouver le texte de cet exposé dans les actes du congrès publiés l'année suivante et constater que, comme toujours, ces Hongrois avaient un talent fou pour cette branche des mathématiques. Toutefois, une note en bas de page marque davantage les esprits :

> *« Les résultats de cet article ont été obtenus en juin et juillet 1969. Les résultats du §2 sur lesquels repose tout le reste de cet article sont dus presque exclusivement à Catherine Rényi. Hélas, Catherine Rényi est décédée le 23 août 1969. Il restait à l'auteur nommé en second lieu à préparer le texte final du présent article ; ainsi, toutes les éventuelles lacunes de l'article relèvent de sa responsabilité. »*

Ainsi, les derniers jours de Kató ont été consacrés à ce travail, Alfréd est arrivé au congrès le jour de la mort de sa femme (à l'âge de quarante-quatre ans), il a tenu à présenter leurs résultats, puis a rédigé seul l'ensemble de l'article. Qu'est-ce qui peut motiver une telle abnégation ? Est-ce un témoignage de son amour pour elle ou le respect de leur engagement commun pour les mathématiques ?

J'étais franchement ému d'imaginer l'état d'esprit de ce jeune veuf faisant survivre quelque temps sa femme en présentant leurs travaux ; c'était avant que je ne découvre que les actes du congrès étaient dédiés à la mémoire de Kató... et Alfréd. Quelques mois après sa femme, Alfréd s'éteignait à son tour (à quarante-huit ans), avant d'avoir vu l'article et sa note de bas de page publiés.

28 AOÛT

TRIER DES CRÊPES

Le 28 août 1978, le journal *Discrete Mathematics* accepte pour publication un manuscrit intitulé « *Bounds for sorting by prefix reversal* », écrit par deux jeunes chercheurs : William H. Gates et Christos H. Papadimitriou. Cet article de recherche propose d'estimer le nombre d'opérations d'un algorithme de tri très spécifique ; les auteurs décrivent leur objectif de manière illustrée et efficace :

> *« Le chef cuisinier est négligent, et lorsqu'il prépare une pile de crêpes, celles-ci sont de tailles différentes. Par conséquent, lorsque je les sers à un client, en chemin vers la table, je les réarrange de sorte que la plus petite se retrouve sur le dessus, et ainsi de suite, jusqu'à la plus grande en bas, en prenant un lot de crêpes sur le dessus de la pile et en retournant ce lot, puis en répétant cette opération (en variant le nombre de crêpes que je retourne) autant de fois qu'il le faut. S'il y a n crêpes, quel est le nombre maximum de retournements, en fonction de n, que je devrai utiliser pour les réarranger ? »*

Pour étudier ce tri des crêpes, les auteurs proposent notamment une méthode qui indique explicitement, à chaque étape, où placer la spatule dans la pile de crêpes ; ils évaluent, dans le pire des cas, le nombre de retournements à effectuer avec cet algorithme et arrivent ainsi à dire que ce nombre maximal est inférieur ou égal à $(5n + 5) / 3$. Cette borne n'est pas optimale, et elle sera notablement améliorée par une équipe de sept chercheurs en 2008 ; le problème n'est par ailleurs crucial ni en mathématiques ni en informatique.

Si cet article est resté célèbre, c'est bien plutôt à cause de ses auteurs ! Papadimitriou est en effet devenu une star de l'informatique théorique : il a reçu plusieurs doctorats *honoris causa* et de nombreux prix internationaux, est auteur d'un livre sur la complexité informatique utilisé dans toutes les universités du monde et coauteur de la bande dessinée *Logicomix*, sur les fondements des mathématiques. Quant à Gates (plus connu avec le diminutif de son prénom, Bill), il a quitté la recherche pour fonder l'entreprise Microsoft ; il est désormais mondialement connu comme entrepreneur, milliardaire et philanthrope. Si la mythologie californienne veut que toutes les grandes aventures entrepreneuriales démarrent dans un garage, n'oublions pas que celle de Microsoft a surtout commencé en étudiant les mathématiques !

29 AOÛT

DIEU EXISTE

L'anecdote est bien connue des dix-huitiémistes : un jour de mars 1774, excédé par la prétention de Denis Diderot à la cour de la tsarine Catherine II, Leonard Euler l'aurait publiquement ridiculisé en lui lançant la phrase (qui n'admet pas de réponse) : *« Monsieur, $(a + b^n) / z = x$, donc Dieu existe, répondez ! »*

Il n'y a pas de preuve historique d'une telle anicroche, et les différents livres qui la relatent sont écrits au mieux trente ans plus tard ; ils diffèrent d'ailleurs sur la formule utilisée. Anne-Marie Chouillet, historienne des mathématiques, en a ainsi dressé la liste : $(a + b^n) / n = x$, $(a + bn) / 2 = x$, $(a - b^n) / a = x$, ou encore $(a - 1 - b^n) / 3 = x$. Dans tous les cas, il est clair que ces formules (qui sont plutôt des équations, d'ailleurs) n'établissent rien – et surtout pas l'existence de Dieu.

Il est tentant de tourner en dérision ces « preuves » mathématiques, et je suppose que c'est le cœur de l'anecdote sur l'altercation Diderot-Euler. Ces démonstrations ne se limitent d'ailleurs pas au siècle des Lumières : le 29 août 1970, le mathématicien et économiste Oskar Morgenstern écrit dans son journal que le logicien Kurt Gödel lui a montré une « preuve de l'existence de Dieu », mais que ce dernier rechigne à rendre son raisonnement public par peur du jugement de ses pairs.

Ce travail a été diffusé près de dix ans après la mort de Gödel : comme tout travail logique, il repose sur des définitions qui précisent les concepts et sur des axiomes qui indiquent les vérités élémentaires dont part le raisonnement ; ensuite, par des jeux de déduction, Gödel obtient un théorème dont l'énoncé est « la propriété d'être divin est nécessairement exemplifiée ». Quelques remarques : tout d'abord, le travail est beaucoup plus élaboré que la formule dans l'anecdote Diderot-Euler ; ensuite, avec son formalisme et le caractère un tantinet artificiel de ses axiomes, cet argument logique ne peut convaincre ni les athéistes ni les croyants.

Doit-on pour autant reléguer ce travail dans l'oubli ? Non, et ce texte est d'ailleurs étudié avec le développement des assistants de preuve et la théorie de la démonstration automatique de théorèmes. Cela ne répond peut-être pas à la question sur l'existence de Dieu, mais cela permet au moins de faire des mathématiques : n'est-ce pas mieux ?

30 AOÛT

COLLABORATEURS DE N. BOURBAKI

Pas besoin d'être extrêmement versé dans l'histoire des mathématiques pour connaître Nicolas Bourbaki : il s'agit du pseudonyme d'un groupe de mathématiciens qui se rassemble depuis les années 1930 pour écrire le traité des *Éléments de mathématique*.

Le caractère secret et le goût pour l'humour potache des participants ont fait naître de nombreuses histoires, certaines complètement invérifiables ; en revanche, on peut facilement s'assurer que, d'un point de vue administratif, la structure sous-jacente est l'« association des collaborateurs de N. Bourbaki », fondée le 30 août 1952. La mention des « collaborateurs » rend plus nébuleuse l'histoire du groupe, en faisant croire que celles et ceux qui écrivent effectivement le traité sont des proches de N. Bourbaki, une personne qui aurait donc son existence propre.

Cette version de l'histoire provient d'un récit plaisant, mais inventé de toutes pièces : selon celui-ci, Nicolas Bourbaki serait issu d'une famille crétoise et aurait suivi des études de mathématiques à l'université de Karkhov, avant de suivre les cours d'Henri Poincaré à Paris et ceux de David Hilbert à Göttingen. Si l'on déroule la notice biographique disponible dans les archives Bourbaki, on découvre une carrière universitaire mouvementée, un Bourbaki ballotté par les événements historiques du début du XXe siècle, qui échoue finalement à Paris sans poste ni reconnaissance de ses travaux ; c'est alors que de jeunes mathématiciens voulant redonner une forme d'unité aux mathématiques (qu'ils appellent *la mathématique*) le rencontrent fortuitement, reconnaissent qu'il les a précédés sur ce chemin et choisissent d'en faire leur maître. La notice indique :

> *« Les collaborateurs de N. Bourbaki, dédaigneux des stériles disputes de "priorité", et persuadés que seul le travail d'équipe peut obtenir un résultat fécond dans une semblable entreprise, ont choisi de publier leur Traité sous le seul nom de leur Maître. »*

Ce passage justifie bien le fonctionnement du groupe, mais ne répond pas à la question cruciale : pourquoi aucune personne extérieure n'a jamais rencontré Bourbaki ? La réponse figure quelques paragraphes plus loin :

> *« N. Bourbaki, devenu quelque peu misanthrope à la suite de ses malheurs, se refuse à voir qui que ce soit hormis les collaborateurs qu'il a lui-même choisis. C'est ce qui a donné cours à la légende d'après laquelle il ne serait qu'un simple pseudonyme. »*

Le récit a réponse à tout. Dommage qu'il ne s'agisse que d'un conte !

31 AOÛT

THÉORÈME À KYOTO, CONJECTURE AILLEURS

Le 31 août 2012, le mathématicien japonais Shinichi Mochizuki dépose sur son site personnel quatre projets d'articles s'étendant sur plus de six cents pages et développant une théorie baptisée *Inter-Universal Teichmüller Theory (IUT)*. L'engouement que suscite alors ce travail est double : d'une part, il prétend démontrer la conjecture abc, l'une des plus difficiles de la théorie des nombres ; d'autre part, l'auteur est un professeur révéré de l'université de Kyoto ayant déjà prouvé son talent.

Les spécialistes du monde entier se précipitent sur ces prépublications, mais peu d'entre eux parviennent réellement à se retrouver dans ce gigantesque amas de concepts nouveaux, à vérifier toutes les affirmations intermédiaires. À rebours de cette démarche, le cheminement ordinaire pour la validation d'un travail scientifique est plutôt le suivant : l'auteur soumet sa proposition d'article à un journal, qui désigne des rapporteurs pour l'analyser ; si les rapports sont positifs, on décide de publier l'article avec le statut de résultat démontré. Cette procédure peut connaître quelques dysfonctionnements, mais elle suffit globalement pour la construction scientifique.

Dans le cas de *IUT*, l'enjeu de la validation et le travail à fournir pour l'obtenir sont immenses ; on organise donc des séminaires pour discuter des idées et techniques nouvelles, puis deux experts du domaine passent plusieurs mois à décortiquer les quatre articles ; ensuite, ils rencontrent Mochizuki pour discuter avec lui des points qui semblent litigieux. À l'issue de ce travail, ils émettent un rapport critique… et annoncent que la conjecture abc n'est finalement pas établie.

Face à ce verdict, Mochizuki rétorque que les rapporteurs n'ont rien compris, et qu'ils ont une profonde ignorance de sujets élémentaires. La situation se complique encore quand les articles sont publiés dans un journal dont Mochizuki est rédacteur en chef : ambiguïté supplémentaire ! Ses collègues japonais font bloc derrière lui, le reste du monde est dubitatif : on dispose donc d'un théorème valide à Kyoto, qui reste une conjecture ailleurs.

Je ne peux me prononcer sur le sujet, mais le dernier avatar de cette polémique mérite notre attention : dans des commentaires pleins d'aigreur publiés en 2024, Mochizuki fustige le battage médiatique occidental et impute le blocage aux différences culturelles. Cela ne suffit pas à tout expliquer, mais il faut bien reconnaître que, dans ce cas particulier, des facteurs culturels ont pu contrarier la sérénité du débat scientifique – et que le sujet mérite réflexion.

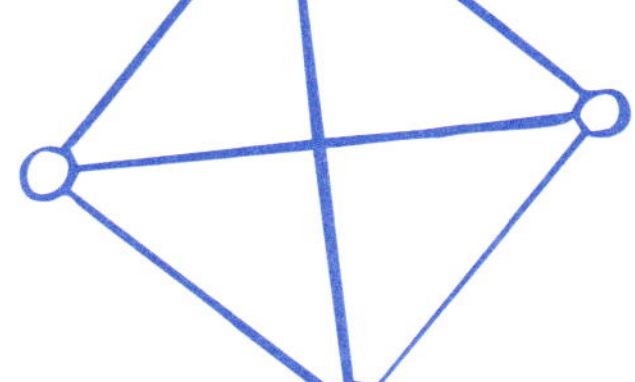

SEPTEMBRE

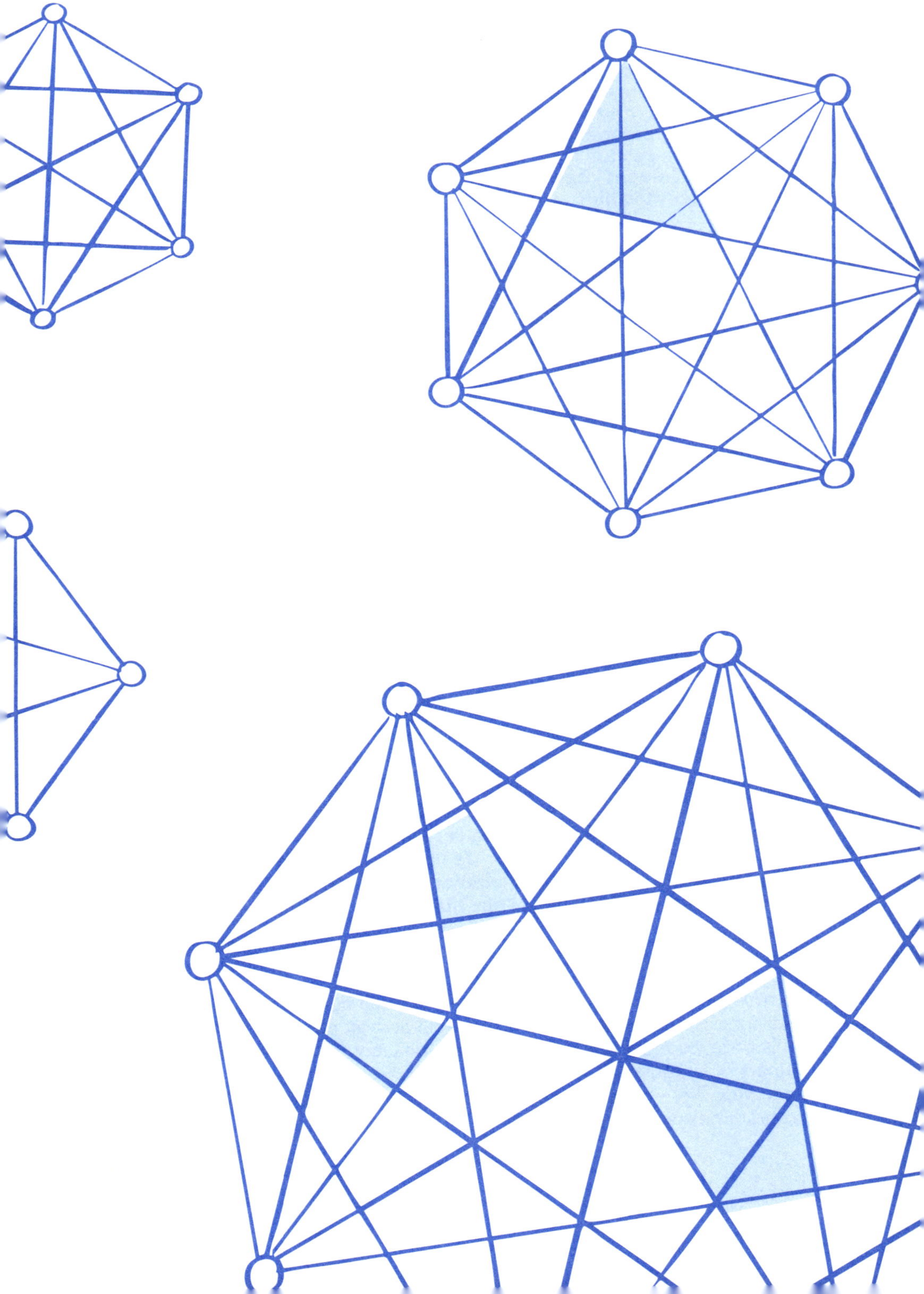

MATHÉMATIQUES DE LYCÉE

À chaque rentrée des classes, élèves et professeurs se replongent dans les cours, avec leurs programmes officiels comprenant des litanies d'énoncés à comprendre, de compétences à acquérir, de techniques à maîtriser. En ce qui concerne les mathématiques, les programmes évoluent régulièrement mais certains éléments demeurent inchangés, invariables aux modes.

Parmi ceux-ci, on trouve sans surprise la maîtrise des opérations élémentaires : addition, multiplication et exponentiation. Plus précisément, au niveau du lycée, on identifie onze axiomes, c'est-à-dire onze propriétés élémentaires à partir desquels on peut établir d'autres résultats plus compliqués. Voici une énumération de ces résultats, pour tous entiers m, n et p,

Les propriétés de l'addition seule :

- $m + n = n + m$
- $(m + n) + p = m + (n + p)$

Les propriétés de la multiplication seule :

- $m \times 1 = m$, $m \times n = n \times m$
- $(m \times n) \times p = m \times (n \times p)$

La distributivité entre l'addition et la multiplication :

- $m \times (n + p) = m \times n + m \times p$

Les propriétés des puissances et les liens avec l'addition et la multiplication :

- $1^m = 1$
- $m^1 = m$
- $m^{n+p} = m^n \times m^p$
- $(m \times n)^p = m^p \times n^p$
- $(m^n)^p \times m^{np}$

Dans les années 1960, le logicien américain d'origine polonaise Alfred Tarski s'est interrogé : peut-on vraiment démontrer toutes les identités entre entiers naturels, comme par exemple la relation $(m + n)^2 = m^2 + 2 \times m \times n + n^2$ pour tous entiers m et n, à partir de ces onze axiomes ? La question est loin d'être évidente et il a fallu attendre 1980 pour que le mathématicien britannique Alex Wilkie exhibe l'identité suivante pour tous entiers m et n :

$$((m + 1)^n + (m^2 + m + 1)^n)^m \; ((m^3 + 1)^m + ((m^4 + m^2 + 1)^m)^n =$$
$$((m + 1)^m + (m^2 + m + 1)^m)^n \; ((m^3 + 1)^n + ((m^4 + m^2 + 1)^n)^m$$

Il a montré à la fois que la relation était vraie (ce qui est facile avec des connaissances sur les polynômes) et qu'on ne pouvait pas la démontrer avec les seuls onze axiomes du lycée (ce qui est beaucoup plus délicat... comme la plupart des preuves d'impossibilité). La réponse à la question de Tarski est donc négative – mais cela ne veut pas pour autant dire qu'il faut changer les programmes de lycées pour ajouter de nouveaux axiomes !

2 SEPTEMBRE

UNION INTERBALKANIQUE

En 1934, la Grèce, la Turquie, la Roumanie et la Yougoslavie signent un pacte militaire mettant fin aux diverses revendications territoriales qui les opposaient. Parallèlement, les scientifiques de ces pays organisent la coopération pour la recherche ; c'est ainsi que le 2 septembre 1934 s'ouvre à Athènes le premier congrès de l'Union mathématique interbalkanique.

L'une des décisions de la nouvelle entité est de publier un journal commun, logiquement intitulé *Revue mathématique de l'union interbalkanique* ; le premier volume sort en 1936 et la publication s'arrête, par la force des choses, en 1939. Parcourir ces pages permet une plongée atypique dans la construction de la recherche mathématique internationale.

Dans sa brève histoire, cette revue n'a accueilli qu'une trentaine d'articles de recherche (mais aussi une nécrologie et le texte d'une conférence), provenant de vingt-quatre auteurs. Ceux-ci exercent à Beograd, Bucarest, Cernăuţi, Istanbul ou Sofia, mais leurs travaux sont rédigés en français ou en allemand, langues dominantes pour la communication scientifique à l'époque. On retrouve tant les personnalités scientifiques de premier plan des pays concernés que les thématiques à la mode dans la recherche mathématique de ce temps-là.

Il ne faudrait pourtant pas croire que cette revue est fermée au monde extérieur : on trouve deux noms qui apportent un peu « d'exotisme » dans la liste des auteurs : Wolfgang Doeblin et Hilda Geiringer. Le premier est un jeune thésard, né allemand mais naturalisé français au temps de sa publication, qui prépare une thèse à l'Institut Henri Poincaré de Paris ; son texte présente ses premiers résultats de chercheur, déjà prometteurs. Un peu plus âgée, Hilda Geiringer est une mathématicienne autrichienne qui enseignait dans une université allemande (elle y était *Privatdozent*, poste semblable à celui de maître de conférences), jusqu'à ce que les lois nazies de 1933 la chassent de l'enseignement supérieur. Quand elle écrit dans la revue interbalkanique, elle a obtenu un poste de professeure à l'université d'Istanbul, qu'elle devra quitter en 1938 pour une nouvelle émigration forcée (vers les États-Unis cette fois).

Outre ces deux articles de probabilités (l'un en français, l'autre en allemand), Geiringer profite de sa période stambouliote pour publier une quinzaine d'articles de recherche et un livre de cours (en turc), mais surtout, elle découvre les applications des mathématiques à la génétique et notamment le traitement probabiliste rigoureux de la théorie de Mendel : ce sont celles-ci qui feront sa réputation de chercheuse pionnière.

DELONE OU DELAUNAY ?

Le nom du mathématicien soviétique Boris Delaunay m'a toujours intrigué. En cyrillique il s'écrit Делоне et sa translittération littérale est Delone. Sur les cartes de Sibérie, on trouve d'ailleurs la montagne de Delone, un sommet de l'Altaï qui culmine au-delà de 4 000 mètres : son nom rend hommage aux exceptionnelles qualités de grimpeur de ce mathématicien.

Toutefois, lorsque Boris proposait un article dans un journal occidental, il signait Delaunay, reprenant le nom de ses lointains ancêtres français, les « de Launay » : on trouve parmi eux aussi bien le gouverneur de la Bastille, assassiné le 14 juillet 1789, qu'un officier qui s'est installé en Russie après la retraite des armées de Napoléon. Comme indice d'une possible francophilie, il est remarquable de constater que son article le plus célèbre est écrit en français et intitulé « *Sur la sphère vide* » : ce texte, que l'on trouve dans les actes du Congrès international des mathématiciens de 1924, détaille ce que nous appelons aujourd'hui la triangulation de Delaunay.

Pour bien comprendre la teneur de ces recherches, abandonnons la généralité et prenons un exemple dans le plan : partant d'une famille de points, Delaunay cherche à construire des triangles dont les sommets sont ces points, et tels que chaque cercle circonscrit à l'un de ces triangles délimite un disque où il n'y a pas d'autres points de la famille de départ :

Si, en revenant en trois dimensions, des liens avec la cristallographie sont déjà bien compris à l'époque, d'autres applications fécondes apparaîtront plus tard avec la géométrie algorithmique et la description informatique des surfaces. Le travail est original, mais on peut le voir comme un résultat dual des pavages inventés par Gueorgui Voronoï, un ami du père de Boris, en 1908. Voronoï part également d'un ensemble de points du plan et il découpe la surface en zones, chacune d'entre elles comportant un point de départ et tous les points du plan plus proches de ce point de départ que des autres.

L'intérêt des travaux de ces deux hommes est de présenter une analyse mathématique et algorithmique de ces constructions. D'autres avant eux les avaient utilisés de manière plus pratique : on cite régulièrement le médecin John Snow qui, sans rien savoir des mathématiques, aurait identifié la pompe de Broad Street comme origine de l'épidémie de choléra à Londres en 1854, en traçant ce qu'on appelle aujourd'hui un diagramme de Voronoï !

4 SEPTEMBRE

CHAOS, SÉDUCTION ET DINOSAURES

Peut-on séduire avec les mathématiques ? La plupart des personnes interrogées vont répondre négativement, tant les mathématiques sont, à tort, associées à la souffrance, à la pénibilité et aux diverses sélections scolaires. Pour le personnage de Ian Malcolm dans le film *Jurassic Park*, la réponse est tout autre.

Il n'y a qu'à voir comment il « approche » la belle paléobotaniste Ellie Saddler :

> *MALCOLM — Dr Grant, Dr Sattler — vous avez entendu parler de la théorie du chaos ?*
>
> *SADDLER (secouant la tête) — Non.*
>
> *MALCOLM — Non ? Les équations non linéaires ? Les attracteurs étranges ? Dr Sattler, je refuse de croire que vous ne soyez pas familière avec le concept d'attraction !*

Ici, Malcolm tente de briser la glace en faisant un jeu de mots sur *attraction* : si les spectateurs comprennent qu'il essaie de dire qu'il trouve Saddler attirante, les mots employés appartiennent à la théorie mathématique des systèmes dynamiques. Plus précisément, le terme d'« attracteur étrange » qualifie des objets au comportement imprévisible, susceptibles d'évoluer très différemment dès qu'on les soumet à une infime perturbation. Cette présentation de la théorie du chaos (très réductrice pour les mathématiciens) lui permet toutefois de prendre la main de la professeure Saddler, de faire sensuellement glisser une goutte d'eau sur sa peau et de vérifier, comme annoncé, qu'avec de microscopiques changements on observe des trajectoires très différentes — un exemple de la sensibilité « chaotique » aux conditions initiales. Malheureusement pour Malcolm, un dinosaure va emporter l'attention de Saddler et il se retrouve à deviser seul dans la voiture.

Ce personnage de mathématicien sûr de lui et un tantinet *rockstar* a été confié à l'excellent Jeff Goldblum. Pour appréhender ce rôle singulier, l'acteur a rencontré les deux « inspirateurs » de Ian Malcolm : le mathématicien français Ivar Ekeland, spécialiste incontesté des systèmes dynamiques, et le vulgarisateur américain James Gleick. On se félicite de voir qu'ils ont pu inspirer ce personnage aux antipodes des clichés sur le mathématicien solitaire voire asocial.

Ian Malcolm a d'ailleurs su conquérir le cœur du public ; secondaire dans le premier film, il devient le principal protagoniste du deuxième, *Le monde perdu : Jurassic Park*. Lorsque le tournage de ce film démarre le 4 septembre 1996, le rôle du mathématicien séducteur se double de celui d'un père un peu débordé par les initiatives de sa fille : toujours plus de réalisme !

5 SEPTEMBRE

ADIEU AUX BILLETS DE 25, 35, 75

Le 5 septembre 1987, la Birmanie retire de la circulation trois billets de valeurs faciales 25, 35 et 75 kyats (représentant tous trois Bogyoke Aung San, militaire, homme politique et martyr de l'indépendance). En revanche, elle conserve le billet de 15 kyats, puis crée quelques jours plus tard des billets de 45 et de 90 kyats ; ils représentent respectivement Thakin Po Hla Gyi, ouvrier et leader de grèves contre le colon britannique, et Saya San, moine bouddhiste et chef d'une révolte paysanne.

La succession de ces valeurs atypiques attire l'attention : peu de pays ont connu des billets de 15, 35, 45 ou 90… Cette étrangeté est due au dictateur Ne Win (au pouvoir de 1962 à 1988), qui associait aux nombres des propriétés d'ordre mystique sans rapport avec l'arithmétique, à la manière des astrologues qui attribuent aux étoiles des propriétés sans lien avec l'astronomie. Cette passion pour la numérologie et les fréquents changements de billets qui en découlaient ont ruiné de nombreux Birmans, qui se trouvaient du jour au lendemain avec des liasses démonétisées.

Si l'on oublie ces aléas dus à la méconnaissance qu'avait le dirigeant du fonctionnement monétaire de son pays, on peut s'interroger sur ce qu'était la vie quotidienne avec de tels billets : par exemple, comment rendait-on la monnaie ? Difficile de connaître les stratégies que clients et commerçants avaient adoptées, mais une possibilité simple consiste à utiliser un algorithme « glouton », parfois long à appliquer : pour rendre la monnaie, on commence par donner le plus grand billet possible, puis on recommence avec la différence. Pour rendre 195 kyats à un client, vous commencez donc par donner un billet de 90, il reste 105 à payer ; vous donnez un nouveau billet de 90, reste 15 à payer, donc un ultime billet de 15. Comme le pays dispose de pièces de 1 kyat, la procédure se termine toujours.

Cette méthode de rendu de monnaie (qui n'est pas celle que vous constatez dans le commerce) est telle que l'on rend quelquefois un nombre déraisonnable de billets ou de pièces. Le mathématicien Jeffrey Shallit s'est interrogé sur le jeu de valeurs à adopter pour minimiser le nombre de pièces rendues, en moyenne, par la méthode gloutonne. Il a obtenu que le système formé de pièces de 1, 5, 18 et 25 est meilleur que le système en cours au Canada, son pays de résidence : 1, 5, 10 et 25¢. Le résultat est rigoureusement établi, mais je ne suis pas sûr qu'en découvrant une pièce de 18¢, les Canadiens distingueraient la preuve scientifique de son utilité d'une croyance numérologique associée à son nombre.

6 SEPTEMBRE

SIX FOIS NEUF FONT QUARANTE-DEUX

Tout lecteur assidu de Douglas Adams et de son roman *Le Guide du voyageur galactique* (ou *The Hitchhiker's Guide to the Galaxy* en VO) sait que la réponse à la « grande question sur la vie, l'Univers et tout le reste » est 42. En tout cas, c'est la réponse que donne le super-ordinateur *Deep Thoughts* après avoir calculé pendant plus de sept millions d'années.

Les personnages du roman comme les lecteurs restent alors sur leur faim : obtenir une telle réponse sans connaître précisément la question fait naître une forme de frustration. Dans les épisodes suivants du roman, les héros partent donc en quête de la question ô combien importante dont la réponse est 42. Dans le volume intitulé *Le Dernier Restaurant avant la fin du monde*, le personnage Arthur Dent tente ainsi une expérience mêlant magie et subconscient : déterminer la question en piochant au hasard des lettres dans un jeu de Scrabble…

Le résultat est bien une question — « Qu'obtient-on en multipliant six par neuf ? » — mais celle-ci est toujours déroutante : toute personne ayant déjà fréquenté une table de multiplication sait, ou en tout cas peut retrouver rapidement, que la multiplication de six par neuf donne cinquante-quatre et non quarante-deux. Que peut-on donc déduire de cet épisode du roman ? Que l'auteur est amateur de situations absurdes et que son humour très britannique regorge de bizarreries !

Cette conclusion, fort logique et confirmée tant par l'auteur lui-même que par le contenu de ses œuvres, n'a pas satisfait les lecteurs les plus acharnés. Ceux-ci se sont mis à chercher une explication mathématique à l'opération $6 \times 9 = 42$… et ils en ont trouvé une ! Selon eux et pour des raisons mystérieuses, ce calcul n'est pas effectué en base 10 comme de coutume, mais en base 13 ; avec cette convention, l'écriture 42 ne code pas la quantité $4 \times 10 + 2$ mais plutôt $4 \times 13 + 2$, c'est-à-dire 54 : le compte est bon ! En revanche, personne ne parvient à expliquer pourquoi la question sur la vie, l'Univers et tout le reste porterait sur cette simple multiplication. Même les mathématiques ont leurs limites…

7 SEPTEMBRE

EMMY NOETHER, GRANDE PREMIÈRE

Lorsque Zurich accueille pour la deuxième fois le Congrès international des mathématiciens en septembre 1932, la manifestation a bien changé : loin des hésitations des débuts, il s'agit d'un grand rassemblement institutionnalisé qui se tient régulièrement tous les quatre ans, et il y a désormais plus de six cents participants en provenance de trente-cinq pays différents, signe que l'événement est vraiment devenu planétaire.

Toutefois, le point saillant de ce congrès de 1932 reste la conférence d'Emmy Noether sur les « systèmes hypercomplexes », le mercredi 7 septembre. À l'époque, Noether a obtenu un poste à l'université de Göttingen (après de nombreuses péripéties significatives des freins opposés aux femmes dans l'enseignement supérieur) ; côté recherche, elle a déjà connu des succès importants en physique mathématique avec des théorèmes reliant les symétries d'un système physique et les quantités conservées. Avant cette conférence, elle a aussi révolutionné l'algèbre en introduisant des concepts que l'on nomme aujourd'hui noetheriens ; l'exposé de Zurich va ainsi marquer sa transition thématique vers un troisième domaine : l'algèbre non commutative.

Plus généralement, on retient aussi cette date comme celle du premier exposé plénier d'une femme lors d'un Congrès international des mathématiciens (le suivant aura lieu… en 1990 avec Karen Uhlenbeck, lors du congrès de Kyoto). Précisons toutefois que d'autres mathématiciennes, moins prestigieuses, ont présenté le fruit de leur recherche lors des sessions thématiques de ce même congrès zurichois. En voici la liste exhaustive pour ne pas les oublier : Mary L. Cartwrigth (analyse), Marie Charpentier (géométrie), Elizabeth Cowley (pédagogie), Louise Cummings (géométrie), Odette Devisme (analyse), Hilda Geiringer (calcul des probabilités, mathématiques d'assurance et statistiques), Irmgard Lotz (sciences mathématiques et techniques et astronomie), Sophie Piccard (analyse), Rózsa Politzer (philosophie et histoire des mathématiques), Dorothy Wrinch (analyse), Maria Zervos (pédagogie). Croyez-moi, chacune d'elles mériterait une page dans cet almanach !

LA TOUR DE HANOÏ

Le 8 septembre 1884 à Blois, lors du congrès de l'Association française pour l'avancement des sciences, Édouard Lucas présente une communication qui a pour titre « *Le calcul et les machines à calculer* ». Pourtant, quand on regarde de plus près son texte, on remarque des intertitres moins formels comme « *Le Carré de choux* » ou « *La Cage de l'écureuil* ». Lucas présente en effet des activités ludiques qui permettent de pratiquer les mathématiques et de s'exercer au calcul ; Le point culminant de son article est la section « *La Tour d'Hanoï* » qui commence ainsi :

> *« Un de nos amis, le professeur N. Claus (de Siam) du collège Li-Sou-Stian, a publié, à la fin de l'année dernière, un jeu inédit qu'il a appelé la Tour d'Hanoï, véritable casse-tête annamite qu'il n'a pas ramené du Tonkin, quoi qu'en dise le prospectus. »*

Lucas tient évidemment ses informations de première main puisqu'il est le concepteur du jeu : « N. Claus de Siam » est l'anagramme de Lucas d'Amiens, et le collège « Li-Sou-Stian » n'est autre que le lycée Saint-Louis où Lucas enseigne en classe de Mathématiques spéciales. Ces facéties passées, il explique le principe de ce casse-tête : trois piquets sont dressés ; sur l'un d'eux, on trouve soixante-quatre disques de tailles différentes, appelés étages, triés du plus grand (en dessous) au plus petit (au-dessus) ; l'objectif est de déplacer tous les disques d'un piquet sur un autre, sachant qu'on ne peut enlever que celui qui se situe le plus haut sur un piquet, et qu'on ne peut jamais le reposer sur un disque plus petit.

On n'est évidemment pas obligé de jouer avec soixante-quatre étages et la plupart des jeux disponibles dans le commerce n'en dépassent pas sept. Si le casse-tête jouit d'un réel intérêt ludique, il est plus profitable de l'exploiter, comme le suggère Lucas, dans un cours de mathématiques sur les puissances ou un cours d'informatique sur la notion de récursivité. On peut notamment montrer qu'avec cinq étages, il faut au minimum trente-et-un mouvements pour déplacer correctement tous les disques ; qu'avec six, il en faut soixante-trois et, de manière plus générale, qu'avec n étages, $2^n - 1$ manipulations sont requises. Pour la version « originale » de N. Claus, il y a soixante-quatre étages, et en effectuant une manipulation par seconde, il faut plus de cinq milliards de siècles pour achever le transport de tous les disques : personne n'a donc résolu ce problème en pratique !

9 SEPTEMBRE

ALBUMS MATHÉMATIQUES

Le 9 septembre 2011, le chanteur pop Ed Sheeran sort son premier album intitulé + ; il inaugure ainsi une succession d'opus aux noms mathématiques : ×, ÷, = et –.

Pour obtenir une formule en parcourant cette discographie, je propose d'ajouter les albums 3 et 10 du groupe japonais Tricot. La chanteuse Ikkyu, la guitariste Motifour et la bassiste Hirohiro qui composent ce trio présentent en effet une autre raison qui pousse à les joindre à cette divagation mathématico-musicale ; elles se rattachent à un mouvement musical appelé math rock.

Ce sous-genre de musique rock, souvent instrumental, est identifié par l'utilisation énergique des guitares comme dans l'indie rock, mais aussi des dissonances et des signatures rythmiques atypiques qui rappellent le jazz. (Rappelons que la signature est la donnée de deux nombres, l'un indiquant le nombre de temps d'une mesure, l'autre l'unité rythmique pour un temps.) Si la plupart des morceaux de rock suivent la signature classique 4 / 4, dans le math rock, on choisit souvent des signatures différentes (sur un morceau ou une portion de celui-ci) comme 5 / 4, 7 / 8, 13 / 8… voire même 26 / 4. Ces expérimentations virtuoses ne sont pas vraiment mathématiques, et le nom est une allusion à la complexité obtenue avec des périodes et des asymétries perturbantes. Pour les contempteurs, l'appellation indique plutôt que la musique est sans âme, et qu'une calculatrice est requise pour identifier un bon morceau !

Voici ma petite sélection personnelle de titres pour découvrir quelques facettes du math rock et vous faire votre propre idée :

- *In the Absence of Strong Evidence to the Contrary, One May Step Out of the Way of the Charging Bull* sur l'album *What Burns Never Returns* de Don Caballero en 1998 : un titre plein d'énergie devenu un standard, même si les puristes préfèrent l'album suivant du groupe : American Don.
- *All I Understand Is That I Don't Understand* sur l'album *The Book About My Idle Plot On A Vague Anxiety* du groupe japonais toe (トー) en 2005. Le talent du batteur Kashikura Takashi est indéniable.
- *Teleblister* sur l'unique album *No Drum and Bass in the Jazz Room de Clever Girl* en 2010 : un titre instrumental plus posé, avec de jolies additions de saxophone.
- *Dedede* sur l'album 3, déjà cité, du groupe japonais Tricot (トリコ) en 2017.
- *26 Is Dancier Than 4*, piste bonus sur l'édition américaine de l'album *Animals* de TTNG en 2008. Le titre, marginal dans la discographie de ce grand groupe, est lui-même un manifeste pour le principe rythmique du math rock.

10 SEPTEMBRE

DES EXCUSES POUR TURING

Le 10 septembre 2009, le Premier Ministre britannique Gordon Brown signe un acte politique fort en publiant dans le *Daily Telegraph* une tribune au sujet de la réhabilitation d'Alan Turing, condamné en 1952 pour « outrage aux bonnes mœurs », c'est-à-dire pour son homosexualité. Dans ce texte de repentir, le premier qui soit officiel (la grâce royale n'arrivera qu'en 2013), Brown commence par rappeler :

> *« Turing était un mathématicien brillant, surtout connu pour son travail de décryptage des codes allemands Enigma. Il n'est pas exagéré de dire que, sans sa contribution exceptionnelle, l'histoire de la Seconde Guerre mondiale aurait pu être très différente. [...] Sa condamnation — et il n'avait que l'embarras du choix entre cela et la prison — était la castration chimique par une série d'injections d'hormones féminines. Il s'est suicidé deux ans plus tard. »*

Le texte s'achève avec une demande officielle de pardon :

> *« Au nom du gouvernement britannique et de tous ceux qui vivent librement grâce au travail d'Alan, je suis donc très fier de dire : nous sommes désolés. »*

Même s'il ne peut pas corriger l'injustice subie par l'un des plus grands génies de l'histoire, ce geste est essentiel... mais je trouve le texte de Brown un peu trop restrictif. Il y a tout d'abord la limitation au cas particulier d'Alan Turing, alors que de nombreux homosexuels moins célèbres ont également subi ces infâmes lois sur l'« indécence ». Ensuite, réduire les travaux de Turing à la seule cryptanalyse de la machine Enigma est historiquement incompréhensible, puisqu'il a brillé dans des domaines bien distincts, apportant à chaque fois des idées singulières et fécondes.

En informatique théorique, Turing a fondé le domaine de la calculabilité à partir de la définition de « machine de Turing », concept abstrait qui permet de déterminer s'il est possible ou non, avec un algorithme, de trouver une solution à un problème donné — et, dans le cas positif, s'il est possible d'estimer la complexité d'une solution. À l'autre extrémité de sa carrière, on trouve un travail essentiel sur la compréhension mathématique de la morphogenèse, la théorie qui étudie l'apparition des formes et motifs dans le vivant ; Turing étudie comment, à partir d'un système différentiel de réaction-diffusion qui modélise les pigments chimiques, on peut expliquer l'apparition de rayures sur certains animaux et de tâches sur d'autres.

Ce ne sont pourtant que deux jalons d'une carrière très riche ; il serait dommage que le sombre destin de Turing et son implication dans la victoire des Alliés éclipsent son génie « total »...

11 SEPTEMBRE

HUIT REINES ET DES MATHÉMATIQUES

Disposons des reines sur l'échiquier de sorte qu'aucune ne soit en mesure d'en prendre une autre. La première se place sans souci ; on ne réfléchit pas trop pour en mettre une deuxième, puis une troisième... mais rapidement, les contraintes du problème deviennent apparentes, et l'on se demande combien on pourra en placer au maximum.

Il est clair qu'il y a au plus une reine par ligne : si deux reines étaient sur la même, elles pourraient se prendre. Comme il y a huit lignes sur un échiquier, on peut donc placer au plus huit reines. Le même raisonnement sur les colonnes nous indique qu'il faut donc au plus une reine par ligne et au plus une par colonne... mais il reste encore à gérer les diagonales !

En septembre 1848, Max Bezzel, un joueur d'échecs allemand, demande aux lecteurs du magazine *Schachzeintung* de trouver des dispositions permettant effectivement de placer les huit reines sur l'échiquier. Le problème amuse, et près de quarante solutions distinctes sont envoyées à la rédaction pendant les années qui suivent. Indépendamment de cette première aventure, le problème ressurgit dans un journal plus généraliste que lit le mathématicien Carl Friedrich Gauss. Celui-ci n'est pas particulièrement passionné par l'énoncé, mais on trouve dans sa correspondance avec un ami astronome ses tâtonnements (et erreurs) avant qu'il n'identifie les quatre-vingt-douze solutions au problème (seulement douze si on omet celles qui se déduisent les unes des autres par symétrie ou rotation).

Depuis, l'histoire a été embellie en passant d'historien peu fiable en vulgarisateur pressé : par exemple, il arrive qu'on raconte que Gauss aurait brillamment résolu ce problème combinatoire, alors qu'il a simplement discuté de l'énoncé avec un ami — et que ses modestes recherches se sont rapidement heurtées à son manque d'enthousiasme pour vérifier que sa liste de solutions était bien exhaustive.

À vouloir encore et toujours attribuer des résultats à Gauss, on en oublierait peut-être l'essentiel de cette histoire : les mathématiques ! Ce problème admet des généralisations : peut-on placer n reines sur un damier de taille $n \times n$? Si oui, comment évolue le nombre de solutions quand n devient grand ? Ce sont deux belles questions, qui sollicitent notre inventivité et nos capacités en dénombrement.

12 SEPTEMBRE

L'HYPOTHÈSE CYCLOL

Née le 12 septembre 1894, la mathématicienne Dorothy Wrinch a une trajectoire singulière et laisse un héritage controversé. Pourtant tout commençait plutôt bien pour elle : des études universitaires en Angleterre, une thèse en 1922, un premier poste à l'université d'Oxford où elle enseigne devant un public masculin, une quarantaine d'articles en mathématiques, physique et philosophie ; et, enfin, une participation au Congrès international des mathématiciens de 1932.

Pour des raisons personnelles, elle décide après cette date de s'écarter des mathématiques et de se réorienter vers la biologie théorique. En 1934, elle publie un premier article dans la revue *Nature*, puis développe « l'hypothèse cyclol », selon laquelle les protéines seraient formées d'une sorte de grande cage creuse, composée de petites feuilles hexagonales d'acides aminés. Cette hypothèse, l'une des premières proposant un modèle d'interactions intramoléculaires qui conduit à un agencement en trois dimensions des protéines, lui vaut aussitôt un certain succès, même si elle ne dispose d'aucune confirmation expérimentale.

Rebaptisée « Einstein au féminin » par un journal, Wrinch exagère petit à petit l'importance de son modèle, passant d'une hypothèse de travail à des affirmations péremptoires sur sa validité ou sa puissance de prédiction. Rapidement certains scientifiques s'agacent des prétentions de la mathématicienne et contestent ses résultats. En 1939, la controverse prend un tour plus virulent avec les prises de position de Linus Pauling, futur double prix Nobel, qui estime les constructions moléculaires de Wrinch impossibles d'un point de vue thermodynamique. La mathématicienne et le chimiste s'écharpent alors par articles interposés. Si l'on sait désormais que les arguments de Pauling n'étaient pas tout à fait corrects, le monde scientifique réalise petit à petit que, bien qu'audacieuse, l'hypothèse cyclol ne saurait en aucun cas constituer une description réaliste de la structure des protéines.

Après avoir été si glorifiée, Wrinch a du mal à se remettre de cette défaite et cherche désespérément à sauver son hypothèse, plaidant sa cause dans deux livres (oubliables). Elle finit par trouver un poste dans une université du Massachusetts, et commence un travail de mathématiques appliquées à la diffractométrie de rayons X — l'analyse des images obtenues quand on fait passer des rayons X au travers de cristaux. Entre la mathématicienne prometteuse et la spécialiste de cristallographie, Wrinch aura aussi été une biologiste controversée, s'attachant déraisonnablement à un modèle non étayé.

13 SEPTEMBRE

LION D'ARGENT POUR UN MATHÉMATICIEN

Le 13 septembre 1992 s'achève la 49e édition de la Mostra, le Festival international du film de Venise. Au palmarès de ce grand rendez-vous des cinéphiles, on retrouve Francis Ford Coppola, Jeanne Moreau ou Jack Lemmon ; le film qui obtient la plus grande récompense, le Lion d'or, est alors *Qiū jú dǎ guānsī* (« Qiu Ju, une femme chinoise ») du réalisateur Zhang Yimou.

Le grand prix du jury, ou Lion d'argent, revient quant à lui au film de Mario Martone *Morte di un matematico napoletano* (« Mort d'un mathématicien napolitain »). Celui-ci est directement inspiré des derniers jours du mathématicien Renato Caccioppoli ; il raconte comment cet anticonformiste, politiquement désabusé et socialement isolé, sombre dans l'alcoolisme et se retrouve arrêté pour vagabondage, puis retrace le sordide chemin jusqu'à son suicide.

Ce n'est pas la seule œuvre de fiction s'inspirant de Cacciopoli : par exemple, un roman récent écrit par Jean-Noël Schifano insiste sur d'autres épisodes de la vie de ce mathématicien, comme lorsqu'il parodie les lois fascistes sur la « virilité » en se promenant dans les rues de Naples avec un coq. En mai 1938, dans la même ville, il fait aussi jouer la Marseillaise depuis la terrasse d'un restaurant pour perturber une rencontre au sommet entre Mussolini et Hitler. Cet acte de résistance, un tantinet téméraire, le conduit en asile psychiatrique pour quelques années... mais n'arrête pas son travail.

On comprend bien qu'entre son tempérament napolitain bien trempé, son côté déjanté voire imprévisible, son courage antifasciste et sa disparition tragique, Caccioppoli apparaît comme un personnage idéal pour romanciers et cinéastes. Malheureusement, ceux-ci finissent toujours par oublier l'un des principaux moteurs de sa vie : les mathématiques, qu'il partage entre recherche et enseignement à l'université de Naples (où le département de mathématiques porte désormais son nom). De sa première publication en 1926, alors qu'il n'a que vingt-deux ans, jusqu'à sa dernière en 1955 quelques mois avant de mourir, il n'aura de cesse d'étendre le champ d'application des résultats de l'analyse : nouveaux exemples en théorie de la mesure, extensions de théorème de point fixe, existence de solution pour des équations aux dérivées partielles... Caccioppoli a ainsi produit une œuvre singulière et riche (même si peu d'objets ou de concepts conservent son nom aujourd'hui) : il est dommage que celle-ci reste dans l'ombre de sa si romanesque destinée.

QUI A ÉCRIT LA THÈSE DE BANACH ?

D'après ses biographes, le mathématicien polonais Stefan Banach était davantage intéressé par la recherche de résultats nouveaux que par l'obtention d'un diplôme ; on raconte ainsi qu'il traînait les pieds pour rédiger son mémoire de thèse ou même soutenir un exposé de ses travaux. Cette attitude plutôt désinvolte pour l'administration aurait fini par peser sur les autorités, qui auraient trouvé un subterfuge.

La ruse est la suivante : en 1920, un collègue dévoué compile quelques remarques mathématiques de Banach pour leur faire tenir lieu de mémoire ; ensuite, on demande à Banach de venir répondre à quelques questions sur lesquelles des mathématiciens de passage à l'université bloquaient, pour lui révéler, à la fin de la discussion, que ceux-ci constituaient un jury tout à fait officiel... et qu'il est désormais docteur.

Comme j'ai utilisé le conditionnel dans le premier paragraphe, vous vous doutez que cette histoire a tout de la légende apocryphe et que sa crédibilité est faible. De nombreux éléments la contredisent — que cela soit la chronologie, les documents d'archives ou (plus facile à vérifier) le fait que Banach avait déjà rédigé plusieurs articles de recherche avant sa soutenance.

L'historienne des sciences Danuta Ciesielska et le mathématicien Krzysztof Ciesielski ont enquêté sur l'émergence de cette légende, pour en déterminer les sources. Ils ont découvert comment le prêtre mathématicien Andrzej Turowicz raconte l'anecdote en 1984 en citant explicitement une de ses connaissances, disparue dix ans plus tôt : il s'agit d'Otton Nikodym, mathématicien et ami de Banach depuis leurs années d'études. Ce qui pourrait être un moyen de rendre la légende crédible fournit en fait la piste pour comprendre son origine ; notre binôme d'enquêteurs raconte une histoire qui se passe plusieurs années après la soutenance de Banach :

> *« Wacław Sierpiński décida de prendre en main l'examen de doctorat de Nikodym. Il l'invite dans un café et commence à discuter avec lui. Au bout d'un moment, le doyen du département est apparu "par hasard" dans le café et s'est joint à la conversation, qui a rapidement dérivé vers les mathématiques. Plus d'une heure plus tard, Sierpiński dit à Nikodym : "Félicitations ! Vous venez de réussir votre examen de doctorat." »*

Ainsi, le fait ne concerne donc pas Banach mais son ami moins célèbre, et on assiste à un transfert de cette histoire de l'un vers l'autre ; même avec les anecdotes mathématiques, les plus célèbres confisquent la part des autres !

15 SEPTEMBRE

ESCHER PLONGE DANS LES MATHS

Quand on observe attentivement les gravures de l'artiste néerlandais Maurits Cornelis Escher (1898-1972), il semble pertinent d'y voir des influences mathématiques. Pourtant dans sa formation, rien ne justifie ce tropisme ; au mieux, les biographes mentionnent une visite de l'Alhambra en Andalousie, la découverte de la diversité géométrique de ses décors, à laquelle se joindra celle de la classification mathématique des pavages du plan.

Dans les premiers travaux d'Escher, on peut également détecter d'autres influences venant de cette discipline, notamment avec les réflexions dans des miroirs sphériques ; mais le vrai tournant dans sa carrière a lieu en 1954. Cette année-là, à Amsterdam, se tient le Congrès international des mathématiciens et l'un des organisateurs, Nicolaas Govert de Bruijn, propose de consacrer une partie de la programmation culturelle accompagnant le congrès à une exposition d'Escher dans une fondation d'art contemporain, située dans le quartier Vieux-Sud de la ville. Des mathématiciens se rendent alors à l'exposition et rencontrent l'artiste.

Ainsi, Roger Penrose découvre la gravure *Relativité* avec ses escaliers et terrasses dans tous les sens : cela sera à l'origine de son travail sur les figures impossibles (mené avec son père Lionel, un psychiatre), qu'il publiera en 1958 dans le *British Journal of Psychology* ; l'œuvre d'Escher lui inspirera aussi le désormais célèbre triangle de Penrose.

Toutefois, la rencontre la plus féconde concerne le canadien Harold Scott MacDonald Coxeter. En 1957, celui-ci demande à Escher s'il peut illustrer son article mathématique sur le disque de Poincaré comme modèle du plan hyperbolique avec deux dessins de l'artiste. La réponse de celui-ci est évidemment positive, mais il ajoute que « *certaines des illustrations du texte et en particulier la figure 7, page 11, [lui] ont fait l'effet d'un choc* ».

Escher analyse alors la construction mathématique de l'article et la retravaille avec finesse ; elle devient le support de quelques œuvres parmi les plus célèbres de sa production, les fameux *Circle Limit* (suivis d'un numéro qui permet de les identifier sans hésitation). Pour le néophyte, il s'agit de recouvrir un disque avec des motifs qui s'amenuisent à mesure que l'on s'approche du cercle ; pour les personnes versées en mathématiques, il s'agit plutôt d'illustrer les pavages tenant compte des spécificités de la géométrie hyperbolique — mais les deux visions se complètent dans une même fascination.

30 FRUCTIDOR

ORGANISATEUR DE LA VICTOIRE

Lors de la réédition de son cours de mathématiques en 1800, l'abbé Charles Bossut inclut la lettre d'un correspondant lui confiant sa vision de la géométrie. Ce courrier en date 30 fructidor (qui correspond à la mi-septembre dans le calendrier grégorien), d'une vingtaine de pages une fois imprimé, liste quelques théorèmes récents de géométrie du triangle ; l'auteur précise :

> *« Mes occupations obligées ne me laissant que très peu de moments, je suis forcé d'abandonner le détail des démonstrations, d'ailleurs très faciles à suppléer par les jeunes gens qui auront étudié votre cours, et de me borner à l'énoncé des propositions avec quelques développements. »*

Ce correspondant est Lazare Carnot, acteur essentiel dans la Révolution française et, au moment du courrier, ministre de la guerre du Consulat. La trajectoire de ce mathématicien est d'ailleurs assez stupéfiante. En 1789, il est capitaine dans le Génie, en garnison à Arras ; il est bien formé aux sciences, mais n'a aucun espoir d'avancement supplémentaire en raison de ses origines roturières. Le tourbillon politique va l'amener à occuper différentes fonctions : député dans l'Assemblée législative de 1791, à la Convention, et au Conseil des Cinq-Cents, Directeur pendant le Directoire et Commissaire aux armées (notamment dans la bataille de Wattignies). Il gagne ainsi le surnom d'Organisateur de la Victoire et une grande réputation d'efficacité.

En parallèle de cette action politique, Carnot reste investi dans ses recherches mathématiques et apparaît comme l'un des rénovateurs de la géométrie (avec Monge, son collègue à l'Institut de France) ; il publie même en 1803 un ouvrage de plus de cinq cents pages intitulé *Géométrie de position*. C'est dans ce riche volume que l'on trouve les énoncés des trois théorèmes qui portent aujourd'hui son nom : celui sur les six points sur les côtés d'un triangle qui se situent sur une même conique ; celui sur les droites concourantes et perpendiculaires aux côtés d'un triangle ; et, enfin, celui dont l'énoncé est :

> *« Dans tout triangle, la somme des trois perpendiculaires, abaissées du centre du cercle circonscrit sur les côtés, est égale à la somme du rayon du cercle inscrit et du rayon du cercle circonscrit. »*

Ce curieux résultat est désormais appelé par le nom exotique de « théorème japonais de Carnot », car on en a trouvé une jolie application dans un *sangaku*, une énigme géométrique déposée sur les murs d'un temple au Japon.

17 SEPTEMBRE

SUPERPERMUTATIONS

Regardez le mot *abcabacba* : on peut y lire les successions de lettres *abc* (au début), *acb* (presque à la fin) mais aussi *bac*, *bca*, *cab* et *cba*, soit toutes les permutations des trois lettres *a*, *b* et *c*. Un tel mot est appelé « superpermutation », et celle que je vous ai proposé de regarder comporte neuf lettres, ce qui est le minimum possible pour une superpermutation de trois lettres. Chercher les plus courtes superpermutations construites à partir de quatre ou cinq lettres est un peu plus difficile, mais des mathématiciens ont établi qu'il fallait un mot de trente-trois lettres dans le premier cas et un mot de cent cinquante-trois lettres dans le second.

Cette question mathématique est curieusement apparue sur le forum *4chan* au sujet de l'anime japonais *La Mélancolie de Haruhi Suzumiya* : combien de temps faut-il pour pouvoir regarder les quatorze épisodes de cet anime dans tous les ordres possibles ? En d'autres termes, quelle est la longueur d'une plus petite superpermutation de quatorze lettres, en associant une lettre à chaque épisode ?

La question semble anodine, mais personne ne connaît la réponse ! Le 17 septembre 2011, un utilisateur anonyme de ce forum répond en fournissant la preuve rigoureuse qu'il existe une taille minimale pour une superpermutation : on ne connaît donc toujours pas le nombre recherché, mais on sait le minorer, un résultat qui était jusque-là inconnu. Celui-ci a été rédigé et complété par deux mathématiciens, et il y a désormais un article dont l'un des auteurs est « *Anonymous 4chan poster* » ce qui prête à sourire.

La quête pour les plus courtes superpermutations a gagné en visibilité à la suite de ces échanges sur les forums, et l'on a vu différentes personnes programmer des vérifications informatiques, émettre des conjectures et même prouver des résultats. Le plus célèbre est l'écrivain australien Greg Egan, qui a fourni une superpermutation pour sept lettres, longtemps la plus petite connue. Le célèbre auteur de science-fiction, dont on sait malgré sa grande discrétion qu'il a mené des études de mathématiques et d'informatique, est également parvenu à établir que, pour un nombre quelconque de lettres, la plus petite superpermutation les utilisant est de longueur majorée par un certain nombre (qu'il exhibe). Vous pouvez suivre ses travaux sur sa page personnelle ; en revanche, petite déception, son roman *La cité des permutants* n'évoque pas ce genre de problématique !

18 SEPTEMBRE

DES FRACTALES EN PAPIER

Jeannine Mosely, née en 1953, est une ingénieure spécialisée en génie électrique et informatique. Toutefois, si vous cherchez des informations sur elle, les premiers résultats sur Internet parleront tous d'origamis et de cartes de visite. En parallèle de son travail de développement d'algorithmes de modélisation géométrique pour la conception assistée par ordinateur, elle s'exprime en effet comme artiste et invente différentes techniques pour construire des origamis « modulaires ».

Parmi les différents modèles de pliage et les œuvres qu'elle réalise, les constructions monumentales d'objets « fractals » ont beaucoup contribué à la diffusion mathématique. Par exemple, entre 1995 et 2005, elle réalise la troisième étape d'approximation de l'éponge de Menger : formellement, il s'agit d'une surface, décrite par l'Autrichien Karl Menger en 1926, que l'on obtient en « évidant » en un nombre infini d'étapes un cube ; à la troisième itération de la procédure, on observe un solide avec de nombreux « trous » qui ressemble vaguement à une éponge.

Dans la construction de Mosely, on part plutôt de petits cubes formés par pliage de cartes de visite, puis on les assemble de sorte à reconnaître le solide, obtenu après trois étapes, de la construction mathématique de Menger. S'il a fallu près de dix ans pour mener ce projet à bien, c'est qu'il est titanesque : pour cette construction, il a fallu plus de soixante mille cartes et l'engagement de plus de deux cents bénévoles !

Après un tel exploit, qui relève autant du talent que de la ténacité, plusieurs institutions ont commandé des œuvres à Mosely pour montrer des mathématiques à un grand nombre de visiteurs. Parmi elles, l'Institute For Figuring, un projet qui cherche justement à valoriser les dimensions esthétiques et artistiques dans la recherche scientifique. En 2012, cet organisme démarre la construction d'une nouvelle fractale : le flocon de neige de Mosely. Cette fois-ci, il ne s'agit pas de reprendre une construction classique mais d'élaborer une forme toute nouvelle en faisant participer tous les étudiants et personnels volontaires de l'Université de Californie du Sud : une stratégie collaborative idéale pour transmettre à la fois les techniques pour engendrer de spectaculaires constructions mathématiques… et l'enthousiasme à les voir.

19 SEPTEMBRE

LE SOULAGEMENT

Le théorème de Fermat-Wiles naît au XVIIe siècle d'une note marginale de Pierre de Fermat dans son exemplaire de l'*Arithmétique* de Diophante (publiée par son fils en 1670) :

> *« Il est impossible de partager soit un cube en deux cubes, soit un bicarré en deux bicarrés, soit en général une puissance quelconque supérieure au carré en deux puissances de même degré : j'en ai découvert une démonstration véritablement merveilleuse que cette marge est trop étroite pour contenir. »*

D'après Fermat, il y aurait une façon élémentaire de montrer que, pour tout entier n supérieur ou égal à 3, il n'existe pas d'entiers strictement positifs x, y et z tels que $x^n + y^n = z^n$. La communauté mathématique a longtemps cherché cet argument et personne ne croit plus de nos jours que Fermat disposait vraiment d'une preuve valide ; ce n'est qu'en juin 1993 avec trois exposés d'Andrew Wiles, loin d'être élémentaires, que l'on se prend à croire en l'existence d'une preuve complète : après de longues années, le Britannique prouve un cas particulier de la conjecture de Shimura-Taniyama-Weil, et cette preuve virtuose entraîne le résultat historique de Fermat.

Aussitôt, cette réussite fait la une des médias et Wiles vit un rêve éveillé. Malheureusement, le réveil est douloureux : quelques mois plus tard, on trouve un point mal justifié dans la preuve et tout l'édifice semble prêt à s'effondrer. Dépité voire découragé, Wiles reprend alors son travail avec l'aide de Richard Taylor, un ancien étudiant. Le 19 septembre 1994, en couplant deux méthodes inefficaces séparément, il parvient à restaurer son argument et achever son grand-œuvre ; écoutons son soulagement lorsqu'il raconte ces moments :

> *« J'étais assis à mon bureau et j'examinais la méthode Kolyvagin-Flach [...]. Soudain, j'ai eu une révélation incroyable. Je me suis rendu compte [qu'elle] ne fonctionnait pas, mais que c'était tout ce dont j'avais besoin pour faire fonctionner ma théorie originale d'Iwasawa datant de trois ans. [...] C'était d'une beauté indescriptible ; c'était si simple et si élégant. Je n'arrivais pas à comprendre comment j'avais pu passer à côté et je l'ai regardé avec incrédulité pendant vingt minutes. Puis, au cours de la journée, je me suis promené dans le département et je suis revenu sans cesse à mon bureau pour voir si c'était toujours là. »*

20 SEPTEMBRE

DRAPEAUX DU NÉPAL ET D'AILLEURS

Depuis l'entrée en vigueur de la constitution de 2015, la fête nationale de la République du Népal est le 20 septembre ; elle célèbre justement l'instauration de cette constitution. Mais connaissez-vous le drapeau de ce petit pays ? Lui est plus ancien, puisqu'il a été adopté en 1962 par l'ancienne monarchie, et tant sa forme (deux triangles qui se chevauchent) que les symboles qui y apparaissent se rapportent à cette époque.

Ce drapeau national à l'allure d'un autre temps est réputé le plus géométrique de tous ; comme c'est le seul qui soit non rectangulaire, cette affirmation peut raisonnablement se défendre. En revanche, les subtilités de la vexillologie (l'étude des drapeaux) amènent à considérer d'autres propriétés mathématiques ; ainsi, parmi les drapeaux rectangulaires, le rapport entre la largeur et la hauteur varie selon les pays. La Suisse et le Vatican sont ainsi dotés d'un drapeau carré, (donc avec un rapport largeur sur hauteur égale à 1), tandis qu'à l'autre extrémité, le Qatar admet le drapeau le plus « aplati » avec un rapport de 28 / 11 (la largeur est environ 2,5 plus grande que la hauteur).

L'immense majorité des pays adopte plutôt l'un des rapports suivants : 3 / 2, 2 ou 5 / 3 ; mais quelques-uns ont, pour des raisons historiques, des proportions plus atypiques : on trouve par exemple, un rapport 15 / 13 pour la Belgique, 37 / 28 pour le Danemark ou 335 / 189 pour le Salvador. Toutefois, les vrais champions des drapeaux mathématiques sont le Togo et l'Iran : les leurs sont définis par un protocole de construction (ce qui permettrait a priori à chaque citoyen de construire le drapeau chez lui avec les outils de la géométrie). Dans les deux cas, on obtient un rapport hauteur sur largeur qui n'est pas un nombre rationnel, c'est-à-dire qui ne peut s'écrire comme quotient de deux entiers.

Par exemple, le drapeau du Togo, dessiné par l'artiste Paul Ahyi au moment de l'indépendance, a pour forme le « rectangle d'or » ; le rapport largeur sur hauteur est exactement $(1 + \sqrt{5}) / 2$. Pour l'Iran, un calcul donne la proportion $75 \times (7\sqrt{5} - 15) / 28$: cette valeur est approximativement égale à 1,7477. Il est cependant peu crédible, même avec un œil exercé, que vous parveniez à distinguer cette proportion irrationnelle de la proportion $1{,}75 = 7 / 4$, qui, elle, est parfaitement rationnelle. Ces subtilités mathématiques échappent à notre perception !

21 SEPTEMBRE

LE DERNIER LIVRE DE SHALOSH B. EKHAD

Shalosh B. Ekhad est un mathématicien pour le moins déroutant. Sa liste de publications, principalement des travaux de combinatoire, démarre en 1990 et s'étend sur trois décennies avec une production très régulière ; pourtant, personne ne l'a jamais entendu faire cours ou donner un séminaire — il n'est jamais venu non plus en conférence.

Malgré une page personnelle assez fournie, on ne dispose de quasiment aucune des indications biographiques habituelles pour un chercheur : ni l'université à laquelle il est rattaché, ni celle où il a été formé... Il est au mieux présenté comme « assistant » du professeur Doron Zeilberger, qui enseigne à Rutgers University. Plus intrigant encore, j'ai trouvé sur Internet un livre de géométrie élémentaire de sa plume, daté du 21 septembre... 2050, qui évoque en introduction l'époque archaïque où les mathématiques étaient faites par des humains.

La clé de ce paradoxe est relativement élémentaire : ce mathématicien n'existe pas tout à fait ; il s'agit en réalité d'un ordinateur, ou plutôt de la succession d'ordinateurs que Zeilberger a utilisé pour effectuer ses recherches. D'ailleurs, le nom Shalosh B. Ekhad signifie en hébreu « Trois B. Un » et il s'agit d'une référence directe à son premier ordinateur personnel : l'AT&T PC7300, sorti en 1985 et surnommé 3B1. Maintenant que le mystère est dissipé, il demeure une question : pourquoi cette facétie de la part d'un universitaire sérieux et reconnu ?

Partisan des mathématiques expérimentales, Zeilberger travaille depuis des années avec l'aide d'outils informatiques, de logiciels de calcul formel ou, pour reprendre l'une de ses jolies formules, avec « un crayon à direction assistée ». Ainsi, dans sa pratique de chercheur, ils lui servent tour à tour à se forger une intuition, à formuler des conjectures puis à trouver des preuves. Zeilberger pousse l'idée jusqu'à espérer une certaine autonomie des ordinateurs, qui pourraient à l'avenir se passer de lui.

Cette position, un tantinet provocatrice, s'est longtemps heurtée à des résistances de la part de mathématiciens ayant des méthodologies plus traditionnelles. Alors, pour défendre son point de vue et exhiber publiquement l'utilisation de l'informatique dans ses (brillants) travaux, il a imaginé donner corps à son « assistant » et le créditer comme coauteur de ses articles : ainsi, Ekhad est devenu mathématicien, au style d'écriture parfois futuriste !

22 SEPTEMBRE

AU CŒUR DE L'ANALEMME

Si jour après jour pendant un an, vous vous placez à la même heure, au même endroit dans la même direction, et que vous regardez la position du Soleil (ou mieux encore, si vous le photographiez avec toutes les précautions d'usage), vous allez constater que notre étoile domestique se déplace le long d'une courbe en forme de huit étiré et asymétrique, appelée analemme.

Mathématiquement, il est plutôt aisé de déterminer des équations pour cette courbe, en partant de quelques faits astronomiques (trajectoire de la Terre, inclinaison de son axe de rotation) et d'un petit mélange de géométrie et de trigonométrie. On peut aussi effectuer quelques raisonnements et en déduire que les positions du Soleil correspondants aux points les plus « haut » et « bas » sur ces deux boucles sont obtenues lors des solstices d'hiver et d'été. Une erreur couramment répandue chez les personnes qui découvrent ce phénomène consiste à croire que la position correspondant au point de croisement de l'analemme est obtenue lors des équinoxes de printemps et d'automne (soit ce 22 septembre !) : il n'en est rien, et si vous faites l'observation avec suffisamment de précision, vous verrez qu'à ces dates, le Soleil se trouve plutôt dans la grande boucle de l'analemme.

Il peut sembler étrange de convoquer des mathématiques pour calculer l'équation de l'analemme, alors qu'une simple observation permet, depuis plusieurs millénaires, d'obtenir sa forme. Il y a deux raisons à cela : d'une part, tout le monde n'est pas capable d'observer ou de photographier avec suffisamment de minutie pendant une année entière. D'autre part, une fois menés, ces calculs peuvent nous permettre de décrire un analemme pour un observateur sur une autre planète. C'est ainsi que l'on sait que depuis Mars, le Soleil n'a pas tout à fait la même course apparente, et que l'analemme depuis cette planète ressemble davantage à une goutte d'eau qu'à un huit.

23 SEPTEMBRE

LES JUIFS À MEKH-MAT

Le 23 septembre 1982 un camion percute la mathématicienne Bella Abramovna Subbotovskaya, puis s'enfuit dans la nuit sans laisser de trace ; celle-ci meurt des suites de ses blessures, à l'âge de quarante-quatre ans. L'enquête sur l'accident ne donne aucun résultat et des rumeurs persistantes indiquent que, malgré les apparences, il s'agit en fait d'un assassinat orchestré par les services secrets de l'État soviétique.

Les recherches de Subbotovskaya ne sont pourtant pas de nature à être marquées du sceau secret-défense ou susciter des complots politiques : elle s'intéresse à la logique et aux mathématiques nécessaires pour l'informatique théorique, comme la théorie de la complexité. En revanche, son activisme en faveur des étudiants juifs fait d'elle un poil à gratter pour les autorités de l'enseignement supérieur.

En effet, au début des années 1970, les politiques antisémites se font plus visibles en URSS ; les grandes universités mettent en place des stratagèmes pour éconduire tout étudiant juif, d'origines juives ou suspecté d'en avoir. Les historiens ont désormais bien documenté comment Mekh-Mat, le prestigieux département de mathématiques et de mécanique de l'université d'État de Moscou, attribuait des exercices « spéciaux » à ces étudiants que l'on ne voulait pas recruter. Voici quelques exemples en géométrie (officiellement pour des élèves sortant du lycée) :

> *« Couper un triangle par une droite de sorte que les deux moitiés aient même aire et même périmètre.*
>
> *Peut-on tracer un cube tel que sept de ses sommets appartiennent à la surface d'un cône ?*
>
> *Soit un cercle et deux points hors du cercle. Comment construire un cercle passant par ces deux points et tangent au premier cercle ? »*

Il y avait aussi des exercices demandant des capacités de calcul inhabituelles pour des lycéens :

> « Résoudre le système $y\,(x+y)^2 = 9$ et $y\,(x^3 - y^3) = 7$
>
> Montrer que la somme des $1\,/\,(n^3 + 3n^2 + 2n)$ pour n allant de 1 à 1 000 est $< 1\,/\,4$. »

Si l'on ajoute que l'examen d'admission pouvait durer quatre ou cinq heures et que le jury, en plus de donner des exercices difficiles, contestait tout début de solution, on comprend que des étudiants brillants jetaient l'éponge. Consciente de la situation, Subbotovskaya crée clandestinement l'Université du peuple juif, un cours à son domicile où elle essaie à partir de 1978 de préparer les étudiants juifs aux épreuves qu'ils allaient devoir affronter, pour déjouer les discriminations du système. De là à finir écrasée par un camion…

L'HISTOIRE DE LA PREMIÈRE AGRÉGÉE

Il y a de nombreuses façons de raconter la vie de la mathématicienne Liouba Bortniker, de son enfance en Ukraine à sa triste fin dans un asile... mais toutes insistent sur le jour du 24 septembre 1885 où les journaux français publient les résultats du concours de l'agrégation : elle figure en seconde place sur la liste des nouveaux agrégés de mathématiques.

Avant elle, le concours n'avait été réussi que par des hommes (car seuls eux pouvaient avoir accès à la formation universitaire qui permettait de s'inscrire). Certes, depuis 1883, un autre concours recrute des enseignantes pour les lycées de jeunes filles (c'est « l'agrégation féminine »), mais son prestige et son niveau apparaissent moindres. Bortniker, ayant commencé ses études en Ukraine, poursuit sa formation universitaire en France, obtenant tour à tour des licences de mathématiques et de sciences physiques.

Bortniker se décide en 1884 à passer dans ce pays l'agrégation appelée à tort « masculine » : son admissibilité surprend tout le monde, mais elle échoue cette fois-ci à l'oral ; elle recommence alors l'année suivante, pour être admise avec un meilleur classement que de nombreux normaliens. Signe de l'exceptionnalité de ce parcours, quand elle réussit ce concours, la seconde femme qui le passera avec succès n'est pas encore née !

Liouba Bortniker entame ensuite une carrière d'enseignante dans différents lycées en province et à Paris ; toutefois, son parcours de mathématicienne ne peut se réduire à ce fait d'armes et à l'enseignement secondaire. À côté des classes, elle continue ses travaux de géométrie, obtient le premier prix Peccot décerné par le Collège de France et présente des notes à l'Académie des sciences. Lors de la séance du 19 mars 1888, on lit sa note « *Sur la théorie des cyclides* » où elle résout le problème de dynamique et de géométrie suivant (l'énoncé est un peu abscons) :

> *« Étant donné un système de points matériels M. [...], de masses m, [...] trouver l'enveloppe des sphères pour lesquelles le moment du système est constant et qui coupent orthogonalement une sphère fixe S. »*

Après deux résultats préliminaires et quelques pages de calculs, elle trouve que la surface recherchée est une cyclide, surface ressemblant à un tore pincé (une bouée écrasée en un point). Détail significatif, la longueur de cette note est le double de la longueur autorisée pour les personnes étrangères à l'Académie : le secrétaire perpétuel pour les mathématiques a décidé de faire une exception à la règle pour un travail d'une telle qualité !

25 SEPTEMBRE

UN MATHÉMATICIEN BÉATIFIÉ

Au 33 de la via San Donato à Turin se trouve une étonnante église qui domine la ville avec un immense campanile, culminant à 83 m. Cette église, celle de Notre-Dame-du-Suffrage-et-de-Sainte-Zita, a été construite à la fin du XIXe siècle sous la direction de Francesco Faà di Bruno. Ce prêtre né en 1825 et mort en 1888 a eu une vie bien remplie : il a créé un ordre religieux de sœurs, s'est occupé de nombreuses œuvres caritatives à destination des pauvres et des femmes âgées ou malades ; même, il a fondé une imprimerie pour former de jeunes filles aux métiers de la composition typographique. Au regard de toutes ces actions, le pape Jean-Paul II l'a officiellement béatifié le 25 septembre 1988.

Je n'ai pas accès aux documents officiels du procès en béatification, mais je doute que ceux-ci insistent sur un point pourtant essentiel dans la biographie de ce prêtre : son activité de mathématicien ! Avant d'entrer en religion, Faà di Bruno a effectivement fait des études de mathématiques (entre l'Italie et la France), enseigné à l'université de Turin et publié des travaux originaux dans cette discipline et en astronomie.

Si vous cherchez ce nom dans des livres ou encyclopédies mathématiques, vous tomberez invariablement sur la formule de Faà di Bruno. Au lycée, on apprend la formule pour la dérivée d'une composition de deux fonctions dérivables f et g, à savoir $(fog)' = f'og \times g'$. Des élèves curieux cherchent parfois à dériver à nouveau cette formule pour obtenir la dérivée seconde de la composition et, le plus souvent, s'arrêtent là dans leurs explorations calculatoires. La formule qui porte le nom de Faà di Bruno est la généralisation pour la dérivée n-ième d'une composition de fonctions.

On trouve celle-ci, de façon explicite, dans deux notes écrites en décembre 1855 : l'une publiée en italien dans les *Annali di Scienze Matematiche e Fisiche* et l'autre en français dans le journal britannique *The Quarterly Journal of Pure and Applied Mathematics*. Ces courts textes ne donnent pas de preuve pour la formule, ni de références plus anciennes : contrairement à d'autres résultats originaux obtenus par le bienheureux, ceux-ci étaient sûrement déjà bien connus avant lui et il est vraisemblable que l'attribution soit une fois de plus un peu rapide…

26 SEPTEMBRE

UNE SALAMANDRE AU VENEZUELA ?

Lors des élections législatives du 26 septembre 2010 au Venezuela, le parti du président Hugo Chávez a obtenu 48 % des suffrages mais 60 % des sièges à l'Assemblée nationale vénézuélienne. La comparaison de ces deux pourcentages heurte notre sens de la justice mais peut facilement s'expliquer : le pourcentage global ne peut renseigner sur les différences entre circonscriptions, et le parti présidentiel peut très bien avoir remporté certains sièges pour quelques voix, quand l'opposition aurait eu une majorité écrasante dans d'autres régions, (donc beaucoup de votes favorables qui n'y servent à rien, puisque la victoire y était déjà acquise). Il y a donc un « écart » d'efficacité des votes selon les circonscriptions.

Bref, il faut se garder de crier trop vite à la manipulation... ou plutôt il faut étudier plus précisément le redécoupage électoral qui a précédé l'élection de 2010 : est-ce que ces votes « inutiles » pour l'opposition ne sont pas une conséquence d'une façon de définir les circonscriptions qui avantagerait le pouvoir en place ?

En anglais, le fait de définir des circonscriptions pour son intérêt politique est appelé *gerrymandering* : il s'agit d'un mot-valise formé à partir d'Elbridge Gerry et salamandre. En 1812, le gouverneur du Massachusetts avait en effet redécoupé son État de manière tellement caricaturale qu'un journal avait cru voir une circonscription en forme de salamandre s'enroulant autour du district de South-Essex. Si le tracé promu par Gerry choque, d'autres ne le font pas : pour excuser ces charcutages électoraux, il faut en effet préciser que proposer un découpage équitable en fonction des évolutions démographiques est une chose difficile ! Aussi fait-on appel aux mathématiques.

Depuis plus de deux décennies, on a ainsi cherché à définir un bon découpage en termes de statistiques ou de géométrie. Par exemple, le test de Polsby-Popper mesure la « compacité » d'une surface (il s'agit essentiellement du rapport de l'aire au carré du périmètre) et permet de détecter objectivement les circonscriptions aux formes trop alambiquées. La communauté mathématique a depuis beaucoup travaillé pour fournir des indicateurs plus élaborés, afin d'aider le législateur à être plus juste et à se garder de manipulations partisanes. Il s'agit d'un sujet riche en questions théoriques, mais aussi d'une preuve que les mathématiciens ne vivent pas dans une tour d'ivoire.

27 SEPTEMBRE

PROFESSEURE UGBEBOR

Un champ important du développement des probabilités au XXe siècle est celui du calcul stochastique et de l'étude du mouvement brownien, un concept théorique initialement introduit pour décrire le mouvement erratique des particules microscopiques. C'est un sujet que je suis censé connaître plutôt correctement : d'une part, c'est le domaine dans lequel j'ai soutenu ma thèse en septembre 2005 ; d'autre part, j'ai eu la chance de suivre les enseignements, de partager de passionnantes discussions et même d'écrire un livre avec Marc Yor, un chercheur à la culture sans limite. Aussi suis-je toujours surpris de découvrir des aspects du domaine qui avaient échappé à ma curiosité pendant toutes ces années.

Il y a quelques mois, j'ai pris connaissance, un peu par hasard, du parcours de la mathématicienne nigériane Olabisi Ugbebor, la première femme africaine à devenir professeur des universités et l'une des premières à soutenir une thèse de mathématiques (en 1976). Il n'est pas surprenant de découvrir des chercheurs dont on ignore l'existence, tant la communauté est vaste ; je ne connais d'ailleurs pas beaucoup plus les mathématiciennes venues en Europe avant Ugbebor pour devenir docteures en mathématiques, comme Soraya Sherif (Égypte, 1963) Fatma Moalla (Tunisie, 1965), Laila Mohamed Fahmy Abd-lal (Égypte, 1969), Jennifer Denise Key (Afrique du Sud, 1969) ou Joséphine Guidy-Wandja (Côte d'Ivoire, 1971). En revanche, le travail d'Ugbebor traite précisément des propriétés du mouvement brownien, le domaine que je maîtrise le mieux !

Ugbebor commence ses études à l'Université d'Ibadan, où elle est remarquée à la fois comme la seule femme du cursus mathématique et comme l'étudiante la plus brillante. Munie d'une bourse, elle part pour Londres où elle obtient sa thèse dans des conditions qui n'ont pas toujours dû être faciles car, dans la même période, elle met au monde deux enfants. De retour au Nigeria, elle rejoint son alma mater à Ibadan et gravit les échelons successifs d'une carrière universitaire ; les années passant, elle prend davantage de responsabilités et réoriente ses recherches vers un domaine appliqué proche des probabilités, la finance quantitative.

Entre son parcours géographique, le caractère très pointu de ses recherches et sa réorientation thématique, je pouvais comprendre pourquoi je n'avais pas encore entendu parler d'elle… jusqu'à ce qu'elle me dise au détour d'un courrier avoir effectué deux séjours dans le laboratoire parisien où, vingt ans plus tard, je ferai ma thèse. Je n'ai plus aucune excuse !

28 SEPTEMBRE

MATHÉMATIQUES SANS FRONTIÈRES

Le colloque *Mathematics without borders* (« mathématiques sans frontières ») s'est tenu le 27 et 28 septembre 2021 à Strasbourg. On a pu y écouter des exposés par des chercheurs de tous pays, comme cette liste de noms pris parmi les intervenants peut le faire sentir : ainsi Annalisa Buffa, Subhash Khot, Hiraku Nakajima, Laure Saint-Raymond, Stanislav Smirnov, Gang Tian, Ulrike Tillmann...

Ce n'est toutefois pas la variété des nationalités représentées par ces mathématiciens qui justifie le nom du colloque. Initialement prévu en 2020 (et décalé à cause de la pandémie de Covid), cet événement voulait marquer le centenaire de l'Union mathématique internationale (IMU pour l'acronyme anglais), organisation née après la Première Guerre mondiale pour structurer et faciliter la coopération entre chercheurs de différents pays. Comme la Société des Nations créée à la même époque, l'IMU a eu une histoire perturbée, étant dissoute avant la Seconde Guerre mondiale puis refondée après ; en revanche, l'ambition de travailler ensemble par-delà les frontières a traversé le siècle, et c'est ce mouvement généreux que les mathématiciens présents à Strasbourg voulaient honorer.

Il y a toutefois une autre motivation à cet événement : laver la « tache » que représente le Congrès international des mathématiciens de 1920 dans l'histoire de la communauté. Si c'est lors de ce congrès que l'on fonde l'IMU, l'événement est aussi l'occasion d'humilier les pays vaincus ; dans la foulée du Traité de Versailles, on l'organise donc à Strasbourg, ville redevenue depuis peu française, dans une université que l'Allemagne avait fortement développée et financée pendant cinquante ans... mais en interdisant aux mathématiciens allemands de s'y rendre, comme à ceux des autres empires centraux !

Curieuse façon de promouvoir l'internationalisation de la discipline que de refuser la participation de certains pays ; cette malformation de naissance de l'IMU explique en partie l'histoire mouvementée de l'institution entre-deux-guerres. En 2021, pour le centenaire, on veut donc rappeler le projet initial en gommant les défauts nationalistes des années 1920 pour repartir sur un meilleur pied ; le colloque de 2021 traduit le message de cette nouvelle impulsion, et l'espérance d'une collaboration qui dépasse vraiment les clivages géopolitiques.

29 SEPTEMBRE

RECHERCHES ARITHMÉTIQUES

En 2004, le mathématicien Manjul Bhargava (médaille Fields 2014) introduit un article publié dans la prestigieuse revue *Annals of Mathematics* par un vibrant hommage à un livre vieux de plus de deux cents ans :

> *« Il y a deux siècles, dans son célèbre ouvrage Disquisitions Arithmétique de 1801, Gauss a énoncé la magnifique loi de composition des formes quadratiques binaires entières qui allait jouer un rôle essentiel dans la théorie des nombres au cours des décennies suivantes. »*

Parues le 29 septembre 1801, les *Disquisitiones arithmeticae* (« Recherches arithmétiques ») sont effectivement de ces ouvrages qui renouvellent tout un pan des mathématiques. Ce livre a beau être écrit par un mathématicien d'alors une vingtaine d'années, il réalise une synthèse parfaite de résultats déjà connus avec des théorèmes originaux, tout en proposant une vision d'ensemble cohérente et féconde avec des notations et des concepts unificateurs.

Dans les premiers chapitres, Gauss introduit la relation de congruence : deux nombres a et b sont congruents modulo n si n divise la différence $a - b$. Cette idée était déjà présente dans certains travaux arithmétiques, mais le fait de lui donner un nom, d'en lister les propriétés et d'en faire un usage intensif montre que Gauss comprend mieux que ses prédécesseurs le rôle clé de cette notion. Il propose d'ailleurs la notation $\equiv$ (encore utilisée aujourd'hui) « à cause de la grande analogie qui existe entre l'égalité et la congruence ».

Avec cet outil, Gauss revisite tous les résultats arithmétiques et en démontre de nouveaux, comme ce qu'on appelle depuis la loi de réciprocité quadratique. Voici par exemple une propriété découlant de celle-ci, que l'on peut lire dans cet ouvrage : -1 peut s'écrire comme la somme d'un carré d'un entier et d'un multiple d'un nombre premier p si, et seulement si, p est congru à 1 modulo 4.

Si l'essentiel du livre traite de nombres entiers, le chapitre VII fait exception avec l'étude des nombres (complexes) dont la puissance n-ième vaut 1. Gauss montre comment rattacher ce sujet à l'arithmétique et en déduit un critère de constructibilité à la règle et au compas d'un polygone régulier à n côtés. Et dire qu'en présentant ainsi le livre, je ne mentionne même pas le résultat favori de Bhargava…

CHIFFRES MANQUANTS

Le 30 septembre 2016, la chanteuse mezzo-soprano Anne Sofie von Otter sort un album de reprises intitulé *So Many Things* (elle y est accompagnée par le quatuor à cordes Brooklyn Rider). Parmi les treize chansons récentes qu'elle interprète sur ce disque, la première, au nom de *Pi*, parle bien évidemment aux amateurs de mathématiques. Les paroles évoquent en introduction :

> *« Un homme doux et sensible, avec une nature obsessionnelle, une fascination profonde pour les nombres, et un engouement total pour le calcul de Pi. »*

Après cette entrée en matière présentant un mathématicien obnubilé par la constante d'Archimède, la chanteuse nous ensorcelle à son tour en égrenant lentement les décimales de π : d'abord 3 puis

14159265358979323846264338327 9

Après quelques phrases, l'envoûtante litanie des décimales reprend avec

50288419716939937510582097494459230781640628608

et la voix de la chanteuse s'efface dans la musique… Moment d'une pure poésie que l'on n'imaginait pas vraiment associée à la lecture d'un nombre.

La magie opérait déjà avec la chanson originale de la britannique Kate Bush sur l'album *Aerial* publié en 2005. Outre l'interprétation, il y a toutefois une différence notable : la version de von Otter est plus courte et s'achève deux minutes plus tôt… D'un point de vue mathématique, ce choix s'avère tout à fait pertinent, puisque les décimales suivantes de la chanson de Bush sont fausses !

Pour être tout à fait honnête, les décimales ne sont pas tout à fait erronées, elles sont juste « mal placées » car Kate Bush « oublie » d'en chanter une trentaine. Est-ce une négligence ? Un choix délibéré car les sonorités des décimales incriminées ne collaient pas à la chanson ? Un montage de la chanson qui se fait au détriment des mathématiques ? Un test pour les auditeurs connaissant bien π ? Difficile de trancher sur les raisons de cette maladresse dans une chanson évoquant l'obsession des chiffres. En tout cas, cela me donne un argument supplémentaire pour justifier que je préfère l'interprétation de la chanson *Pi* par Anne Sofie von Otter.

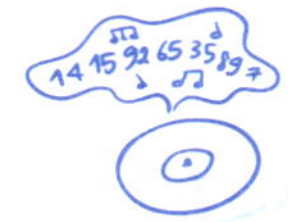

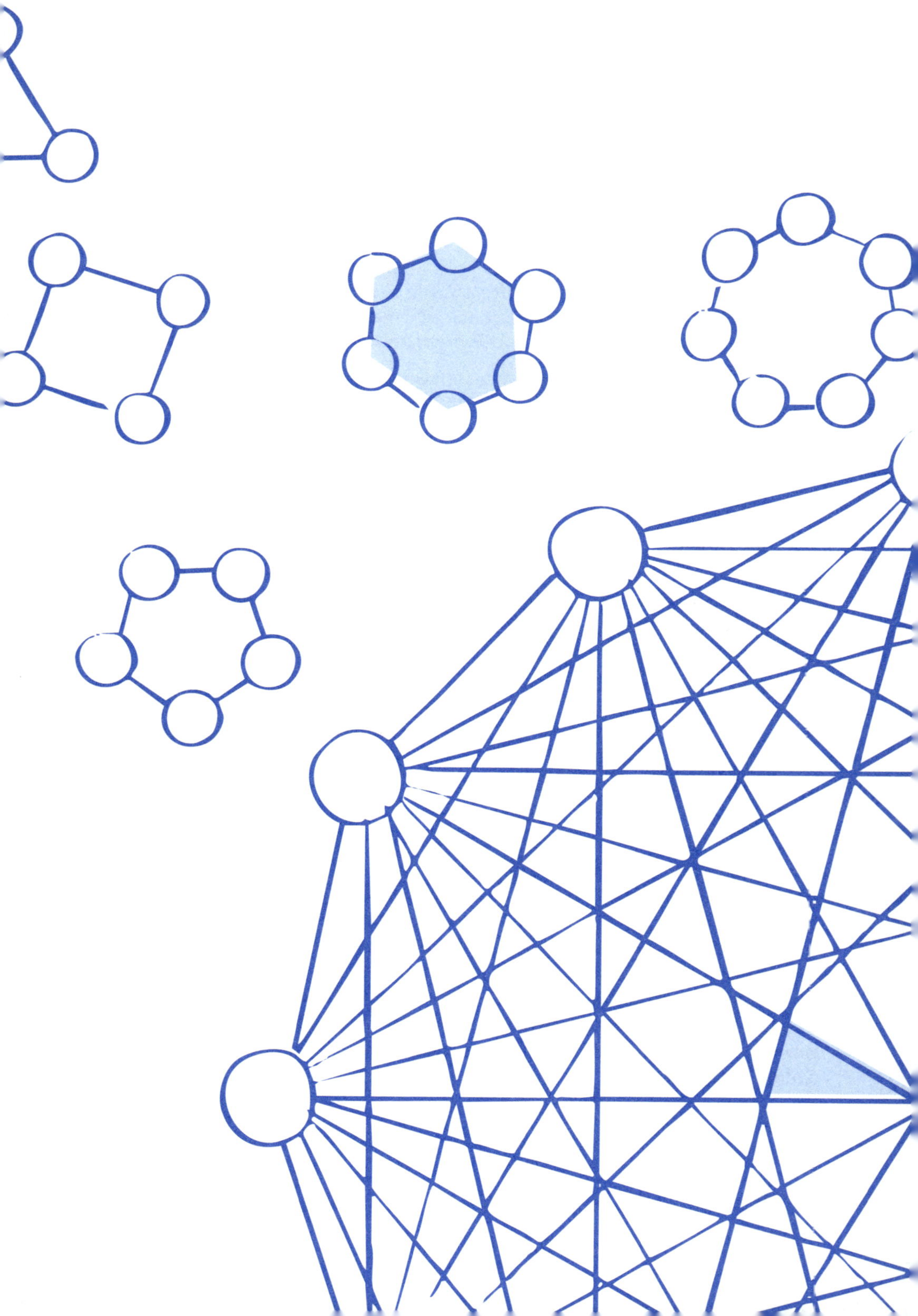

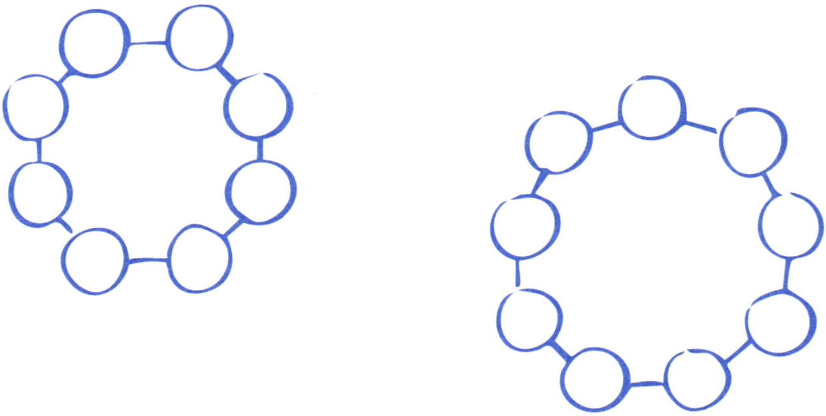

OCTOBRE

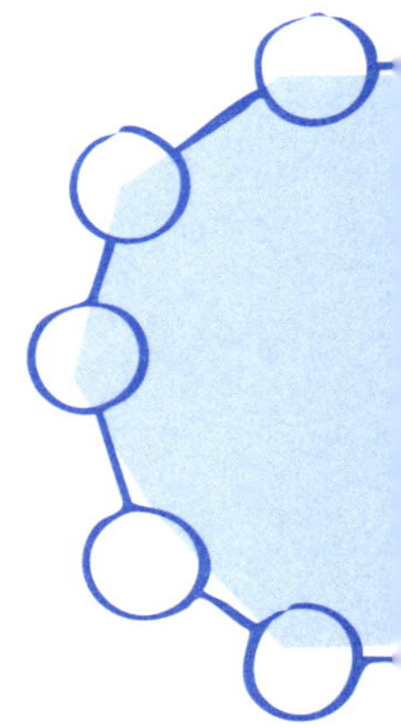

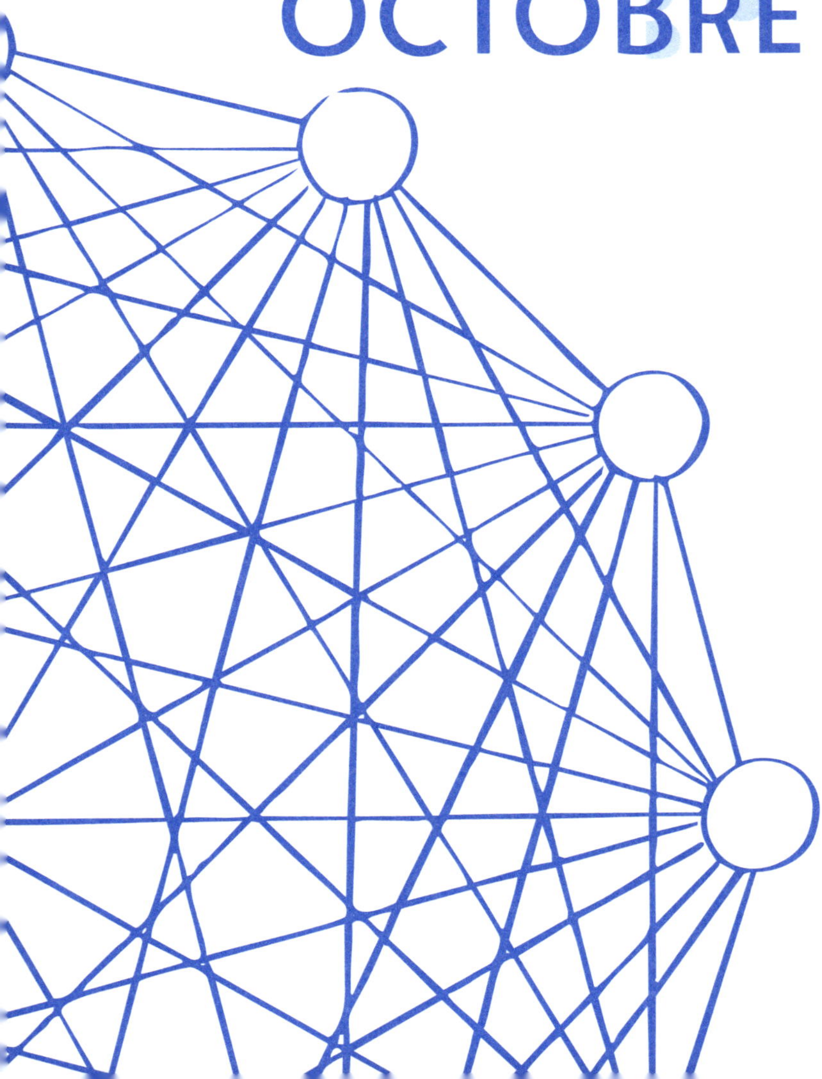

1ER OCTOBRE

BEAUCOUP DE ZÉROS

Les prix Ig'Nobel sont des récompenses parodiques couronnant « des prouesses qui font rire les gens au premier abord, et qui les font ensuite réfléchir ». Chaque année depuis 1991, quelques disciplines sont mises en avant pour des résultats humoristiques ou par ironie. Les mathématiques sont rarement représentées (car trop sérieuses ?), mais il y a quelques exceptions, avec sept prix.

Passons rapidement sur les prix de 1993, 1994, 2011 et 2015, qui récompensent respectivement les calculs farfelus, et à vrai dire peu mathématiques,

- *de la probabilité que l'ancien dirigeant soviétique Mikhaïl Gorbatchev soit l'Antéchrist (qui vaudrait donc 1/710 609 175 188 282 000) ;*
- *de la proportion des habitants de l'Alabama destinés à rejoindre l'enfer selon leur comté de résidence ;*
- *de la date de la fin du monde (six lauréats pour six dates différentes… toutes passées) ;*
- *de la façon dont Moulay Ismael, ancien roi du Maroc, a pu concevoir huit cent quatre-vingt-huit enfants en trente ans.*

Le prix 2002 est décerné à K. P. Sreekumar et G. Nirmalan, de la Kerala Agricultural University, pour l'estimation de la surface de l'éléphant indien ; le sujet peut sembler aussi étrange que les précédents, mais il rejoint de véritables problématiques de « quadrature », ces méthodes mathématiques développées pour calculer l'aire des surfaces. En 2006, cette fois, N. Svenson et P. Barnes sont récompensés pour avoir estimé le nombre de photos nécessaires afin de s'assurer, avec grande probabilité, d'en obtenir une où personne n'a les yeux fermés.

Toutefois, le prix le plus intrigant a été remis le 1er octobre 2009 à Gideon Gono, gouverneur de la Banque centrale du Zimbabwe de 2003 à 2013. Cet homme n'a pourtant pas écrit d'article ni mené de recherches ; il est récompensé pour avoir, plutôt involontairement, permis une expérience sur la compréhension des puissances de 10 à l'échelle d'un pays tout entier. En effet, pour faire face à l'inflation galopante, Gono a décidé l'impression de billets avec un nombre toujours plus grand de zéros : très vite après leur émission en janvier 2009, on a ainsi parlé de l'extravagant billet de 100 000 000 000 000 dollars zimbabwéens. Ce dernier, avec son inscription « *I promise to pay the bearer on demand one hundred trillion dollars* » et la reproduction de la signature de G. Gono, est sûrement la meilleure preuve que les notations en puissances simplifient la manipulation des grands nombres ; d'ailleurs, on regrette que sa valeur faciale ne soit pas indiquée sous la forme 10^{14}…

2 OCTOBRE

UN SIXIÈME MATHÉMATICIEN AU PANTHÉON

À Paris, au Panthéon, la nation française reconnaît les mérites de personnalités, hommes et femmes, dont les parcours et les valeurs peuvent servir d'exemples. Parmi les personnes inhumées dans la crypte, on trouve cinq mathématiciens :

- *Joseph-Louis Lagrange (1736-1813), né Giuseppe Luigi Lagrangia à Turin, inhumé au Panthéon aussitôt après son décès ;*
- *Lazare Carnot (1753-1823), transféré en 1889 (sous l'autorité du président de la République Sadi Carnot, qui n'est autre que son petit-fils et qui repose désormais à ses côtés) lors des célébrations du centenaire de la Révolution ;*
- *Nicolas de Condorcet (1743-1794), transféré en 1989 pour le second centenaire de la Révolution, en même temps que Gaspard Monge (1746-1818) ;*
- *Paul Painlevé (1863-1933), inhumé au Panthéon quelques jours après son décès.*

La liste n'est pas vraiment représentative de la vitalité des mathématiques françaises (ni en nombre, ni en thématique, ni en genre), et l'on peut même déceler un biais dans le choix des noms, puisque ces personnes ont aussi joué un rôle politique notable.

J'aime raconter qu'il aurait dû y avoir un autre mathématicien : René Descartes. Le 2 octobre 1793, le député de la Convention Marie-Joseph Chénier défend sa panthéonisation, voyant en lui l'un de « *ces hommes prodigieux qui ont reculé les bornes de la raison publique, et dont le génie libéral est un domaine de l'esprit humain* ». Il appelle les citoyens à venger « *du mépris des rois la cendre de René Descartes* ». Le vote est unanime, et, selon le compte rendu de la séance, le décret est aussitôt « *adopté au milieu des applaudissements* ».

Malgré cela, l'urgence de la Révolution repousse sans cesse la cérémonie, et certains opposants vont se faire plus féroces. Parmi eux, un autre député se déchaîne, Louis-Sébastien Mercier, qui reproche à Descartes d'avoir développé un système de pensée qui a ralenti l'adoption des idées de Newton :

> *« Descartes a fait du mal à sa propre nation, dont il a retardé visiblement les progrès par la longue tyrannie de ses erreurs ; il est le père de la plus impertinente doctrine qui ait régné en France. »*

Curieux retournement de veste de celui qui écrivait en 1762 son éloge :

> *« Ainsi un seul homme a causé une révolution aussi étonnante que subtile. Seul il découvrit la Théorie de l'Art de Penser, inconnue jusqu'alors, rendit toutes les parties des Mathématiques fécondes en inventions subtiles. »*

En attendant, Descartes n'est toujours pas au Panthéon !

3 OCTOBRE

LE BÂTIMENT ANDREW-WILES

De 1881 à sa mort en 1885, Victor Hugo a habité un appartement dans une rue qui portait son nom : l'avenue Victor-Hugo (anciennement avenue d'Eylau). Cet insigne honneur est rarissime, mais l'on peut trouver un équivalent mathématique : le bureau de sir Andrew Wiles, le célèbre tombeur du dernier théorème de Fermat, se situe dans l'université d'Oxford, au premier étage du bâtiment... Andrew-Wiles.

Ici, pas d'ancien édifice rebaptisé pour célébrer une star, mais une construction flambant neuve. Inaugurée le 3 octobre 2013 en présence d'Andrew Wiles, elle abrite tous les aménagements pour un laboratoire de mathématiques : une bibliothèque, six amphithéâtres, plus de trois cents bureaux pour accueillir cinq cents chercheurs et enseignants-chercheurs, une cafétéria, des espaces de travail et de convivialité.

Le cabinet d'architectes responsable du projet, Rafael Viñoly Architects, a élégamment marié les contraintes pratiques de l'enseignement et de la recherche avec une insertion harmonieuse dans l'espace urbain de l'université et les bâtiments historiques voisins ; toutefois, lors d'une première visite, on remarque surtout les clins d'œil appuyés aux mathématiques. Dès l'arrivée, on marche sur un pavage très particulier réalisé à partir de deux types de dalles de granit en forme de losanges ; il a la propriété de ne pas se répéter, c'est-à-dire, en termes mathématiques, d'être non périodique. Découvert en 1974 par sir Roger Penrose, un professeur d'Oxford, ce genre de pavage fascine, et on comprend volontiers que les architectes aient jugé bon d'en parer l'entrée tout en rendant hommage à un travail remarquable. Prévenu de ce chantier, Penrose a adapté pour l'occasion son pavage dit « P3 » et suggéré de conserver les traits de construction sous la forme de bandes d'acier insérées dans le granit.

Le bâtiment se compose de deux ailes de tailles différentes, chacune disposant d'un puits de lumière couvert d'une verrière polygonale. Au nord, la plus petite reprend une illustration de la théorie des graphes, et notamment du graphe $K_{3,3}$; au sud, la verrière correspond au tracé de surface d'une fonction solution d'une équation différentielle (techniquement, une fonction propre pour le laplacien bidimensionnel). Même sans comprendre les mathématiques, ces deux élans architecturaux impressionnent ! Si l'on ajoute les peintures *Spectral Flip* d'Antoni Malinowski, la sculpture *Axiom* de Mat Chivers et les expositions temporaires, on voit ainsi que l'Institut mathématique d'Oxford dispose désormais d'un environnement entièrement inspiré de son univers.

MALFATTI ET SON PROBLÈME

Le 4 octobre 1802, la Société italienne des sciences reçoit un mémoire intitulé *Memoria sopra un problema stereotomica*, de Gian Francesco Malfatti. Le mathématicien, alors professeur à l'université de Ferrare, y étudie un problème géométrique simple : étant donné un triangle, comment trouver trois disques inclus dans celui-ci, ne se recouvrant pas et d'aire totale maximale ?

Malfatti trouve assez simplement la réponse à l'énoncé, et sa solution (comme le problème associé) porte aujourd'hui son nom : il suffit de tracer trois cercles de sorte que chaque cercle soit tangent aux deux autres et à deux des côtés du triangle. D'autres mathématiciens remarquent ensuite que l'on peut construire explicitement ces trois cercles avec un peu d'astuce, en partant des bissectrices du triangle initial. Voici un exemple d'une telle construction :

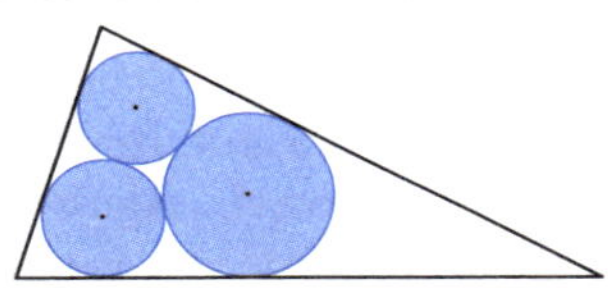

Il y a toutefois un souci : les cercles de Malfatti ne résolvent pas son problème... mais personne ne s'en rend compte pendant près de cent trente ans ! En 1930, H. Lob et H. Richmond notent que, dans le cas d'un triangle équilatéral, on couvre davantage de surface en considérant le cercle inscrit qui est tangent aux trois côtés et deux cercles, plus petits, casés dans deux des coins restants une fois enlevé le premier disque : après calculs, on trouve que la configuration des disques proposée par Malfatti couvre 72,9 % de la surface du triangle, alors que la nouvelle en couvre 73,9 %. La situation empire lorsque, en 1965, Howard Eves se penche à son tour sur le problème et montre que, dans le cas d'un triangle très « étroit », la solution proposée par Malfatti n'est à nouveau pas celle qui couvre le maximum de surface...

On pourrait croire que ces figures découvertes longtemps après 1802 ne sont que des cas particuliers peu intéressants, et qu'on peut maintenir le théorème en choisissant de bonnes hypothèses ; en fait, il s'agit du phénomène inverse : la configuration proposée par Malfatti et acceptée pendant plus d'un siècle par la communauté des géomètres n'est jamais la meilleure configuration. Michael Goldberg fournit en 1967 une justification numérique de ce résultat, avant que le problème ne soit définitivement résolu, avec rigueur, par Victor A. Zalgaller et G.A. Los en 1994 : sa solution s'obtient ainsi de manière dite « gloutonne », en construisant d'abord un premier disque d'aire maximale dans le triangle, puis un disque d'aire maximale dans le triangle privé du premier disque, et enfin un dernier semblable dans la zone restante (une fois les deux autres retirés). Pour autant, et malgré les erreurs du mathématicien italien, le « problème de Malfatti » n'a pas été débaptisé !

5 OCTOBRE

LE PAPE ET LA PROFESSEURE

Le document est écrit en latin et peu facile d'accès ; je distingue tout d'abord la date « *Die quinta octobris 1750* » (le 5 octobre 1750), puis je déchiffre quelques noms : d'un côté, celui de l'expéditeur, le pape Benoît XIV, de l'autre, celui de la destinataire, Maria Gaetana Agnesi, bourgeoise milanaise alors âgée de trente-deux ans. Si je plonge plus profondément dans le texte et dans son histoire, je découvre que le pape couvre d'éloges cette scientifique pour ses travaux en analyse et lui propose de devenir professeure de la prestigieuse université de Bologne.

Avec la physicienne Laura Bassi, de quelques années son aînée, Agnesi devient ainsi l'une des premières femmes admises à une position académique jusque-là interdite aux représentantes de son sexe. Benoît XIV joint au courrier une médaille en or, de la même manière que l'impératrice Marie-Thérèse d'Autriche lui a envoyé une bague en diamants et un précieux coffret quelques mois plus tôt.

Tous ces honneurs et cadeaux viennent récompenser un parcours et une œuvre mathématique exceptionnels. Agnesi, éduquée dans le palais familial à Milan, apparaît très rapidement comme une enfant prodige et polyglotte, développant des capacités remarquables aussi bien pour la philosophie que pour les sciences. C'est pourtant en tant que mathématicienne qu'elle devient mondialement connue : ayant compris les principes du calcul différentiel et du calcul intégral, mais n'ayant pas abandonné pour autant la vision géométrique qui précédait l'apparition de ces outils, elle rédige un livre magistral, intitulé *Instituzioni analitiche ad uso della gioventù italiana* (« Institutions analytiques à l'usage de la jeunesse italienne »), qui reprend tous les savoirs de son temps dans une même perspective. Dédié à Marie-Thérèse, le livre est commenté dans les salons et académies européennes, puis traduit en français en 1775 et en anglais en 1801.

En revanche, contrairement à Bassi, Agnesi n'enseignera jamais à l'université, privilégiant d'autres choix de vie ; après une jeunesse confortable et une célébrité qui dépasse les frontières, elle choisit de se retirer et de mener une vie de dénuement, consacrée à l'étude de la théologie... La proposition du pape n'aura donc pas eu sa préférence.

6 OCTOBRE

RIEN SUR REIM

Considérons deux cercles C_1 et C_2 qui se rencontrent en deux points A et B, et A_1, B_1 deux autres points sur C_1. Les droites (AA_1) et (BB_1) coupent C_2 en deux points, A_2, B_2 respectivement ; on peut alors montrer que les droites (A_1B_1) et (A_2B_2) sont parallèles.

Ce résultat assez élémentaire peut être établi avec des outils mathématiques dont on apprend l'usage au collège, mais il s'avère redoutablement efficace pour traiter de nombreux problèmes de géométrie du plan. Un certain nombre d'utilisateurs l'appellent « théorème d'Anton Reim ». Problème : ce mathématicien n'apparaît dans aucun dictionnaire biographique, dans aucune généalogie scientifique, dans aucune base de données de publications…

En cherchant sur Internet, on obtient des informations non sourcées : il s'agirait d'un mathématicien né le 6 octobre 1832 à Groß Otschehau (petite ville tchèque désormais appelée Očihov), ayant fait des études de sciences entre Berlin, Saint-Pétersbourg et Prague. Sa carrière se serait partagée entre l'enseignement des mathématiques, la direction d'un orchestre et la gestion de la ferme familiale… Il serait mort sur ses terres le 23 janvier 1922.

Les informations parcellaires, non vérifiables et, pour tout dire, un peu baroques appellent à la prudence, mais l'utilisation assez répandue du nom nous incite à creuser davantage. En cherchant dans les archives du site de Jean-Louis Aymé, enseignant et grand amateur de géométrie du cercle, on peut dénicher l'origine de l'appellation :

> *« Il y a une vingtaine d'années, mon beau-père connaissant ma passion pour la Géométrie, m'invitait à compulser un cahier de notes de cours écrits par Anton Reim, un ancêtre de mon épouse, qui enseignait les mathématiques dans le nord de la Bohême.*
>
> *Comme attiré par un mystérieux appel, j'ouvrais ce cahier sur la page où était tracée une figure que j'allais par la suite appeler la figure de Reim… En me montrant son visage à contempler, l'être géométrique dévoilé offrait à mon regard la découverte d'un caractère principal d'importance universelle, la prépondérance du cercle face à la droite… »*

Il s'agit donc d'un bel hommage familial, mais j'avoue trouver la référence historiquement très discutable, voire peu pertinente. Elle met toutefois un nom sur un joli résultat de géométrie, que l'on peut illustrer par cette figure :

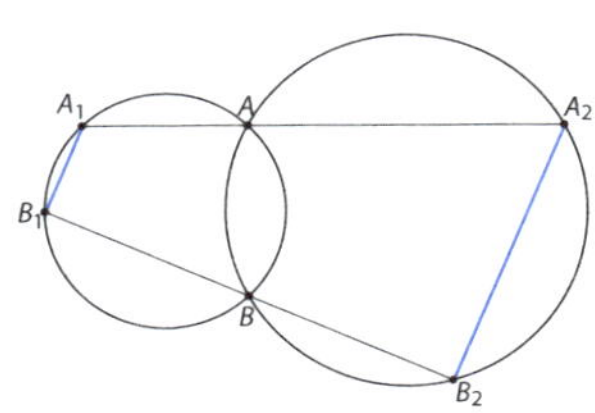

7 OCTOBRE

DES MATHÉMATIQUES EN AMÉRIQUE

Lorsqu'en octobre 1492, Christophe Colomb et ses hommes débarquent aux Bahamas, ils ne découvrent pas une île proche de l'Inde, comme ils le croyaient, mais ils ne mettent pas non plus le pied sur un continent inexploré des hommes, comme on le dit parfois. Même en oubliant l'expédition viking au Vinland, cette terre n'était pas vierge, et des peuples l'habitaient depuis des millénaires.

Cette expédition pour le compte de l'Espagne ouvre une longue période de guerres de colonisation, pendant laquelle les Européens importent des armes modernes et, plus involontairement, quelques maladies. Les discours coloniaux ont souvent insisté sur le bond technologique et scientifique que la tutelle occidentale fit accomplir aux autochtones, sans vraiment prendre le temps d'étudier les connaissances de ces derniers.

En ce qui concerne les mathématiques, l'une des difficultés survenant lorsque l'on analyse la situation est l'absence de sources écrites chez les peuples colonisés ; l'archéologie y supplée, et l'on peut aujourd'hui découvrir dans les musées des outils de calcul comme les quipus incas, enchevêtrements de cordes nouées qui permettaient aussi bien d'effectuer une comptabilité que d'enregistrer les données statistiques des recensements au sein de l'empire. Depuis l'ethnomathématicienne Marcia Ascher et son livre essentiel *Code of the Quipu* en 1981, ces artefacts ont été soigneusement étudiés et ont permis de connaître davantage les mathématiques développées jusqu'au XVe siècle.

Du côté des sources écrites des colons, il faut attendre que l'on installe des imprimeries en Amérique pour connaître l'état de leurs connaissances (d'après leurs lectures). Si j'en crois les index bibliographiques que j'ai consultés, le premier livre publié de l'autre côté de l'océan Atlantique est :

> *Sumario compendioso de las questas de plata y oro... con algunas reglas tocantes a la aritmética* (« Résumé succinct des comptes d'argent et d'or... avec quelques règles concernant l'arithmétique ») par Juan Diez Freyle, imprimé à Mexico en 1556.

Le premier volume exclusivement dédié aux mathématiques (après plusieurs publications en comportant en partie, à Mexico ou Lima), lui, ne sera publié qu'en 1719 à Boston. Écrit par James Hodder en anglais, c'est un manuel dont le titre dit qu'on le lira sans peine : *L'arithmétique de Hodder ou cet art nécessaire rendu plus facile. Étant expliqué d'une manière familière à la capacité de tous ceux qui désirent l'apprendre en peu de temps*. Je ne sais si l'ouvrage tient sa promesse...

8 OCTOBRE

LA RÉVÉLATION DE KARATSUBA

Le mathématicien soviétique Anatoli Karatsuba est mondialement connu… pour un article qui porte son nom, mais qu'il n'a pas écrit. Pour comprendre cette bizarrerie, il faut se placer à Moscou au milieu du XXᵉ siècle, où travaille le principal protagoniste de cette histoire, Andreï Kolmogorov.

Mathématicien majeur de l'époque, il est l'un de ceux dont on peut identifier les travaux dans des domaines radicalement différents : la fondation des probabilités dans les années 1930, l'étude des systèmes dynamiques – où il est le K du théorème KAM –, mais aussi la théorie algorithmique de l'information, une discipline qui permet de comprendre à quel point on peut compresser un signal sans perte d'information… Après s'être illustré dans ces domaines, et alors qu'il est au sommet de son rayonnement scientifique, Kolmogorov organise dans la capitale soviétique un séminaire où se pressent les plus brillants mathématiciens moscovites.

En 1960, Karatsuba est étudiant, et il assiste à ce séminaire ; il y entend notamment le maître expliquer qu'on ne pourra jamais multiplier deux nombres à n chiffres avec significativement moins de n^2 multiplications élémentaires entre les chiffres qui les composent. Kolmogorov ne sait pas prouver cette conjecture, et il comprend pourquoi lorsque, la semaine suivante, Karatsuba lui présente une méthode de « multiplication rapide » de son cru qui l'infirme.

L'idée de Karatsuba consiste à découper les entiers en deux morceaux de même taille, puis à utiliser de l'algèbre pour se ramener à trois opérations entre nombres ayant moitié moins de chiffres. Par exemple, pour le produit entre 23 et 57, cela revient à écrire la relation

$$23 \times 57 = (2 \times 5)\,100 + (2 \times 5 + 3 \times 7 + (2 - 3) \times (5 - 7))\,10 + 3 \times 7,$$

qui ne requiert que trois véritables produits entre chiffres, 2×5, 3×7 et $(2 - 3) \times (5 - 7)$, au lieu de quatre (on ne compte pas la multiplication par 10 ou 100). En reprenant cette démarche pour chaque produit qui apparaît dans un calcul, Karatsuba obtient un nombre d'opérations significativement plus petit que n^2.

Subjugué par ce résultat, Kolmogorov le consigne avec une autre remarque d'étudiant et publie aussitôt son texte dans les comptes rendus de l'Académie des sciences d'URSS sous le nom des étudiants : Anatolii A. Karatsuba et Yuri P. Ofman. On raconte que ceux-ci n'ont découvert « leur » article qu'après son impression, mais personne n'a jamais douté de la paternité des résultats qui y sont prouvés.

9 OCTOBRE

LA COUPE WEBB-ELLIS

En 2007, dans un Stade de France comble, John Smit, talonneur et capitaine des Springboks, l'équipe de rugby d'Afrique du Sud, brandit fièrement le trophée de la Coupe du monde. Créée en 1987 par un orfèvre londonien selon un modèle conçu au XVIIIe siècle, cette coupe porte officiellement le nom de coupe Webb-Ellis, d'après William Webb Ellis, élève dans la petite ville anglaise de Rugby qui aurait pris en 1823 la liberté de jouer à la main dans un match de football, créant une nouvelle discipline sportive.

En revanche, il est complètement inimaginable pour moi de voir John Smit lever un jour l'autre coupe Webb-Ellis. Si le nom est proche, cette récompense créée en 2008 à l'université du Cap en Afrique du Sud n'est pas associée au rugby ni à un quelconque sport... mais aux mathématiques ; elle porte cette fois-ci le nom de John Webb et George Ellis, deux professeurs émérites de cette université, associés au département de mathématiques et de mathématiques appliquées. Jeunes étudiants, ils ont étudié ensemble en Afrique du Sud avant d'aller tous les deux compléter leur formation à l'université de Cambridge, puis de revenir comme enseignants-chercheurs, dans le département cité, pour le reste de leurs carrières ; après avoir regardé la finale de la Coupe du monde 2007 et la victoire de leur pays, ils plaisantent sur leurs patronymes et finissent par prendre leur blague un peu trop au sérieux. Ellis explique :

> *« Ce qui nous a inspirés, c'est la prise de conscience que, si le rugby pouvait avoir un trophée Webb-Ellis, ce serait une excellente idée d'en avoir un aussi pour les mathématiques, et, bien sûr, nous serions les personnes les mieux placées pour en prendre l'initiative. »*

Ainsi, depuis 2008, on décerne cette autre coupe Webb-Ellis à l'étudiant ou l'étudiante de première année de l'université du Cap ayant eu les meilleurs résultats, parmi ceux ayant pour majeure la discipline du département des deux professeurs émérites. Ceux-ci espèrent ainsi encourager les étudiants à suivre la filière mathématique, transmettre leur passion et promouvoir cette voie d'excellence aux débouchés sous-estimés.

10 OCTOBRE

LE GROUPE MIRACLE

Le 10 octobre, ou jour du double dix, Taïwan commémore le soulèvement du 10 octobre 1911, qui a entraîné la fin de l'empire de Chine et la fondation de la République. Dans les années 1950, avec la révolution communiste sur le continent et l'arrivée massive de populations qui fuyaient ces événements, cette fête a pris une dimension politique plus forte ; toutefois, à l'époque, l'île est pauvre, son gouvernement réactionnaire, et la société très patriarcale ; on est alors bien loin de l'image du « *made in Taiwan* » et des performances économiques associées à cette appellation.

Malgré ces difficultés, au milieu des années 1960, la plus grande université de l'île (la National Taiwan University) connaît un phénomène atypique dans son recrutement : le département de mathématiques attire des jeunes filles brillantes comme rarement auparavant (et malheureusement assez peu depuis ; on s'explique mal cet événement). Nées sur l'île ou ayant fui la Chine continentale, ces étudiantes ont pour point commun d'avoir réussi avec brio les études secondaires et d'avoir choisi de poursuivre en mathématiques. Rares étaient les professeurs à disposer d'une thèse, il n'y avait pas de modèles féminins à qui s'identifier... et pourtant, une génération entière de mathématiciennes apparaît.

Parmi ces étudiantes, six sont devenues particulièrement célèbres : Sun-Yung Alice Chang, Wen-Ching Winnie Li, Chuu-Lian Terng, Fan-Rong King Chung, Jang-Mei Wu et Mei-Chi Shaw. Quelques photographies d'époque les montrent toutes les six ensemble, posant face à l'objectif ; il s'agit du « *groupe miracle* », de la « *gloire du peuple chinois* », comme le qualifiera rétrospectivement le mathématicien Shiing-Shen Chern, alors professeur à Berkeley. Ces six mathématiciennes vont préparer des thèses dans des universités américaines (UPenn, Princeton, Brandeis, Berkeley...) et des disciplines différentes (de la combinatoire à la géométrie différentielle, en passant par l'analyse harmonique) : cette dispersion n'est pas le fait du hasard, mais celui d'une coordination visant à maximiser leurs chances d'être recrutées. Maintenant qu'elles ont fait de belles carrières et récolté de nombreux honneurs, on se dit que le plus grand « miracle » de cette histoire est peut-être l'exceptionnelle solidarité dont elles ont fait preuve depuis les bancs de NTU, pour franchir toutes les barrières que la société avait placées devant elles.

11 OCTOBRE

LA PATERNITÉ DES COMPLEXES

Lorsque l'on évoque l'histoire des nombres complexes, deux époques se dégagent : leur première occurrence se trouve chez les mathématiciens de la Renaissance (Cardan, Bombelli ou Tartaglia), qui introduisent des « nombres imaginaires » pour résoudre des équations (il s'agit alors d'un artifice de calcul pratique mais mystérieux) ; puis, au début du XIXe siècle, on se met à associer à chaque point du plan un nombre complexe : avec ces notations, ces nombres échappent à l'algèbre et gagnent des propriétés géométriques.

On trouve cette dernière idée dans un mémoire de 1831 signé Carl Friedrich Gauss, mais le savant de Basse-Saxe n'est pas le premier à évoquer ces considérations géométriques : Jean-Robert Argand, un libraire suisse travaillant à Paris, avait fait paraître en 1806 un *Essai sur une manière de représenter les quantités imaginaires par des constructions géométriques*. Dans ce court texte, Argand explique comment associer à un point de la partie droite de l'axe des abscisses un nombre positif (sa distance à l'origine), à un point de la partie gauche de ce même axe un nombre négatif, puis à tous les autres points du plan un nombre complexe non réel. Peu diffusé à sa publication, l'ouvrage est réédité en 1874 avec une préface de l'historien Jules Hoüel :

> *« L'ouvrage que nous rééditons aujourd'hui est du petit nombre de ceux qui marquent une époque dans l'histoire de la science. C'est dans cet opuscule que l'on trouve le premier germe de la vraie théorie des quantités dites imaginaires. Cette théorie, dont on fait généralement honneur au génie de Gauss, n'a été indiquée par ce grand géomètre que vingt-cinq ans après l'impression du travail d'Argand. »*

On peut se féliciter que les mérites d'Argand soient enfin reconnus, mais l'honnêteté nous impose de reconnaître que ce texte n'est pas le « premier ». Avant Argand, Adrien-Quentin Buée, prêtre hostile à la Révolution, a écrit depuis son exil anglais un *Mémoire sur les quantités imaginaires* qui promeut une démarche proche de celle d'Argand ; on y lit notamment l'une des plus belles phrases selon moi sur les nombres complexes : « *$\sqrt{-1}$ est le signe de la perpendicularité* ». La valeur de ce texte ne sera pas immédiatement reconnue, comme dans le cas d'Argand, et sûrement en raison des situations professionnelles atypiques des auteurs : lorsqu'il s'éteint le 11 octobre 1826, Buée est davantage connu comme chanoine de Notre-Dame que comme redécouvreur des nombres complexes.

12 OCTOBRE

LE PLAT PAYS

Les théories physiques développées depuis la fin du XIXe siècle ont souvent recours à des espaces à quatre dimensions ou davantage, mais, pour la plupart des gens, ce point semble trop abstrait ; il est en effet difficile de concevoir la géométrie, même élémentaire, dans une dimension supérieure à 3 (celle de notre espace ambiant ordinaire).

Pour essayer de développer une intuition en dimension 4, il peut être judicieux de s'intéresser à *Flatland*, un monde de fiction créé par l'enseignant britannique Edwin Abbott Abbott (aussi appelé Edwin Abbott[2]), décédé le 12 octobre 1926. Le narrateur du roman, un habitant d'un pays plat (à deux dimensions), est un carré qui nous détaille l'organisation sociale et politique de son monde. Les habitants sont des polygones réguliers, et le statut social d'un individu dépend de son nombre de côtés : un triangle équilatéral est inférieur à un carré, qui est lui-même inférieur à un pentagone régulier… Au sommet de la hiérarchie, on trouve les grands prêtres, des polygones avec tant de côtés qu'ils sont assimilés à des cercles.

Des règles très rigides gouvernent aussi bien la reproduction (et le nombre de côtés des enfants) que la façon de gérer les polygones « irréguliers », sorte d'êtres réduits aux tâches les plus basses de la société. Le narrateur précise de nombreux points pour que nous comprenions son monde ; par exemple, il explique comment, dans ce monde plat, on peut distinguer le nombre de côtés d'un polygone alors que tous, cercles inclus, apparaissent comme un segment de droite.

Un jour, notre narrateur rencontre un bien étrange cercle : d'une part, celui-ci parvient à changer de rayon à sa guise ; d'autre part, il prétend venir d'un autre monde incompréhensible « en trois dimensions », appelé *Spaceland*. Après quelques moments de stupéfaction, le carré finit par admettre que ce visiteur est une « sphère » et que le cercle qu'il aperçoit est la trace de ses traversées de *Flatland* ; fort de ce nouveau savoir, il s'en va prêcher l'évangile de la troisième dimension, et la deuxième partie du roman est le récit de sa mission (sans succès). L'incrédulité du carré face à la sphère (et d'autres solides qui n'appartiennent pas à son monde) nous aide ainsi à comprendre nos propres difficultés à visualiser un objet en quatre dimensions, dont on ne voit que les « traces » dans notre monde ordinaire.

13 OCTOBRE

MATHÉMATICIENNE AU SOMMET DE L'OLYMPE

La soutenance de thèse est un passage obligé dans la vie d'un mathématicien, et beaucoup s'en souviennent comme de l'un des jours les plus marquants de leur carrière, voire de leur vie. Pour Anna Kiesenhofer, celle-ci a eu lieu en octobre 2016 à l'université polytechnique de Catalogne ; elle a probablement dû répéter le titre de sa thèse à sa famille et à ses proches (*Integrable systems on b-symplectic manifolds*), vaguement expliquer le contenu des cent vingt pages et essayer de répondre aux questions naïves du genre « À quoi ça sert ? » ou « Est-ce que les membres du jury comprenaient ce que tu présentais ? ». Comme beaucoup de docteurs qui n'appartiennent pas à un milieu universitaire, j'ai vécu ces moments, et j'imagine volontiers Anna Kiesenhofer dans une situation analogue.

En revanche, je suis mal placé pour comprendre exactement ce qu'elle ressent désormais face aux questions des journalistes : en effet, Anna n'est pas une mathématicienne tout à fait ordinaire… ni une championne cycliste ordinaire. Lorsqu'elle soutient sa thèse, elle a déjà à son palmarès une victoire d'étape en course internationale, comportant la terrible ascension du mont Ventoux.

Sa biographie après la thèse montre son dilemme : laquelle de ses deux carrières privilégier ? Une année au sein d'une équipe cycliste professionnelle lui fait comprendre que ce milieu n'est pas pour elle, et elle revient aux mathématiques avec un poste d'enseignement et de recherche à l'École polytechnique fédérale de Lausanne. Sa vie s'écrit alors sur deux tableaux : sept articles de recherche d'un côté et neuf victoires cyclistes de l'autre (dont cinq titres nationaux sur route ou en contre-la-montre).

Tout semble équilibré, jusqu'à la déflagration du 25 juillet 2021 : après 41 km d'échappée solitaire, elle s'adjuge la médaille d'or de la course sur route des Jeux olympiques de Tokyo ; les journalistes découvrent cette mathématicienne sans équipe professionnelle, et elle devient à jamais une championne olympique atypique, avec la renommée et les sollicitations associées. Sur son site, elle témoigne :

> *« La plupart des personnes me connaissent probablement pour ma victoire à la course sur route des Jeux olympiques de 2021 à Tokyo, qui a été l'objectif principal de mon entraînement en 2019 et 2020. Mais, en réalité, ce n'était que la partie émergée de l'iceberg de nombreuses années d'entraînement d'endurance en parallèle de ma carrière universitaire. »*

Il y a fort à parier qu'elle pourrait en dire autant de son travail de mathématicienne !

14 OCTOBRE

À LA BATAILLE D'HASTINGS

En janvier 1066, la mort sans enfant du roi Édouard le Confesseur ouvre une période de troubles en Angleterre ; son successeur officiel, Harold Godwinson, fait face aux prétentions de ses rivaux pour le trône. Le plus vaillant est indéniablement Guillaume le Conquérant, duc de Normandie, qui finira par le défaire et s'emparer de l'Angleterre ; la bataille décisive a lieu à Hastings le 14 octobre, où Harold et ses frères trouvent la mort, mettant ainsi fin aux dynasties anglo-saxonnes qui régnaient sur le pays.

Malgré les nombreuses chroniques, les témoignages et même la belle tapisserie de Bayeux, il demeure difficile de reconstituer tous les détails de ce célèbre affrontement ; c'est le prétexte que saisit le concepteur de problèmes mathématiques Henry Dudeney dans son ouvrage *Amusements in Mathematics*, paru en 1917, pour proposer un défi arithmétique. Dudeney prétend avoir trouvé une source monastique disant :

> *« Les hommes d'Harold se tenaient bien ensemble, comme ils en avaient l'habitude, et formaient soixante et un carrés, avec un nombre égal d'hommes dans chaque carré [...] Lorsque Harold se lança dans la mêlée, les Saxons ne formaient plus qu'un puissant carré d'hommes. »*

Il propose ensuite d'en déduire le nombre de soldats de l'armée anglo-saxonne. Traduisons formellement l'énoncé, en appelant a le nombre de soldats sur le côté des carrés avant l'arrivée d'Harold, et b le nombre de soldats du côté du grand carré après l'arrivée du roi ; le pseudo-texte historique indique la relation suivante $61a^2 + 1 = b^2$ et demande de calculer b^2 (le nombre total de soldats, roi inclus).

La résolution complète d'une telle équation, aujourd'hui appelée équation de Pell-Fermat (même si on ne trouve aucune mention d'un travail correspondant dans l'œuvre de John Pell), requiert de nombreux efforts, voire l'utilisation d'outils élaborés comme les fractions continues ou les anneaux d'entiers quadratiques. Dans l'exemple proposé par Dudeney, on peut montrer que la plus petite solution (il y en a en fait une infinité) correspond aux valeurs $a = 226\ 153\ 980$ et $b = 1\ 766\ 319\ 049$, et donc que le nombre total de soldats (roi inclus) est 3 119 882 *982 860 264 401*.

Bravo aux lecteurs de Dudeney qui ont eu le courage d'effectuer tous les calculs ou même de les vérifier ; en revanche, pas besoin d'avoir fait d'études en histoire pour comprendre que la « source » monastique est peu crédible : avec trois milliards de milliards de soldats, Harold aurait sûrement remporté la bataille...

15 OCTOBRE

LE MENSONGE DE POLIGNAC

Le lundi 15 octobre 1849 à l'Académie des sciences de Paris, on lit un mémoire d'Alphonse de Polignac, un jeune prince fils d'un ancien Premier ministre et qui vient tout juste d'être admis à l'École polytechnique. Dans la quatrième partie de cet article intitulé « *Recherches nouvelles sur les nombres premiers* », on trouve deux « théorèmes » énoncés sans preuve… et que l'on devrait donc plutôt appeler conjectures. Le premier indique :

> *« Tout nombre pair est égal à la différence de deux nombres premiers consécutifs d'une infinité de manières. »*

Cette affirmation est simple : on y dit que, pour un entier pair, on peut trouver une infinité de paires distinctes de nombres premiers, telles que l'entier s'écrive comme leur différence et qu'aucun nombre entre les deux de la paire ne soit premier. Le fait recherché est pourtant subtil et repose sur une connaissance précise de la répartition des nombres premiers ; il est encore l'objet de recherches arithmétiques de nos jours. Si l'on ne dispose pas encore de démonstration ni d'infirmation, des résultats récents du chercheur chinois Yitang Zhang s'en approchent.

En revanche, le second « théorème » de Polignac n'a pas connu la même destinée, malgré un énoncé en apparence proche :

> *« Tout nombre impair est égal à une puissance de 2, plus un nombre premier. »*

Polignac a ajouté un commentaire entre parenthèses après cet énoncé : « *vérifié jusqu'à 3 millions* ». Longtemps, je me suis demandé comment un jeune homme d'à peine vingt-trois ans avait pu mener tous ces calculs de vérification au milieu du XIXe siècle sans le moindre outil informatique. Aujourd'hui, cette interrogation m'a quitté ; en effet, on sait désormais que cet énoncé est faux, car on a pu exhiber un contre-exemple : l'entier impair 127 n'est pas de la forme prescrite (on peut vérifier que la différence entre 127 et une puissance de 2 est l'un des entiers 126, 125, 123, 119, 111, 95 ou 63, mais qu'aucun des nombres de cette liste n'est premier).

Il arrive qu'une conjecture annoncée sérieusement se révèle finalement fausse ; le point singulier ici est que l'auteur soutient son affirmation en prétendant avoir fait de nombreuses vérifications, alors qu'un contre-exemple était présent bien en deçà de la borne qu'il indiquait. Non seulement son intuition était trompeuse, mais, en plus, il est pris en flagrant délit de mensonge !

16 OCTOBRE

SUR LE PONT DE BROOME

William Rowan Hamilton est un astronome et mathématicien irlandais : en parcourant ses travaux, on découvre page après page sa façon clairvoyante d'exploiter l'algèbre pour les sciences physiques ; par exemple, il a compris très tôt, dès les années 1830, comment interpréter utilement les nombres complexes comme des couples de nombres réels munis d'une multiplication judicieusement définie. Après ce premier succès, il cherche naturellement à étendre cette opération à des triplets de nombres réels, de sorte que la multiplication ainsi prolongée conserve des propriétés algébriques intéressantes... et il n'y arrive pas !

Son épouse raconte que cela devient une blague familiale, et que ses propres enfants le taquinent sur le sujet. Au bout de dix ans, alors qu'il chemine le long d'un canal pour se rendre à une session de l'Académie royale d'Irlande, il a une révélation et comprend simultanément comment étendre la multiplication et pourquoi cela lui échappait jusque-là. Tout lui apparaît sous la forme de quatre identités entre des quantités notées i, j et k, qui servent désormais à définir les quaternions ; dans l'émotion du moment, et sûrement porté par une forte sensation de délivrance, il ne peut s'empêcher de les graver dans la pierre du pont. C'est pourquoi aujourd'hui, sur le Broom Bridge à Dublin, se trouve une plaque commémorant ce lundi atypique :

> *« Ici alors qu'il marchait le 16 octobre 1843, sir William Rowan Hamilton, dans un éclair de génie, découvrit la formule fondamentale pour la multiplication des quaternions $i^2 = j^2 = k^2 = ijk = -1$, et la grava dans une pierre du pont. »*

L'inscription, elle, a été effacée par le temps... À titre personnel, je me demande toujours pourquoi quelqu'un marchant vers une réunion scientifique transporte un outil permettant de graver une quinzaine de caractères dans la dure pierre d'un pont. Si l'on oublie ce détail, il reste une découverte parfaitement localisée dans le temps et dans l'espace, ce qui est rarissime : la plupart du temps, la science se fait progressivement et sans révélation ; ou alors, on n'en connaît que le lieu ou la date. L'autre exemple régulièrement cité concerne Henri Poincaré sur le marchepied d'un omnibus à Coutances... mais le savant français n'ayant pas inscrit sa découverte dans la pierre, on ne peut envisager une balade aussi pittoresque que celle des touristes dublinois !

17 OCTOBRE

DES DIX-SEPT CHAMEAUX AUX GRAPHES

Un Bédouin laisse en héritage à ses trois fils un troupeau de dix-sept chameaux et indique qu'il souhaite que l'aîné en reçoive la moitié, le cadet le tiers et le benjamin le neuvième. Comment partager le troupeau ?

Cette énigme médiévale intrigue et perturbe les amateurs de mathématiques. Tout d'abord, on imagine mal l'aîné recevoir $17/2 = 8{,}5$ chameaux, le cadet $17/3 \approx 5{,}7$ chameaux et le benjamin $17/9 \approx 1{,}9$ chameau : dans le désert comme ailleurs, personne ne voit d'utilité aux portions de chameaux. Dans un second temps, on note que la somme des fractions $1/2 + 1/3 + 1/9 = 17/18$ ne vaut pas 1, et donc que le père semble avoir oublié d'attribuer une partie de son cheptel.

La résolution habituellement proposée pour cette énigme indique que les trois fils vont trouver un voisin connu pour sa grande sagesse, et que ce voisin leur prête un chameau. Le troupeau est alors de taille 18, et les différents fils reçoivent respectivement $18/2 = 9$, $18/3 = 6$ et $18/9 = 2$ chameaux ; après ce partage, il reste un chameau qu'ils rendent à leur voisin. Remarquons que cette « solution » n'en est pas une : par exemple, l'aîné n'a pas la moitié du troupeau de son père ; en revanche, les proportions relatives reçues par chacun des fils sont conformes aux volontés testamentaires – si la moitié du troupeau avait été 9, le tiers serait bien 6 et le neuvième 2.

Ces énigmes font florès au Moyen Âge. Par exemple, dans le *Liber Mahameleh* (« Livre des transactions »), écrit en latin dans le cours du XIIe siècle d'après un texte arabe antérieur, on trouve ce problème de partage de la somme de 10 *nummi* (une monnaie romaine) que je laisse à votre sagacité :

> *« Tu veux diviser dix nummi entre deux hommes, pour l'un la moitié et pour l'autre le tiers. »*

Si le jeu arithmétique associé à ces partages a été abondamment étudié, une occurrence récente de l'astuce se trouve dans un court article de Noga Alon sur les algorithmes de couplages parfaits pour un graphe (publié en 2003) : pour parvenir à un résultat satisfaisant, il utilise des éléments surnuméraires ajoutés artificiellement et retranchés après manipulations – un peu comme le chameau qu'un voisin prête pour simplifier les discussions sur l'héritage.

18 OCTOBRE

ERREUR DANS L'*ENCYCLOPÉDIE*

Le 18 octobre 1745, quatre éditeurs parisiens s'accordent sur un projet de grande ampleur, la traduction en français de la *Cyclopædia* de l'auteur anglais Ephraïm Chambers ; après quelques péripéties, le projet évolue et devient un ouvrage original qui marque le siècle des Lumières : l'*Encyclopédie*, dite de Diderot et d'Alembert.

L'histoire éditoriale de ce texte est complexe : après la publication des deux premiers volumes en 1751, le Conseil d'État en interdit l'année suivante la commercialisation comme la possession, sous prétexte que l'on y trouve

> *« plusieurs maximes tendant à détruire l'autorité royale, à établir l'esprit d'indépendance et de révolte, et, sous des termes obscurs et équivoques, à élever les fondements de l'erreur, de la corruption des mœurs, de l'irréligion et de l'incrédulité ».*

Je ne suis pas sûr que cet interdit porte sur les articles de mathématiques, et pourtant il y aurait des choses à dire. Prenons par exemple l'article du premier volume « *Croix ou Pile* » (l'ancien nom du jeu « Pile ou Face »), qui traite du calcul des probabilités et est écrit par d'Alembert. On demande « *combien il y a à parier qu'on amènera croix en deux coups consécutifs* », soit en termes plus contemporains quelle est la probabilité d'obtenir au moins une fois Face en deux lancers d'une pièce (équilibrée). D'Alembert indique qu'il y a trois issues : soit on obtient Face au premier lancer (et on ne se préoccupe alors pas du second), soit on obtient Pile puis Face, soit on obtient deux fois Pile. Il y a trois issues dont deux où il y a Face : l'article conclut que la probabilité recherchée est 2 / 3.

L'*Encyclopédie* a reçu les protestations d'un lecteur suisse, qui affirme que la probabilité est plutôt 3 / 4 ; d'Alembert les cite et y répond en insérant un nouvel article de probabilités à l'entrée « Gageure » (ce qui montre en passant que l'organisation de l'*Encyclopédie* était très souple) :

> *« Cet article nous fournit une occasion que nous cherchions d'insérer ici de très bonnes objections qui nous ont été faites sur ce que nous avons dit au mot Croix ou Pile. »*

S'il accepte l'objection, d'Alembert n'admettra jamais avoir eu tort dans son premier article ; aujourd'hui pourtant, on n'accorderait pas beaucoup de points aux élèves qui donneraient la même réponse que lui.

19 OCTOBRE

L'ATTAQUE DES ZOMBIES

Les épidémiologistes utilisent quantité de mathématiques pour construire des modèles décrivant les infections et tester des hypothèses de santé publique : impact d'un confinement des malades, efficacité d'un traitement... Il est d'ailleurs assez frustrant pour eux de constater que leur travail reste souvent si mal compris.

Partant de cette observation, la mathématicienne canadienne Stacey R. Smith ? (le point d'interrogation fait partie du nom) décide en 2009 d'écrire un article ludique sur la modélisation d'une épidémie de zombies, espérant que le sujet décalé attirera l'attention sur son pain quotidien. Elle procède comme pour une authentique maladie, commençant par partitionner la population en plusieurs groupes : les personnes saines, les infectés (c'est-à-dire les zombies) et les retirés – ceux qui ont acquis une immunité ou qui sont définitivement morts. Ensuite, elle décrit les flux entre ces groupes correspondant au mode de contamination, pour obtenir ainsi des équations à l'aide desquelles elle évalue des quantités importantes – comme le temps de survie d'une personne qui souhaite échapper aux zombies.

La démarche est assez classique pour les applications épidémiologiques des mathématiques, mais il y a une difficulté a priori insurmontable : un tel modèle requiert de nombreux paramètres (comme le taux de contamination par zombie ou le taux de mortalité chez les différentes personnes). D'ordinaire, avec une maladie comme la rougeole, la grippe saisonnière ou Ebola, on part de données relevées sur le terrain, pour estimer les valeurs des paramètres de manière statistiquement pertinente. Avec les zombies, ces informations manquent cruellement... sauf à considérer le film *La Nuit des morts-vivants* de Tom Savini (remake du film éponyme de George Romero, sorti le 19 octobre 1990) non comme une œuvre de fiction, mais comme une docufiction !

Moyennant ce petit arrangement avec la vérité, on obtient une description d'une épidémie de zombies. Le succès médiatique de cet article est tel qu'un ouvrage collectif approfondira ce travail quelques années après en envisageant l'impact de patrouilles de tueurs de zombies ou d'autres stratégies adaptatives. Grâce aux mathématiques, nous sommes désormais fin prêts !

20 OCTOBRE

ENIGMA DÉMÉNAGE

À moins de 40 km à l'est de Paris se trouve le village de Gretz-Armainvilliers, charmante petite bourgade avec quelques châteaux et belles demeures ; parmi ces bâtiments historiques, le château de Bois-Vignolles a, pendant la Seconde Guerre mondiale, abrité le PC Bruno, une équipe du renseignement militaire chargée de décrypter les messages ennemis. Dès les premiers jours du conflit, les Français y invitent des spécialistes espagnols aguerris aux codes des franquistes ; toutefois, le plus gros renfort arrive en octobre, avec trois mathématiciens polonais chassés par l'avancée des troupes allemandes, Jerzy Różycki, Henryk Zygalski et Marian Rejewski.

Ces Polonais ont déjà obtenu de grands succès sur Enigma, la machine cryptographique allemande : Rejewski est parvenu dès 1932 à casser le code alors utilisé. Il faut avouer que ce mathématicien avait la formation parfaite : diplômé en mathématiques de l'université de Poznań et maîtrisant l'allemand, il a suivi une formation du Bureau du chiffre au Renseignement militaire polonais, mais aussi des cours de statistiques à Göttingen ! Avec ses deux collègues en Pologne, il a ainsi conçu des outils – tables de permutations, feuilles perforées de Zygalski et une machine, la *bomba kryptologiczna* (qui n'a rien d'une bombe) – pour savoir quelles lettres ont été substituées par celles du message reçu. Bref, les Polonais sont à la pointe de la recherche cryptographique, mais les perfectionnements apportés à la machine Enigma rendent leur travail encore insuffisant pour les militaires.

Le 20 octobre 1939, les trois cryptologues reprennent leur travail en France, apportant leur expertise des machines Enigma aux Alliés. Pendant plusieurs mois, des messages sont décodés au PC Bruno, et les informations sont aussitôt communiquées ; début 1940, le mathématicien Alan Turing voyage même en Seine-et-Marne pour s'entretenir avec ses homologues des progrès réalisés.

Avec l'invasion de la France, le groupe déménage plus au sud, puis est démantelé ; Różycki meurt lors d'une traversée de la Méditerranée ; Rejewski et Zygalski finissent par rejoindre l'Angleterre. Même s'ils ne sont pas incorporés au centre de Bletchley Park où le travail cryptographique sera achevé, leurs résultats et leurs expériences ont alors déjà été exploités par les Alliés : personne ne nie aujourd'hui leur apport déterminant.

21 OCTOBRE

FLORENCE S'EN VA-T-EN GUERRE

La guerre de Crimée est un épisode assez peu connu de l'histoire du XIXe siècle européen : les volontés expansionnistes de la Russie tsariste amènent les principales puissances européennes (notamment l'Empire français, l'Empire ottoman et le Royaume-Uni) à s'engager dans un conflit de 1853 à 1856 sur les rives de la mer Noire. Les batailles sont meurtrières, et les conditions sanitaires déplorables infligent aux hôpitaux militaires un taux de mortalité plus important encore que celui du front des combats !

C'est dans ce contexte qu'une Anglaise de bonne famille embarque le 21 octobre 1854 à la tête d'une équipe d'une trentaine d'infirmières pour rejoindre l'hôpital de Scutari (désormais Üsküdar), en Turquie. Cette femme de trente-quatre ans s'appelle Florence Nightingale – Florence comme la ville italienne où elle est née, Nightingale comme le nom que son père a adopté après l'héritage d'un riche oncle, Peter Nightingale. Célibataire, dotée d'une puissante vocation médicale, elle s'est formée dans divers pays d'Europe aux pratiques infirmières ; elle arrive en Turquie avec des idées claires sur ce qui peut être amélioré ou réformé… et cela fonctionne rapidement.

Il reste toutefois des difficultés « humaines » pour changer définitivement les pratiques, notamment en termes d'hygiène : comment une jeune femme peut-elle convaincre des militaires en temps de guerre ? Nightingale choisit de se concentrer sur les statistiques de mortalité pour disposer d'un argument non contestable. Mieux, elle trouve une forme graphique qui permet d'expliquer et de convaincre même des personnes rétives aux tableaux de nombres : la représentation polaire ou « en crête de coq ». Autour d'un point, elle trace ainsi douze secteurs angulaires de même largeur qui correspondent aux mois de l'année, et représente les données de mortalité par des zones colorées dans chaque secteur : plus la mortalité est importante, plus cette zone colorée est vaste. Ainsi, d'un simple coup d'œil, on peut saisir les variations de mortalité au cours du temps.

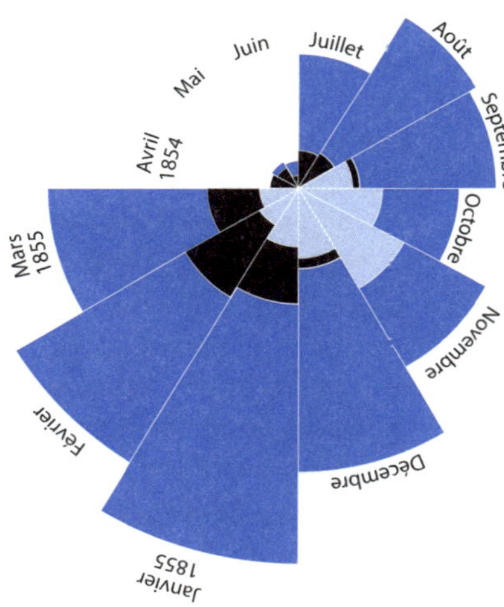

Ce double travail, infirmier et statistique, définira la suite de la carrière de Florence Nightingale. Il est à l'origine de sa double réputation : figure tutélaire des écoles d'infirmières, elle est aussi une pionnière des statistiques descriptives.

22 OCTOBRE

JOUR NOIR POUR LE FOOTBALL FRANÇAIS

Lorsque l'on parcourt les livres de records de l'équipe de France de football, on trouve quelques pages glorieuses, comme les deux victoires en Coupe du monde, la série de quatorze victoires consécutives entre 2003 et 2004 ou bien celle sans appel de 1995 (10-0 face à l'Azerbaïdjan). Parmi les souvenirs moins flatteurs figure la défaite en demi-finale des Jeux olympiques de Londres en 1908 : ce 22 octobre, au stade de Shepherd's Bush, la France s'incline face au Danemark sur le score de 17-1, avec notamment dix buts de Sophus Nielsen.

Toutefois, si j'ai choisi de faire figurer ce match dans cet almanach, ce n'est pas pour cet attaquant chevronné, mais pour un défenseur qui répond au nom d'Harald Bohr. Frère du prix Nobel de physique 1922 Niels Bohr, c'est un footballeur accompli : s'il n'a pas marqué lors de la victoire-fleuve face à la France, il a inscrit deux buts dans sa carrière internationale (dans un autre match face à la France, décidément une victime de choix pour lui) et termine les Jeux olympiques de 1908 avec une belle médaille d'argent.

Si Harald Bohr demeure célèbre aujourd'hui, ce n'est ni pour son frère ni pour ses exploits sportifs, mais pour ses recherches mathématiques : on lui doit des avancées significatives en théorie analytique des nombres et l'introduction du concept de fonction presque-périodique. L'université de Copenhague conserve également le souvenir d'un enseignant extrêmement dévoué, ce dont témoigne le recteur de l'université en 1988 :

> *« Ses cours enthousiastes pouvaient transformer un sujet difficile d'accès en un plaisir intellectuel presque exaltant, laissant à l'étudiant la brillante illusion d'avoir tout compris au cours de la leçon. Plus tard, assis seul avec ses notes, on se rendait compte qu'Harald Bohr nous avait mis sur la bonne voie et nous avait donné la clé de la compréhension, mais qu'il nous restait encore du travail à faire. »*

À défaut de médaille olympique, les enseignants-chercheurs d'aujourd'hui peuvent décrocher dans cette université une récompense appelée le « Harald de l'année » (*Årets Harald*) : elle sanctionne l'excellence et le dévouement dans l'enseignement, et entretient le souvenir de cet atypique footballeur-mathématicien-enseignant.

23 OCTOBRE

FACTORADIQUE ?

Si quelqu'un écrit 2310 sur un tableau, vous pouvez penser à la date du 23 octobre, mais, plus vraisemblablement, vous comprendrez cette écriture comme deux mille trois cent dix. Nous sommes implicitement « conditionnés » à lire les nombres comme écrits dans le système décimal, autrement dit, en base 10. Le 2310 (2 310) signifie alors :

$$2 \times 10^3 + 3 \times 10^2 + 1 \times 10^1 + 0 \times 10^0$$

Certains prétendent que l'utilisation du système décimal provient des premiers comptes que l'homme a effectués avec ses dix doigts. Avec cette explication un tantinet fantaisiste, on peut envisager une histoire alternative : en ne comptant qu'à l'aide d'une main, on aurait adopté le système quinaire, c'est-à-dire en base 5, et l'écriture 2310 signifierait :

$$2 \times 53 + 3 \times 52 + 1 \times 51 + 0 \times 50$$
(soit 330 dans le système décimal)

Les valeurs associées aux écritures seraient différentes, mais les règles de calcul seraient essentiellement identiques ; on peut ainsi adopter une nouvelle base au gré de sa fantaisie, de sa culture ou de ses technologies, en prenant soin de conserver autant de chiffres que la base : il faut deux chiffres en binaire, cinq chiffres pour écrire en base 5, mais vingt chiffres en base 20.

De manière plus singulière, le mathématicien Charles-Ange Laisant (1841-1920), un polytechnicien qui sera aussi bien président de la Société mathématique de France que député de tendance anarchiste, propose en 1888 un autre type d'écriture des entiers avec une « base variable ». Dans ce système, l'écriture 2310 code pour :

$2 \times (4 \times 3 \times 2 \times 1) + 3 \times (3 \times 2 \times 1) + 1 \times (2 \times 1) + 0 \times 1$ (soit l'entier 68 dans le système décimal).

Le n-ième chiffre en partant de la droite n'est plus multiplié par une puissance de la base choisie, mais par une quantité appelée factorielle n, notée $n!$, et qui est égale au produit des entiers de 1 à n.

Autant le dire tout de suite, ce système atypique n'est pas très adapté aux calculs du quotidien et requiert de nouvelles méthodes pour en effectuer, même avec des opérations simples comme une addition ou une multiplication. Alors, pourquoi introduire cette écriture « factoradique » ? Eh bien, parce qu'elle permet de coder simplement les manières d'échanger les places de n objets, puis simplifie les manipulations combinatoires de ces permutations. Bref, on complique l'écriture pour faciliter le travail par la suite !

24 OCTOBRE

MYSTÉRIEUSES ANAGRAMMES

Isaac Newton et Gottfried Wilhelm Leibniz sont tous les deux crédités de la découverte du lien entre le calcul intégral et le calcul différentiel ; de leur vivant, il y a eu une véritable dispute pour déterminer l'antériorité de l'un ou de l'autre. Les échanges entre les deux génies sont alors passés par des intermédiaires, dont le plus célèbre est Henry Oldenburg ; à la fois homme de sciences et diplomate, ce natif de Brême qui réside à Londres (où il est le secrétaire de la Royal Society) est perçu comme impartial, donc fiable pour arbitrer la controverse.

Pour toute personne intéressée par la grande révolution scientifique de la fin du XVIIe siècle, les correspondances avec Oldenburg sont donc un passage obligé. Dans sa lettre du 24 octobre 1676, Newton lui écrit le curieux message suivant :

6accdae13eff7i3l9n4o4qrr4s8t12ux

Difficile de faire plus cryptique ! Même pour quelqu'un qui comprend le latin de l'époque et qui est au courant de toutes les spécificités et de tous les codes de communication, il est impossible de percevoir ce que Newton a bien pu vouloir signifier avec cette suite de caractères. Il s'agit simplement d'une anagramme de la phrase suivante : *Data aequatione quotcunque fluentes quantitates involvente, fluxiones invenire ; et vice versa*. Avec cette affirmation, Newton exprime, en termes rigoureux, que le fondement du calcul intégral et différentiel provient du caractère réciproque de la primitivisation et de la dérivation (fluxions et fluentes dans son vocabulaire personnel). Pour le dire autrement, Newton relie intimement, en montrant qu'ils exploitent les mêmes méthodes, deux outils issus de mondes radicalement différents : l'intégration provient des problèmes de calcul d'aire, alors que la dérivation provient des problèmes cinématiques (calculs de vitesse). Ce résultat est le cœur d'une révolution mathématique difficile à concevoir, tant ces deux sujets étaient perçus comme distincts.

S'il s'agit de la révélation d'une découverte si importante et si profonde, pourquoi la dissimuler dans une anagramme absconse ? N'oublions pas que cette lettre à Oldenburg intervient dans la querelle entre Newton et Leibniz : en procédant ainsi, l'Anglais communique la phrase à son adversaire, sans en livrer le sens. Si Leibniz est capable de la comprendre, cela signifie qu'il maîtrise déjà le sujet et a fait la découverte de son côté ; sinon, Newton pourra dévoiler la phrase cachée et expliquer qu'il est l'unique découvreur du lien entre dérivation et intégration – puisqu'on n'a pas su décoder son message !

25 OCTOBRE

MATHS EXTRATERRESTRES

Le 25 octobre 1954, le maire de Châteauneuf-du-Pape, commune du sud de la France réputée pour ses vignobles, signe un arrêté singulier : il interdit « le survol, l'atterrissage et le décollage d'aéronefs dits soucoupes volantes ou cigares volants » sur le territoire municipal. On ne peut pas dire que cette attitude soit un signe de bienveillance à l'égard des peuples extraterrestres, ni celui d'une grande curiosité envers la culture d'éventuels aliens.

Du côté des mathématiques, cette curiosité existe, et l'on s'interroge régulièrement sur ce que pourraient être des concepts ou des théories « venues d'ailleurs » ; loin de se limiter à des divagations fantaisistes, cela permet de réfléchir à ce que nous appelons mathématiques et à la façon dont nous les développons. Dans un exposé de 1997 intitulé *Mathematics on a Distant Planet*, Richard W. Hamming en arrive à la conclusion que le cœur de l'activité mathématique repose sur l'extension, la généralisation et l'abstraction – que ces procédés en sont l'essence, à la fois ici sur Terre et là-bas sur d'autres planètes.

Je ne suis pas sûr que les concepteurs de sondes spatiales se posent de telles questions ; toutefois, en 1977, lorsque l'on a envoyé les deux sondes *Voyager* aux confins du Système solaire, ces choses ont été prises en compte. Afin de communiquer avec une potentielle vie extraterrestre qui intercepterait les sondes, on a pris le temps d'y placer un disque en or où étaient gravés des sons de la nature, des salutations dans différentes langues et des musiques (dont un concerto brandebourgeois de Jean-Sébastien Bach et d'autres morceaux de Chuck Berry ou de Bo Ya). Plus encore, on y a aussi inclus des images : l'une d'entre elles reprend ainsi vingt-et-une égalités, essentiellement des calculs élémentaires (additions, multiplications et manipulations de fractions), le dernier étant $13 \times 28 = 364$ (celui-ci a peut-être vocation à rappeler la durée de l'année terrestre). On trouve aussi des égalités pour la représentation des nombres, comme :

$$\bullet = | = 1 \qquad \bullet\bullet = |- = 2 \qquad \bullet\bullet\bullet = || = 3$$
$$\bullet\bullet\bullet\bullet = |-- = 4 \qquad \bullet\bullet\bullet\bullet\bullet = |-| = 5$$

Avec nos habitudes terrestres, on reconnaît le nombre à droite, son écriture binaire au centre (avec | pour indiquer le chiffre 1 et – le chiffre 0) et une représentation « en quantité » à gauche. Le dernier nombre ainsi représenté sur le disque est

$$|||||-|--- = 1\,000 = 10^3$$

Je redoute que ce message simpliste quant aux mathématiques terrestres ne nous fasse passer pour des attardés dans d'autres galaxies… et je me demande s'il n'est effectivement pas plus raisonnable d'éviter une rencontre.

26 OCTOBRE

ENTENDRE LA FORME D'UN TAMBOUR

Lorsqu'il s'éteint le 26 octobre 1984, Mark Kac laisse le souvenir d'un mathématicien brillant reconnu pour ses travaux en probabilités, en théorie des nombres ou encore en mathématiques pour la physique ; c'est d'ailleurs dans ce dernier domaine que l'on trouve son plus célèbre article – et, une fois n'est pas coutume, il ne s'agit pas d'un texte de recherche mais de diffusion. Publié en 1966 dans le journal *The American Mathematical Monthly*, « *Peut-on entendre la forme d'un tambour ?* » part d'une expérience de pensée : vous êtes dans l'obscurité totale, et une personne à côté de vous joue du tambour ; vous entendez parfaitement le son, et vous disposez d'appareils parfaits permettant de l'analyser ; est-il possible de retrouver des informations sur la géométrie du tambour ?

D'ordinaire, on procède dans l'autre sens : on fixe un contour sur lequel on tend une membrane pour obtenir un tambour qui fournit un certain son ; avec la théorie des surfaces vibrantes, on peut obtenir l'équation du mouvement de la membrane et donc en déduire le son qu'elle produit. Comme la membrane est fixée sur le contour, le mouvement de celle-ci et donc le son du tambour dépendent a priori du contour initialement choisi.

La question que met en avant Kac est inverse : savoir si, à partir du son, on peut retrouver la forme du contour de départ. Le sujet est délicat, et Kac précise avec honnêteté :

> *« Avant d'aller plus loin, permettez-moi de dire qu'à ma connaissance, le problème n'est toujours pas résolu. Personnellement, je pense qu'on ne peut pas "entendre" la forme d'un tambourin, mais je peux me tromper, et je ne suis pas disposé à parier de grosses sommes sur l'une des possibilités. »*

Depuis, la situation s'est éclaircie : en 1992, Carolyn Gordon, David Webb et Scott A. Wolpert sont parvenus à construire deux tambours différents conduisant à la même décomposition spectrale, c'est-à-dire au même son. Toutefois, je ne suis pas sûr que leur réponse satisfasse les spécialistes de physique ou de musique, car les deux tambours sont bâtis sur des polygones à huit côtés avec des angles rentrants ; si l'on ajoute des contraintes physiques raisonnables, telles qu'une grande régularité du contour et la convexité de la membrane (tous les angles pointent vers l'extérieur de la figure délimitée par le contour), la réponse est opposée : les travaux de Steven Zelditch au début du XXIe siècle montrent que, dans ce cas, on peut retrouver la forme à partir de l'analyse du son. Kac n'aura hélas connu ni l'un ni l'autre de ces résultats...

27 OCTOBRE

L'INFINI MESURE 29,33 M

Les armoiries de la ville roumaine de Târgu Jiu sont composées de trois bandes verticales (on dit que le blason est tiercé en pal) avec, de part et d'autre, des lions armés d'une épée et, au centre, un champ azur orné d'une « colonne infinie ». Ce dernier symbole est inhabituel en héraldique et reprend l'un des plus célèbres monuments de la ville : la *Coloana fără sfârșit* (« colonne sans fin ») du sculpteur Constantin Brâncuși, inaugurée le 27 octobre 1938.

Cette sculpture mesure exactement 29 m et 33 cm (elle est donc loin d'être sans fin) ; il s'agit d'un assemblage vertical de trente-deux modules identiques en fonte. Géométriquement, chaque bloc est une pyramide à base carrée, tronquée parallèlement à la base, donc une transition entre deux carrés dans des plans parallèles et horizontaux, un grand et un petit. En retournant un bloc sur deux, Brâncuși a obtenu des « rhomboïdes » qu'il a superposés ; ainsi, la largeur de la colonne évolue périodiquement : celle-ci se rétrécit, s'élargit, se rétrécit... à mesure qu'on lève les yeux vers le ciel. Cette forme, qui a été appelée « abstraite » par certains critiques ou « bourgeoise » par le pouvoir communiste après-guerre (deux termes que récuse l'artiste), est le fruit d'une longue recherche, dont on peut encore voir les étapes intermédiaires dans la reconstitution de l'atelier de Brâncuși au Centre Pompidou à Paris.

Dans l'idée d'approcher l'immensité et de suggérer l'infini (de la construction ou de l'espace où elle se trouve), cette colonne se rapproche des gratte-ciel et de l'impression de vertige qui les accompagne. En revanche, mathématiquement, les dimensions limitées de l'objet imposent des restrictions sur une éventuelle perception du concept d'infini.

Certains artistes ont utilisé des symboles ou des subterfuges différents pour le suggérer. Par exemple, le labyrinthe évoque un endroit dont on ne sort jamais, c'est-à-dire où l'on reste indéfiniment ; on peut donc l'associer, notamment au Moyen Âge, à la symbolique de l'infini. Toutefois, les artistes l'ont davantage représenté par des courbes fermées, cercles et ouroboros (serpents ou dragons se mordant la queue), mais aussi par certaines surfaces qui « bouclent », comme le ruban de Möbius (ci-dessous). Moins métaphoriquement, les effets de perspective des trompe-l'œil font ressentir une profondeur et une perpétuation du dessin, qui peut être prolongé aussi loin que l'on veut.

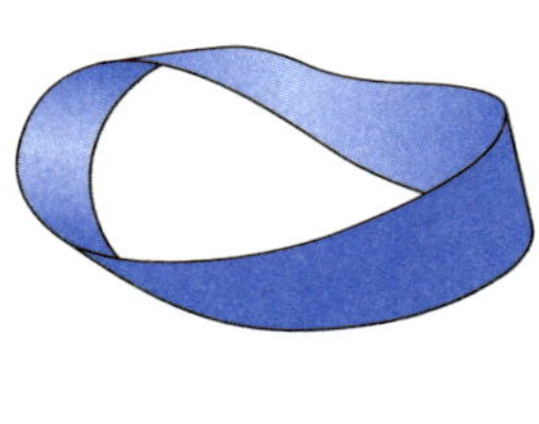

28 OCTOBRE

PLUS D'UN SIÈCLE POUR LES ŒUVRES D'EULER

Le Bâlois Leonhard Euler (1707-1783) est l'auteur d'une œuvre titanesque qui couvre des domaines aussi variés que les mathématiques, l'astronomie, la physique ou même la musique ; si l'on ajoute sa correspondance avec les savants de son temps, il y a une quantité impressionnante, mais éparse, de documents intéressants pour les sciences et l'histoire de celles-ci. Lorsqu'en 1907, on célèbre le bicentenaire de sa naissance, l'idée germe de rassembler ses œuvres complètes avec un appareil critique mettant les différents articles en contexte : c'est ainsi que l'un des projets éditoriaux les plus ambitieux de l'histoire des mathématiques voit le jour, *Leonhardi Euleri Opera omnia*.

Les premières étapes sont assez claires : inventorier tous les textes publiés, les manuscrits et autres lettres à contenu scientifique répartis dans les différentes archives (notamment à Bâle, Berlin et Saint-Pétersbourg, où Euler a résidé), dresser un plan de publications et trouver des financements pour payer des éditeurs ayant les compétences pour comprendre à la fois les mathématiques de l'époque... et les langues employées par Euler (latin, français, allemand, russe et anglais).

Le mathématicien suédois Gustaf Eneström a dressé dès les années 1910 la liste des huit cent soixante-six publications (désormais notées, à sa suite, avec les cotes E1 à E866) ; le comité a rapidement décidé que le projet serait séparé en quatre séries plus ou moins indépendantes : I. Mathématiques, II. Mécanique et Astronomie, III. Physique et miscellanées, IV. Correspondance scientifique. Dès les premières années, on publie une dizaine de (lourds) volumes, puis les publications s'égrènent tout au long du XXe et du XXIe siècle ; le dernier volume de la série I sort en 1956, le dernier de la série III en 2004, et l'ultime volume de la série II, *Mécanique céleste et théorie des perturbations*, sort le 28 octobre 2022. On organise un colloque pour l'occasion, et l'on célèbre la fin de cette aventure de cent quinze ans : correspondance exclue, les *Opera omnia* sont enfin achevées, avec quatre-vingt-un volumes publiés !

Rétrospectivement, on peut mesurer toutes les barrières qui ont été franchies, les difficultés politiques et économiques (la banque où la Commission Euler avait placé ses fonds a fait banqueroute en 1931), le perpétuel renouvellement des chercheurs impliqués dans ce projet et la fragile continuité éditoriale... L'enjeu est désormais de pouvoir rendre ce contenu toujours plus accessible en le mettant en ligne !

29 OCTOBRE

UN DEUXIÈME ENFANT EST POSSIBLE

Quel est le mathématicien le plus influent de l'Histoire ? On m'a posé à la fin d'un exposé de diffusion cette question, un brin naïve, et je dois avouer qu'elle m'a déconcerté ; après avoir bafouillé un instant, j'ai balbutié une réponse vague en évoquant Archimède, Newton et Turing. Mon intention en lâchant ces quelques noms célèbres était de dire que des mathématiciens ont ouvert la voie à de grands mouvements scientifiques riches en découvertes et en innovations, et que leurs traces sont omniprésentes dans notre quotidien (même si on ne le réalise pas forcément).

A posteriori, ma réponse ne me satisfait plus. Si ces mathématiciens ont effectivement été importants dans l'évolution scientifique et technique de nos sociétés, il ne s'agit pas d'une influence directe ; il a en effet fallu le travail de centaines, voire de milliers d'autres personnes pour que les avancées mathématiques se concrétisent. Aujourd'hui, si on me reposait la question, j'aurais une tout autre réponse : j'affirmerais sans hésitation que le mathématicien le plus directement influent de l'Histoire est le Chinois Song Jian.

Au premier abord, ses travaux rigoureux ne semblent pourtant pas justifier une affirmation aussi tranchée : dans les années 1950, ce spécialiste de mathématiques appliquées mène de brillantes études en Union soviétique, obtenant une reconnaissance internationale dans la théorie du contrôle, une branche de l'analyse mathématique résolvant des problèmes d'optimisation ; puis, à son retour en Chine, il met son expertise au service des programmes balistiques et spatiaux du régime communiste, et permet de les faire progresser rapidement. C'est en fait avec la suite de sa carrière qu'on peut mesurer son influence…

En effet, le parcours professionnel de Song Jian prend un tour différent lorsqu'à la fin de la Révolution culturelle, il effectue des modélisations sur l'évolution démographique chinoise, un sujet de préoccupation dans un pays alors en proie à une grande pauvreté ; motivées par la politique, ses prévisions malthusiennes servent de justification à des mesures de régulation des naissances, la fameuse politique de l'enfant unique qui a contraint la majorité des familles à n'avoir qu'un seul enfant. En fin de compte, si le Parti communiste chinois a définitivement acté la fin de cette politique lors de son congrès le 29 octobre 2015, plus d'un milliard de personnes auront été concernées pendant plus de trente ans ! Difficile de trouver une utilisation des mathématiques qui aurait eu si vite autant de conséquences, non ?

30 OCTOBRE

LA NAISSANCE DE LA THÉORIE DE L'INFORMATION

L'année 1948 est miraculeuse pour les laboratoires de recherche de l'entreprise AT&T Bell : elle commence avec les brevets pour une triode semi-conductrice permettant de contrôler des tensions ou courants électriques ; ce composant révolutionnaire, rapidement rebaptisé transistor, va définitivement changer la microélectronique et apportera le prix Nobel de physique 1956 aux trois principaux physiciens du projet.

Claude Shannon, lui, n'a jamais eu le prix Nobel, même s'il a reçu avant-guerre une récompense au nom proche, le prix Alfred Noble décerné par la Société américaine de génie civil ; c'est un ingénieur touche-à-tout et mathématicien de premier plan, qui travaille aussi aux laboratoires Bell. En octobre 1948, il publie la seconde partie de son article « *A mathematical theory of communication* » dans le journal officiel de l'entreprise ; on peut affirmer sans exagération que ce travail est plus important encore que l'invention du transistor !

Pour mesurer son influence, précisons quelques données statistiques : l'article est cité plus de 40 000 fois dans des articles de recherche et dans plus de 200 brevets. Si l'on ajoute sa republication comme livre en 1949, il est cité plus de 150 000 fois !

Que trouve-t-on donc dans cet article qui justifie un tel succès ? Tout d'abord, un modèle qui précise les différents éléments d'un schéma de communication : la source, le transmetteur, le canal, le récepteur, le destinataire, mais aussi une source de bruit. Ensuite, on y lit la preuve de plusieurs théorèmes qui répondent à des questions comme :

- *À quelle vitesse peut-on transmettre un message dans un canal donné ?*

- *Peut-on transmettre un message de manière fiable dans un canal avec bruit ?*

Pour traiter ces deux points, Shannon introduit les notions d'« entropie » (qui quantifie la quantité d'information contenue dans un signal) et d'« information mutuelle » (qui quantifie l'indépendance de deux signaux), deux concepts désormais à la base de toutes les analyses des canaux de communication : sans ces travaux ou ces idées, il serait ainsi impossible d'envisager les télécommunications numériques qui façonnent nos sociétés modernes. Cet apport est certes souvent reconnu en gratifiant Shannon du surnom de « père de la théorie de l'information » ; en revanche, on oublie quelquefois de rappeler que, si le contexte et les applications sont associés à des perspectives technologiques, le cœur de ces travaux est abstrait, théorique et, pour tout dire, mathématique.

31 OCTOBRE

LE PIRE EXPOSÉ DE L'HISTOIRE ?

Lorsque les membres de l'American Mathematical Society se réunissent le 31 octobre 1903 à New York, ils s'attendent à une session tout à fait ordinaire : on expédie les questions administratives comme la cooptation de dix-sept nouveaux membres (dont six femmes), on prépare l'élection du futur bureau… puis on passe aux exposés de mathématiques à proprement parler. Une dizaine d'interventions sont prévues, les orateurs se succédant au tableau pour présenter des résultats qui seront ensuite publiés dans le bulletin de cette société savante.

En ce jour d'octobre, on remarque la lecture d'une lettre d'Édouard Goursat, mathématicien français qui n'a pas fait le déplacement, et deux communications de Ida May Schottenfels, alors enseignante en lycée, sur des sujets radicalement différents ; toutefois, le « clou » de cette journée est indéniablement la présentation entièrement silencieuse de Frank Nelson Cole. Ce mathématicien s'est contenté d'effectuer deux calculs sans la moindre explication : il a tout d'abord calculé les puissances de 2 jusqu'à obtenir 2^{67}, puis écrit $2^{67} - 1 = 1\ 475\ 73\ 952\ 589\ 676\ 412\ 927$. Ensuite, il a posé la multiplication de $193\ 707\ 721 \times 761\ 838\ 257\ 287$… et obtenu un résultat identique. L'assistance a immédiatement compris qu'il avait ainsi vérifié que le nombre $2^{67} - 1$ n'était pas un nombre premier, puisqu'il avait exhibé une factorisation de ce nombre : applaudissements !

Cole a mis en scène ses calculs dans ce qui est peut-être le pire exposé possible, mais il a surtout escamoté la difficulté de son travail : la vérification n'occupe que quelques lignes au tableau, mais trouver les facteurs à multiplier lui a pris plusieurs années ; vous pouvez le constater en cherchant, plus modestement, à factoriser les nombres $2^{11} - 1$ ou $2^{23} - 1$, qui ne sont pas premiers.

Plus généralement, la recherche des nombres premiers de la forme $2^n - 1$ (dits nombres premiers de Mersenne, d'après le moine Marin Mersenne qui les a introduits en 1644) est un problème bien connu de l'arithmétique, demandant pour l'exhibition de contre-exemples de grandes capacités de calcul. Il faudra attendre les travaux de Dick Lehmer dans les années 1930 puis l'arrivée de l'informatique pour pouvoir déterminer plus aisément les nombres premiers de cette forme… Mais, avant cela, Cole aura su donner tort à Mersenne, qui avait abusivement prétendu que $2^{67} - 1$ était premier !

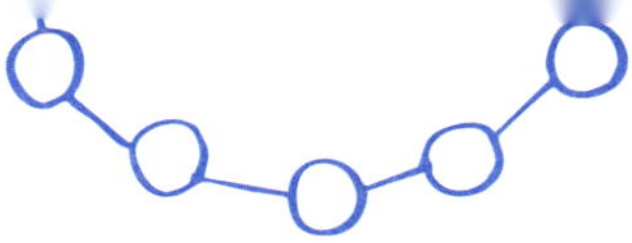

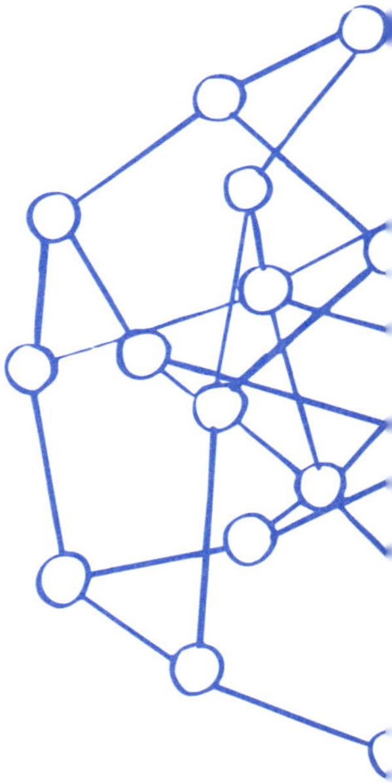

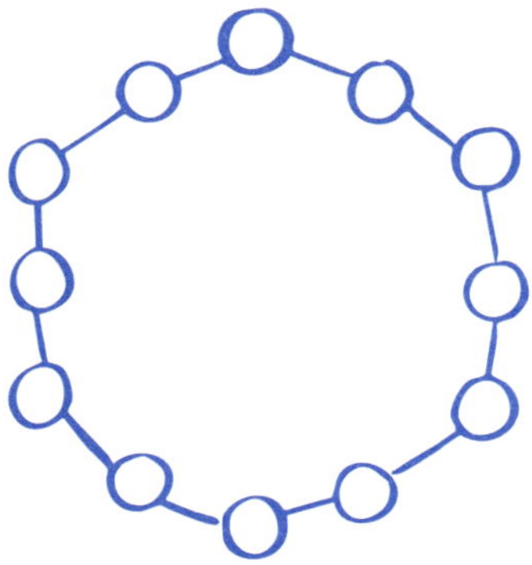

NOVEMBRE

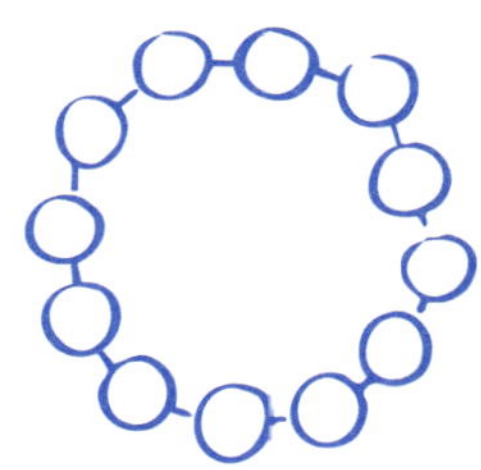

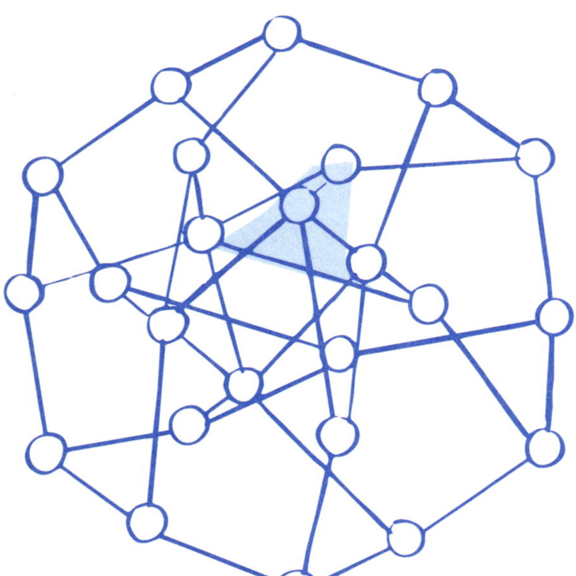

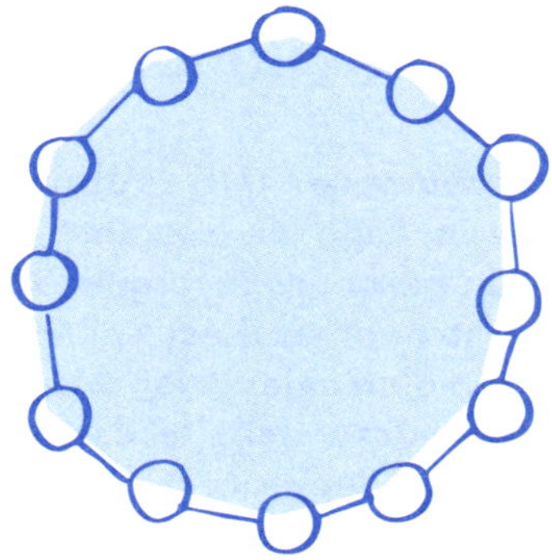
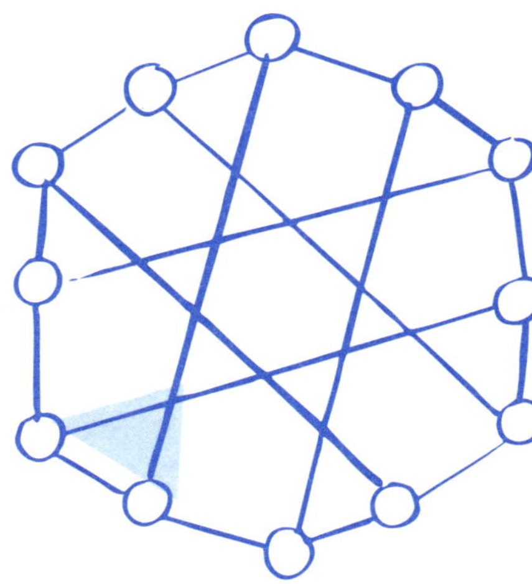
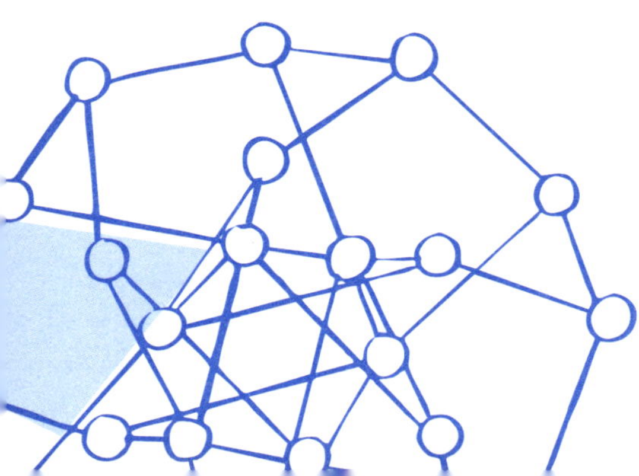

1ER NOVEMBRE

SAMOURAÏS MATHÉMATICIENS

Le 1er novembre 1715 s'éteint Shibukawa Sukezaemon Shunkai, à l'âge de soixante-quinze ans. Ce Japonais a connu un parcours atypique : tour à tour samouraï, joueur de go, astronome, il est celui qui a mené les calculs pour l'adoption d'un calendrier proprement japonais. Vers 1684, il constate des « erreurs » dans le calendrier Xuanming, calendrier chinois utilisé au Japon depuis le IXe siècle, et un décalage de près de deux jours par rapport aux phénomènes astronomiques ; il propose alors un nouveau calendrier, toujours basé sur le cycle solaire pour la durée des années et sur le cycle lunaire pour la durée des mois : le calendrier Jōkyō.

L'importance de Shunkai dans les sciences japonaises est indéniable, mais les autres aspects de sa vie ont davantage fasciné le public lorsqu'un film lui a été consacré en 2012 : *Tenchi, The Samurai Astronomer.* Il faut bien dire que l'on associe rarement les études scientifiques avec l'appartenance à la noblesse guerrière japonaise, quand bien même ces experts militaires avaient perçu depuis longtemps l'importance des mathématiques pour la navigation, la comptabilité et d'autres tâches administratives qui leur incombaient.

En 1989, l'historien James Bartholomew publie une volumineuse monographie, *The Formation of Science in Japan : Building a Research Tradition*, qui démonte certains stéréotypes sur l'évolution de la recherche scientifique japonaise ; dans son panorama historique, il insiste sur le shogunat Tokugawa (1603-1868), pendant lequel les samouraïs ont dominé les sciences physiques et mathématiques au Japon. En épluchant plusieurs sources de l'époque, il a dénombré les savants issus de familles samouraïs : par exemple, en 1670, environ 80 % des mathématiciens japonais provenaient de ce groupe social. Ainsi, non seulement les samouraïs étaient alors de ceux qui étudiaient les sciences, mais ils y étaient même majoritaires ; parmi de nombreuses figures, on peut citer Mōri Kambei Shigeyoshi (1580-1640) qui a laissé d'importants ouvrages sur le *soroban*, le boulier japonais, ou Seki Takakazu (1642-1708), le « sage de l'arithmétique », dont l'œuvre foisonnante touche aussi bien à la résolution d'équations algébriques qu'au calcul des déterminants ou au calcul différentiel…

Si le rôle des samouraïs diminue peu à peu au XIXe siècle avec les évolutions de la société japonaise, leur remplacement par des roturiers dans les cercles scientifiques japonais a précédé de quelques décennies le déclin de leur caste (dans les années 1870). Le dernier samouraï ne faisait sûrement plus de mathématiques !

RECRUDESCENCE DE REQUINS

La lettre de Alfred J. Lotka à Vito Volterra en date du 2 novembre 1926 est un cas d'école dans une querelle en antériorité, où deux personnes prétendent chacune avoir découvert avant l'autre un concept. Voici les premières lignes de la lettre :

> *« C'est avec un vif intérêt que j'ai lu votre article sur les variations dans les nombres d'espèces biologiques, qui a paru dans le numéro du 16 octobre de* Nature. *Je n'ai pas encore pu me procurer une copie de votre mémoire détaillé. Je vous ai envoyé l'autre jour un exemplaire de mon livre* Elements of Physical Biology, *dans lequel j'ai traité le même problème par des méthodes alliées aux vôtres. »*

Un peu de contexte : en 1926, Vito Volterra est un sénateur italien (dont la situation est précaire depuis qu'il a refusé la confiance à Mussolini) et un mathématicien mondialement reconnu comme l'un des fondateurs de l'analyse fonctionnelle. À l'issue de la Première Guerre mondiale, son gendre, un biologiste qui étudie les poissons au large des ports de Venise, Trieste et Rijeka, lui a écrit pour lui faire part de sa surprise : contre ses attentes, il constatait des réserves de pêche assez basses et des populations de prédateurs en pleine recrudescence.

Pour expliquer cette situation, Volterra construit un modèle avec des équations différentielles, chacune gouvernant l'évolution du nombre de représentants d'une espèce : une pour les requins, une pour les raies, une pour une troisième population de poissons… Fort de son expérience dans l'étude de ces équations d'évolution, il démontre ainsi que le comportement « ordinaire » est cyclique : le nombre de proies augmente jusqu'à ce que les prédateurs trouvent suffisamment de nourriture, se multiplient à leur tour, faisant baisser le nombre de proies ; puis une famine fait périr les prédateurs, et les proies se multiplient à nouveau… C'est l'objet de son mémoire de 1926, résumé dans le journal *Nature* en octobre.

Après avoir grandi et étudié en Europe, Alfred J. Lotka, lui, a émigré aux États-Unis et mène des travaux sur des sujets variés – un éclectisme qui entrave un peu sa reconnaissance. En 1926, il travaille comme statisticien dans une compagnie d'assurances, mais, dans un livre de 1925, il a effectivement développé un modèle proche de celui de Volterra (pour des espèces animales ou des espèces chimiques). Pour une fois, donc, la situation est claire : Lotka a présenté le modèle en premier, Volterra en a fait une étude plus complète, les deux ignorant les travaux de l'autre. La postérité n'a pas tranché entre eux : on parle aujourd'hui du modèle proie-prédateur de Lotka-Volterra dans tous les livres de mathématiques pour la biologie.

3 NOVEMBRE

DEWEY BAT TRUMAN

En 1948, l'élection présidentielle américaine oppose le démocrate Harry S. Truman, président en exercice, et le républicain Thomas E. Dewey, gouverneur de New York. L'issue du scrutin est comme souvent incertaine, mais la majorité des médias donne depuis plusieurs semaines la victoire à Dewey… au point que certains collaborateurs de Truman cherchent déjà un emploi pour se recaser. Ainsi, dans son édition du 3 novembre, le journal (républicain) *Chicago Daily Tribune* annonce en manchette « *Dewey defeats Truman* » (« Dewey bat Truman ») et affirme que « *les indications annoncent que les résultats complets montreront que Dewey a remporté la présidence avec une majorité écrasante* ».

Malheureusement, les premiers retours des dépouillements montrent que Truman est sur le point de remporter les États les plus disputés (Californie, Illinois et Ohio) et, par conséquent, l'élection ; en urgence, le journal prépare une seconde édition contredisant la première. Cette bévue aurait dû tomber dans l'oubli si, quelques jours plus tard, une photo de Truman brandissant la première édition avec un très large sourire n'était devenue iconique !

On peut se moquer de l'imprudence des journalistes de Chicago, mais il est plus intéressant de chercher à comprendre ce qui a provoqué cette erreur historique. L'explication le plus souvent avancée concerne la non-fiabilité des sondages : à l'époque, la technique la plus économique et la plus efficace était basée sur les enquêtes téléphoniques ; or, dans les années 1940, seules les familles les plus aisées ont un téléphone à la maison. Les sondages se sont donc concentrés sur ces foyers majoritairement urbains, et surtout traditionnellement plus enclins à voter pour Dewey ; ils n'étaient pas représentatifs de l'ensemble des votants.

Si cette explication est intellectuellement satisfaisante, elle n'est pas tout à fait exacte, ou plutôt elle est incomplète ; un autre travers de l'analyse fournie par les médias est de s'être figée beaucoup trop tôt avant l'élection : deux semaines avant le suffrage, Dewey avait certainement une bonne avance, mais la fin très dynamique de la campagne de Truman a sûrement convaincu les indécis au-delà de la marge d'erreur des sondages, rendant ceux-ci non pertinents. En somme, on pouvait expliquer l'erreur par un biais d'échantillonnage (l'enquête par téléphone) ou par une mauvaise interprétation de l'intervalle de confiance du sondage (dû à son caractère précoce) ; que l'une ou l'autre de ces raisons soit la principale, cet exemple illustre la nécessité de bien comprendre la théorie statistique de l'estimation !

4 NOVEMBRE

DEUX ET DEUX FONT CINQ

Une affiche de propagande soviétique datée de 1931 affiche en grands caractères la formule 2 + 2 = 5 ; cela semble grossièrement incorrect, mais il faut lire les phrases en russe pour comprendre l'identité, car elles y ajoutent un cinquième élément : c'est l'enthousiasme des travailleurs. Si la composition de cette affiche nous semble malvenue aujourd'hui, c'est surtout parce que l'affirmation 2 + 2 = 5 est le prototype de la fausseté pure, celui dont on se sert pour dénoncer le mensonge et la manipulation.

Prenons un exemple : dans son pamphlet *Napoléon le Petit*, Victor Hugo conteste le plébiscite servant à valider le coup d'État de 1851, plébiscite au terme duquel Napoléon III recueille 7,5 millions de suffrages :

> *« Vous êtes capitaine d'artillerie à Berne, monsieur Louis Bonaparte. Vous avez nécessairement une teinture d'algèbre et de géométrie. Voici des axiomes dont vous avez probablement quelque idée :*
> *– 2 et 2 font 4.*
> *– Entre deux points donnés, la ligne droite est le chemin le plus court.*
> *– La partie est moins grande que le tout.*
> *Maintenant faites déclarer par sept millions cinq cent mille voix que 2 et 2 font 5, que la ligne droite est le chemin le plus long, que le tout est moins grand que la partie ; faites-le déclarer par huit millions, par dix millions, par cent millions de voix, vous n'aurez point avancé d'un pas. »*

Toutefois, la référence culturelle inévitable sur le sujet est le roman *1984* de George Orwell, qui imagine la politique d'un régime totalitaire et révisionniste. Dans cette dictature, on essaie d'inculquer des « résultats » d'arithmétique par des moyens extérieurs aux mathématiques ; aux personnages du roman, on dit ainsi que « *le Parti annoncera que deux et deux font cinq, et vous devrez le croire* ».

Persuasion mise de côté, comment s'assure-t-on rigoureusement que cette somme vaut quatre ? Ce n'est en fait pas simple, et pour obtenir une preuve de ce résultat élémentaire, il faut préciser ce que sont les nombres, quel est le cadre de démonstration, qui sont les axiomes de départ (en évitant comme Victor Hugo de considérer la conclusion recherchée comme axiome). Dans les *Principia Mathematica* (1910-1913), les mathématiciens Alfred North Whitehead et Bertrand Russell reprennent un cadre axiomatique basé sur la théorie des ensembles, et il leur faut plus de trois cents pages pour aboutir à l'égalité 1 + 1 = 2. Soyons heureux que l'on n'aille pas à ce niveau de détails dans l'enseignement primaire !

5 NOVEMBRE

LA LOI DE MORRIE

En novembre 1993 paraît *Genius*, une biographie du physicien Richard Feynman écrite par James Gleick ; s'il convient de toujours garder un œil critique sur les textes hagiographiques en général, et ceux concernant Richard Feynman en particulier, ce livre de James Gleick apparaît bien documenté. On y découvre notamment une anecdote unique sur la jeunesse de Feynman à New York ; à l'époque, sa vie se déroule loin des sciences, mais il étanche sa soif de connaissance dans les échanges avec ses camarades :

> *« Si un garçon nommé Morrie Jacobs lui disait que le cosinus de 20 degrés multiplié par le cosinus de 40 degrés multiplié par le cosinus de 80 degrés était égal à exactement un huitième, il se souviendrait de cette curiosité pour le reste de sa vie, et il se souviendrait qu'il se trouvait dans l'atelier de maroquinerie du père de Morrie lorsqu'il l'a apprise. »*

C'est ainsi qu'à la suite du célèbre physicien, l'identité $\cos(20°) \times \cos(40°) \times \cos(80°) = 1/8$, qui était pourtant déjà bien connue depuis quelques siècles, est devenue la loi de Morrie. Personne n'a vérifié si le petit Morrie avait poursuivi des études scientifiques ni même si, parvenu à l'âge adulte, il se souvenait de la formule transmise à son célèbre camarade ; pourtant, son nom figure désormais dans quelques livres de trigonométrie pour cette curieuse identité.

Ce n'est évidemment pas la seule relation entre des valeurs particulières de la fonction cosinus ; par exemple, on observe aussi $\cos(36°) \times \cos(72°) = 1/4$, ou $\cos(12°) \times \cos(24°) \times \cos(48°) \times \cos(96°) = -1/16$ (en voyant les angles choisis et avec un formulaire de trigonométrie, vous pouvez peut-être avoir une idée de démonstration). On peut aussi traduire ces trois identités avec la fonction sinus pour ajouter une dose de mystère :

$$\sin(18°) \times \sin(54°) = 1/4$$

$$\sin(10°) \times \sin(50°) \times \sin(70°) = 1/8$$

$$\sin(6°) \times \sin(42°) \times \sin(66°) \times \sin(78°) = 1/16$$

Malheureusement pour ces identités, aucune n'a bénéficié du coup de projecteur donné par un physicien débordant de charisme, et elles ne portent pas de nom… pour l'instant !

6 NOVEMBRE

UNE OIE VIVANTE !

Pendant les années 1930, le Café écossais, ou *Kawiarnia Szkocka*, était un célèbre café de Lwów (alors en Pologne) où des étudiants en mathématiques, de jeunes universitaires ou des chercheurs invités avaient pris l'habitude de se retrouver : pour ne citer que les plus célèbres de ces chercheurs polonais, on pouvait y rencontrer Stefan Banach, Władysław Orlicz, Hugo Steinhaus, Stanisław Ulam…

Dans ce lieu, on buvait, on fumait et, bien sûr, on parlait de mathématiques ; quand une question venait à résister à cette troupe de choc et que les tables étaient couvertes de vaines tentatives de résolution, le patron apportait « le » cahier, et l'auteur du problème récalcitrant avait le privilège d'y recopier l'énoncé avec son nom, la date et, pour mettre un peu d'enjeux, le prix qu'il était prêt à offrir (souvent du vin, de l'alcool ou un repas) à qui lui apporterait une solution.

La séance du 6 novembre 1936 a dû être particulièrement agitée puisque, ce jour-là, pas moins de trois problèmes ont successivement rejoint le célèbre cahier. Le problème n° 151, proposé par Rolin Wavre, un mathématicien suisse de passage, concerne l'analyse harmonique. Plus que l'énoncé, c'est le prix qui indique la nationalité de l'auteur : une fondue lorsque le lauréat se déplacera à Genève. Le problème suivant est proposé par Steinhaus, un habitué du café, et admet plusieurs récompenses selon la qualité de la réponse : un contre-exemple donne droit à un café, une preuve à une bière et un calcul complet à 100 g de caviar. Le dernier problème de la soirée, le n° 153, est une question très ardue d'approximation des fonctions de deux variables, et Stanisław Mazur propose un prix conséquent pour cette période de dépression économique : une oie vivante !

Ce problème posé par Mazur a longtemps résisté aux mathématiciens du monde entier, et bien des choses se sont passées avant qu'il ne soit résolu : le Café écossais a fermé ses portes ; la ville de Lwów a été annexée par l'Union soviétique, elle a été occupée par les troupes nazies et a connu de terribles pogroms ; en 1945, la population polonaise a été expulsée vers l'ouest… Il a fallu attendre 1972 pour qu'un mathématicien suédois né en 1944, Per Enflo, fournisse enfin une réponse (négative) à cette question. Malgré le changement d'époque, Mazur a tenu ses engagements notés dans le cahier : c'est ainsi que l'on peut voir des photographies de ce mathématicien, alors âgé de soixante-sept ans, tendant à son jeune collègue un panier d'où émerge la tête d'une oie blanche.

7 NOVEMBRE

LE PÉRIMÈTRE D'UNE ELLIPSE

Prenez un cercle, tracez deux diamètres perpendiculaires, puis dilatez la figure de facteurs différents dans la direction des deux diamètres choisis : la figure obtenue, de forme ovale, est une ellipse. Il existe de nombreuses constructions et descriptions de cette courbe, qui a passionné les scientifiques depuis l'Antiquité ; ainsi, si pour un cercle de diamètre $2R$ (c'est-à-dire de rayon R), on apprend à l'école que la surface qu'il délimite est d'aire πR^2 et que sa longueur est $2\pi R$, on sait depuis longtemps, pour une ellipse dont les axes sont de longueur $2a$ et $2b$, que la surface délimitée est d'aire πab. En revanche, sa longueur est inconnue, et on ne dispose pas de formule simple donnant sa valeur. Ce n'est pas faute d'avoir cherché !

Par exemple, le 7 novembre 1796, lors d'une séance de la Société royale d'Édimbourg, on lit un travail de James Ivory qui concerne la « rectification » d'une ellipse, c'est-à-dire le calcul de sa longueur ; il obtient bien une expression, mais sous la forme d'une somme d'une infinité de termes. Cela est a priori peu satisfaisant, mais il remarque que les sommes partielles obtenues en n'additionnant qu'un nombre fini de termes ont des valeurs très proches de la somme totale avec tous les termes ; sa formule ne permet certes pas de calculer la longueur d'une ellipse, mais elle donne des approximations aussi précises que l'on veut, ce qui en pratique suffit largement.

Ce point de vue consistant à chercher des expressions simples fournissant des valeurs approchées domine désormais les recherches : on peut notamment citer Thomas Muir, qui obtient en 1883 la jolie formule $2\pi\ ((a^{3/2} + b^{3/2}) / 2)^{2/3}$ (en conservant les notations a et b pour les demi-longueurs des axes), mais de nombreuses autres expressions existent encore. À titre personnel, j'ai une affection particulière pour deux d'entre elles, données par le mathématicien indien Srinivasa Ramanujan dans les dernières lignes d'un article de 1914, qui est davantage centré sur des formules explicites pour le calcul de π. Je vous passe le détail de ces formules guère ragoûtantes, mais je tiens absolument à préciser le commentaire de Ramanujan juste avant de les écrire : « les approximations suivantes ont été obtenues de manière empirique », autrement dit sans théorie et par une recherche informelle. Tout simplement fascinant !

8 NOVEMBRE

RETOURS DE COMÈTES

Le 8 novembre 1656 naît Edmund Halley, scientifique britannique dont on retient surtout le nom pour « sa » comète. Il a certes écrit au cours de sa vie quelques textes mathématiques (dont un article en 1694 qui propose une jolie généralisation de la méthode de Newton, pour approcher les nombres en lesquels une fonction s'annule), mais c'est ce corps céleste qui l'a consacré, bien qu'il n'en soit pas le découvreur.

Si celui-ci avait déjà été observé longtemps avant qu'il ne s'y intéresse, l'exploit de Halley est plutôt de comprendre que la comète qu'il voit en septembre 1682 est la même que celle observée par Johannes Kepler en 1607 et, encore plus tôt, par Petrus Apianus en 1531. Après avoir échangé avec son ami Isaac Newton, il publie en 1705 *Astronomiae cometicae synopsis*, où il développe cette idée de retours périodiques des comètes et donne un moyen d'identifier chacune de celles approchant la Terre d'après les propriétés géométriques des trajectoires. L'idée avait déjà eu quelques précurseurs, mais tous s'étaient trompés dans les dates de prévision des retours ; Halley calcule avec la nouvelle théorie newtonienne et prédit le passage de cette comète pour la fête de Noël 1758.

Halley meurt en 1742, mais des astronomes s'intéressent encore à ses calculs quand la date annoncée approche : Alexis Clairaut, qui veut se servir du retour de la comète pour prouver l'exactitude de la théorie newtonienne, Nicole-Reine Lepaute, une bourgeoise ayant des talents scientifiques non reconnus par la société, et Jérôme Lalande, un scientifique âgé d'une vingtaine d'années seulement. En se partageant les calculs, cette équipe hétéroclite parvient à trouver en novembre 1758 que la date de passage de la comète sera finalement le 13 avril de l'année suivante. Ensuite, les semaines passent : la comète ne revient pas à Noël comme l'avait envisagé Halley, mais le 13 mars, un peu plus tôt que ne le disaient les calculs des Français. C'est tout de même un succès pour eux et pour la théorie de Newton.

Il y a toutefois un point noir dans cette histoire : Clairaut publie la *Théorie du mouvement des comètes* en 1760 sans citer Lepaute, et l'on prétend parfois que cette « omission » serait motivée par la jalousie « féminine » d'une autre collaboratrice. Étrange comportement et justification douteuse, qui n'ont pas empêché Nicole-Reine de poursuivre ses travaux scientifiques et de prouver ses qualités.

9 NOVEMBRE

QUI N'EXISTE PAS…

Les spécialistes de l'histoire médiévale japonaise connaissent tous la bataille de Fujigawa, qui s'est déroulée le 9 novembre 1180 : cet épisode de la guerre civile dite de Genpei a opposé le clan Minamoto au clan Taira… sauf que la bataille n'a jamais eu lieu. L'un des camps a fui sans combattre, ayant pris un vol d'oies sauvages pour une attaque surprise en pleine nuit.

J'aime bien cette anecdote d'une bataille régulièrement citée mais qui n'existe pas ; on peut trouver de nombreux cas analogues dans la recherche mathématique, comme les nombres parfaits impairs. Expliquons : un nombre est parfait s'il est la somme de ses diviseurs (autres que lui) ; ainsi, 6 est parfait car il est divisible par 1, 2 et 3 et $6 = 1 + 2 + 3$; il en est de même pour 496, 8 128, 33 550 336 ou 8 589 869 056…

On connaît ainsi depuis l'Antiquité des nombres parfaits pairs, mais on n'en connaît aucun qui soit impair ; peut-être même qu'il n'en existe pas… Toutefois, cela n'empêche pas la communauté mathématique de chercher les propriétés de tels nombres éventuels : après tout, si les historiens étudient des batailles qui n'existent pas, on peut bien chercher à comprendre des nombres qui existent peut-être, non ?

Si, un jour, une personne parvient à établir que tous les nombres parfaits sont pairs, ces articles deviendront inutiles, mais ils ne seront pourtant pas faux. D'un point de vue logique, une affirmation comme « les reines d'Angleterre qui sont championnes du monde de boxe et qui ont marché sur la Lune sont rousses » est tout à fait correcte : elle n'a juste aucun intérêt, car il n'existe personne qui en satisfasse les propriétés. Cette particularité logique peut d'ailleurs permettre de faire de l'humour ; dans les *Contes liquides de Jaime Montestrela*, l'écrivain Hervé Le Tellier exploite astucieusement ce fait dans le conte 870 :

> *« Ian Priest, mathématicien au Princeton Logic Group, a démontré définitivement en mars 2001 que si vos parents n'ont pas eu d'enfants, vous n'en aurez pas non plus. »*

Je ne connais pas la preuve mentionnée par Le Tellier, mais je peux vous assurer que, si vos parents n'ont pas eu d'enfants, vous aurez exactement trente-sept enfants, sans que cette affirmation (correcte) contredise la précédente.

DES NOBEL POUR LES MATHEUX

Dans son testament établissant le prix qui porte désormais son nom, Alfred Nobel n'a pas mentionné les mathématiques dans la liste des disciplines à honorer : paix ou diplomatie, littérature, chimie, physique et physiologie ou médecine. Certains attribuent cet oubli à l'hypothèse farfelue, et maintes fois démentie, d'une rivalité amoureuse avec son compatriote, le mathématicien Gösta Mittag-Leffler ; il est plus vraisemblable que Nobel, homme empreint de pragmatisme, n'ait pas jugé les mathématiques assez pratiques ou utiles pour qu'un prix leur soit décerné.

Cette limitation étant posée en exergue, on remarque que, d'un point de vue purement logique, rien n'interdit aux mathématiciens d'obtenir le prix Nobel : il suffit qu'ils l'obtiennent dans une autre discipline. L'exemple emblématique est le logicien Bertrand Russell, qui reçoit le prix Nobel de littérature le 10 novembre 1950 pour ses écrits philosophiques et sa libre pensée (davantage que pour son monumental *Principia Mathematica*, coécrit avec Alfred North Whitehead).

Du côté de la chimie et de la physique, on remarque plusieurs nobelisés ayant terminé une thèse de mathématiques : Herbert A. Hauptman (chimie 1985), John Pople (chimie 1998) ou Roger Penrose (physique 2020). On peut chipoter sur le fait que les frontières entre mathématiques et sciences physiques sont mouvantes, et qu'un universitaire comme Penrose est autant physicien que mathématicien – mais son travail doctoral est bien de la géométrie algébrique !

Avec le prix de la Banque de Suède en sciences économiques en mémoire d'Alfred Nobel (officiellement reconnu par la Fondation Nobel), le nombre de mathématiciens primés explose, grâce à l'application à l'économie de théories mathématiques (comme la théorie des jeux ou la programmation linéaire, un problème d'optimisation) : parmi les lauréats, on retrouve ainsi les mathématiciens Kenneth Arrow (1972), Tjalling Charles Koopmans et Leonid Kantorovitch (1975), Gérard Debreu (1983), John Forbes Nash Jr. (1994) ou Robert J. Aumann (2005).

Rappelons pour ceux qui s'offusqueraient de voir des mathématiciens venir « piquer » des prix dans d'autres disciplines que le phénomène inverse existe également. Par exemple, le physicien Edward Witten a obtenu une médaille Fields en 1990, et Michael Atiyah l'a présenté en ces termes :

> *« Il a surpris la communauté mathématique en appliquant brillamment des connaissances physiques qui ont abouti à des théorèmes mathématiques nouveaux et profonds… Il a eu un impact profond sur les mathématiques contemporaines. »*

Et c'est ainsi que des articles sur la théorie quantique des champs (pour décrire l'évolution des particules) se retrouvent à mentionner des objets mathématiques en apparence fort éloignés… comme les polynômes de Jones !

11 NOVEMBRE

LA TRISECTION, C'EST PLIÉ

Parmi les questions mathématiques que l'Antiquité grecque nous a laissées, celles de la duplication du cube et de la trisection des angles ne sont pas les plus célèbres, mais elles conservent une bonne part de mystère. En termes modernes, on peut formuler ces problèmes ainsi :

- étant donné deux points du plan à distance 1, construire, à la règle et au compas, deux points à distance $\sqrt[3]{2}$;
- étant donné un angle, construire une figure, à la règle et au compas, dont un angle est égal au tiers de celui de départ.

Au XIXe siècle, le théorème de Gauss-Wantzel fournit un argument, de nature algébrique, qui montre que le premier problème n'admet pas de solution, et que l'on ne peut pas couper en trois parties égales certains angles avec les seuls outils autorisés par les Grecs. Ces résultats d'impossibilité, loin d'être frustrants, ouvrent de nouvelles perspectives : quels sont les angles que l'on peut effectivement trisecter ? Si on autorise de nouveaux outils de construction, peut-on résoudre ces problèmes ?

Cette dernière question admet une jolie réponse avec l'origami ; cet art du pliage venu d'Asie est mondialement célébré le 11 novembre pour ses productions esthétiques, mais peu de pratiquants connaissent son fantastique potentiel mathématique. Avec des origamis, on effectue des constructions de droite en pliant la feuille où l'on a dessiné points et angles ; par exemple, étant donné deux points A et B, on peut « tracer » la médiatrice du segment [AB] en pliant la feuille pour amener le point A sur le point B. On constate rapidement que des règles de pliages assez simples permettent d'obtenir des constructions géométriques élaborées.

En 1936, la mathématicienne italienne Margherita Piazzola Beloch étudie le pli qui permet, étant donné deux points et deux droites, d'amener le premier point sur la première droite et le second point sur la seconde droite. C'est assez délicat à réaliser, mais elle remarque que ce pli, qui porte désormais son nom, permet notamment de résoudre le problème de la duplication du cube. Le problème de la trisection n'est pas beaucoup plus difficile d'un point de vue théorique, mais il a fallu attendre les années 1970 pour en obtenir une construction simple, avec les travaux du Japonais Hisashi Abe (publiés en 1980). L'origami s'avère définitivement un meilleur outil pour faire des mathématiques que le compas ou la règle !

12 NOVEMBRE

LA FAUTE DE L'ABBÉ PERVOUCHINE

Le 12 novembre 1894, à l'Académie des sciences de Paris, on lit la lettre d'un mathématicien italien, Ernesto Cesàro, qui annonce avoir débusqué une erreur dans l'article d'un prêtre orthodoxe russe. Le récit semble extraordinaire, mais il faut reconnaître que le religieux dont il est question n'est pas tout à fait ordinaire : Ivan Mikheïevitch Pervouchine officie à Chadrinsk, dans l'oblast de Kourgan, à plus de 2 000 km à l'est de Moscou ; ayant fait des études scientifiques, il consacre le temps libre que lui laisse son service ecclésiastique à effectuer des « calculs » mathématiques.

Pervouchine ne compte pas ses efforts et obtient quelques résultats qui forcent l'admiration ; par exemple, il montre dans une note à l'Académie des sciences de Russie, datée de 1878, que le nombre $2^{2^{23}} + 1$ n'est pas un nombre premier (un conseil, n'essayez pas d'écrire ce nombre : vous risqueriez de faire quelques cauchemars), et même, plus précisément, qu'il est divisible par 167 772 161. Cinq années plus tard, il réalise un autre exploit en montrant cette fois-ci que le nombre de Mersenne $2^{61} - 1 = 2\ 305\ 843\ 009\ 213\ 693\ 951$ est effectivement premier !

Au début des années 1890, il se lance sur une mission autrement compliquée : trouver une formule donnant l'ordre de grandeur du n-ième nombre premier p_n, pour n assez grand. On peut facilement vérifier que le dixième nombre premier est 29, c'est-à-dire $p_{10} = 29$, le centième 541, soit $p_{100} = 541$, le millième 7 919, soit $p_{1000} = 7\ 919$... Pervouchine va poursuivre ainsi le calcul pendant trois pleines années et, empiriquement, il propose un développement asymptotique de p_n : en première approximation, cette quantité ressemble à $n \times \ln(n)$; ensuite on corrige en ajoutant successivement $n \times \ln(\ln(n))$, puis $-n$, puis $5n/(12 \times \ln(n))$ (je vous fais grâce du dernier terme proposé). Ce n'est pas un résultat mathématique établi, mais bien une intuition née de très nombreux calculs.

Ce 12 novembre, Cesàro affirme, preuve à l'appui, que les trois premiers termes sont certes corrects, mais qu'à partir du quatrième, rien ne va plus. S'il parvient à une démonstration fiable, c'est qu'il dispose d'une identité prouvée en 1893, une approximation de p_n qui peut être obtenue de façon déductive, sans avoir à tester de nombreuses valeurs. Isolé, Pervouchine ne pouvait connaître ce résultat récent, et c'est pour cela qu'il s'est fourvoyé dans de longs et inutiles calculs !

13 NOVEMBRE

« À BAS EUCLIDE ! »

Dans le contexte de l'après-guerre, les pays d'Europe occidentale éprouvent le besoin de relancer l'industrie et, de manière plus générale, d'améliorer toute l'économie ; rapidement, cette démarche volontariste amène à réfléchir sur les contenus des programmes de l'enseignement secondaire. C'est à ce titre que l'Organisation européenne de coopération économique convoque un colloque dans l'abbaye de Royaumont en novembre 1959 : des personnalités qualifiées sont rassemblées pour élaborer des propositions sur l'enseignement des mathématiques.

L'un des participants est Jean Dieudonné, universitaire de premier plan, fondateur du groupe Bourbaki et auteur de travaux remarqués en algèbre, en analyse fonctionnelle et en topologie. Autant dire que sa voix porte ! Il salue les « éléments de calcul différentiel et intégral, d'algèbre vectorielle et un peu de géométrie analytique » qui ont récemment été introduits dans les programmes de lycée, mais déplore que ces points nouveaux soient éclipsés par « *la géométrie pure, plus ou moins enseignée à la manière d'Euclide* ». Grosso modo, pour Dieudonné, on fait trop de géométrie à l'ancienne, et on néglige les apports récents dans la compréhension des mathématiques.

On a accordé trop d'importance au cri « À bas Euclide ! » que Dieudonné aurait poussé au cours de ce congrès. Pourtant, selon lui, il ne s'agit pas de renier l'apport du mathématicien grec (ayant vécu au IIIe siècle avant notre ère), mais de promouvoir une vision renouvelée de la discipline ; il explique :

> *« On a repris à la base surtout depuis le milieu du XIXe siècle, les notions fondamentales de la géométrie : on a pu ainsi réorganiser la géométrie euclidienne, lui redonner des fondements simples et solides et réévaluer son importance par rapport aux mathématiques modernes, en séparant ce qui est essentiel d'un amas chaotique de résultats qui ne sont que les reliques éparses de méthodes maladroites ou de points de vue désuets. »*

Plus entreprenant, le topologue Gustave Choquet propose un programme encore plus détaillé… avec des passages prompts à effrayer le commun des mortels :

> *« Des exercices sur des collections finies précisent la notion de correspondance biunivoque, qui conduit à son tour à la notion de cardinal. L'addition et la multiplication sont introduites respectivement comme union d'ensembles finis et produit d'ensembles finis. »*

14 NOVEMBRE

PORTEUSE DE FLAMBEAU

Il y a quelques années, alors que j'écrivais un cours d'algèbre linéaire destiné à des étudiants de premier cycle, j'ai longuement réfléchi au contenu que je souhaitais y faire figurer et à la façon dont les différents chapitres devaient s'articuler. Une fois cette organisation générale arrêtée, je me retrouvais avec un rebut où l'on trouvait pêle-mêle des exemples et des théorèmes pourtant intéressants... Ces énoncés sont devenus les exercices qui complétaient le fond du cours. Parmi eux se trouve le « théorème de Taussky ».

À l'époque, je ne savais pas qui était Taussky, mais depuis j'ai eu l'occasion de découvrir qu'il s'agit de la mathématicienne Olga Taussky (1906-1995), et que ses travaux comme sa carrière sont à plus d'un titre fascinants. Il n'existe pas encore de livre d'histoire la concernant, mais les notices nécrologiques sont détaillées, et on bénéficie également d'un singulier texte de sa main publié en novembre 1988, où elle explique, revenant sur sa carrière, comment elle est devenue une « porteuse de flambeau pour les théories matricielles ». Elle raconte sa rencontre fortuite avec certains articles, la façon dont des problèmes se sont imposés à elle... Parmi la dizaine d'exemples qu'elle choisit pour jalonner sa carrière, il y a celui que j'ai utilisé comme exercice dans mon livre :

> *« Lors de la Seconde Guerre mondiale, je travaillais à Londres au National Physical Laboratory [...] J'étais affectée à l'étude du flottement dans les avions supersoniques [une interaction entre les forces aérodynamiques et l'avion, pouvant détruire l'appareil] [...] Un grand groupe de jeunes filles, enrôlées pour la guerre, a effectué les calculs sur des machines manuelles, [...] Par hasard, j'avais entendu parler du théorème de Gerschgorin [...] ce théorème m'a montré comment réduire la quantité de calculs. »*

Non seulement ce théorème de Gerschgorin indique à Taussky comment simplifier les calculs, mais il lui inspire aussi des généralisations, dont le théorème qui sera nommé d'après elle. La vie de la mathématicienne a été faite de changements : des études commencées entre deux guerres à Vienne, poursuivies à Londres puis aux États-Unis, des postes aussi bien dans des institutions techniques nationales que dans des universités... mais une grande continuité dans ses travaux, que modestement elle ne s'attribue pas :

> *« Je n'ai pas demandé à être affectée à des problèmes matriciels, ils m'ont trouvée. »*

15 NOVEMBRE

LENNA, ANCIEN MODÈLE

Lorsque vous regardez une série policière et que les experts affinent une image totalement floue pour discerner le visage d'un suspect ou la plaque d'immatriculation d'une voiture, vous êtes légitimement sceptiques ; pourtant, ces « miracles » ne sortent pas de l'imagination débordante des scénaristes, mais d'articles de recherche. Le traitement des images est une branche à part entière des mathématiques, très féconde, et l'extraction d'information dans les images de vos séries est en fait issue de certaines manières de décomposer des objets mathématiques.

Avant que l'on puisse mentionner la technique dans le scénario d'une série, il a fallu des années de travail acharné pour rendre à des images floues leurs détails ; pour confronter à la réalité les théorèmes obtenus dans les laboratoires et les algorithmes qui en sont déduits, on a eu recours à des images tests ayant de bonnes propriétés en termes de couleurs, de contraste... La plus célèbre est Lenna, une image carrée de 512 pixels de côté. Sur celle-ci, on découvre le visage d'une femme regardant frontalement le photographe avec un sourire discret ; elle porte un chapeau de paille planté d'une grande plume, et le décor mélange de petits détails comme de grands aplats de couleurs.

La première apparition de Lenna remonte à une publication de 1973 sur l'efficacité d'un algorithme de compression ; elle a depuis été tellement utilisée que l'on a fini par surnommer Lenna la « première dame d'Internet » ou la « sainte patronne des jpeg ». Un détail dans l'histoire fait pourtant tiquer : cette photographie qui figure dans des centaines de publications scientifiques et dans des livres de cours est en fait un recadrage du poster central d'un numéro du magazine de charme *Playboy* (en date de novembre 1972). Le visage est celui du mannequin suédois Lena Sjööblom, et la photographie entière la montre totalement dévêtue.

Ce détail pourrait être anodin, mais il traduit indirectement le fait que la communauté mathématique était (et, malheureusement, est encore trop souvent) majoritairement masculine : on cherche une image test dans un magazine érotique, on utilise et réutilise la photographie d'une femme très avenante... Même sans grivoiserie ou arrière-pensée, cette image issue de *Playboy* n'adresse pas un message très engageant pour les étudiantes et chercheuses du domaine ; aussi, plusieurs revues ont fini par refuser les textes qui choisissaient le cliché pour illustration, suggérant d'en trouver d'autres moins connotées. C'est ainsi que, longtemps après Lena Sjööblom, Lenna a pris sa retraite.

16 NOVEMBRE

TOUJOURS PLUS D'ALPHABETS...

Si vous ouvrez un article de mathématiques pour la première fois, vous n'y comprenez pas grand-chose : il y a beaucoup de phrases obscures et des formules qui, à première vue, sont des successions organisées de caractères plus ou moins ésotériques.

Si l'on omet quelques symboles purement mathématiques, la plupart des symboles relèvent pourtant de l'alphabet latin, comme la fameuse inconnue x ; ils peuvent toutefois être peu reconnaissables avec les variations de police d'écriture, comme le S en fraktur ($\mathfrak{S}$) pour l'ensemble des permutations, ou le R ajouré ($\mathbb{R}$) pour l'ensemble des nombres réels. Cela fait toutefois des siècles que les mathématiques exigent davantage de symboles, et que l'alphabet grec a été sollicité : on peut penser à π (pi) pour la constante du cercle, à γ (gamma) pour la constante dite d'Euler, ou à ζ (zêta) pour la fonction zêta de Riemann – pour ne citer que quelques exemples classiques.

En novembre 1895, Georg Cantor publie un article intitulé *Beiträge zur Begründung der transfiniten Mengenlehre* (« Sur les fondements de la théorie des ensembles transfinis »), pour lequel il a besoin de nommer le nombre d'éléments de différents ensembles infinis. Pour cela, il fait dans l'originalité et convoque l'alphabet hébreu ; par exemple, il baptise $\aleph_0$ (« aleph indice 0 ») le nombre d'entiers positifs, notation que les autres mathématiciens reprendront. Cette première occurrence de l'alphabet hébreu dans le monde mathématique moderne surprit, et l'on a donc cherché à interpréter ce choix : la première lettre $\aleph$ d'un nouvel alphabet indique-t-elle une notion complètement nouvelle ? Est-ce pour rappeler l'initiale du mot hébreu אינסוף signifiant « infini » ?

Il n'est pas rare qu'un article utilise une nouvelle lettre ou un symbole atypique, mais l'usage se répand difficilement. Il y a quelques exceptions notables, et ma favorite est la lettre cyrillique « cha », dont le dessin en capitale est Ш ; on l'utilise en analyse pour désigner une « distribution » appelée peigne de Dirac. Même sans connaître le vocabulaire ou les concepts de cette théorie, on comprend rapidement le choix de cette lettre très spécifique – et l'intuition qui a amené à baptiser « peigne » cette distribution correspond également à ce choix de lettre, qui en a schématiquement la forme. C'est ainsi que, dans les textes mathématiques sur le traitement du signal, on trouve du cyrillique – même quand le signal n'a aucun lien avec le bloc russe !

17 NOVEMBRE

LA FEMME SUR LA PHOTOGRAPHIE

En novembre 1967, l'université de Hanoï accueille un prestigieux invité : le mathématicien Alexandre Grothendieck. Lauréat de la médaille Fields et auteur de nombreux travaux qui révolutionnent les mathématiques, il arrive dans un pays en guerre, et, s'il vient effectivement donner des cours, sa présence apparaît comme un acte politique fort et un soutien au peuple vietnamien. Lors des deux premières semaines de son séjour, chaque matinée est consacrée à un « exposé d'orientation générale » qui, avec l'aide d'un traducteur, dure environ quatre heures ; en ce vendredi 17 novembre, on écoute un exposé d'algèbre homologique et de théorie des faisceaux, mais la sérénité des mathématiques est perturbée à trois reprises par les alertes aux bombardements de l'opération militaire américaine *Rolling Thunder*.

Est-ce cette succession d'alertes ou l'explosion d'une bombe à retardement dans l'École polytechnique de Hanoï qui a décidé les pouvoirs publics ? Difficile de répondre avec certitude ; toujours est-il que cet exposé sera le dernier dans la capitale : Grothendieck et ses étudiants déménagent dans le district rural de *Đại Từ* pour la suite du cursus. Sur une photographie de groupe prise à la fin d'un cours, on distingue la végétation de la jungle, deux bâtiments à toits de chaume, Grothendieck avec sa haute stature et son crâne rasé entouré d'une petite trentaine d'étudiants.

On a tendance à accentuer l'héroïsme militant de Grothendieck, qui a délibérément choisi d'aller dans un pays en guerre pour enseigner des mathématiques de niveau recherche, mais que dire alors des étudiants qui, une fois le professeur reparti, continuèrent d'étudier sous les bombes ? En m'intéressant à eux, j'ai constaté qu'une figure émergeait, celle de l'unique femme sur cette photographie, Hoàng Xuân Sính. En 1967, elle est diplômée de l'université de Paris, a été reçue à l'agrégation de mathématiques et dispose d'un poste à l'Institut pédagogique de Hanoï ; en raison de ces qualifications, c'est elle qui retranscrit l'intégralité des cours et séminaires de ce mois de novembre.

Plus encore, pendant la suite du conflit et après la victoire vietnamienne, elle obtient des résultats mathématiques significatifs sur les sujets de ce mois de novembre 1967 ; elle soutient en 1975 une thèse sous la direction de Grothendieck (thèse intitulée « Gr-catégories ») et devient la première femme professeure des universités du Vietnam ! Et si c'était elle, la vraie star sur cette photographie ?

18 NOVEMBRE

ÉQUATIONS SHAKESPEARIENNES

Emmanuel Radnitzky meurt le 18 novembre 1976. Plus connu sous le pseudonyme de Man Ray, il laisse une œuvre protéiforme allant de la photographie au cinéma (en passant par la peinture), traversant les révolutions dadaïste et surréaliste.

L'artiste s'est aussi intéressé à des modèles mathématiques qu'il a photographiés dans les années 1930, puis peints à la fin des années 1940. En face de ces tableaux atypiques désormais connus sous le nom d'*Équations shakespeariennes*, tous les visiteurs repèrent les motifs géométriques, mais peu d'entre eux détectent, derrière les noms inspirés des pièces de Shakespeare, les réalités mathématiques sous-jacentes. Comme les sources de Man Ray sont bien connues, il est possible d'établir une correspondance entre l'œuvre et ces réalités – qui sont en fait une série de surfaces particulières. Voici une liste non exhaustive de ces parallèles, qu'a explorés Quentin Lazzarotto dans un film de 2019 :

Roi Lear	Surface quartique de Kummer à 8 points doubles
Les Joyeuses Commères de Windsor	Partie imaginaire de la dérivée de la fonction $\wp$ de Weierstrass
Macbeth	Enveloppe des normales au paraboloïde
Roméo et Juliette	Surface développable sur le paraboloïde de révolution
La Nuit des rois	Surface minimale d'Enneper, Hélicoïde développable...
Hamlet	Tétraèdre de Meissner de largeur constante

On ne connaît pas très bien les raisons qui ont poussé Man Ray à identifier chaque pièce de Shakespeare à des modèles particuliers, sauf peut-être pour Hamlet, puisque l'artiste a indiqué postérieurement que « *la forme triangulaire blanche bombée que vous voyez dans Hamlet [lui] a fait penser à un crâne blanc, un crâne géométrique qui ressemble aussi au sein d'Ophélie* ».

En revanche, il n'y a aucun doute que Man Ray n'a pas cherché à comprendre les mathématiques derrière ces modèles : dans la composition de *La Nuit des rois*, on trouve le support d'un modèle, représenté comme s'il s'agissait effectivement de l'objet mathématique lui-même !

19 NOVEMBRE

UN BERNOULLI EN CACHE D'AUTRES

Le 19 novembre 1623 naît Nicolas Bernoulli ; si l'on a étudié les sciences, le patronyme évoque immédiatement de nombreux théorèmes, des objets mathématiques et physiques. Toutefois, ce Nicolas est un apothicaire qui gère un commerce d'importation d'épices ; il rêvait que ses enfants reprennent l'affaire, mais, au lieu de cela, ceux-ci ont successivement étudié les mathématiques et initié la plus vaste dynastie de savants que l'on connaisse.

Les Bernoulli sont tellement nombreux à avoir brillé qu'il ne suffit pas de donner le prénom pour identifier la personne, mais aussi son numéro : la postérité en a attribué un à chacun des homonymes ayant embrassé la carrière scientifique. Les plus célèbres sont :

- dans la première génération, c'est-à-dire parmi les enfants de Nicolas l'apothicaire, Jacques I et Jean I ;
- dans la deuxième génération, Nicolas I, Nicolas II, Daniel I et Jean II (ils sont contemporains du grand mathématicien Leonhard Euler) ;
- dans la troisième génération, Jean III, Daniel II, Nicolas III et Jacques II.

On pourrait continuer la descendance jusqu'à nos jours et trouver d'autres scientifiques ou intellectuels, mais la plupart des « Bernoulli » de nos livres de cours sont l'un de ceux-là. La difficulté est alors de savoir à quel membre de la famille on attribue tel ou tel résultat !

Voici l'astuce d'un vieil enseignant : dans le doute, dire qu'il s'agit du premier Jacques : d'une part, il a défriché la plupart des sujets qui préoccuperont ses frères et neveux, donc on nomme les objets d'après lui, comme il fut précurseur ; d'autre part, il est l'auteur du livre *Ars conjectandi* (même si c'est son neveu Nicolas II qui le publie après sa mort), somme importante où l'on trouve une multitude de nouveaux concepts et de résultats jusque-là non publiés : ainsi les nombres de B., l'équation différentielle de B., la loi de B., la lemniscate de B., l'inégalité de B. sont tous dus à Jacques I.

Il y a toutefois quelques exceptions à cette règle : le théorème de B. pour la mécanique des fluides est dû à Daniel I, la querelle Bernoulli-Leibniz (sur la possibilité de construire le logarithme de nombres négatifs) implique Jean I, le paradoxe de Saint-Pétersbourg en probabilités est imaginé par Nicolas II… Mais, tout de même, cela n'égale pas le nombre d'objets mathématiques attribués à Jacques I : outre ceux mentionnés, on lui doit le problème de Bâle, la loi des grands nombres ou la notation e pour la base de l'exponentielle… toutes choses qui ne portent pas son nom !

CAMARADE ZOIA

La camarade Zoia, ou *Tovarăşa Zoia* en roumain, s'éteint le 20 novembre 2006 à cinquante-six ans après une carrière de mathématicienne essentiellement menée à Bucarest. En 1977, elle a soutenu une thèse en analyse fonctionnelle sous la direction de Ciprian Foiaş, professeur réputé qui a quitté la Roumanie l'année suivante en marge de sa participation au Congrès international des mathématiciens d'Helsinki ; Dan-Virgil Voiculescu, un brillant collègue qui a soutenu sa thèse la même année avec le même directeur, a fui à son tour le pays en 1986.

Zoia, elle, est restée en Roumanie pour y poursuivre ses travaux académiques : elle a publié quatorze articles de recherche entre 1976 et 1988, dans des revues reconnues aussi bien aux États-Unis qu'au Japon. Elle est par ailleurs récipiendaire du prix Simion-Stoilow de l'Académie des sciences roumaine ; un tel cursus justifie qu'elle se soit retrouvée directrice du département de mathématiques de l'Institut de la créativité scientifique et technique, à Bucarest.

La carrière de Zoia connaît toutefois un brusque changement lorsque le régime communiste roumain s'effondre, le 22 décembre 1989. En quelques jours, les révolutionnaires se saisissent de Nicolae Ceauşescu et de son épouse Elena, procèdent à un procès sommaire puis à l'exécution des deux autocrates. Or il se trouve que Zoia est la fille de ce couple de dictateurs, et que la foule en furie se retourne contre elle et ses proches. Elle passe ainsi près de huit mois en prison pour « atteinte à l'économie nationale » et voit ses biens confisqués. Après sa sortie, elle tente de reprendre son ancien travail, mais n'est pas bien accueillie par ses anciens collègues ; aussi accepte-t-elle son sort : elle prend sa retraite pour soigner son cancer. La justice a par la suite abandonné les poursuites envers les enfants Ceauşescu, mais Zoia n'est pas revenue aux mathématiques.

Dans la mémoire populaire, on associe à tort la carrière bien réelle de mathématicienne menée par Zoia et celle de chimiste (toute virtuelle) de sa mère, dont la thèse a vraisemblablement été écrite par quelqu'un d'autre, et dont les diplômes décernés par des universités étrangères sont autant de cadeaux diplomatiques. Rendons à Zoia sa carrière et une réputation à sa mesure !

21 NOVEMBRE

LES MATHÉMATIQUES INTERDITES

De 1976 à 1981, le général Jorge Rafael Videla a dirigé l'Argentine sous un régime de dictature. Pendant ces cinq années, le pays a connu la « guerre sale », un grand mouvement de répression politique maniant les arrestations arbitraires, la torture et le meurtre : les historiens s'accordent aujourd'hui à dire que plus 30 000 personnes ont « disparu » lors de cette période sombre.

On pourrait croire qu'en de tels moments, avec la traque permanente des « opposants » et l'organisation d'un système criminel d'État, personne dans les sphères du pouvoir n'avait le temps de s'intéresser aux mathématiques ; pourtant, les responsables des provinces de Buenos Aires, de Córdoba et de Santa Fe ont décidé en novembre 1978 d'interdire les mathématiques modernes et l'utilisation de la théorie des ensembles dans l'enseignement secondaire.

Il n'est pas rare que les régimes autoritaires cherchent à intervenir dans les programmes scolaires, mais en général les disciplines concernées sont plutôt l'histoire, les sciences sociales ou la biologie. Quel est donc le tort de ces « mathématiques modernes » ? Difficile de répondre avec certitude, mais deux hypothèses peuvent être défendues : d'un part, la reconstruction de l'enseignement à partir de la théorie des ensembles amène à une rupture avec la tradition – ce qui, lorsque le pouvoir encourage à un respect absolu de l'ordre, apparaît comme un acte subversif, voire un appel à la rébellion. D'autre part, pour des personnes non versées en mathématiques, des mots comme vecteur, matrice, réunion ou intersection pouvaient sembler empruntés au vocabulaire communiste – références inacceptables pour la junte militaire.

L'artiste Amalia Pica est née en 1978 : elle n'a pas vraiment connu la présidence de Videla, mais, comme beaucoup d'Argentins, a dû vivre dans une société où de nombreuses familles pleurent la disparition de proches. Un certain nombre de ses œuvres reprennent le principe des diagrammes de Venn : ainsi de *Venn Diagram (under the spotlight)*, achevé en 2011 et dans les collections du musée d'Art moderne de New York, ou bien A∩B∩C (au musée de Guggenheim de la même ville), achevé en 2013. Aussi appelés « diagrammes en patates », ces représentations mathématiques (comme celle ci-dessous) sont notamment utilisées pour l'apprentissage de la théorie des ensembles : c'est là une façon astucieuse et graphique de rappeler l'arbitraire du régime dictatorial argentin et le bannissement des mathématiques modernes.

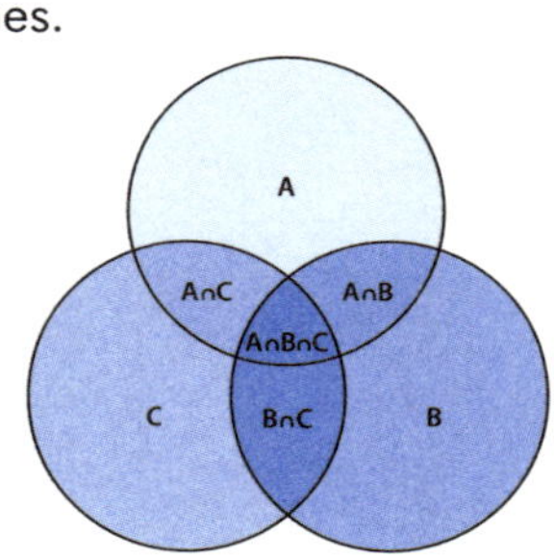

22 NOVEMBRE

ŁUKASIEWICZ RENTRE AU PAYS

Le 22 novembre 2022, on inhume Jan Łukasiewicz au cimetière Powązki de Varsovie... plus de soixante-six ans après son décès en exil. Dans l'histoire des sciences, il apparaît comme un logicien hors pair, le premier à avoir considéré une logique à trois valeurs, vrai, faux ou possible (le « p'têt ben qu'oui, p'têt ben qu'non » si cher aux Normands), et à avoir construit toute une structure de raisonnement à partir de celle-ci. On lui doit également l'« écriture polonaise inverse », où les opérateurs sont placés non entre les arguments mais après eux, soit, en langage savant, de manière post-fixe ; par exemple, au lieu d'écrire 2 + 3, on écrit 2 3 +, et quand on lit un symbole d'opération, on effectue cette opération avec les deux derniers arguments lus précédemment.

Cette syntaxe a longtemps été utilisée sur des ordinateurs (dont le Zuse4, l'un des premiers de l'Histoire) ou des calculatrices grand public (notamment celles de la marque HP) ; si elle n'apparaît pas vraiment naturelle au premier abord, elle n'a pas de défaut théorique et permet même de se passer de parenthèses sans avoir à préciser l'ordre de priorité des opérations : l'expression 2 3 4 + × donne le résultat 14, puisque, lorsque vous arrivez sur l'addition, les deux derniers arguments en mémoire sont 3 et 4 ; l'expression 2 3 4 + × correspond donc à 2 7 ×, donc à 14. Vous pouvez vous entraîner à calculer 2 3 4 × +, 2 3 × 4 + ou 2 3 + 4 ×, mais vous ne pourrez jamais calculer 2 3 + × 4, car cette expression n'est pas syntaxiquement correcte. Pour vous familiariser avec cette écriture, vous pouvez ainsi calculer ce que donnent les formules suivantes (année de création du royaume de Pologne, année de la Troisième République de Pologne, année de naissance de Łukasiewicz) :

5 41 5 × ×

3 3 13 8 2 × 1 + × × ×

2 7 4 × 1 + 4 × 1 + 2 × 2 × 1 + × 1 + 2 ×

L'origine du nom « notation polonaise inverse » est assez nébuleuse, mais il y a fort à parier que la difficulté à écrire correctement Łukasiewicz n'est pas étrangère à ce choix ; du reste, cette appellation n'aurait sûrement pas déplu à ce logicien amoureux de son pays, qu'il a vu renaître en 1918, dont il a été ministre de l'Instruction publique, et où il a enseigné à l'université de Varsovie (y compris dans la clandestinité lors des occupations allemande et soviétique). S'il a dû fuir vers l'Irlande en 1945, sa seconde inhumation en novembre 2022 apparaît comme un retour au pays et un juste hommage de celui-ci.

23 NOVEMBRE

DES LAPINS ET DES ÉLÉPHANTS

Pour les Anglo-Saxons, le 23 novembre est célébré comme le *Fibonacci Day*. Pour comprendre cette appellation, il faut d'abord écrire la date sous la forme 11/23, puis en décomposer la lecture en 1, 1, 2, 3 ; les amateurs de mathématiques reconnaissent alors les premiers termes de la suite dite de Fibonacci, qui est construite en écrivant chaque terme comme la somme des deux précédents : $2 = 1 + 1$, $3 = 1 + 2$.

Cette suite trouve son origine dans un exercice du *Liber Abaci*, ouvrage écrit en 1202 par Léonard de Pise, qui est désormais plus connu sous le nom de Fibonacci. Voici l'énoncé exact :

> *« Quelqu'un plaça une paire de lapins dans un endroit clos de tous côtés afin de savoir combien de descendants cette seule paire engendrerait en une année.*
>
> *Or il est dans leur nature de mettre au monde une nouvelle paire chaque mois, et les lapins ont des descendants deux mois après leur naissance.*
>
> *Combien de paires de lapins sont engendrées en une année par une seule paire ? »*

Dans la suite du texte, on trouve une résolution détaillée et, dans la marge, les nombres 1, 2, 3, 5, 8, 13, 21, 34, 55, 89, 144, 233, et 377 correspondant aux étapes de celle-ci. Le concept de suite est bien postérieur à cet ouvrage, mais tout lecteur moderne peut aisément poursuivre cette liste et obtenir l'intégralité de la suite. Il ne faudrait toutefois pas croire qu'il s'agit d'une étude démographique d'une population de lapins : les petits léporidés ne servent ici que de contextualisation pédagogique comme, quelques pages plus tôt, le lion qui sort d'un puits aux parois glissantes en grimpant pendant plus de 1 500 jours !

Il n'en est pas de même lorsque l'on trouve la succession de nombres 1, 1, 2, 4, 7, 13, 24, 44, 81, 149, 274 dans la correspondance de Charles Darwin. L'auteur de *L'Origine des espèces* essaie maladroitement de justifier des affirmations de son livre sur la croissance d'une population d'éléphants, affirmations que quelques lecteurs contestent ; la construction de cette suite repose sur des hypothèses zoologiques simplifiées, avec des éléphants qui se reproduisent à trente, soixante et quatre-vingt-dix ans. Si vous regardez bien la suite des nombres proposés par Darwin (ou si vous essayez de mettre en place une modélisation à partir de cette hypothèse), vous pouvez constater que l'on obtient chaque terme comme la somme des trois précédents ; ce principe a ainsi conduit quelques mathématiciens taquins à parler de « suite de Tribonacci », nom forgé pour indiquer cette construction… et la proximité avec la fameuse suite de Fibonacci.

DENSMORE À L'OULIPO

À une table du restaurant parisien Le Vrai Gascon, le 24 novembre 1960, une étrange troupe célèbre la naissance d'un mouvement littéraire : l'« OuLiPo », pour Ouvroir de littérature potentielle. Loin de ne rassembler que des écrivains, cet improbable attelage comporte des scientifiques ; parmi les invités à ce repas fondateur, on trouve ainsi le mathématicien Claude Berge, qui contribue au développement d'outils de dénombrement dans les processus de création du groupe (utiles pour étudier les différentes manières d'écrire en respectant une contrainte). Toutefois, le texte de Berge qui m'a le plus marqué, en dehors de ses travaux académiques, n'est ni un poème ni un manifeste mathématico-littéraire, mais une courte nouvelle policière intitulée « *Qui a tué le duc de Densmore ?* », publiée en 1994 ; celle-ci a de nombreux liens avec la théorie des graphes, dont Claude Berge est spécialiste.

Dans ce texte, l'auteur raconte l'attentat dont a été victime le duc de Densmore, une bombe ayant été placée dans son château ; ses huit ex-femmes, Ann, Betty, Cynthia, Diana, Emily, Felicia, Georgia et Helen, lui ont récemment rendu visite, et l'une d'elles a posé la bombe. On recueille leurs témoignages à la chronologie floue, et chacune affirme être venue une seule fois au château (leurs visites sont telles que deux personnes présentes au même moment se rencontrent nécessairement). A dit y avoir croisé B, C, E, F et G (pas forcément simultanément) ; B dit avoir croisé A, C et H ; C dit avoir croisé A, B, D, E et H ; D dit avoir croisé C et E ; E dit avoir croisé A, C, D et F ; F dit avoir croisé A et E ; G dit avoir croisé A et H ; H dit avoir croisé B, C et G.

En apparence, tous ces témoignages concordent : quand une femme dit en avoir vu une autre, l'autre déclare aussi l'avoir croisée. Pourtant, en y regardant de plus près, on peut montrer qu'il y a quelques incohérences subtiles et même identifier la menteuse. Je ne vais pas gâcher le suspense en donnant la solution, mais vous pouvez commen cer par remarquer qu'il y a un souci avec les déclarations de A, B, G et H : A et H ne se sont pas croisées mais, elles ont vu B et G, qui ne se sont pas vues.

On peut lire la nouvelle de Berge par goût oulipien, mais on peut aussi se servir de l'exemple qu'il a patiemment construit pour illustrer la théorie des graphes, et plus particulièrement la notion de graphe d'intervalles. C'est ainsi que des étudiants se mettent à résoudre une énigme policière alors qu'ils pensaient s'asseoir dans un amphithéâtre pour un cours de recherche opérationnelle ou de complexité algorithmique : comme quoi, en mathématiques aussi, on peut associer l'utile à l'agréable.

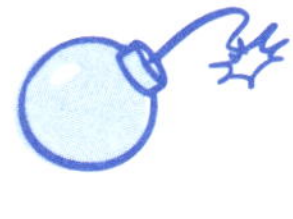

MARTYRES JUMELLES

Née au tournant des IIIe et IVe siècles, Catherine d'Alexandrie est une femme extrêmement savante ayant choisi de se consacrer corps et âme à la foi chrétienne. Pour la mettre à l'épreuve, l'empereur Maxence décide de la confronter à cinquante savants païens ; malheureusement pour lui, la jeune femme les défait et convertit même plusieurs d'entre eux. L'empereur, ne pouvant la vaincre dans le domaine intellectuel, lui propose le mariage et, après son refus, la fait supplicier jusqu'à ce que mort s'ensuive.

Cette légende d'une jeune femme savante à Alexandrie, qui tient tête à des hommes instruits puis connaît le martyre à cause d'un pouvoir inique, rappelle une histoire bien documentée : celle de la mathématicienne et philosophe Hypatie. Cette Alexandrine du IVe siècle est une savante de premier plan, tant en philosophie qu'en mathématiques ou en sciences ; un historien qui lui est contemporain, Socrate le Scolastique, précise vers 439 :

> *« Il y avait à Alexandrie une femme nommée Hypatie, fille du philosophe Théon, qui avait atteint de tels sommets dans les sciences qu'elle surpassait tous les philosophes de son temps. »*

On attribue à Hypatie deux « commentaires » mathématiques (format courant à l'époque pour les documents de science), l'un d'arithmétique autour des travaux de Diophante, l'autre de géométrie autour de ceux d'Apollonius de Perge. Rapidement, son enseignement est recherché, et elle gagne en célébrité et en influence ; ce pouvoir officieux dérange les responsables religieux, et, sous la houlette de l'évêque d'Alexandrie, des membres d'une confrérie chrétienne l'assassinent et démembrent son corps.

Si l'on omet le renversement entre les rôles des chrétiens et des païens, ces deux récits sont fort similaires : les ressemblances entre les vies de Catherine et d'Hypatie sont si frappantes que des historiens ont émis l'hypothèse que la légende de sainte Catherine, dont le plus ancien manuscrit conservé date seulement du VIIIe siècle, serait largement inspirée de la vie d'Hypatie. La première à songer à cette possibilité est la femme de lettres Anna Brownell Jameson en 1848, mais des travaux plus récents, comme ceux de Maria Dzielska, historienne et autrice de la biographie de référence sur Hypatie, argumentent dans ce sens. En tant que profane, difficile de trancher, mais on peut se servir de cette thèse comme prétexte pour célébrer le génie d'Hypatie à chaque Sainte-Catherine, fête qui figure le 25 novembre sur le calendrier catholique.

26 NOVEMBRE

IRRATIONALITÉ DE π

Le Mulhousien Jean-Henri Lambert a établi au XVIIIe siècle que la constante π ne pouvait s'écrire comme le quotient de deux entiers, c'est-à-dire que ce nombre est irrationnel ; sa preuve, pourtant, m'a toujours semblé difficile à comprendre, car elle repose sur une décomposition peu naturelle de la fonction trigonométrique tangente.

Depuis la réussite de Lambert, des mathématiciens ont réexaminé le résultat, tantôt en simplifiant la preuve originelle, tantôt en trouvant des arguments de nature différente ; cette multiplication des regards sur un même théorème est monnaie courante en mathématiques, et elle permet souvent d'avoir une meilleure compréhension du résultat. L'analogie habituelle est celle de l'escalade : pour accéder à un sommet, les grimpeurs déterminent différentes voies, certaines plus faciles, d'autres plus rapides, d'autres enfin plus élégantes ; chemin après chemin, on comprend mieux la montagne.

Pour l'irrationalité de π, Charles Hermite a fourni une nouvelle preuve en 1873 dans une lettre à Karl Wilhelm Borchardt ; Mary Cartwright donne en 1945 une variante dans le même esprit, comme sujet d'examen d'entrée à l'université de Cambridge. Toutefois, ma preuve favorite, due au Canadien Ivan Niven, est soumise au *Bulletin of the American Mathematical Society* le 26 novembre 1946 ; il s'agit probablement de la démonstration la plus courte (moins d'une page) et la plus facile à présenter à des étudiants, dès la terminale ou en première année d'enseignement supérieur.

Le cheminement est celui-ci : on raisonne par l'absurde en supposant que π s'écrit effectivement comme le quotient a / b de deux entiers, puis on cherche à estimer l'intégrale d'une fonction construite à partir de a, de b et de la fonction sinus. Quelques calculs élémentaires amènent à une quantité qui doit à la fois être un entier et se trouver strictement entre 0 et 1 : comme il est impossible de satisfaire ces deux conditions simultanément, on obtient une contradiction, et on en déduit que l'hypothèse de départ est fausse. Le nombre π est donc bien irrationnel !

27 NOVEMBRE

UNE FIN PRÉVISIBLE ?

La révocation de l'édit de Nantes par Louis XIV en 1685 a eu de nombreuses conséquences désastreuses pour le royaume de France : les protestants, n'ayant pour alternative que l'abjuration ou l'exil, vont massivement quitter le territoire national et priver le pays de nombreux talents.

Parmi ces derniers, on trouve par exemple Abraham de Moivre, mathématicien français né à Vitry-le-François. En raison de l'exil, c'est en Angleterre qu'il livre ses plus grands travaux : dès son arrivée, il lit les *Principia* de Newton (l'œuvre maîtresse du savant, exposant notamment la théorie de la gravitation) et devient instantanément un promoteur zélé de la théorie des fluxions qui y est développée (le terme « fluxion » désignant chez Newton ce que nous appelons la dérivation). Les deux savants célibataires avaient d'ailleurs l'habitude de partager de longues discussions philosophiques.

C'est aussi dans les *Philosophical Transactions*, le journal de la Royal Society, que de Moivre publie la formule qui porte son nom pour l'expression de $(\exp(ix))^n$... et c'est chez un éditeur londonien qu'il publie son livre d'étude des probabilités intitulé *The Doctrine of chances or, a Method for calculating the probabilities of events in play*. Dans ce dernier ouvrage, il se penche sur les jeux de hasard, et l'on y trouve pour la première fois l'idée d'un « théorème central limite » : si l'on répète une expérience aléatoire (par exemple, lancer n fois une pièce et compter les Face) un grand nombre de fois, les écarts entre le nombre de Face obtenues et la moyenne théorique (pour une pièce équilibrée, elle est de $n/2$) se distribuent selon une « loi normale », la fameuse courbe en cloche.

Après une vie scientifique riche, mais marquée par cet exil subi et de réelles difficultés matérielles, de Moivre s'éteint le 27 novembre 1754. Une dernière anecdote accompagne son décès : il aurait prévu avec précision le jour de sa mort ! Selon la légende, de Moivre aurait remarqué quelques jours plus tôt que sa durée de sommeil quotidienne augmentait d'un quart d'heure par jour et, effectuant un calcul sur une suite arithmétique, avait prévu la date où son sommeil atteindrait 24 heures par jour. Assimilant cette journée sans réveil à la date de son passage de vie à trépas, il aurait annoncé le jour de sa mort à ses visiteurs.

Difficile de statuer sur la véracité de cette belle histoire, d'autant que l'on prête une prédiction analogue à Jérôme Cardan, mais cela fournit matière à un petit exercice au lycée : on peut croire que cela aurait plu à notre mathématicien haut-marnais devenu, par la force des événements, britannique.

28 NOVEMBRE

MATHÉMATICIENS MINISTRES

Le 28 novembre 1925, Georges Leygues est nommé ministre de la Marine ; il remplace l'Aveyronnais Émile Borel, qui quitte son maroquin après un peu plus de sept mois, sans savoir qu'il ne retrouvera jamais un ministère.

De nombreux mathématiciens sont passés par le poste de ministre, avec plus ou moins de succès. Rien qu'en France, on peut citer, outre Borel :

- Pierre-Simon Laplace, ministre de l'Intérieur pendant un mois en 1799. Napoléon dit de lui :

> *« Laplace ne traitait aucune question d'un bon point de vue : il cherchait des subtilités de partout, il avait seulement des idées problématiques et enfin il portait l'esprit de l'infiniment petit jusque dans l'administration. »*

- Charles Dupin, ministre de la Marine et des Colonies pendant trois jours en 1834 ;
- Paul Painlevé, ministre entre 1915 et 1933 – à l'Instruction publique et aux Beaux-Arts, à la Guerre, à l'Air et aux Finances. Il est en outre à trois reprises chef du gouvernement.

Toutefois, la France n'est pas le seul pays où les mathématiciens viennent à s'occuper des affaires publiques. Voici quelques exemples :

- Keith Mitchell (Grenade) : Premier ministre de Grenade pendant près de vingt-deux ans entre 1995 et 2022 ;
- Luigi Federico Menabrea (Italie) : connu comme auteur de la notice sur la machine de Babbage (l'une des premières machines à calculer), son texte étant traduit en anglais par Ada Lovelace, la grande pionnière de la programmation informatique, il est aussi président du Conseil (la plus haute fonction politique italienne) de 1867 à 1869 ;
- Luigi Cremona (Italie), ministre de l'Éducation en 1898 ;
- George Saitoti (Kenya), qui dirigea plusieurs ministères entre 1988 et 2002 : des Finances à l'Éducation en passant par la Sécurité intérieure ;
- 'Mamphono Khaketla (Lesotho), ministre des Finances de 2015 à 2017 ; sa thèse, soutenue en 1991, porte sur l'enseignement des mathématiques au Lesotho ;
- Jan Łukasiewicz (Pologne), ministre de l'Instruction publique en 1919 ;
- Spiru Haret (Roumanie), tour à tour ministre de l'Intérieur et de l'Instruction publique entre 1897 et 1910.

On remarque une préférence pour les ministères de l'Éducation et de la Recherche, mais aussi, plus étonnamment, pour les Finances : est-ce pour s'assurer que le ministre sache calculer ?

29 NOVEMBRE

POLYMATH

D'après les dictionnaires, un individu est dit polymathe lorsqu'il possède un savoir étendu, voire encyclopédique, dans différents domaines culturels, scientifiques et artistiques. Parmi les polymathes les plus célèbres, on cite régulièrement des savants de la Renaissance comme Léonard de Vinci ou Jean Pic de la Mirandole.

Pour les mathématiques contemporaines, le mot évoque plutôt le pseudonyme figurant sur une dizaine d'articles de recherche publiés depuis 2009 : D.H.J. Polymath ; plus qu'une référence aux érudits cités plus haut, il indique que les articles sont écrits par « plusieurs mathématiciens » qui choisissent délibérément de se fondre dans un collectif. On trouve l'origine de cette étrange collaboration dans un post de Tim Gowers publié sur son blog en janvier 2009 :

> *« Les mathématiques massivement collaboratives sont-elles possibles ? Bien sûr, pourrait-on dire, il existe certains types de problèmes qui se prêtent à des collaborations massives. [...]*
> *Mais ma question est différente. Qu'en est-il de la résolution d'un problème qui ne se divise pas naturellement en un grand nombre de sous-tâches ? Ces problèmes sont-ils mieux traités par n personnes pour un n appartenant à l'ensemble {1, 2, 3} ? »*

La question posée est ici purement rhétorique : Gowers est convaincu que l'on gagne à travailler différemment, à collaborer d'une manière plus vaste, libérée des questions d'ego et des contraintes habituelles. À sa suite, le projet Polymath naît sous le format d'un wiki ou d'un forum où chaque participant, indépendamment de son statut et de la reconnaissance dont il jouit, peut lire ce que les autres ont déjà obtenu et apporter sa contribution personnelle ou ses commentaires (en suivant quelques règles simples de fonctionnement).

En pratique, sur le site dédié, on trouve le détail des sujets sur lesquels se concentre l'attention du collectif (dont le théorème de densité de Hales et Jewett, soit « Density Hales-Jewett », qui explique les initiales du « prénom » dans le pseudonyme). La fécondité du travail collectif a dépassé les attentes, allant de théorèmes fondamentaux en combinatoire ou d'améliorations portées à des travaux récents (sur la répartition des nombres premiers parmi les nombres entiers) jusqu'à des questions un tantinet plus anecdotiques – comme dans un article, daté du 29 novembre 2022, où l'on se donne trois dés, dont les nombres inscrits sur les faces sont choisis au hasard parmi un ensemble d'entiers, pour considérer les situations où l'un donne en moyenne un résultat plus grand qu'un autre. Le résultat peut sembler un peu anodin en lui-même, mais il est un joli témoignage de ce à quoi peut amener l'entraide de mathématiciens sur le Web !

30 NOVEMBRE

MYSTÉRIEUX CASANDRO

En 1738 à Saragosse, Casandro Mamés de La Marca y Araioa publie le *Tyrocinio aritmético*, un manuel de mathématiques à destination des élèves et de leurs enseignants ; on y trouve toutes les règles de manipulation des opérations usuelles, pour des enfants qui se destinent à des professions où les mathématiques sont utiles, notamment les enfants de commerçants.

Même si la présentation est concise, réfléchie et très didactique, le contenu n'est pas bien original pour cette époque en Espagne : rien que dans la région d'Aragon, on dénombre sept livres d'arithmétique élémentaire publiés entre 1679 et 1731, dont les auteurs sont Clemente Juste y Salcedo, Diego Bueno (à deux reprises), Juan Pérez de Moya, Martín de Ezpeleta, Francisco Javier García (à deux reprises) et Gerónimo Cortés.

Si le *Tyrocinio aritmético* est devenu bien plus célèbre que tous ces ouvrages, c'est tout simplement car son auteur n'existe pas ! Le brave Casandro n'est qu'un paravent qui dissimule une autrice : Maria Andresa Casamayor de La Coma. Remarquez que le pseudonyme cache mal notre mathématicienne : vous pouvez aisément vérifier qu'il s'agit d'une anagramme parfaite de son nom complet.

Maria est née le 30 novembre 1720 (le jour de la Saint-André, d'où provient son deuxième prénom). Elle a vraisemblablement reçu une éducation à domicile, puis beaucoup échangé avec l'érudit frère dominicain Pedro Martínez, à la fois collaborateur et ami, qui donne son approbation au *Tyrocinio aritmético*. Ensuite, notre mathématicienne entreprend un autre ouvrage, *El para sí solo*, où elle détaille des opérations plus délicates comme l'extraction de racines à l'aide de tables de nombres – ce qui semble indiquer qu'elle serait l'une des premières en Espagne à utiliser les logarithmes. La prudence de cette dernière phrase vient du fait que ce second livre, plus intéressant que le premier, est perdu : il n'a jamais été imprimé, et le manuscrit, commenté à la fin du XVIIIe siècle, a depuis disparu (définitivement ?).

On ne saura jamais toute l'étendue du savoir mathématique de Maria / Casandro, d'autant qu'à la suite de la mort de son père et de Pedro Martínez, elle perd tout soutien financier et moral. Elle fait le choix, audacieux pour l'époque, de rester seule et d'obtenir son indépendance financière en devenant institutrice dans une école de jeunes filles… et en abandonnant des projets mathématiques plus ambitieux.

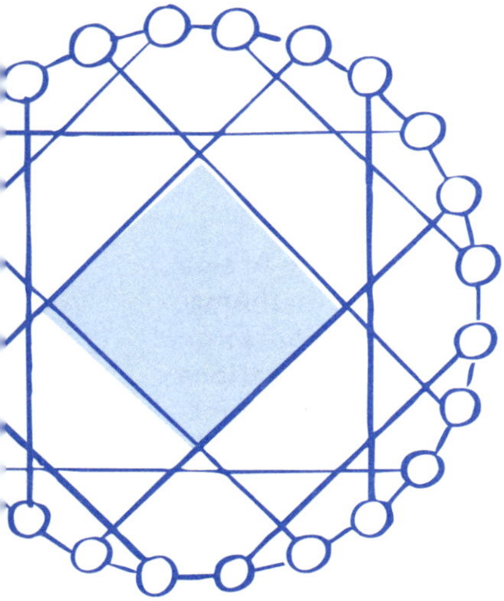

DÉCEMBRE

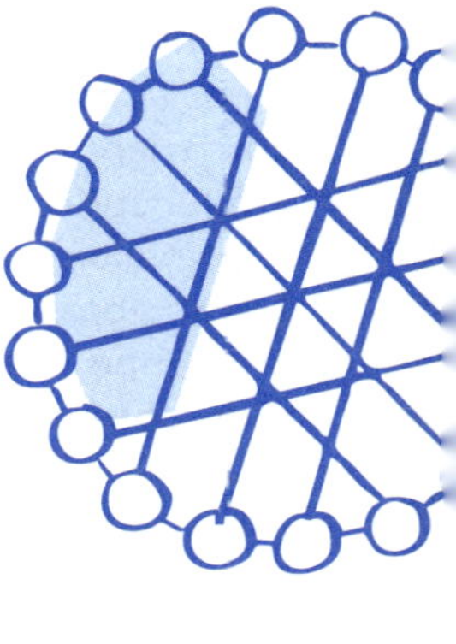

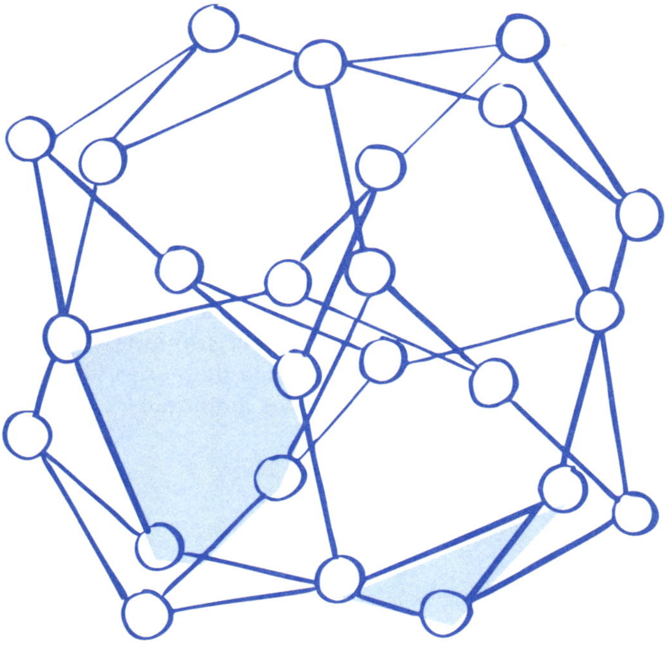

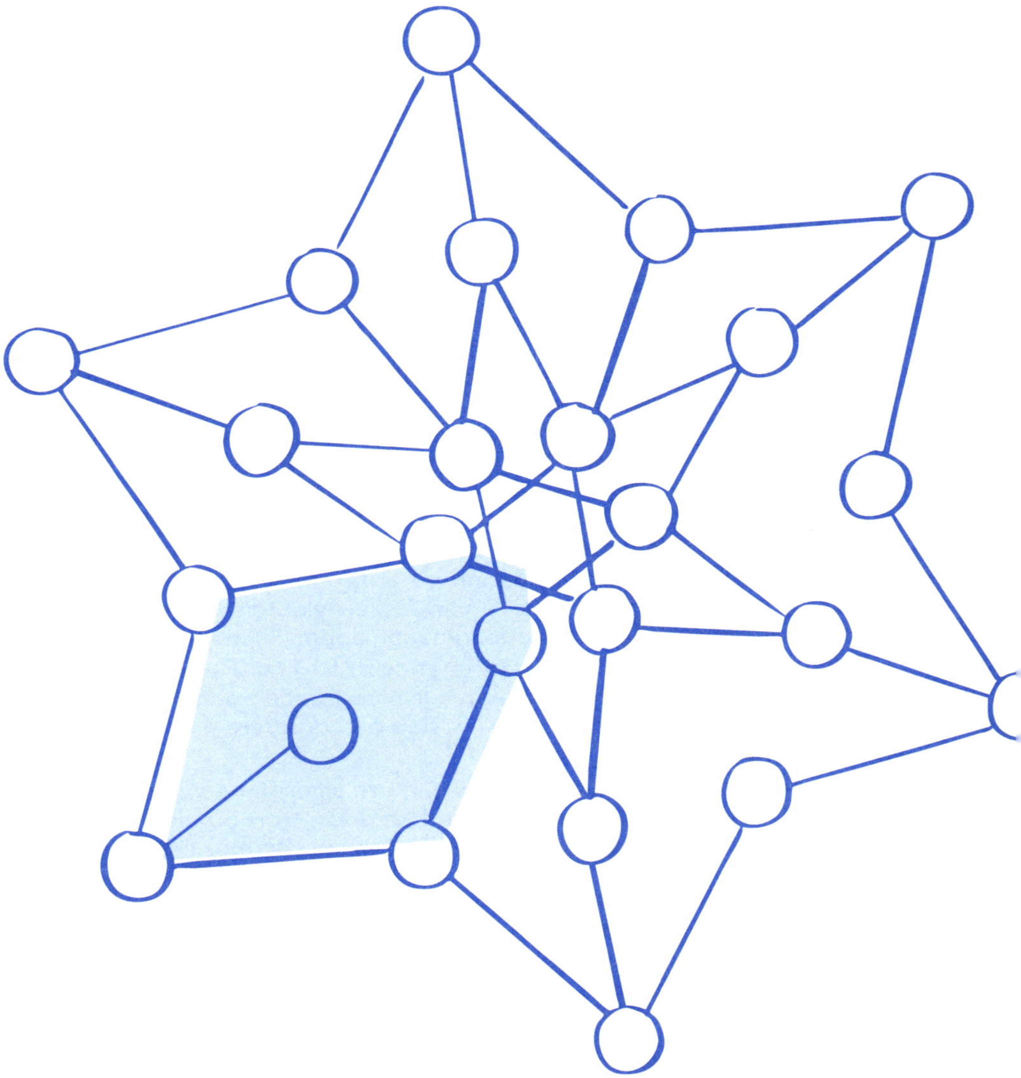

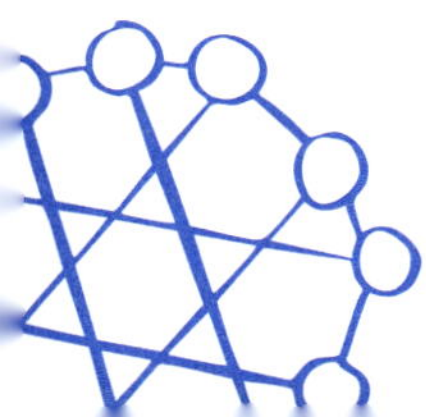

1ER DÉCEMBRE

335 / 336

Le 1er décembre est le 335e jour de l'année, sauf si elle est bissextile, auquel cas c'est le 336e. Cette remarque anodine me rappelle un travail de James Joseph Sylvester en 1880 (« *On a point in the theory of vulgar fractions* »), où les nombres 335 et 336 apparaissent.

Pour expliquer cet article, faisons tout d'abord un détour par l'Antiquité : d'après les inscriptions sur d'anciens papyrus, les historiens ont compris que, pour la représentation des nombres et leur manipulation, les savants de l'Égypte ancienne n'utilisaient que des fractions à numérateur 1 comme 1 / 2, 1 / 3, 1 / 4... et non toutes les possibilités que les fractions offrent, comme 17 / 29, par exemple. Cette règle connaît quelques exceptions notables (comme 2 / 3) mais est globalement bien documentée – en revanche, on ne sait pas comment les Égyptiens décomposaient une quantité rationnelle comme somme de telles fractions distinctes. Il est facile de vérifier que 17 / 29 = 1 / 2 + 1 / 12 + 1 / 348, mais comment obtient-on une telle écriture ?

Au fil des siècles, les mathématiciens ont proposé différentes méthodes pour obtenir cette décomposition (sans forcément chercher celle qui aurait été utilisée par les Égyptiens) ; par exemple, au XIIIe siècle, Fibonacci suggère une méthode composite traitant dans un premier temps du cas de fractions d'une forme particulière, avant de proposer en désespoir de cause un algorithme « glouton ». Celui-ci est facile à expliquer : pour décomposer une fraction a / b, on commence par considérer la plus grande fraction de la forme $1 / n$ qui est inférieure à notre fraction (c'est ici que le caractère « glouton » se manifeste : à chaque étape, on cherche l'approximation optimale), puis on cherche de même la décomposition de la différence $a / b - 1 / n$. Par exemple, pour décomposer 4 / 9, on remarque que la plus grande fraction de la forme souhaitée inférieure à 4 / 9 est 1 / 3, puis on considère 4 / 9 – 1 / 3 = 1 / 9 et on conclut que 4 / 9 = 1 / 3 + 1 / 9.

Dans cet exemple, on a de la chance, notre algorithme s'achève en une étape. Dans d'autres exemples, il en faut deux, trois ou bien davantage – mais on ne sait pas a priori si le processus s'arrête, même si on le constate sur nos différents essais. En 1880, Sylvester (qui ne connaît pas les travaux de Fibonacci) considère à son tour l'algorithme glouton pour la décomposition et l'explique sur l'exemple

335 / 336 = 1 / 2 + 1 / 3 + 1 / 7 + 1 / 48

Ensuite, il démontre que, pour toute fraction, cet algorithme termine en un nombre fini d'étapes – justifiant ainsi d'un point de vue théorique que la méthode est correcte. Au passage, Sylvester traite aussi d'une autre fraction, 4 699 / 7 320 : sauriez-vous la décomposer avec cet algorithme ?

(La décomposition de 4 699 / 7 320 est 1 / 2 + 1 / 8 + 1 / 60 + 1 / 3 660)

LE CARTOGRAPHE DES LOXODROMES

Le 2 décembre 1940 se clôt l'« Exposition du monde portugais », dans le quartier de Belém à Lisbonne ; cette exaltation de l'histoire du Portugal et de son passé colonial n'est pas de très bon goût, alors que la dictature de Salazar se renforce ; en pleine guerre mondiale, elle peine aussi à attirer des visiteurs d'autres pays. Peu après l'événement, on démonte sans scrupule les bâtiments qui avaient été construits pour l'occasion.

En 1960, on décide pourtant de reconstruire le *Padrão dos Descobrimentos* (que l'on traduit sommairement par « monument aux découvertes ») : il trône aujourd'hui encore sur les rives du Tage, à proximité du monastère des Hiéronymites et de la tour de Belém. S'il n'a pas la majesté de ces deux-là, il présente un avantage indéniable pour moi, car il permet de parler d'un célèbre mathématicien portugais du XVIe siècle : Pedro Nunes. Sur cette grande caravelle de pierre, le mathématicien se trouve en cinquième position derrière le roi Ferdinand de Portugal sur le côté ouest, tenant une sphère armillaire – à la fois symbole national et outil astronomique.

Si Nunes figure sur ce monument au milieu des rois et des explorateurs, c'est essentiellement pour son travail de cartographie appliquée aux questions de navigation marine (qui précède et annonce Gerardus Mercator et la projection qui porte son nom, une manière de représenter le globe sur un plan). L'un des résultats de Nunes surprend d'ailleurs encore, parce que contre-intuitif : il s'agit de la description des courbes qu'il baptise loxodromes. Pour le dire rapidement, imaginons un bateau qui tiendrait un cap fixe, c'est-à-dire tel que sa trajectoire fasse à tout instant le même angle avec les méridiens croisés ; si le bateau est sur l'équateur et qu'il maintient un angle de 90° avec les méridiens, il reste sur l'équateur (jusqu'au moment où il rencontrera la terre ferme, bien entendu). Mais que se passe-t-il s'il maintient un autre cap ?

On pourrait s'attendre dans ce cas à ce que le bateau avance le long d'un « grand cercle », c'est-à-dire un cercle dessiné sur la sphère terrestre et le centre de la Terre (donc forcément de même rayon) ; au milieu du XVIe siècle, Nunes établit qu'il n'en est rien, et que la trajectoire correspond davantage à une (portion de) spirale que, malheureusement, il ne peut complètement caractériser, car les logarithmes n'ont pas encore été inventés. Ce genre d'exploit intellectuel justifie pleinement sa présence sur le monument lisboète – aux côtés du poète Luís de Camões ou des explorateurs Vasco de Gama et Fernand de Magellan.

3 DÉCEMBRE

RETROUVER L'AUTEUR DANS MA VIE

Le groupe britannique des Beatles a composé cent quatre-vingt-huit chansons originales (sans compter les variantes), réparties sur treize albums studio ; la plupart sont créditées Lennon-McCartney, même quand les rôles dans l'écriture des paroles ou la composition musicale n'étaient pas partagés équitablement. À vrai dire, avec le temps, chacune des deux stars a plus expressément revendiqué la part qui lui revenait sans grand désaccord ; il ne reste que deux titres « disputés », « Eleanor Rigby » et « In My Life ». Le mystère sur le second, présent sur l'album *Rubber Soul*, sorti le 3 décembre 1965, a été en partie levé par une équipe de statisticiens lors de travaux présentés en 2018.

Personne ne conteste vraiment que les paroles soient de John Lennon (comme personne ne conteste qu'*Eleanor Rigby* est écrite par Paul McCartney), mais la situation se complique pour la musique. John affirme qu'il a tout composé, et que le rôle de Paul s'est limité à l'harmonie et à un passage de transition – le « pont » – au milieu de la chanson. Les mathématiciens Mark Glickman, Jason Brown et Ryan Song ont voulu tester cette affirmation.

La première étape a été d'obtenir une « signature » statistique de chacun des deux compositeurs à partir des chansons clairement attribuées : les chercheurs ont découpé les musiques en courts morceaux qui servent de base à la composition et estimé la probabilité d'enchaîner ces briques élémentaires chez l'un ou chez l'autre ; ensuite, ils ont développé un modèle de prédiction basé sur « une sélection de variables suivie d'une régression logistique avec une régularisation élastique nette ». En termes moins savants, ils ont développé une intelligence artificielle pour identifier si la succession de notes d'une partie de la chanson ressemblait aux habitudes de composition de Lennon ou à celles de McCartney.

Finalement, l'équipe a trouvé que la probabilité que McCartney ait écrit le couplet est seulement de 0,189, contre 0,435 pour le pont (avec une grande marge d'erreur pour cette dernière estimation) ; bref, la version de John Lennon sur la conception de la musique est soutenue par cette analyse. C'est sûrement pour cela que le site de référence des Beatles indique :

> *« "In My Life" est une chanson des Beatles écrite par John Lennon (créditée à Lennon-McCartney). Lennon est à l'origine de la chanson, et si Paul McCartney a contribué à la version finale, l'étendue de sa contribution est contestée. »*

4 DÉCEMBRE

PROFESSEUR DES OUVRIERS

Professeur des ouvriers : le surnom est original, et l'on est en général surpris de savoir qu'il est attribué au mathématicien Charles Dupin, un riche bourgeois qui a laissé, sous la Restauration, la IIe République puis le Second Empire, le souvenir d'un homme politique conservateur. Lors de manifestations, les ouvriers sauront d'ailleurs lui rappeler qu'il n'est pas vraiment leur « ami ». Alors, pourquoi ce surnom ?

Dupin est le premier professeur de mathématiques du Conservatoire (royal à l'époque) des Arts et Métiers ; il y enseigne la géométrie et la mécanique, avec pour objectif que des travailleurs puissent se saisir de la science pour « perfectionner l'industrie nationale ». Lors de la séance inaugurale de son cours, le dimanche 4 décembre 1825, il établit des correspondances entre celui-ci et les pratiques des différents corps de métiers ; son ambition apparaît encore plus clairement dans l'adresse « *Aux ouvriers français* » qui ouvre le livre reprenant le contenu de son cours :

> *« Je vous consacre l'ouvrage qui m'a fait le plus de plaisir à composer. Je vous offre les leçons que j'ai professées à beaucoup d'entre vous ; ils en ont retiré quelque fruit. Puisse un fruit pareil, et plus grand encore, s'étendre à vous tous, d'un bout à l'autre de notre chère patrie. »*

Passons sur le ton un peu paternaliste et regardons le sommaire de ce livre : d'abord les lignes et les courbes, puis les surfaces avec les questions d'aires et de courbures, l'analyse de surfaces particulières (coniques, de révolution, développables...), la détermination de leurs intersections ou de leurs plans tangents. Ce programme géométrique ambitieux se veut à la fois théoriquement irréprochable et d'utilité pratique quasi immédiate.

Ainsi, au fil des leçons, Dupin propose d'étudier la « construction des escaliers pour déterminer les faces de joint des marches », de chercher les méthodes de « polissage des glaces » et de construction du « serpentin de l'alambic », d'analyser le « travail des tonneaux », les « moulures poussées par le menuisier » ou la « suspension des carrosses à des courroies planes ». Ces quelques exemples montrent que, même s'il était politiquement éloigné du parti des ouvriers, Dupin n'oubliait pas l'importance de l'éducation populaire pour les travailleurs, et la nécessité de savoirs mathématiques pour les métiers manuels.

LE PROBLÈME DE BÂLE

Le problème dit « de Bâle » est une question mathématique qui a été conçue à Bologne et résolue à Saint-Pétersbourg ; on peut donc légitimement discuter la pertinence de l'appellation ; pourtant, personne ne la remet vraiment en cause. Explorons !

Tout commence avec Pietro Mengoli (1626-1686), un mathématicien bolognais ; ce dernier établit vers 1650 que la somme des inverses des entiers n'est pas majorée : si vous vous fixez une valeur A, vous êtes assuré de la dépasser en ajoutant 1 (= 1 / 1), 1 / 2, 1 / 3, 1 / 4... et ainsi de suite. Cela n'a rien d'évident a priori, car la somme des inverses des entiers grandit lentement : pour la somme des 100 premiers termes, vous obtenez approximativement 5,187 ; pour 1 000 termes, 7,485 ; pour un million de termes, 14,393... Mengoli ne s'arrête pas à ce résultat : il s'interroge sur la somme des inverses des carrés des entiers (soit 1 + 1 / 4 + 1 / 9 + 1 / 16 +...), qui croît encore plus lentement.

Les mathématiciens bâlois, notamment la célèbre famille Bernoulli et Leonhard Euler, vont se pencher sur la question. Jacques Bernoulli montre le premier que, contrairement à la somme étudiée par Mengoli, celle-ci est finie, et que la somme de tous les termes est inférieure à 2. Daniel Bernoulli prétend sans preuve qu'elle vaudrait 8 / 5, soit 1,6 ; Goldbach vérifie plutôt que la somme est entre 1,64 et 1,666. Bref, on comprend un peu la situation, mais on ne parvient pas à calculer la valeur de la somme... jusqu'au 5 décembre 1735.

Ce jour-là, à l'Académie de Saint-Pétersbourg, Euler présente son travail « *De summis serierum reciprocarum* » (« Sur la somme des séries de réciproques »), dans lequel il établit que la somme totale vaut $\pi^2 / 6$; coup de tonnerre dans la communauté mathématique, et célébrité immédiate pour ce jeune Bâlois exilé en Russie. Euler n'est toutefois pas satisfait de sa preuve, certains passages par des produits infinis semblant peu rigoureux ; alors il revient à plusieurs reprises sur ce travail – en 1741, 1743, 1755. Il faudra pourtant attendre des développements de l'analyse au XIXe siècle pour rendre entièrement rigoureux ses géniaux arguments.

La démarche d'Euler permet également de comprendre la somme des inverses des puissances quatrièmes des entiers, des puissances sixièmes... et plus généralement des puissances d'exposant pair. Pour la somme de l'inverse des cubes, le mystère reste entier : on ne connaît toujours pas sa valeur, mais on sait, depuis 1978 et des travaux de Roger Apéry, que la somme ne peut s'écrire comme un quotient d'entiers. C'est déjà ça !

LA TORTUE HEXAGONALE

Le 6 décembre 1715 s'éteint le mathématicien coréen Choi Seok-jeong. Son livre *Gusuryak*, publié en 1700, fournit notamment une étude de « carrés latins », même si le nom n'était évidemment pas celui-là dans la péninsule de Corée ; ces tableaux de nombres sont des carrés de taille n (soit n lignes et n colonnes) où chaque case comporte un entier entre 1 et n, de sorte que chaque ligne comporte une (et une seule) fois chaque entier, et que chaque colonne comporte une (et une seule) fois chaque entier.

Insigne exploit, Choi est parvenu à exhiber un carré latin de taille 9 « orthogonal » : dans chaque case, il y a deux entiers, et on dispose de la propriété de carré latin aussi bien en ne regardant que les premiers nombres qu'en ne considérant que les seconds. De plus, tous les couples d'entiers apparaissent dans le tableau. Voici sa version traduite en chiffres arabes :

5,1	6,3	4,2	8,7	9,9	7,8	2,4	3,6	1,5
4,3	5,2	6,1	7,9	8,8	9,7	1,6	2,5	3,4
6,2	4,1	5,3	9,8	7,7	8,9	3,5	1,4	2,6
2,7	3,9	1,8	5,4	6,6	4,5	8,1	9,3	7,2
1,9	2,8	3,7	4,6	5,5	6,4	7,3	8,2	9,1
3,8	1,7	2,9	6,5	4,4	5,6	9,2	7,1	8,3
8,4	9,6	7,5	2,1	3,3	1,2	5,7	6,9	4,8
7,6	8,5	9,4	1,3	2,2	3,1	4,9	5,8	6,7
9,5	7,4	8,6	3,2	1,1	2,3	6,8	4,7	5,9

Ce beau résultat n'est toutefois pas le plus célèbre problème du *Gusuryak* : c'est plutôt celui dit de la tortue hexagonale (ou 지수귀문도 dans la langue originale). On considère neuf hexagones réguliers, disposés de façon à vaguement ressembler à une tortue – trois accolés horizontalement, deux juste au-dessus et deux juste en dessous, et, enfin, un tout en haut ou tout en bas :

Au total, on dénombre trente sommets (dont certains partagés par trois hexagones) et il s'agit d'y placer les entiers 1 à 30, chacun une seule fois, de sorte que, pour chaque hexagone, la somme des entiers inscrits sur ses six sommets fasse 93. Trois siècles plus tard, il s'agit toujours d'un joli casse-tête !

Après publication de ce livre, Choi Seok-jeong a occupé à trois reprises le rôle de *Yeonguijeong*, l'équivalent de notre Premier ministre : il a ainsi pu se frotter à d'autres problèmes, sans doute plus compliqués encore !

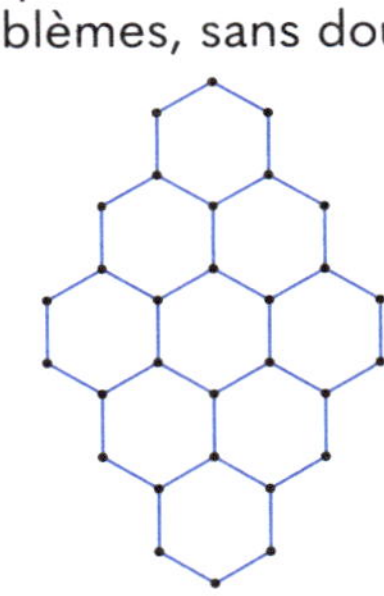

7 DÉCEMBRE

EN FORME DE YOURTE

Le 7 décembre 2013 s'achève la huitième session du comité intergouvernemental de l'Unesco pour le patrimoine culturel intangible ; parmi ses décisions, on trouve le classement sur la liste représentative du patrimoine de l'humanité du ger mongol, de son artisanat et des coutumes associées. La délibération précise :

> *« Le ger est une structure ronde composée de murs, de perches et d'un plafond rond recouverts de toile et de feutre et fixés à l'aide de cordes. Il est assez léger pour être transporté par les nomades, assez souple pour être plié et emballé, assez solide pour être régulièrement monté et démonté. »*

Même si vous n'avez jamais parcouru les steppes de Mongolie, vous avez sûrement une vague idée de ce qu'est un ger, ou plutôt une yourte, pour reprendre le nom courant de cette tente typique d'Asie centrale : cette habitation est faite d'une pièce centrale circulaire couverte d'un toit conique. L'Unesco insiste ainsi sur la forme typique, aisément reconnaissable : si, vue du dessus, cette tente apparaît comme un disque, de côté, on voit plutôt un rectangle surmonté d'un triangle.

Les spécialistes de théorie des graphes sont habitués à manipuler des graphes avec des formes spécifiques et à leur donner des noms imagés : roue, étoile, échelle, feu d'artifice, papillon… On convoque tout un imagier pour décrire simplement la forme de ceux dont on discute. Parmi ces appellations plus ou moins rigoureuses et plus ou moins répandues, on est convenu, depuis les années 1980 et les contributions de Sin-Min Lee, de dire de certains graphes qu'ils sont « en forme de tente mongole ». Ceux-là sont obtenus en partant d'une grille de hauteur m et de largeur $2n + 1$, puis en ajoutant un sommet supplémentaire au-dessus du graphe, et en joignant certains sommets de la rangée supérieure à celui-ci. Comme vous pouvez le voir sur le schéma ci-dessous, on retrouve vaguement la forme du ger mongol :

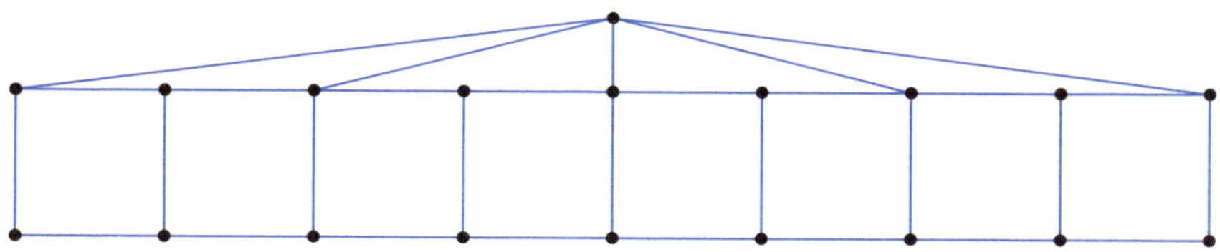

En revanche, il y a un point sur lequel l'Unesco et les mathématiques s'accordent : le ger mongol, comme les graphes en forme de tente mongole, sont gracieux – même si cela n'a pas le même sens dans les deux cas !

LE *BEST THEOREM*

Le 8 décembre 1931, la mathématicienne hollandaise Tatiana Ehrenfest soutient une thèse de géométrie à l'université de Leyde, sous la direction de Willem van der Woude. En tant que fille des scientifiques Paul Ehrenfest et Tatiana Afanassieva, épouse Ehrenfest, la jeune Tatiana connaît depuis longtemps les codes du milieu ; toutefois, elle choisit de ne pas mener une carrière académique, au sens où elle n'occupe pas de poste universitaire et n'écrit que cinq articles dans sa vie, certains longtemps après la soutenance de sa thèse.

Le plus célèbre de ces travaux est publié en 1951 avec Nicolaas Govert de Bruijn : intitulé « *Circuits and trees in oriented linear graphs* », il résout un difficile problème de dénombrement. Celui-ci a une longue histoire, remontant à 1736 : cette année-là, Leonhard Euler détermine sous quelles conditions un graphe (un ensemble de points et de connexions entre ceux-ci) admet un circuit passant par chaque sommet une et une seule fois. Reprenant ce travail, Ehrenfest et de Bruijn déterminent le nombre exact de tels circuits quand ils existent et explicitent la formule donnant ce nombre.

À la fin de l'article, avant les références bibliographiques, on trouve une petite note ajoutée lors de la relecture des épreuves avant publication, qui mentionne un article de Cedric Smith et William Tutte datant de 1941 : ce travail plus ancien aboutit à la même formule, mais seulement dans un cas particulier. Ehrenfest et de Bruijn n'avaient pas connaissance de ce résultat préliminaire lors de leur propre recherche, mais le mentionnent par souci d'honnêteté.

Grâce à cette inhabituelle conjonction de quatre auteurs, ce théorème de dénombrement est devenu le « meilleur théorème » ou, tout au moins, le « théorème BEST », avec les initiales des quatre mathématiciens : de Bruijn, Ehrenfest, Smith et Tutte. Notons que, pour arriver à ce jeu de mots, les gens se sont un peu arrangés avec la vérité : en effet, depuis son mariage avec le chirurgien van Aardenne, Tatiana ajoute le nom de son mari quand elle signe un article, donc son initiale n'est a priori pas un E : même si logiquement plus correct, l'appellation « théorème BEAST » n'aurait peut-être pas connu le même succès.

9 DÉCEMBRE

L'EXCENTRIQUE OLIVER BYRNE

Le 9 décembre 1880, une pneumonie emporte Oliver Byrne à soixante-dix ans. Ceux qui le connaissent se souviendront plus tard d'un mathématicien pour le moins atypique, à la carrière éclectique.

Né en Irlande, Byrne suit initialement une formation d'ingénieur à l'université de Dublin ; il écrit plus d'une vingtaine de livres, la plupart à visée pédagogique pour de jeunes étudiants ou pour des utilisateurs pratiquant les mathématiques appliquées au commerce, à la mécanique ou aux différents arts de l'ingénieur. Plus surprenant, on trouve dans sa bibliographie un livre de théologie intitulé *La croyance de saint Athanase établie par un parallèle mathématique* : dans cette brochure, il croit pouvoir établir des propriétés de la Trinité en partant de manipulations mathématiques sur les quantités infinies. Autant dire que le projet éditorial est naïf, et que sa réception a été plutôt mitigée, tant du côté du clergé que de celui de ses pairs…

Au milieu de tous ces textes oubliables se trouve toutefois un bijou : en 1847, Byrne entreprend de rééditer les six premiers livres des *Éléments* d'Euclide, alors largement utilisés pour le premier apprentissage de la géométrie. Il adopte un point de vue révolutionnaire en remplaçant les lettres et signes mathématiques par des symboles colorés ; par exemple, le texte substitue les mentions d'un angle θ par le dessin d'un secteur angulaire rouge, aussi bien dans la proposition que sur la figure géométrique. Le but est simple : permettre un accès plus facile au contenu mathématique. Ainsi qu'il l'affirme dans l'introduction :

> *« Les sons qui s'adressent à l'oreille se perdent et meurent*
> *En une courte heure, mais ceux qui frappent l'œil*
> *Vivent longtemps dans l'esprit, la vue fidèle*
> *Grave la connaissance d'un rayon de lumière. »*

Malheureusement pour lui, la démarche n'a guère convaincu les enseignants, et le livre n'a jamais été utilisé comme envisagé ; en revanche, les bibliophiles se l'arrachent toujours (d'autant que le travail du premier éditeur, Charles Whittingham, est particulièrement réussi). On en trouve même au XXIe siècle une version numérique, interactive et très soignée. Conçue par Nicholas Rougeux, elle permet d'en apprécier la qualité mathématique, pédagogique et… typographique !

10 DÉCEMBRE

DES ENDIVES BRAISÉES POUR BOURBAKI ?

Selon Liliane Beaulieu, historienne des mathématiques, le café Capoulade (Paris V^{e}) proposait pour le déjeuner du 10 décembre 1934 de la soupe aux choux et de la viande grillée avec, au choix, endives braisées ou pommes de terre soufflées... Si elle s'intéresse à ce repas en particulier, c'est parce que quelques jeunes mathématiciens talentueux, de passage à Paris pour un séminaire, s'attablent ce jour-là dans ce café auvergnat du boulevard Saint-Michel.

On ne saura jamais si Henri Cartan, Claude Chevalley, Jean Delsarte, Jean Dieudonné, René de Possel et André Weil ont effectivement mangé des endives braisées... mais on est sûr qu'il y avait quelque chose de bien plus roboratif à leur menu : le projet un peu fou d'écrire collectivement un cours d'analyse adapté à leurs enseignements de licence, un livre dont la modernité rendrait obsolètes les volumes existants. Dans l'enthousiasme du moment, il est même envisagé de s'y mettre rapidement et de fournir le millier de pages requis dans les six mois.

Une année plus tard, après quelques autres déjeuners chez Capoulade et un congrès dans le Puy-de-Dôme, le livre n'est pas du tout prêt ; le projet ne cesse d'évoluer, de gagner en ambition ; on annonce désormais le plus grand traité depuis deux mille ans : les *Éléments de mathématique*. Il ne s'agit plus seulement d'écrire un manuel pour le certificat de calcul différentiel et intégral, mais de fournir un état des lieux des mathématiques de l'époque, avec une présentation axiomatique rigoureuse. On envisage désormais de donner tout à la fois les bases de la théorie des ensembles, de l'algèbre, de la topologie générale, de l'analyse réelle, des espaces vectoriels topologiques et de l'intégration...

Le groupe accueille de nouveaux membres et se forge une identité derrière un pseudonyme qui passe à la postérité : N. Bourbaki. Avec l'humour potache propre à ce groupe, la règle entretenant le secret autour de ses membres ou les modalités de rédaction si exigeantes, les légendes ont parfois occulté le gigantesque travail fourni autour du livre... qui est au demeurant toujours en cours d'écriture !

11 DÉCEMBRE

L'ENCYCLOPÉDIE DES SUITES D'ENTIERS

En décembre 1973, Neil Sloane, chercheur aux Bell Labs, publie un ouvrage atypique intitulé *A Handbook of Integer Sequences*, soit « un manuel des suites d'entiers » dans la langue de Molière. Ce livre rassemble des données collectées pendant près de dix ans : 2 372 suites de nombres entiers qui apparaissent dans des travaux scientifiques, avec toutes les références et commentaires les concernant. L'objectif avoué de la publication est de servir de référence, à la manière des ouvrages de chimie qui rassemblaient alors toutes les molécules étudiées ; le but inavoué, lui, est de satisfaire le plaisir de tous les gens qui s'amusent à deviner le terme suivant d'une suite dans un test logique.

C'est d'ailleurs sous cet angle que Sloane fait la promotion de son ouvrage, en écrivant à des correspondants à travers le monde : il leur propose un certain nombre de suites finies en demandant le terme suivant (et en expliquant que son livre permet de répondre rapidement à cette question). Par exemple, il propose de compléter la suite bien connue

1, 3, 6, 10, 15, 21, 28

Un peu plus loin, il suggère cette suite, très difficile à comprendre pour les non-anglophones

1, 21, 21 000, 101, 121, 1 101, 1 121, 21 121

ou la très mathématique

4, 6, 9, 10, 14, 15, 21, 22, 25, 26

Dans son courrier promotionnel, Sloane ne donne pas les solutions à ces énigmes. Aujourd'hui, il m'est très facile de trouver les réponses en quelques clics, puisque, après une réédition très complétée, le livre a été transposé en une encyclopédie en ligne : *On-Line Encyclopedia of Integer Sequences*, ou OEIS pour les habitués. Sur ce site qui répertorie maintenant près de 400 000 suites, on tape les premiers termes, et le moteur de recherche nous fournit instantanément toutes les suites de la base de données qui les comportent. C'est un outil fantastique pour tester des conjectures à partir de calculs sur les premiers termes, et plus d'un article de recherche a trouvé dans OEIS l'intuition de ses résultats (qu'il fallait ensuite démontrer).

Pour revenir aux trois suites citées plus haut, les nombres qui suivent ceux donnés sont respectivement : 36, 101 101, 33 – et les suites proposées sont la suite des nombres dits triangulaires, la suite des plus petits nombres qui se disent avec n mots en anglais, et la suite croissante des nombres qui s'écrivent comme produit de deux nombres premiers. En tant qu'auteur d'un almanach, je me dois de vous en laisser une autre, ci-dessous. Saurez-vous retrouver la manière dont elle est construite ?

5, 6, 7, 11, 12, 17, 18, 22, 23, 28, 29, 33, 34

12 DÉCEMBRE

LE PROFESSEUR MORIARTY

En décembre 1893 paraît dans le mensuel britannique *Strand Magazine* une nouvelle aventure de Sherlock Holmes. Titrée *The Final Problem*, cette nouvelle est marquante pour deux raisons : la plus évidente est que Conan Doyle y fait mourir son héros dans les chutes du Reichenbach, en Suisse ; l'autre est qu'il s'agit de la première apparition du professeur James Moriarty, le « Napoléon du crime », celui que l'on considère comme l'antagoniste principal de Holmes alors qu'il n'intervient que dans deux nouvelles sur la soixantaine. Voici sa première description :

> *« Il est de bonne famille et il a reçu une excellente éducation. Prodigieusement doué pour les mathématiques, à vingt et un ans il publiait une étude sur le binôme de Newton, qui fit sensation dans toute l'Europe et lui valut de devenir titulaire de la chaire de mathématiques dans une de nos petites universités. »*

Peut-on imaginer quelqu'un faire sensation dans l'Europe scientifique de la fin du XIXe siècle avec la formule du binôme de Newton ? Assurément non. Cette formule est connue depuis le Xe siècle, aussi bien chez les Indiens et les Perses que chez les Chinois, qui l'ont trouvée de façon indépendante. On l'attribue abusivement à Newton, puisqu'il en a énoncé une généralisation… qui a été démontrée par Euler en 1773.

Il y a donc peu de chances, à l'époque de Doyle, qu'un article sur cette formule permette d'obtenir un poste universitaire ; il est vraisemblable que l'auteur ait davantage pensé à un autre théorème sur la série binomiale que l'on trouve dans un article écrit par le mathématicien Niels Abel en 1829, à l'âge de vingt-six ans. Ce travail remarquable fournit des résultats essentiels à l'étude des séries numériques (des sommes d'un nombre infini de termes) ; malheureusement, il n'a pas suffi pour qu'Abel obtienne un poste : ce dernier meurt de la tuberculose la même année, avant d'avoir obtenu la reconnaissance pour son œuvre.

Dans l'autre nouvelle où apparaît Moriarty, *The Valley of Fear* (1915), Doyle fournit d'autres informations sur sa carrière :

> *« N'est-il pas l'auteur renommé de La Dynamique d'un Astéroïde, livre qui atteint aux cimes de la pure mathématique et dont on assure qu'il échappe à toute réfutation ? »*

Il est cette fois-ci difficile de dire quel mathématicien a été l'inspiration de Doyle ; en tout cas, cet ajout à la biographie l'éloigne de Niels Abel… au même titre que sa carrière de génie du crime.

13 DÉCEMBRE

LA THÈSE D'EMMY

L'Allemande Emmy Noether est un monument des mathématiques du XXe siècle, et plus généralement de la science qui se faisait en ce temps ; en effet, elle a révolutionné trois domaines mathématiques : l'application de la théorie des invariants pour la physique avec les théorèmes de Noether, la théorie algébrique des nombres avec la notion d'idéal et l'algèbre non commutative.

Avant d'en arriver à ces exploits retentissants, Emmy Noether est une étudiante de l'université d'Erlangen, où son père Max est un professeur reconnu et apprécié. Ce n'est toutefois pas avec lui qu'elle travaille (même si elle suit ses cours), mais avec un collègue et ami de celui-ci, Paul Gordan. Le sujet que ce dernier lui propose pour sa thèse n'est a priori pas le plus appétissant : il s'agit de décrire toutes les formes ternaires de degré 4, c'est-à-dire de trouver tous les invariants permettant de classer ces objets.

Le sujet est logique au regard des spécialités de Gordan, et le travail de Noether est un véritable tour de force ; toutefois, le lecteur du XXIe siècle se perd facilement dans ses quelque soixante-dix pages de calculs virtuoses et dans la liste de cas particuliers qui s'allonge toujours davantage… Je dois bien reconnaître que ce travail, marginal au regard de l'œuvre immense produite par la suite, montre une autre facette du talent d'Emmy Noether : sa capacité à mener le traitement « algorithmique » des plus de trois cents cas à traiter – à titre personnel, les deux tableaux récapitulatifs des dernières pages du mémoire qu'elle présente le 13 décembre 1907 suffisent à m'effrayer !

Après la soutenance de sa thèse et sa publication dans le *Journal für die reine und angewandte Mathematik* (surnommé « Journal de Crelle », du nom d'un de ses éditeurs), Emmy Noether peut s'orienter vers d'autres sujets qui la passionnent davantage – notamment en rencontrant Ernst Sigismund Fischer, successeur de Gordan, ou en découvrant les récents travaux de David Hilbert : elle trouve sa première voie, et ses articles suivants sont lumineux et inspirants. D'après ses différents biographes, la mathématicienne ne chérissait pas beaucoup son premier travail, en dépit de son brio : son avis personnel sur sa thèse est qu'il valait mieux ne pas en parler, et qu'il s'agissait d'une *Formelngestrüpp*, littéralement une « broussaille de formules » !

14 DÉCEMBRE

MÈRE ET FILS

Jean E. Rubin (1926-2002) est une mathématicienne américaine spécialisée dans la logique ; c'est manifeste lorsque l'on parcourt sa liste de publications, où l'on remarque de nombreux travaux sur l'« axiome du choix ». Pour comprendre l'intérêt de ce sujet, il faut rappeler que, depuis la fin du XIXe siècle, on cherche à établir les fondements des mathématiques, ces « vérités premières » à partir desquelles on justifie toutes les démonstrations.

Le premier jeu d'axiomes qui a été considéré à cette fin forme ainsi la théorie ZF (d'après les initiales d'Ernst Zermelo et d'Abraham Fraenkel) ; indépendant de ce jeu, l'axiome du choix embarrasse les mathématiciens : si la théorie ZF est cohérente (si on ne peut en déduire des contradictions logiques), on peut tout autant ajouter l'axiome du choix ou sa négation et se retrouver, dans les deux cas, avec une théorie cohérente. On comprend donc aisément que cet axiome-là soit étudié, qu'on en cherche des reformulations ou des variations… et que Jean E. Rubin écrive des livres entiers sur le sujet.

Toutefois, l'article qui a attiré mon attention dans la bibliographie de Rubin n'évoque pas celui-ci : il s'agit de « *Extended operations and relations on the class of ordinal numbers* », publié en 1969 par Jean avec Arthur L. Rubin. Cet Arthur n'est autre que le fils aîné de Jean ; il est alors étudiant à l'université Purdue, dans l'Indiana, où sa mère est professeure. Il est touchant de voir une collaboration mathématique familiale, de réaliser que la mère a mis le pied à l'étrier de son fils… mais le sujet devient carrément stupéfiant quand on découvre qu'Arthur est âgé à l'époque de seulement treize ans !

Arthur est en effet un jeune prodige, et il est vraisemblable que sa mère ait contribué à faire naître son goût des mathématiques bien avant ce travail en commun. Après ce premier article, il a terminé ses études et s'est éloigné de la logique et des thèmes de recherche de Jean ; il devient un spécialiste des mathématiques pour l'ingénierie aérospatiale – mais, au gré de sa curiosité, il a produit des travaux sur des sujets variés, comme la théorie des graphes lors d'une collaboration avec Paul Erdős. En décembre 1997, Arthur écrit d'ailleurs un nouvel article sur l'axiome du choix, avec sa mère (et Paul Howard) : ce nouveau texte du duo est donc rédigé vingt-huit ans après le premier ! C'est sûrement la plus longue collaboration mère-fils de l'histoire des mathématiques…

15 DÉCEMBRE

NUL AUX ÉCHECS

Le 15 décembre 1935, lors du championnat du monde des échecs, Max Euwe bat Alexander Alekhine sur le score de 15 ½ contre 9 ½, au terme d'un match de quatre-vingts jours ; il devient ainsi le cinquième champion du monde de l'histoire des échecs, le second à disposer d'une thèse en mathématiques (après Emanuel Lasker).

Rien n'indique que les travaux de recherche d'Euwe lui aient fourni un quelconque avantage devant l'échiquier, même si on peut penser que la pratique du raisonnement déductif lui a permis d'améliorer ses capacités d'analyse des positions ; en revanche, plus anecdotiquement, il est certain qu'il a utilisé les mathématiques pour faire modifier les règles du jeu.

À l'époque, pour terminer une partie quand la disposition des pièces ne présente pas d'avantage décisif pour aucun des joueurs, on utilise la règle allemande : dès qu'une succession de coups (une séquence de déplacements, comme « cavalier blanc en d6 / fou noir en e5 ») est jouée à trois reprises consécutivement, la partie est déclarée nulle. Euwe va montrer qu'il est possible de poursuivre une partie indéfiniment sans qu'il y ait de vainqueur, ni que la règle allemande puisse s'appliquer ; pour cela, il construit une partie « fictive » à partir d'une célèbre suite de 0 et de 1, la suite de Prouhet-Thue-Morse. Celle-ci a une longue histoire, mais sa construction est simple en procédant étape par étape : à la première étape, on écrit un 0 ; ensuite à chaque étape, on ajoute à la fin le « contraire » de ce qui est déjà écrit. Par exemple, à la deuxième étape, on ajoute un 1, puisque le premier caractère était 0, et on obtient 01 ; à la troisième étape, on ajoute le « contraire » de 01, soit 10, et on obtient 0110…

Partant de cette suite, Euwe a simplement converti les 0 et les 1 de la suite en mouvements réglementaires de pièces : on peut par exemple prendre les quatre cavaliers et convenir que, lorsqu'on lit un 0 dans la suite, les blancs bougent un des cavaliers de b1 en c3, les noirs un des leurs de b8 en c6, puis chacun ramène le sien à sa position initiale ; lorsqu'on lit un 1, on procède de même avec les deux autres cavaliers. Or, par sa construction, on ne peut trouver dans cette suite la même succession de 0 et de 1 à trois reprises consécutives : la partie obtenue par Euwe ne vérifie pas la contrainte de la règle allemande et ne s'arrête jamais !

Cet exemple a conduit les autorités échiquéennes à adopter d'autres conditions pour terminer une partie : désormais, pour qu'elle soit déclarée nulle, il faut qu'une position ait été répétée trois fois (à trois reprises sur le plateau, les mêmes pièces se retrouvent aux mêmes cases) ou que se soient succédé cinquante coups sans qu'une pièce soit prise.

16 DÉCEMBRE

LES ROUAGES DE L'HORLOGER

Achille Brocot est un horloger parisien, issu d'une famille reconnue d'artisans qui a fait progresser les techniques et les pratiques du métier. En décembre 1860, son article dans la *Revue chronométrique* montre une autre facette de son talent, celle d'un mathématicien autodidacte et doué. Il y explique sa démarche :

> *« Il y a quelques années, je fus chargé de réparer des pendules comportant quelques indications astronomiques ; dans chacune d'elles, une partie des mobiles avait été supprimée, et cependant le possesseur de ces pendules désirait qu'elles fussent remises dans leur état primitif. »*

Brocot constate l'absence de documentation, puis envisage de réinventer un mécanisme permettant d'obtenir le fonctionnement de la pendule et de ses mouvements compliqués. Le principal problème est alors le « *calcul des rouages par approximations* » (titre de son article), c'est-à-dire de trouver la suite d'engrenages qui donne la bonne vitesse à telle ou telle aiguille ; mathématiquement, il s'agit d'approcher un nombre fixé (le rapport entre les vitesses de deux aiguilles) par le quotient de deux entiers a / b, rapport que l'on réalisera à partir des nombres de dents des différents rouages. Les méthodes des ouvrages de mathématiques pour ce procédé, notamment les développements en fractions continues, ne semblent « nullement pratiques » à notre horloger.

Brocot crée ainsi sa propre méthode, plus simple : si le rapport des vitesses est compris entre les fractions a / b et c / d, il remplace la fraction la plus éloignée par la nouvelle fraction $(a + c) / (b + d)$ (somme des numérateurs sur somme des dénominateurs). Voici un exemple pratique issu de son article : un axe faisant son tour en un jour, « *on demande un rouage convenable pour faire faire à un autre axe son tour en 87,96926 J qui est la durée de la révolution de la planète Mercure* ». Brocot constate que ce rapport se situe entre 5 718 / 65 et 8 621 / 98 ; il considère ensuite la fraction (5 718 + 8 621) / (65 + 98), soit 14 339 / 163, qui est plus proche que la première fraction du rapport désiré, puis la fraction (8 621 + 14 339) / (98 + 163) = 22 960 / 261. Cette dernière s'écrit également (10 × 46 × 51) / (3 × 3 × 29), il en déduit un mécanisme avec des roues dentées et pignons à 10, 46, 51, 3, 3, et 29 dents.

Ce procédé d'approximation rationnelle a été découvert indépendamment par le mathématicien Moritz Stern – si bien qu'aujourd'hui, la représentation de cette méthode s'appelle arbre de Stern-Brocot !

17 DÉCEMBRE

ANNIVERSAIRE DE CHERYL

L'anniversaire de Cheryl est une énigme qui a suscité en 2015 beaucoup d'intérêt chez les internautes amateurs de mathématiques. D'abord posé dans des olympiades pour lycéens à Singapour, son énoncé était celui-ci :

« Albert et Bernard sont amis avec Cheryl, et cherchent à connaître la date de son anniversaire. Cheryl leur donne une liste de dix dates possibles : 15 mai, 16 mai, 19 mai, 17 juin, 18 juin, 14 juillet, 16 juillet, 14 août, 15 août ou 17 août. Ensuite, elle donne à Albert le mois de son anniversaire et à Bernard le jour. Se tient alors le dialogue suivant.

Albert : Je ne sais pas quand Cheryl fête son anniversaire, mais je sais que Bernard ne le sait pas non plus.
Bernard : Au début, je ne savais pas quand Cheryl fêtait son anniversaire, mais maintenant je le sais.
Albert : Désormais, je sais aussi quand est l'anniversaire de Cheryl.

Déterminer l'anniversaire de Cheryl. »

Voici une proposition de solution : à la première étape, Albert ne connaît pas la date, car tous les mois de la liste ont plus d'une date. Si Cheryl était née un 18 ou 19, il n'y aurait qu'une seule date correspondante (en mai pour le 18 et en juin pour le 19), donc Bernard pourrait identifier l'anniversaire. Si Albert sait que Bernard est dans le flou, c'est parce que ces dates sont impossibles pour lui, donc que Cheryl a indiqué que le mois n'était ni mai ni juin ; il reste alors 14 juillet, 16 juillet, 14 août, 15 août ou 17 août comme possibilités.

À la deuxième étape, Bernard a trouvé parmi les cinq dates restantes la date anniversaire : le jour n'apparaît donc qu'une seule fois : ce n'est pas le 14. Il reste 16 juillet, 15 août ou 17 août comme possibilités.

À la troisième étape, Albert sait aussi que le mois n'apparaît qu'une fois dans les trois possibilités restantes : Cheryl est née le 16 juillet !

Maintenant que vous avez compris, voici un petit défi : trouvez une date à ajouter à la liste suivante pour que le même dialogue que ci-dessus indique que Cheryl est née le 17 décembre :

19 septembre, 20 septembre, 16 octobre, 18 octobre, 15 novembre, 18 novembre, 20 novembre, 15 décembre, 17 décembre

18 DÉCEMBRE

CRUCIFIXION HYPERCUBIQUE

Le 18 décembre 1979, le Centre Pompidou à Paris accueille l'exposition *Salvador Dalí : Rétrospective 1920-1980*. D'après le catalogue, l'œuvre n° 318 représente une crucifixion, peinte en 1954 et d'ordinaire exposée au Metropolitan à New York. Dans le coin gauche, on distingue une Marie-Madeleine, qui reprend les traits de Gala, la femme de Dalí, dans une position de dévotion ; elle est tournée vers le centre du tableau où un Christ, au corps intact, repose sur une croix en lévitation.

Cette croix est fort atypique : elle est composée de huit cubes, quatre composant la poutre verticale, deux étant ajoutés à gauche et à droite pour la transversale ; deux autres enfin sont placés devant et derrière, ce qui rend la position du crucifié assez improbable, et sûrement très inconfortable. Si le spectateur peut s'interroger sur cette forme incongrue, les personnes versées dans les mathématiques reconnaissent le patron du tesseract ou hypercube, l'équivalent du cube en dimension 4 ; précisons tout de suite que cette vision mathématique correspond bien à l'intention du peintre, comme en témoigne le premier nom de l'œuvre : *Corpus hypercubus*.

Pour bien comprendre cet hypercube en dimension 4, il peut être pertinent de revenir aux dimensions 2 et 3 que nous connaissons mieux, c'est-à-dire au carré et au cube. En dimension 2, le carré admet 2×2 côtés de dimension 1 (des segments) ; en dimension 3, le cube admet 2×3 faces de dimension 2 (des carrés) ; en dimension 4, l'hypercube admet 2×4 « hyperfaces » de dimension 3 (des cubes). Comme l'on dessine un patron à plat (dimension 2) pour construire un cube (dimension 3), on peut imaginer un patron en dimension 3 pour construire l'hypercube en dimension 4 : c'est justement cette représentation que Dalí choisit pour sa Crucifixion.

On peut comprendre cet ajout d'une dimension supplémentaire comme une indication de transcendance ou de divin. Du côté des sources, curieusement, l'artiste n'a pas communiqué celles de nature mathématique, préférant se rattacher à d'autres :

> *« Je peignis une croix hypercubique sur laquelle le corps du Christ se convertit métaphysiquement en un neuvième cube, en suivant les préceptes et discours sur la forme cubique de Juan de Herrera, constructeur de l'Escorial, inspiré de Ramon Llull. »*

19 DÉCEMBRE

STRATÉGIES DU COLONEL BLOTTO

Le colonel Blotto a sous ses ordres dix unités de combat et doit les disposer sur les cinq terrains d'affrontement ; l'ennemi dispose d'autant d'unités et les répartit lui aussi sur les différents lieux. Aucun des deux n'a d'information sur la stratégie de l'autre. Comment Blotto peut-il distribuer efficacement ses troupes ?

Essayons quelques configurations : si Blotto choisit de répartir uniformément ses troupes, soit 2 unités sur chaque zone, et que l'ennemi ne charge que trois terrains avec respectivement 4, 3 et 3 unités, alors l'ennemi remporte trois batailles grâce au surnombre, et notre colonel emporte les deux autres (sans combattre) : la situation lui est globalement défavorable, et sa stratégie ne semble pas optimale…

Ce personnage fictif de Blotto apparaît en 1950 dans le rapport de recherche mathématique « *A continuous Colonel Blotto game* » de Oliver A. Gross et Robert A. Wagner : cette étude, qui porte l'affiliation de l'US Air Force en première page, reprend l'analyse d'un jeu fournie par Émile Borel et présentée le 19 décembre 1921 à l'Académie des sciences de Paris. Pour ce qui concerne le document de 1950, l'affiliation militaire et la quantité de publications qui a suivi nous incite à regarder sérieusement le « jeu » ; si la formulation semble ludique, la question sous-jacente est essentielle pour des applications pratiques, aussi bien militaires que politiques.

Ainsi, vous pouvez par exemple remplacer Blotto et l'ennemi par les candidats républicains et démocrates lors d'une élection présidentielle américaine, et les unités de combat par un budget communication à répartir sur les différents États cruciaux ; ce n'est qu'une généralisation possible, et le domaine d'étude est en réalité bien vaste. Si le texte de Borel est le tout premier travail de la « théorie des jeux », son travail sera plus tard prolongé par de grandes figures, comme Oskar Morgenstern, John von Neumann ou John Forbes Nash.

Et le colonel Blotto dans tout cela ? Plusieurs explications, non convaincantes, s'affrontent sur l'origine de son nom : ma préférée évoque la marque « Blotto frères », qui fabriquait des vélos triporteurs au début du XXe siècle. En tout cas, il ne s'agit pas d'un véritable officier, même si, de publication en publication, des chercheurs taquins ont choisi de prolonger sa carrière : aux dernières nouvelles, il est désormais général !

20 DÉCEMBRE

CE QU'IL FAUT RECHERCHER…

L'édition de décembre 1499 du *Songe de Poliphile* (ou *Hypnerotomachia Poliphili* en VO) est l'objet d'une véritable vénération de la part des bibliophiles : si l'auteur de ce roman érotique demeure inconnu, son imprimeur Alde Manuce est le plus grand artiste de la Renaissance pour le livre. Entre les polices d'imprimerie originales, les choix graphiques et la mise en page, on trouve dans cet antique volume tant d'innovations que sa réputation n'est pas usurpée ; pour tout dire, on y lit même des hiéroglyphes et des annotations mathématiques !

Toutefois, parmi les productions du célèbre éditeur vénitien, un autre livre, publié en deux volumes de grand format en 1501, retient davantage mon attention : signé par l'érudit Giorgio Valla, il possède selon moi l'un des plus beaux titres envisageables : *De expetendis et fugiendis rebus*, soit « Sur ce qu'il faut rechercher et ce qu'il faut fuir ».

Ce livre est une encyclopédie découpée en quarante-neuf chapitres ; après une « *Introduction générale avec des réflexions sur les divisions de la philosophie et des mathématiques* », on attaque avec les disciplines du *quadrivium* médiéval (arithmétique, musique, géométrie et astronomie) pendant une vingtaine de chapitres, puis on élargit le propos à d'autres disciplines (physique, médecine, poésie, économie, ou même politique). En bon humaniste, Valla s'appuie sur des sources antiques, reprenant elles-mêmes des travaux originaux des mondes romain, grec ou byzantin.

Pour la large partie consacrée aux mathématiques, Valla a utilisé des manuscrits grecs de sa collection personnelle : par exemple, pour les œuvres d'Archimède, il s'est appuyé sur le célèbre « Codex A », un manuscrit copié au IXe siècle mais perdu au XVIe. Outre ceux du savant de Syracuse, Valla restitue les travaux d'Héron d'Alexandrie, d'Euclide ou d'autres beaucoup moins connus, comme Nicomaque de Gérase ou Serenus d'Antinoë.

La compilation qu'effectue cet humaniste, démarche typique de l'époque, a séduit des scientifiques comme Copernic (qui possédait ce livre). Elle apparaît plus pertinente encore pour l'histoire des mathématiques, car cette transmission partielle mais « directe » de textes antiques d'après d'anciens manuscrits complète la connaissance obtenue par les traductions effectuées dans le monde arabe médiéval ; elle nous offre ainsi l'opportunité d'apprécier plus justement les savoirs de l'Antiquité. Bref, Giorgio Valla permet de croiser les sources, et, d'après la méthode historique, c'est ce qu'il faut rechercher !

21 DÉCEMBRE

LA THÉORIE DE LA CHALEUR, PREMIÈRE

Publiée en 1822, la *Théorie analytique de la chaleur* de Joseph Fourier fait indéniablement partie des ouvrages scientifiques les plus influents de l'Histoire ; deux siècles plus tard, on célèbre encore cette publication avec articles, congrès et cérémonies. La République française a même inscrit son bicentenaire au titre de ses célébrations nationales !

Que trouve-t-on dans ce livre de près de six cent cinquante pages ? L'ambition principale du savant bourguignon y est de modéliser puis analyser la diffusion de la chaleur dans un solide ; après deux chapitres à définir les concepts utilisés et à obtenir les équations de la propagation, il développe une stratégie pour leur résolution, par des outils que l'on appelle depuis « séries de Fourier » : cette démarche originale consiste à décomposer la grandeur physique étudiée comme une somme de « signaux » sinusoïdaux (les fonctions sinus et cosinus de la trigonométrie).

Si l'on ajoute un autre outil désormais appelé « transformée de Fourier », ce livre introduit une nouvelle façon de considérer les équations et d'analyser les signaux qui en sont solutions : il propose un chemin et des problèmes pour les mathématiciens des décennies et siècles à venir. De nos jours, par exemple, cette approche est indispensable pour l'analyse des images et des vidéos ; nos téléphones l'exploitent sans que nous en ayons conscience.

Ce n'est pourtant qu'un des nombreux développements de la théorie. Le mathématicien Henri Poincaré avait bien perçu au début du XXe siècle cette fécondité ; il commente :

> *« Les résultats qu'il a obtenus sont certes intéressants par eux-mêmes, mais ce qui l'est plus encore est la méthode qu'il a employée pour y parvenir et qui servira toujours de modèle à tous ceux qui voudront cultiver une branche quelconque de la physique mathématique. »*

Le travail est admirable, et pourtant Fourier a eu du mal à le publier : lorsque, le 21 décembre 1811, il présente à l'Académie des sciences la première version de son mémoire, il est sévèrement critiqué par des savants reconnus et installés comme Joseph-Louis Lagrange et Pierre-Simon de Laplace. En 1812, il gagne pourtant pour ce travail le grand prix de mathématiques de l'institution, mais les réticences de cette compagnie retardent toujours la publication. Enfin, en 1822, Fourier, qui est devenu académicien et même secrétaire perpétuel de l'Académie, peut ne plus reporter la diffusion de son œuvre : c'est la date désormais retenue pour les célébrations de cette publication, après quinze ans de péripéties !

FÊTE ET PARC RAMANUJAN

L'Inde a une très longue histoire mathématique : les chiffres indo-arabes se sont partout diffusés pour la notation des nombres, et les livres d'histoire conservent la mémoire de nombreux héros, comme les astronomes Aryabhata (476-550) et Brahmagupta (598-668) ou, plus récemment, le spécialiste de la théorie des nombres Harish-Chandra (1923-1983). Toutefois, le premier nom qui vient en tête lorsque l'on parle de mathématiciens indiens est Srinivasa Ramanujan (1887-1920), génie autodidacte à l'œuvre très originale et à la destinée tragique.

Signe de cette célébrité, l'Inde célèbre depuis 2012 le jour de la naissance de Ramanujan (22 décembre) comme la journée nationale des mathématiques ; c'est l'occasion de nombreuses activités de diffusion à destination des élèves et des étudiants, activités qui ambitionnent à la fois de faire découvrir les mathématiques, d'encourager les vocations et de dépasser les éventuels préjugés contre cette discipline.

Cette initiative politique s'est grandement enrichie avec une idée de Sujatha Ramdorai, une spécialiste indienne de la théorie algébrique des nombres en poste dans une université de Colombie-Britannique (Canada) ; cette mathématicienne a initié et financé (en partie sur ses fonds propres) le Ramanujan Math Park, un vaste lieu dédié aux mathématiques dans l'Andhra Pradesh, un État du sud de l'Inde. Inauguré le 22 décembre 2017 pour les cent trente ans de la naissance de Ramanujan et géré par des fondations à but non lucratif, ce « parc » accueille désormais de nombreux groupes scolaires, qui peuvent tout autant visiter des expositions en plein air, participer à des activités de médiation dans des salles adaptées ou jouer sur des dispositifs numériques au sein du *digital lab*. Au menu, des polyèdres en dimension 3 ou 4, des carrés et hexagones magiques, des jeux sur les décimales de π, des billards coniques, des surfaces algébriques... tout cela reliant des résultats mathématiques classiques ou récents à des éléments de culture locale.

Jour après jour, les murs de cette institution voient défiler des jeunes de milieux ruraux qui n'ont pas un accès facile à des contenus scientifiques, et qui peuvent ainsi découvrir l'enthousiasme pour les mathématiques en s'amusant : peut-on rêver d'un plus bel hommage à la passion de Ramanujan ?

23 DÉCEMBRE

LA FORMULE DU PASTEUR BAYES

Le pasteur Thomas Bayes de Tumbridge Wells a laissé une œuvre mathématique assez réduite : de son vivant, il n'a publié qu'un mémoire en défense de la théorie du calcul différentiel de Newton (de manière anonyme, de surcroît). Ce très léger bilan amène quelques historiens à se demander comment il est parvenu à être élu membre de la Royal Society, une société savante britannique semblable à notre Académie des sciences : on s'aperçoit alors, par ce cas singulier, que l'activité scientifique souvent quantifiée par un volume de publications passe aussi par d'autres formats, comme des communications orales ou des échanges.

Si le nom de Bayes est devenu un adjectif, « bayésien », que l'on trouve dans des milliers d'articles de recherche chaque année, c'est surtout grâce à un texte, *An Essay towards Solving a Problem in the Doctrine of Chance*, présenté par un ami du pasteur le 23 décembre 1763. Ce travail rendu public à titre posthume contient la première occurrence de la « formule de Bayes », mais propose surtout un changement complet de paradigme pour les études en probabilités et en statistiques.

Dans ce texte, on s'intéresse au calcul de la probabilité d'une cause donnée en fonction d'effets observés, au lieu de calculer la probabilité d'obtenir un effet sachant une cause. Prenons un exemple : je dispose de deux pièces, l'une ordinaire et l'autre avec deux côtés Face. Si je choisis la première, j'obtiens Face en un lancer avec probabilité $1/2$, et cinq fois Face de suite avec probabilité $1/2^5$, soit environ 0,03. Si je prends la pièce truquée, j'aurai à coup sûr Face à chaque lancer, donc ces deux probabilités seront égales à 1. Imaginons maintenant que vous ne sachiez pas la pièce que j'ai choisie et que vous observiez cinq fois Face de suite : vous imaginez que j'ai vraisemblablement pris la pièce truquée... La formule de Bayes permet justement de calculer cette probabilité (environ 0,97).

Cette idée de chercher à calculer la probabilité d'une cause en fonction des observations est cruciale dans nos sociétés ; c'est par exemple la démarche de la justice (quelle est la probabilité que le colonel Moutarde soit le meurtrier sachant que le meurtre a été commis dans le fumoir entre 20 heures et 21 heures ?) ou de l'analyse de résultats médicaux (quelle est la probabilité d'avoir le Covid sachant que le test est positif ?). Plus récemment, encore, cette formule est abondamment utilisée dans des procédés d'apprentissage automatique pour l'intelligence artificielle !

24 DÉCEMBRE

LA CONJECTURE DE FIROOZBAKHT

Lorsqu'elle s'éteint le 24 décembre 2019, Farideh Firoozbakht n'est pas à proprement parler célèbre ; pourtant, aujourd'hui, son nom apparaît sur les sites rassemblant chercheurs et amateurs autour d'énigmes mathématiques ou de questions ouvertes. Sans l'avoir donc jamais croisée, j'ai aperçu son patronyme en consultant différentes pages.

Farideh Firoozbakht s'est d'abord orientée vers des études de pharmacie à l'université d'Ispahan. Rapidement, elle découvre que, plus encore que la médecine et l'enviable position sociale que les métiers de la santé peuvent fournir, elle adore les mathématiques ; s'ensuit une réorientation, qui débouche sur une vie entière consacrée à l'enseignement dans les universités iraniennes.

Le goût de Firoozbakht la portait naturellement vers la théorie des nombres ; c'est d'ailleurs le sujet de son unique article de recherche. Coécrit avec Maximilian F. Hasler et publié dans le *Journal of Integer Sequences* en 2010, l'article « *Variations on Euclid's Formula for Perfect Numbers* » s'intéresse aux nombres dont la somme des diviseurs est d'une forme particulière. Cette recherche est le fruit d'une longue tradition : depuis le XVIIIe siècle, on avait déjà étudié les nombres « parfaits », dont la somme des diviseurs (positifs) est égale au double du nombre de départ (par exemple, avec 6, la somme des diviseurs est $1 + 2 + 3 + 6 = 2 \times 6$) ; partant de ces considérations, l'un des premiers résultats de Hasler et Firoozbakht est de prouver qu'il y a une infinité de nombres n dont la somme des diviseurs est de la forme $2 \times n + 12$ (on peut vérifier que c'est le cas pour 24, 304, 127 744, ou 33 501 184).

La petite notoriété de notre Iranienne, qui justifie qu'elle dispose d'une page sur Wikipédia, ne provient pourtant pas de ce travail, mais d'une conjecture qui porte son nom et qu'elle a énoncée alors qu'elle était encore étudiante : si l'on considère la suite croissante des nombres premiers, le n-ième terme à la puissance $n + 1$ est strictement supérieur au $(n + 1)$-ième terme à la puissance n. Par exemple, pour $n = 10$, le dixième nombre premier est 29, le suivant 31, et l'on peut vérifier que $29^{11} > 31^{10}$.

Au début des années 1980 à Ispahan, il était difficile d'accéder à un ordinateur pour vérifier cette affirmation sur les premiers termes ; aujourd'hui, on a pu réaliser qu'elle était vraie pour tous les nombres premiers à moins de vingt chiffres… mais on ne sait toujours pas prouver ou infirmer cette conjecture, ni les résultats voisins sur les écarts entre nombres premiers consécutifs. En attendant que quelqu'un y parvienne et que son nom soit associé à l'énoncé, on conserve le nom « conjecture de Firoozbakht »… et la mathématicienne d'Ispahan n'est pas oubliée.

25 DÉCEMBRE

LETTRES DE NOËL

Beaucoup de gens l'ignorent, mais des mathématiciens aussi respectables que René Descartes ou Blaise Pascal ont écrit au père Noël, même à l'âge adulte ! Pour leur défense, précisons que « leur » père Noël ne s'habillait pas en rouge et n'arborait pas une foisonnante barbe blanche : il était théologien jésuite, recteur du collège de Clermont à Paris et se prénommait Étienne. Descartes lui a envoyé son *Discours de la méthode*, Pascal un argumentaire sur la méthode scientifique et ses théories hydrostatiques. Hélas, aucun de ces courriers n'est daté du 25 décembre...

En revanche, une célèbre lettre de Pierre Fermat au père Marin Mersenne est datée du mardi 25 décembre 1640 : dans celle-ci, Fermat transmet un certain nombre de propriétés et soumet des problèmes à communiquer à Bernard Frénicle, chevalier de Bessy et autre correspondant mathématicien de Mersenne. Un paragraphe évoque le « sujet des triangles rectangles » ; en voici le début :

> *« Tout nombre premier, qui surpasse de l'unité un multiple du quaternaire, est une seule fois la somme de deux quarrés, et une seule fois l'hypoténuse d'un triangle rectangle. Le même nombre et son quarré sont chacun une fois la somme de deux quarrés ; son cube et son quarréquarré sont chacun deux fois la somme de deux quarrés ; son carrécube et son cubecube sont chacun trois fois la somme de deux quarrés ; etc., à l'infini. »*

Ainsi, tout nombre premier p qui s'écrit comme un multiple de 4 plus 1 s'écrit également comme la somme de deux carrés d'entiers (l'allusion aux triangles rectangles vient de cette écriture et du théorème de Pythagore) : Fermat précise que cette dernière décomposition est unique ; par exemple, le nombre premier $p = 2\,357$ qui est $4 \times 589 + 1$ s'écrit comme $26^2 + 41^2$.

Dans la suite de l'extrait cité, le mathématicien considère, pour un tel nombre premier p, les décompositions des nombres p^2 ($2\,357^2 = 1\,005^2 + 2\,132^2$), p^3 ($2\,357^3 = 14\,227^2 + 113\,542^2$), p^4, p^5 et p^6 (on peut apprécier les appellations pour les puissances et les variations orthographiques des carrés / quarrés). Plus loin dans cette lettre, il généralise et indique quels nombres non premiers peuvent se décomposer comme somme de deux carrés, ce que l'on appelle aujourd'hui le « théorème des deux carrés de Fermat » ou le « théorème de Noël de Fermat ». Un joli cadeau de Noël, qui serait encore plus joli si une preuve y avait été jointe...

26 DÉCEMBRE

TOUS LES CHEVAUX SONT DE LA MÊME COULEUR

Lorsque l'on veut montrer qu'une propriété mathématique est vérifiée pour tous les nombres entiers, il est impossible d'écrire une preuve pour chacun d'entre eux, l'un après l'autre, puisqu'il y en a une infinité. En revanche, une stratégie classique consiste à utiliser le « principe de récurrence » : d'une part, on vérifie que la propriété est vraie pour l'entier 1 ; d'autre part, on établit que, si la propriété est vérifiée pour un entier n quelconque, alors elle est aussi vraie pour l'entier suivant, $n+1$. Ce second point – le passage au suivant ou « hérédité » – permet alors de passer de l'entier 1 (où la propriété est vraie d'après le premier point) à l'entier 2, puis de l'entier 2 à l'entier 3… En fait, il est mathématiquement établi que, si on a montré ces deux points, alors la propriété est automatiquement vérifiée pour tous les entiers.

Il est toutefois assez facile de commettre des erreurs, même avec ce protocole élémentaire. On en trouve un bel exemple dans l'article satirique *On the nature of mathematical proofs* de Joel E. Cohen, publié en décembre 1961 : celui-ci « démontre » ainsi un lemme dont l'énoncé est que tous les chevaux sont de la même couleur !

Le mathématicien propose de raisonner par récurrence. D'une part, quand on prend un cheval, il est forcément de la même couleur que lui-même ; d'autre part, supposons avoir montré que tout lot de n chevaux est d'une seule couleur, et considérons un lot de $n+1$ chevaux. Isolons les n premiers : par hypothèse, ils sont tous de la même couleur. Si on considère de même les n derniers, pour la même raison, ils sont de la même couleur. En examinant des chevaux à la fois dans le groupe des premiers et des derniers, on obtient que nos $n+1$ équidés sont de la même couleur. D'après le principe de récurrence, tout lot de chevaux est composé de membres de la même couleur, d'où la conclusion annoncée par Cohen. C'est à se demander pourquoi on évoque des robes alezan, bai, blanc, noir, palomino, ou même souris !

Cet apparent paradoxe (l'erreur est facile à identifier avec un peu d'habitude) est un classique : on le trouve déjà dans un livre de George Pólya de 1945, mais sans la métaphore animalière : il s'agit alors d'« établir » que tous les entiers sont égaux !

27 DÉCEMBRE

SUNYER I BALAGUER

L'enfance du Catalan Ferran Sunyer i Balaguer ne ressemble pas vraiment à un conte de fées : souffrant d'une grave atrophie du système nerveux, il ne peut effectuer seul la moindre tâche quotidienne, se lever, s'habiller, se déplacer ou même se nourrir. Pire encore, il n'articule des phrases qu'avec grand-peine ; toutefois, il bénéficie du soutien d'une mère dévouée à son fils unique (après la mort du père) et de cousines recueillies après la disparition de leurs parents.

Ces trois femmes vont se sacrifier pour lui permettre de vivre, de lire et d'étudier, jouant tour à tour le rôle d'assistantes de vie et de secrétaires ; si lorsqu'il s'éteint, le 27 décembre 1967, Sunyer est devenu l'un des plus grands mathématiciens espagnols, c'est assurément grâce à la combinaison de son talent, de son abnégation, mais aussi de l'exceptionnel dévouement de ses cousines et de sa mère.

Enfant, Sunyer ne peut aller à l'école : dans les années 1920-1930, il n'est pas encore question de prise en charge ni d'inclusivité. À la maison, sa mère lui donne donc des cours dans les principales matières, mais pas en mathématiques ; pour ce dernier domaine, il se forme en autodidacte, à l'aide des livres d'un cousin qui a suivi un cursus d'ingénieur et des comptes rendus de l'Académie des sciences de Paris.

Il s'avère bien vite un lecteur extrêmement méticuleux : par exemple, il détecte une erreur dans le livre *Hypothèse du continu*, de Wacław Sierpiński, passée inaperçue depuis sa publication vingt-trois ans plus tôt ! Les premiers courriers qu'il adresse via ses cousines à des mathématiciens signalent ainsi des coquilles dans des publications. Les années passent, et il continue son exploration mathématique solitaire sans encouragement officiel ni soutien financier. Il est remarquable qu'il parvienne malgré cela à obtenir des théorèmes importants sur les fonctions de variables complexes.

Malgré l'isolement de l'Espagne sous la dictature de Franco et son catalanisme qui le tient à distance des autorités madrilènes, Sunyer finit par être estimé pour ses travaux : il est invité à des congrès internationaux à la fin des années 1950 (toujours grâce à sa famille), reçoit le plus haut prix scientifique du pays et obtient même un poste de chercheur en décembre 1967… Malheureusement, il décède deux semaines plus tard, à cinquante-cinq ans, sans pouvoir profiter de ce statut ni de la reconnaissance associée.

28 DÉCEMBRE

LES ÉLÉPHANTS DE VON NEUMANN

Le livre *Theory of Games and Economic Behavior* du mathématicien John von Neumann et de l'économiste Oskar Morgenstern (publié en 1944) est considéré comme le texte fondateur de l'utilisation des mathématiques pour l'économie. Même s'il reprend *Zur Theorie der Gesellschaftsspiele*, un ancien travail de décembre 1928 sur les jeux de plateau, et que son titre comporte l'expression « théorie des jeux », il s'agit d'une recherche très sérieuse et pour tout dire un tantinet austère ; aussi est-on surpris d'y trouver une petite facétie à la page 64.

Sur cette page, on trouve deux graphiques illustrant la notion de partitions : celui d'une des figures représente un nuage de points dans lequel on a identifié onze sous-nuages. Parmi ces différentes zones du graphique, on reconnaît les parties d'un dessin d'éléphant : la trompe, un œil, une oreille… On se demande si l'on ne surinterprète pas, jusqu'à lire l'explication de Morgenstern qui impute cet enfantillage à la seconde femme de von Neuman, Klára Dán.

Indéniablement, Klára est une femme forte : ancienne championne de patinage, elle s'est formée seule en mathématiques comme en informatique pour programmer sur les tout premiers ordinateurs ENIAC et MANIAC ; elle joue un rôle crucial dans les travaux de son mari après-guerre et se révèle essentielle pour les premières expériences numériques de prévision météorologique. Dans son quotidien d'épouse, elle a davantage subi les projets de son mari, notamment quand celui-ci a imposé d'interminables séances de travail avec Morgenstern pour le livre cité plus haut ; c'est donc pour calmer la colère grandissante de son épouse et pour flatter sa collection de bibelots en forme d'éléphant que von Neumann aurait choisi de glisser un pachyderme dans un innocent graphique mathématique.

Ce n'est toutefois pas la seule référence aux éléphants dans ses travaux ; voulant indiquer les méfaits des modèles mathématiques surajustés où le nombre excessif de paramètres fausse la qualité de la prévision et permet d'obtenir n'importe quel résultat, y compris ceux qui ne sont pas réalistes, von Neumann a forgé une maxime : « *Avec quatre paramètres, je peux dessiner un éléphant, et avec cinq je fais en sorte qu'il agite sa trompe.* » La phrase a fait mouche, mais, étonnamment, cette fois-ci, personne ne l'associe à la collection de Klára.

29 DÉCEMBRE

CATALAN EN MONGOLIE

Lorsque Sun Yat-sen devient le premier président de la République de Chine le 29 décembre 1911, il est confronté à de nombreux défis ; l'un d'entre eux, et non le moindre, consiste à assurer l'unité du territoire qui était jusque-là administré par la dynastie Qing. On adopte ainsi un drapeau à cinq couleurs composé de bandes horizontales (rouge, jaune, bleu, blanc et noir) figurant l'union des peuples han, mandchou, mongol, hui et tibétain : ce premier symbole de la jeune république indique les identités multiples des personnages historiques chinois, si délicates à comprendre pour les Occidentaux.

Par exemple, le mathématicien Minggatu (~1692-1763) est indéniablement chinois, mais plus souvent célébré comme mongol ; on trouve aujourd'hui des statues le représentant dans la région autonome de Mongolie-Intérieure dont il est issu (et, en termes géographiques plus précis, dans la Ligue de Xilin Gol puis la Bannière de Zhengxiangbai). Il faut dire que ce savant a laissé une œuvre immense, allant de l'astronomie à la cartographie en passant par l'analyse mathématique ; c'est d'ailleurs dans ce dernier domaine que sa trace est la plus profonde, avec les premières écritures comme somme d'une infinité de termes (des développements en séries) pour des fonctions trigonométriques comme le sinus ou le cosinus.

Au cours de ces travaux, Minggatu découvre une suite de nombres désormais bien connue des spécialistes de combinatoire :

1, 1, 2, 5, 14, 42, 132, 429, 1 430, 4 862, 16 796, 58 786…

Ces nombres apparaissent dès que l'on cherche à dénombrer les façons de combiner n couples de parenthèses (en refermant toute parenthèse ouverte (c'est l'usage)) ; ils interviennent aussi quand on considère les manières de décomposer un polygone convexe en triangles, les arbres binaires et bien d'autres objets en mathématiques et en informatique. Leur appellation, quant à elle, vient du nom du mathématicien belge Eugène Charles Catalan, qui les a étudiés vers 1838, soit plus d'un siècle après Minggatu ; entre les deux, ils avaient aussi été calculés par l'Autrichien Johann Segner et le Suisse Leonhard Euler, mais le patronyme qui a été conservé est celui du Belge : maladresse essentiellement liée à la méconnaissance des mathématiques chinoises par les Européens. En 2002, la Chine a partiellement réparé cet affront mémoriel en rebaptisant 明安图镇 (« ville de Minggatu ») la cité natale du savant, dont le nom s'écrit 明安图 ; à ma connaissance, aucune ville n'est nommée d'après Eugène Catalan.

30 DÉCEMBRE

LES PROPORTIONS D'UN COCKTAIL

Pour concevoir un cocktail, il y a plusieurs éléments cruciaux : la liste des ingrédients, les proportions, le mode opératoire de mélange et la présentation ; de nombreux phénomènes des sciences physiques et chimiques sont aussi impliqués dans la réalisation. Malheureusement, l'intersection de l'art de la mixologie et des mathématiques, elle, se réduit rapidement au choix des proportions…

De nombreux cocktails utilisent ainsi des proportions classiques : par exemple, le format 1 : 1 : 2 – pour 1 dose d'ingrédient acide, 1 dose d'ingrédient doux, 2 doses d'alcool – est exploité pour le *Margarita* (jus de citron, triple sec et tequila), le *Whiskey sour* (jus de citron, sucre de canne et bourbon) ou le *Daïquiri* (jus de citron, sucre de canne et rhum). On peut toutefois envisager des rapports plus originaux entre quantités…

En décembre 2015, Paul MacDonald, barman de Philadelphie, cherche à composer un cocktail avec différents vins fortifiés, ces vins auxquels on a ajouté de l'alcool de raisin pendant la fermentation. Il envisage d'en utiliser cinq (Cocchi Vermouth di Torino, Cardamaro, Punt e Mes, Malmsey Madeira et Quinquina l'Aero d'Or) et, après quelques expérimentations, finit par se convaincre que les proportions adaptées à son cocktail sont 1 : 1 : 2 : 3 : 5 ; il a alors quelques souvenirs de sa formation scolaire en mathématiques et reconnaît dans ces proportions la suite de Fibonacci, où chaque terme est la somme des deux précédents.

Cela aurait pu être une remarque innocente, mais MacDonald fait sienne la maxime d'André Gide : l'art naît de la contrainte. Il décide ainsi de créer des cocktails originaux en partant de ces proportions plutôt qu'à partir de la liste des ingrédients : c'est l'acte de naissance des « cocktails Fibonacci ». Si vous passez par le bar Friday Saturday Sunday, vous pouvez ainsi déguster un *Fibonacci in autumn* (Amaro Nardini, Chartreuse verte, Laird's 100 Apple Brandy, Cappelletti Aperitivo et Cocchi Americano), qui indique clairement son origine, mais aussi d'autres où les proportions d'inspiration mathématique sont plus discrètes : *War on Christmas, The Sob Story, In Good Faith, Fire Insurance ou Second Moon.*

31 DÉCEMBRE

LE POINT DE MARIE CROUS

En ce dernier jour de l'année 1635, le roi de France en son conseil accorde à Marie Crous le privilège royal d'imprimer et de vendre son livre intitulé *Abbregé recherché de Marie Crous pour tirer la solution de toutes propositions d'aritmetique, dependantes des reigles y contenuës : avec quelques propositions sur les changes, escontes, interests, compagnies, associations, payemens, departemens de deniers, meslanges, bureau des monnoyes, & thoisages. Divisé en trois parties. Ensemble un advis sur les dixmes, ou dixiesmes du sieur Stevin.* Le titre est un peu long, mais, si l'on passe outre quelques variantes orthographiques du XVIIe siècle, on comprend rapidement qu'il s'agit d'un livre de mathématiques, qu'il détaille des applications à tous les problèmes courants d'arithmétique commerciale et qu'il exploite les récents travaux du Belge Simon Stevin…

En revanche, on ne sait pas grand-chose de la mathématicienne Marie Crous, son autrice : ni sa date de naissance, ni celle de son décès, ni le moindre élément de sa biographie. À peine peut-on lire au travers de l'épître dédicatoire qu'elle a servi de préceptrice à Charlotte de Caumont La Force et qu'elle destine cet abrégé, fruit de son expérience pédagogique, aux femmes exerçant l'arithmétique.

En ce début de XXIe siècle, on peut facilement lire les textes de Marie Crous, numérisés d'après l'unique exemplaire qui a su traverser les siècles (protégé car se trouvant dans la bibliothèque personnelle du cardinal Mazarin). Si l'on y trouve des démonstrations sur la façon de mener les différentes opérations ou la résolution de problèmes peu évidents à base de proportionnalités et de taux d'intérêt, une phrase particulière m'émeut :

> *« C'est le plus commode, de mettre entre les primes, & les unités, un point : puis considérer pour le nombre à senestre, pour quantité d'unités ; & celui à dextre, pour quantité de fraction. »*

Cette phrase en apparence anodine est l'une des premières occurrences de la notation décimale que nous connaissons : elle propose pour écrire les nombres de placer les unités à gauche d'un point, puis d'écrire les dixièmes (*primes* dans la langue de l'époque) à droite. Marie Crous s'avère ainsi, cent cinquante ans avant les autorités de la Révolution, une grande promotrice du système décimal pour les unités de mesure et les calculs !

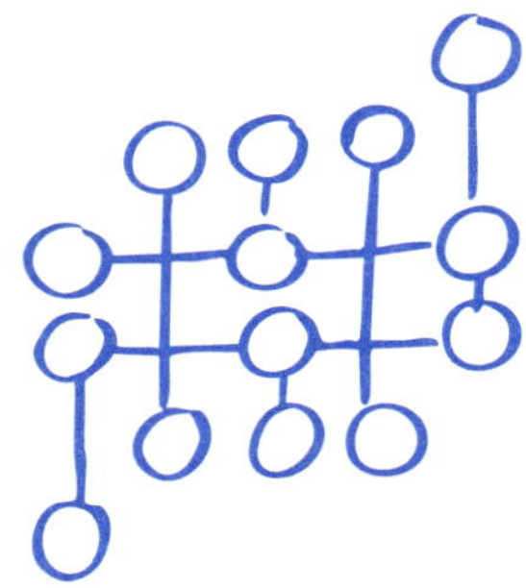

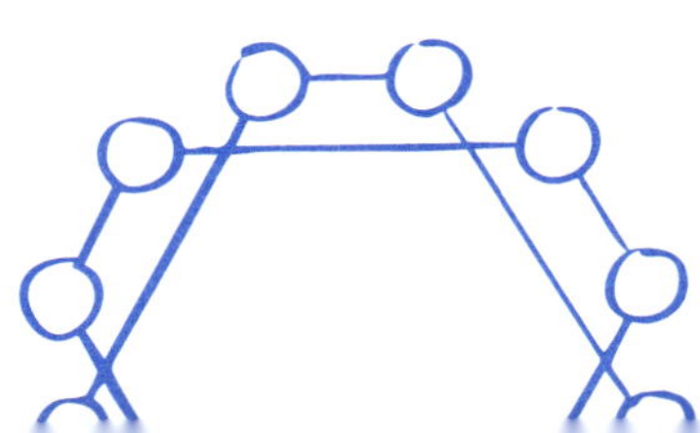

ÉPILOGUE

L'année est terminée, et vous êtes sur le point de refermer ce livre. J'ai essayé de fournir chaque jour une « histoire » en lien avec les mathématiques et de montrer que celles-ci faisaient partie de la culture générale. Même en ajoutant un curieux 30 février, je ne disposais toutefois que de 367 opportunités, et j'ai dû me résoudre à effectuer des choix. Certains sujets, pourtant amusants ou enrichissants, ont fait les frais de la contrainte calendaire (trop d'événements le même jour) ou n'ont pu être rattachés à une date précise. Comme ma mère lorsque les invités repartent, je me retrouve avec une quantité astronomique de restes. Aussi, plutôt que d'ajouter une conclusion à ce livre, je vous propose quelques rogatons, de ces pièces qui demeurent lorsqu'on a achevé de remonter un moteur. Ils sont présentés sommairement comme un moyen d'atténuer mes remords d'avoir privilégié tel ou tel thème, mais aussi comme une façon de continuer à aiguillonner votre curiosité.

- Mark Dukes est un artiste contemporain fasciné par les icônes byzantines. Lorsqu'il a été contacté pour décorer les murs de l'église Saint-Grégoire de Nysse à Potrero Hill, un quartier de San Francisco, il a tout de suite imaginé des peintures dans ce style avec, au centre, un Christ en majesté entouré de 90 saints en train de danser. Atypique, le sujet s'inspire d'un commentaire des psaumes par un père de l'Église. En revanche, le choix des « saints » est tout à fait inhabituel : le peintre a sélectionné des figures historiques ou contemporaines qu'il trouvait inspirantes. C'est ainsi que les parois de l'édifice affichent, parmi les bienheureux « conventionnels », le mathématicien hongrois Paul Erdős (sur le mur nord-ouest, avec Ghandi, Martin Luther et le moine Thomas Merton) ou la mathématicienne alexandrine Hypatie (sur son pendant nord-est, avec le moine cistercien Ælred de Rievaulx ou l'architecte américaine Julia Morgan).

- *La Tête pleine de chiffres* : curieux titre pour une autobiographie, et pourtant, il faut reconnaître que, dans le cas de Simon Plouffe, difficile d'être plus fidèle à la réalité. Ce Canadien naturalisé Français a connu à plusieurs reprises la célébrité grâce aux mathématiques ; tout d'abord, il est le découvreur en septembre 1995 de la superbe « formule BBP » qui permet de calculer les « chiffres » de π en base 16. On lui doit aussi l'« inverseur de Plouffe », un outil magique qui, en exploitant les décimales d'un nombre donné, fournit des expressions probables de ce nombre à partir des constantes usuelles ; ainsi, il reconnaît que

44,46346 est le commencement de $\sqrt{1977}$, mais peut aussi indiquer que 0,15944494 est le début de $\sqrt{2}/(\pi^2 - 1)$. Son autobiographie détaille ces réussites (parmi d'autres) et révèle son rapport personnel aux chiffres et aux nombres. Sa familiarité avec les objets mathématiques est unique, plus intime encore que chez les synesthètes qui associent deux ou plusieurs sens, la couleur et l'audition par exemple. Elle lui offre parfois de découvrir des faits mathématiques, mais elle ne lui a pas toujours permis d'être bien reçu par la communauté des mathématiciens professionnels.

• La quatrième dimension fascine depuis longtemps les amateurs de mathématiques : elle jouit d'une popularité sûrement due au fait de n'être pas tout à fait accessible directement par nos sens – et par son arrivée fracassante dans les modèles de description du monde réel par les sciences physiques. De nos jours, des joueurs excellent à la résolution du Rubik's Cube quadridimensionnel qui, contrairement à sa version historique, n'est jouable que par l'intermédiaire d'un outil informatique. Le 19 décembre 1908, un lecteur a passé une annonce dans le magazine *Scientific American*, offrant une récompense de 500 $ à qui pourrait lui fournir une explication claire de la quatrième dimension. Si l'on adopte le point de vue des joueurs du cube infernal ou d'un cours d'algèbre linéaire de premier cycle, cela tient de l'argent facilement gagné ; cependant, je ne suis pas sûr que cela soit ce qu'attendait l'auteur de l'annonce.

• Les collections du musée d'Art moderne et contemporain de Strasbourg recèlent de nombreux trésors. Une œuvre conçue en 2019 par Léa Barbazanges (avec le soutien de scientifiques) capte facilement l'attention : il s'agit d'un triptyque rétroéclairé formé de polygones minéraux très colorés de faible épaisseur, élégamment emboîtés. Le titre *MicaPenrose* explicite plus avant les contraintes de réalisation : l'artiste illustre un résultat géométrique du prix Nobel Roger Penrose en mettant en scène une partie du pavage non périodique (donc qui se renouvelle sans cesse dans toutes les directions) découvert par le Britannique. Les couleurs changeantes relèvent des variations de composition et des propriétés optiques du mica, un minéral dont la structure cristalline présente de riches symétries.

• Dans le *Champ fleury*, ouvrage de 1529, on trouve beaucoup de constructions géométriques obtenues à la règle et au compas. Il ne s'agit toutefois pas d'un travail mathématique, mais plutôt d'une longue réflexion sur la typographie, l'orthographe et la grammaire. Son auteur, Geoffroy Tory, est un imprimeur-libraire mais aussi un enseignant dans les collèges parisiens d'alors. Avec ce texte et ses recherches personnelles, il s'inscrit dans un long cheminement intellectuel autour de la forme des lettres et de l'importance de leur géométrie. Si, en pratique, on lui doit des caractères comme l'apostrophe ou la virgule, il ne faut pas oublier que, dans la pensée humaniste qu'il pratique, il n'y a pas de frontières entre la géométrie, la philosophie ou la typographie.

- Pour récupérer de l'argent sans créer de nouveaux impôts, les États utilisent, essentiellement depuis le XVIIe siècle, différentes loteries. Plus populaires que les prélèvements obligatoires, ces pratiques assurent des rentrées fiscales substantielles... à condition de bien calibrer les droits d'inscription et le montant des lots mis en jeu. Il s'agit en effet à la fois de proposer un « jeu » divertissant et suffisamment complexe (pour cacher son objectif budgétaire), et de maîtriser les risques impliqués par l'aléa. Le mathématicien bâlois Leonhard Euler a ainsi été consulté pour calculer les probabilités liées aux différentes issues de la « loterie génoise ». Difficile de savoir si ses notes mathématiques ont effectivement éclairé les décideurs politiques, mais elles représentent une jolie étape dans la constitution de la théorie des probabilités.

- En mathématiques, un pentagone est simplement un polygone à cinq côtés ; en imposant que les côtés aient tous la même longueur et qu'il n'y ait pas d'angles rentrants, on obtient un pentagone régulier. Le Pentagone, siège du Département de la défense des États-Unis situé à Arlington, en Virginie, fournit un bel exemple d'exploitation architecturale de cette forme. S'il est permis de douter du caractère pratique de ce choix, on doit reconnaître qu'il était déjà exploité dans les temples de Bagan en Birmanie (avant le XIIIe siècle) comme dans le palais Farnese de Caprarola, au nord-ouest de Rome (début du XVIe siècle). Ces bâtiments s'articulent autour d'une cour centrale ou ne servent qu'à la circumambulation : ils n'exploitent pas la totalité d'un pentagone « plein ». Pour apprécier une telle réalisation et le jeu de casse-tête visant à placer aussi bien les éléments techniques (entrées, escaliers, puits...) et des pièces de réception rectangulaires tout en préservant un maximum de symétrie, une visite s'impose au château de Maulnes, niché au cœur de l'Yonne, où chaque étage apparaît comme une réponse à des questions de géométrie.

- Les personnes qui pratiquent intensivement le calcul mental développent très souvent des méthodes efficaces pour certains types de calculs très spécifiques. Parmi eux, Jakow Trachtenberg a inventé un ensemble de pratiques ne requérant pas d'écrire les étapes pour multiplier des nombres, si grands soient-ils. Toutefois, dans cette histoire, le point important n'est pas la découverte, mais son contexte : cet ingénieur soviétique d'origine juive s'intéresse au calcul mental pour essayer de ne pas sombrer moralement alors qu'il est interné dans un camp de concentration nazi... Il survivra à cette terrible épreuve, mais ne publiera jamais le « système Trachtenberg » de son vivant. Sa célébrité posthume repose sur un ouvrage publié à New York en 1960.

• Parmi les productions des studios Walt Disney, le court-métrage *Donald in Mathemagic Land* (« Donald au pays des mathémagiques » pour la version française), produit en 1959, n'est sûrement pas le plus connu. Il s'agit d'un documentaire reprenant les aventures du canard le plus célèbre de Disney à travers les mathématiques de l'Antiquité. Il redécouvre chemin faisant (grâce à un narrateur bienvenu face à la « voix » de Donald) les nombres irrationnels, la constante π, les harmoniques… et le nombre d'or. Même si, sur ce dernier point, le film reprend les irritantes contre-vérités habituelles (le nombre d'or sur le Parthénon, la façade de Notre-Dame de Paris ou la Joconde), il reste un bon support de diffusion, et l'on s'étonne de ce qu'un grand studio d'animation pouvait à l'époque produire comme contenus éducatifs.

• Si vous assistez à un séminaire de mathématiques, il y a de grandes chances qu'après l'exposé et la séance des questions, vous vous retrouviez avec tous les participants dans une salle voisine pour le « thé du laboratoire ». Il s'agit d'une réunion informelle autour de boissons chaudes et de biscuits secs permettant d'échanger aussi bien sur la vie quotidienne que sur des sujets mathématiques… De ces discussions fortuites naissent parfois des idées ou des découvertes. C'est ainsi qu'en 1973, Hugh Montgomery, un jeune théoricien des nombres, raconta ses dernières découvertes sur la distribution des zéros de la fonction zêta (qui permettent de comprendre la répartition des nombres premiers) à Freeman Dyson, un spécialiste de physique mathématique de vingt ans son aîné. Dyson reconnut instantanément les corrélations entre valeurs propres de matrices aléatoires, un sujet qui n'a a priori rien à voir ! Cette correspondance inattendue, pur produit de sérendipité, nourrit désormais les deux domaines et permet d'avoir d'autres intuitions et de fournir des conjectures à tester.

• En 1655 paraît à Avignon un curieux volume de *Rudiments d'arithmétique*. Son autrice, Marguerite de Bramereau, est une roturière, fille d'un imprimeur provençal – la particule de son nom semble avoir été ajoutée comme « argument commercial » pour donner du crédit au livre. Elle indique avoir appris les mathématiques chez les sœurs Ursulines de l'Isle-sur-la-Sorgue et montre avec ce premier manuel la maîtrise qu'elle a acquise pendant ses deux années de scolarité. Je dois reconnaître qu'elle se débrouille plutôt bien et témoigne d'un impressionnant talent… pédagogique… pour une jeune fille de 12 ans seulement !

TABLE

JANVIER

FÉVRIER

MARS

AVRIL

MAI

JUIN

JUILLET

AOÛT

SEPTEMBRE

OCTOBRE

NOVEMBRE

DÉCEMBRE

Éditions Albin Michel
22, rue Huyghens, 75014 Paris
www.albin-michel.fr
ISBN : 978-2-226-49445-0
N° d'édition : 25942/01
Dépôt légal : octobre 2025
Imprimé aux Pays-Bas